差分方程理论及其应用

马如云　高承华　马慧莉　路艳琼　著

科学出版社
北　京

内 容 简 介

本书论述线性和非线性差分方程的理论及其应用,包括差分及和分的概念与性质、线性差分方程解法、线性差分算子的正性及相应非线性边值问题的正解的存在性和多解性、线性差分方程的非共轭概念、线性差分方程边值问题 Green 函数的符号、带不定权二阶线性差分方程边值问题的谱理论、离散 Fučík 谱理论、非共振情形和共振情形下非线性二阶差分方程边值问题的可解性、全局分歧理论在含参非线性二阶差分方程边值问题中的应用、非线性二阶微分方程边值问题离散差分格式解的收敛性以及差分方程稳定性理论简介.

本书可作为高等院校数学专业微分方程和差分方程、数值计算及非线性分析等方向的高年级本科生和研究生教材,也可供物理、化学、生态、工程、信息、人工智能和心理学等专业的科研人员与技术工作者参考.

图书在版编目(CIP)数据

差分方程理论及其应用/马如云等著. —北京:科学出版社,2019.6
ISBN 978-7-03-061427-8

Ⅰ.①差… Ⅱ.①马… Ⅲ.①非线性-差分方程-研究 Ⅳ.①O241.3

中国版本图书馆 CIP 数据核字(2019) 第 108866 号

责任编辑:李 欣 李香叶/责任校对:彭珍珍
责任印制:吴兆东/封面设计:陈 敬

科学出版社 出版
北京东黄城根北街 16 号
邮政编码:100717
http://www.sciencep.com

北京中科印刷有限公司 印刷
科学出版社发行 各地新华书店经销

*

2019 年 6 月第 一 版 开本:720×1000 B5
2022 年 1 月第二次印刷 印张:23 3/4
字数:480 000
定价:158.00 元
(如有印装质量问题,我社负责调换)

前　言

差分方程来源于递推关系, 在各种实际问题中有着广泛的应用. 差分可以看作是连续函数的导数的离散化, 差分方程可以看作微分方程的离散化. 许多实际变化过程都可以通过差分方程来描述. 随着科学技术的发展, 差分方程有着越来越多的应用. 为了适应对差分方程基础知识和应用日益增长的需求, 我们编写《差分方程理论及其应用》, 希望能给微分方程、差分方程、数值计算及非线性分析等方向的研究生和高年级本科生提供一本教材, 希望能给物理、化学、经济、生态、工程、信息、人工智能和心理学等领域运用差分方程模型的科研人员和技术工作者有较大的帮助.

本书第 1 章和第 2 章深入浅出地介绍差分及和分的概念与性质、线性差分方程求解方法. 第 3 章和第 4 章论述线性差分算子的正性及相应非线性边值问题的正解存在性和多解性, 介绍线性差分方程非共轭的概念并确定线性差分方程边值问题 Green 函数的符号. 第 5 章介绍由作者团队所建立的带不定权二阶线性差分方程边值问题的谱理论, 主要结果的证明由分析和代数两种方法给出. 第 6 章利用作者团队所提出的 "匹配延拓" 和 "可行性初相" 等概念建立离散 Fučík 谱理论. 第 7 章分别在非共振情形和共振情形下证明二阶非线性差分方程边值问题的可解性. 第 8 章运用全局分歧理论和 "连通分支取极限的技巧" 研究含参二阶非线性差分方程边值问题正解连通分支的存在性及其走向. 第 9 章探讨二阶非线性微分方程边值问题离散差分格式的解能否逼近原微分方程精确解的问题, 并给出不会出现 "假解" 的条件. 第 10 章简要地介绍了差分方程稳定性理论.

作者在此感谢为本书的出版给予帮助和支持的下列同志: 罗华、安玉莲、韩晓玲、徐有基、代国伟、陈天兰、徐嫚、何志乾、闫东亮、魏丽萍、叶芙梅、赵中姿、祝岩、马满堂. 本书编写和出版得到国家自然科学基金 (No.11671322, No.11801453, No.11561063)、甘肃省优势学科 (数学) 建设经费和西安电子科技大学科研经费 (1018/10251190001) 的资助.

由于作者水平有限, 书中难免有疏漏和不妥之处, 敬请读者批评指正, 以便对本书做进一步的修改和完善.

马如云　高承华　马慧莉　路艳琼

2018 年 12 月 12 日

目 录

前言

第 1 章 绪论 ······1
- 1.1 应用差分方程举例 ······1
- 1.2 差分及其运算 ······4
- 1.3 和分及其运算 ······8
- 1.4 差分方程及其解 ······15
- 1.5 评注 ······19

第 2 章 线性差分方程 ······20
- 2.1 线性差分方程初值问题解的存在唯一性 ······20
- 2.2 一阶线性差分方程的解法 ······21
- 2.3 线性差分方程解的一般理论 ······23
- 2.4 n 阶常系数线性差分方程 ······27
- 2.5 线性差分方程组的解法 ······38
- 2.6 评注 ······41

第 3 章 线性差分算子的正性及相应非线性问题的正解 ······42
- 3.1 引言 ······42
- 3.2 非线性二阶差分方程 Sturm-Liouville 边值问题解的存在性 ······43
- 3.3 二阶变系数离散 Neumann 边值问题正解的存在性 ······46
- 3.4 离散二阶周期边值问题的定号解的存在性 ······54
- 3.5 两端简单支撑的离散梁方程正解的存在性 ······65
- 3.6 评注 ······74

第 4 章 非共轭理论,Green 函数的符号 ······75
- 4.1 齐次线性微分方程的非共轭理论简介 ······75
- 4.2 二阶自伴线性差分方程 ······77
- 4.3 二阶线性差分方程的 Sturm 理论 ······82
- 4.4 二阶线性差分方程的 Green 函数 ······85
- 4.5 二阶线性差分方程的非共轭理论 ······89
- 4.6 高阶线性差分方程的非共轭理论及 Green 函数的符号 ······93
- 4.7 评注 ······104

第 5 章　离散 Sturm-Liouville 问题 ……………………………… 105
5.1　引言 …………………………………………………………… 106
5.2　有限维 Fourier 分析 …………………………………………… 110
5.3　二阶右定线性离散 Sturm-Liouville 问题的特征值 ………… 112
5.4　二阶右定线性离散周期和反周期特征值问题的特征值 …… 119
5.5　二阶左定线性离散 Sturm-Liouville 问题的特征值 ………… 130
5.6　二阶左定线性离散周期特征值问题的特征值 ……………… 138

第 6 章　二阶差分方程 Dirichlet 问题的 Fučík 谱及其应用 …… 153
6.1　引言 …………………………………………………………… 153
6.2　匹配延拓与可行初始相位 …………………………………… 154
6.3　离散问题的 Fučík 谱 ………………………………………… 161
6.4　Fučík 谱在非线性问题中的应用 …………………………… 168

第 7 章　非共振和共振情形下的非线性差分方程边值问题的可解性 … 176
7.1　引言 …………………………………………………………… 176
7.2　非线性项的增长一致离开特征值的非共振问题 …………… 177
7.3　非线性项的增长非一致离开特征值的非共振问题 ………… 183
7.4　非线性项的增长一致离开特征值的共振问题 ……………… 188
7.5　非线性项的增长非一致离开特征值的共振问题 …………… 196
7.6　非自伴二阶离散 Dirichlet 共振型问题 ……………………… 212

第 8 章　非线性差分方程边值问题解集的全局结构 ……………… 223
8.1　分歧理论简介 ………………………………………………… 223
8.2　带不定权的二阶周期边值问题正解的全局结构 …………… 229
8.3　带非线性边界条件的二阶差分方程正解的全局结构 ……… 241
8.4　带奇异 ϕ-Laplace 的二阶差分方程 Dirichlet 问题的正解 … 249
8.5　评注 …………………………………………………………… 259

第 9 章　常微分方程边值问题的有限差分逼近 …………………… 262
9.1　常微分方程边值问题的数值解简介 ………………………… 262
9.2　二阶非线性边值问题数值相关解的存在性 ………………… 264
9.3　非线性特征值问题正解的数值无关解 ……………………… 289
9.4　评注 …………………………………………………………… 302

第 10 章　差分方程稳定性理论 …………………………………… 304
10.1　引言 ………………………………………………………… 304
10.2　线性系统的初值问题 ……………………………………… 305
10.3　线性系统的稳定性 ………………………………………… 310
10.4　线性系统的相平面分析 …………………………………… 315

10.5 基本解矩阵和 Floquet 理论 ································· 321
10.6 非线性系统的稳定性 ····································· 325
10.7 混沌简介 ··· 344
10.8 差分方程稳定性理论应用的一个例子 ······················· 354
参考文献 ··· 364
索引 ··· 371

第 1 章 绪　　论

1.1　应用差分方程举例

许多数值计算问题通常要转化为一个递归方程, 进而从一组给定的初值出发通过迭代过程来求解. 这样的递归方程便是 "差分方程". 差分方程普遍出现在离散数学、统计、计算、电路分析、动力系统、经济学、生物学等数学及应用数学的诸多领域.

下面通过例子说明差分方程类型的多样性和应用的广泛性.

例 1.1.1　复利问题.

1964 年 1 月 1 日, 一位爸爸为自己刚出生的儿子在银行存入 600 元人民币. 如果年利率为 5%, 按季结息, 那么在 2017 年年底这笔钱变为多少?

设 $y(n)$ 为这笔钱 n 个季度后的价值. 则 $y(0) = 600$. 由于季度利率为 1.25%, $y(n)$ 满足差分方程

$$y(n+1) = y(n) + 0.0125 y(n), \quad n = 0, 1, 2, \cdots.$$

递归地计算, 有

$$y(1) = 600(1.0125),$$
$$y(2) = 600(1.0125)^2,$$
$$\cdots\cdots$$
$$y(n) = 600(1.0125)^n.$$

54 年后 (或 216 个季度后) 投资价值为

$$y(216) = 600(1.0125)^{216}$$
$$\approx 8779.67.$$

例 1.1.2　放射性物质的质量衰减问题.

在固定的时间内, 放射性物质的减少量与开始时的质量成正比, 比如镭的半衰期是 1600 年. 试给出质量关于时间的变化关系.

设 $M(n)$ 表示在 n 年后镭的质量. 则

$$M(n+1) - M(n) = -kM(n),$$

其中 k 是一个常数. 于是
$$M(n+1) = (1-k)M(n), \quad n = 0, 1, 2, \cdots.$$

通过逐步迭代, 推知
$$M(n) = M(0)(1-k)^n.$$

因为镭的半衰期是 1600 年,
$$M(1600) = M(0)(1-k)^{1600} = \frac{1}{2}M(0),$$

所以
$$1 - k = \left(\frac{1}{2}\right)^{\frac{1}{1600}} \approx 0.999567,$$

最终得到
$$M(n) = M(0)\left(\frac{1}{2}\right)^{\frac{1}{1600}} \approx 0.999567 m(0).$$

例 1.1.3 建立并讨论种群生态学中的虫口模型.

在种群生态学中, 考虑像蝉、蚕这种类型的昆虫数量 (即虫口) 的变化情况. 注意这种昆虫一代一代之间是不交叠的, 每年夏季这种昆虫成虫产卵后全部死亡, 第二年春天每个虫卵又孵化成一个虫子. 显然牛、马、羊、人均不属于此列.

首先, 设未知函数表示第 n 年这种虫口的数量, 要建立的差分方程数学模型就是相邻两代 (或者说相邻两年, 即 n 年与 $n+1$ 年) 的虫子数量之间的相依关系. 设第 n 年的虫口为 $P(n)$, 每年成虫平均产卵 c 个, 第 $n+1$ 年的虫口为 $P(n+1)$. 显然
$$P(n+1) = cP(n), \quad n = 0, 1, 2, \cdots. \tag{1.1.1}$$

如果考虑到周围的环境能提供的空间与食物是有限的, 虫子之间为了生存将互相竞争而咬斗, 此外传染病及天敌又对虫子的生存存在威胁, 可按这些因素的分析定量地修改差分方程模型 (1.1.1). 由于咬斗和接触都是发生在两只虫子之间的事件, 而 $P(n)$ 只虫子配对的事件总数是 $\frac{1}{2}P(n)(P(n)-1)$, 当 $P(n)$ 相当大时, 此事件总数接近于 $\frac{1}{2}P(n)^2$, 所以模型 (1.1.1) 将被修改成如下的虫口方程:
$$P(n+1) = cP(n) - bP(n)^2, \tag{1.1.2}$$

这里 b 是阻滞系数. 在进行一些变量与参数代换后, 可以将其写成标准形式:
$$x(n+1) = \lambda x(n)(1 - x(n)), \quad \lambda > 0, \quad n = 0, 1, 2, \cdots. \tag{1.1.3}$$

这是一阶非线性差分方程. 近 20 多年来, 人们对此方程产生了很大的兴趣. 通常称 (1.1.3) 为 Logistic 方程.

例 1.1.4 Fibonacci 问题.

假定现在有一对家兔, 在它们长成一对成兔一个月后每月生一对幼兔, 而每对幼兔在一个月后变成成兔. 如果一代一代繁殖下去, 问在 n 月后将有多少对家兔?

设 $p(n)$ 为第 n 个月家兔的对数, $a(n)$ 为其中成兔的对数, $b(n)$ 为幼兔的对数, 则
$$p(n) = a(n) + b(n).$$
过了一个月后, 原先的幼兔变成成兔, $a(n)$ 对成兔生了 $a(n)$ 对幼兔, $b(n)$ 对幼兔长成 $b(n)$ 对成兔, 因此
$$a(n+1) = a(n) + b(n), \quad b(n+1) = a(n).$$
于是
$$p(n+2) = a(n+2) + b(n+2) = a(n+1) + b(n+1) + a(n+1) = p(n+1) + p(n).$$
称
$$p(n+2) = p(n+1) + p(n) \tag{1.1.4}$$
为 Fibonacci 方程. 这是一个二阶线性常系数差分方程. 已知 $p(0) = 1, p(1) = 1$, 由 (1.1.4) 式得 $p(2) = 2, p(3) = 3, p(4) = 5, p(5) = 8, \cdots$. 这就是著名的 Fibonacci 数列.

例 1.1.5 鲨鱼和小杂鱼的捕食与食饵模型.

设鲨鱼在 n 时间单位的数量为 $x_1(n)$, 小杂鱼在 n 时间单位的数量为 $x_2(n)$. 它们的自身繁殖率分别为 d_1, d_2. 小杂鱼量的增加引起鲨鱼数量的增加, 该因子为 b; 反之, 鲨鱼数量的增加导致小杂鱼数量的减少, 该因子为 $-c$, 其中 d_1, d_2, b, c 均为正数. 于是可列出方程组
$$x_1(n+1) = d_1 x_1(n) + b x_2(n),$$
$$x_2(n+1) = -c x_1(n) + d_2 x_2(n).$$
这是一个一阶线性常系数的差分方程组.

例 1.1.6 描述果蝇数量演化的 Maynard Smith 方程.

1968 年, Maynard Smith 研究某个果蝇种群在实验室条件下的生存情况, 提出了下列 Maynard Smith 方程:
$$x(n+1) = ax(n) + bx(n-T) + cx^2(n-T), \tag{1.1.5}$$

其中 $x(n)$ 为第 n 时间段后 (例如第 n 天) 种群的总数, a 为出生率, b 为死亡率, c 为制约因素 $(a>0, b<0, c<0)$.

设孵化期为 T 天, 一般 $T \approx 30$, 即经过 T 天后果蝇死去. 注意方程 (1.1.5) 的推导与方程 (1.1.2) 的推导过程类似, 但是方程 (1.1.2) 中的 $P^2(n)$ 项现在被 $x^2(n-T)$ 项取代, 又减掉了死亡的果蝇数目, 即 $bx(n-T)$ 项.

方程 (1.1.5) 是高阶的非线性差分方程. 对于 $T=1$ 的特殊情况, 方程 (1.1.5) 化归为

$$x(n+1) = ax(n) + bx(n-1) + cx^2(n-1), \tag{1.1.6}$$

如果记 $y(n) = x(n-1)$, 那么方程 (1.1.6) 还可以写为一阶非线性差分方程组的形式:

$$\begin{cases} x(n+1) = ax(n) + by(n) + cy^2(n), \\ y(n+1) = x(n). \end{cases} \tag{1.1.7}$$

1.2 差分及其运算

本书将用到以下记号:

实数集合: $\mathbb{R} \triangleq \{t | t \in (-\infty, +\infty)\}$,

整数集合: $\mathbb{Z} \triangleq \{n | n = 0, \pm 1, \pm 2, \cdots\}$,

自然数集合: $\mathbb{N} \triangleq \{n | n = 0, 1, \cdots\}$,

部分自然数集合: 对 $a \in \mathbb{Z}$, $[a, \infty)_{\mathbb{Z}} \triangleq \{a, a+1, a+2, \cdots\}$,

有限自然数集合: 对 $a, b \in \mathbb{Z}$ 满足 $a < b$, $[a, b]_{\mathbb{Z}} \triangleq \{a, a+1, a+2, \cdots, b\}$.

函数 $f(i)$ 从 n_1 到 n_2 求和运算记为 $\sum_{i=n_1}^{n_2} f(i)$, 连乘积运算记为 $\prod_{i=n_1}^{n_2} f(i)$. 当 $n_2 \geqslant n_1$ 时, $\sum_{i=n_1}^{n_2} f(i)$ 和 $\prod_{i=n_1}^{n_2} f(i)$ 按通常的运算求和或相乘; 当 $n_2 < n_1$ 时, 约定 $\sum_{i=n_1}^{n_2} f(i) = 0$ 和 $\prod_{i=n_1}^{n_2} f(i) = 1$.

定义 1.2.1 设 $f(i)$ 是定义在 $\mathbb{Z}$ 或 $[a, \infty)_{\mathbb{Z}}$ 上的函数, 则 $\Delta f(i) = f(i+1) - f(i)$ 称为 $f(i)$ 在 i 的差分, Δ 称为(前向) 差分算子, $Ef(i) = f(i+1)$ 称为 $f(i)$ 在 i 的位移, E 称为位移算子; 用 I 表示恒等算子, 即 $If(i) = f(i)$.

差分算子、位移算子和恒等算子都是针对 $\mathbb{Z}$ 的函数所定义的映射, 即把函数 f 映射成一个新的函数, 其定义域是一个函数的集合, 其值域中的一个函数经过映射后仍然是一个函数. 我们可以多次对其进行差分运算和位移运算. 如 $f(i) = i^2$, 则 $\Delta f(i) = (i+1)^2 - i^2 = 2i+1, Ef(i) = (i+1)^2, \Delta(\Delta f(i)) = 2, E(Ef(i)) = (i+2)^2$. 以后记 $\Delta^{n+1} f(i) = \Delta(\Delta^n f(i)), E^{n+1} f(i) = E(E^n f(i))$. 直接计算可以得到, 如果

1.2 差分及其运算

$f(i)$ 是 n 次多项式,则差分算子每作用一次,多项式的次数就降低一次,即 $\Delta f(i)$ 是 $n-1$ 次多项式, $\Delta^2 f(i)$ 是 $n-2$ 次多项式, $\Delta^n f(i)$ 是常数, $\Delta^{n+1} f(i)$ 是 0.

容易验证: 差分算子、位移算子和恒等算子都是线性算子,且满足

$$\Delta = E - I, \quad E = \Delta + I, \quad E\Delta = \Delta E.$$

进一步可以得到

$$\Delta^n = (E-I)^n = \sum_{k=1}^{n} (-1)^k C_n^k E^{n-k},$$

$$E^n = (\Delta+I)^n = \sum_{k=1}^{n} C_n^k \Delta^{n-k},$$

称 Δ^n 为 n 阶差分算子, E^n 为 n 阶位移算子.

特别地,对 $f: \mathbb{Z} \to \mathbb{R}$ 及 $i \in \mathbb{Z}$,有

$$\Delta f(i) \equiv f(i+1) - f(i), \tag{1.2.1}$$

并称之为 f 在 i 上的一阶前向差分.

$$\nabla f(i) \equiv f(i) - f(i-1), \tag{1.2.2}$$

并称之为 f 在 i 上的一阶后向差分, ∇ 称为后向差分算子.

定理 1.2.1 设 $f, g: \mathbb{Z} \to \mathbb{R}$ 且 $g(i) \neq 0, i \in \mathbb{Z}$. 则
(1) $\Delta(af(i) + bg(i)) = a\Delta f(i) + b\Delta g(i)$.
(2) $\Delta(f(i)g(i)) = f(i+1)\Delta g(i) + g(i)\Delta f(i) = f(i)\Delta g(i) + g(i+1)\Delta f(i)$.
(3) $\Delta\left[\dfrac{f(i)}{g(i)}\right] = \dfrac{g(i)\Delta f(i) - f(i)\Delta g(i)}{g(i)g(i+1)}$.

证明 (1) 由差分的定义,

$$\begin{aligned}
\Delta[af(i) + bg(i)] &= [af(i+1) + bg(i+1)] - [af(i) + bg(i)] \\
&= a[f(i+1) - f(i)] + b[g(i+1) - g(i)] \\
&= a\Delta f(i) + b\Delta g(i).
\end{aligned} \tag{1.2.3}$$

这表明差分运算具有线性性质.

(2) 按照差分的定义知

$$\begin{aligned}
\Delta[f(i)g(i)] &= [f(i+1)g(i+1)] - [f(i)g(i)] \\
&= f(i+1)[g(i+1) - g(i)] + [f(i+1) - f(i)]g(i) \\
&= f(i+1)\Delta g(i) + g(i)\Delta f(i).
\end{aligned}$$

这样得到公式
$$\Delta[f(i)g(i)] = f(i+1)\Delta g(i) + g(i)\Delta f(i). \tag{1.2.4}$$
类似地可以导出
$$\Delta[f(i)g(i)] = f(i)\Delta g(i) + g(i+1)\Delta f(i). \tag{1.2.5}$$

(3) 由差分的定义知
$$\Delta\left[\frac{f(i)}{g(i)}\right] = \frac{f(i+1)}{g(i+1)} - \frac{f(i)}{g(i)}$$
$$= \frac{g(i)f(i+1) - f(i)g(i+1)}{g(i)g(i+1)}$$
$$= \frac{g(i)[f(i+1) - f(i)] - f(i)[g(i+1) - g(i)]}{g(i)g(i+1)}$$
$$= \frac{g(i)\Delta f(i) - f(i)\Delta g(i)}{g(i)g(i+1)}.$$

于是, 导出两个函数商的差分公式为
$$\Delta\left[\frac{f(i)}{g(i)}\right] = \frac{g(i)\Delta f(i) - f(i)\Delta g(i)}{g(i)g(i+1)}. \tag{1.2.6}$$

□

另外, 除了计算差分的基本公式外, 我们需要一些常用函数的差分计算公式, 下面给出一些基本函数的计算公式.

定理 1.2.2 令 $a \in \mathbb{R}$ 是一个常数. 则

(a) $\Delta a^i = (a-1)a^i$.

(b) $\Delta \sin ai = 2\sin\dfrac{a}{2}\cos a\left(i + \dfrac{1}{2}\right)$.

(c) $\Delta \cos ai = -2\sin\dfrac{a}{2}\sin a\left(i + \dfrac{1}{2}\right)$.

(d) $\Delta \log ai = \log\left(1 + \dfrac{1}{i}\right)$, 这里 $\log i$ 代表任意正数 i 的对数, $a > 0$.

易证, 若在变量 i 中引入一个整数位移 k, 则定理 1.2.2 中的公式也是正确的. 例如
$$\Delta a^{i+k} = (a-1)a^{i+k}.$$

现在, 定理 1.2.1 和定理 1.2.2 中的公式组合起来可以得到表达形式更复杂的差分.

例 1.2.1 计算二阶差分 $\Delta^2 f(i)$.

解 根据定义
$$\Delta^2 f(i) \equiv \Delta[\Delta f(i)] = \Delta f(i+1) - \Delta f(i)$$
$$= f(i+2) - 2f(i+1) + f(i).$$

1.2 差分及其运算

例 1.2.2 计算三阶差分 $\Delta^3 f(i)$.

解 根据定义

$$\Delta^3 f(i) \equiv \Delta[\Delta^2 f(i)] = f(i+3) - 3f(i+2) + 3f(i+1) - f(i).$$

例 1.2.3 计算 n 阶差分 $\Delta^n f(i)$.

解 根据 n 阶差分算子的计算公式知

$$\Delta^n f(i) \equiv \Delta[\Delta^{n-1} f(i)] = \sum_{j=0}^{n} (-1)^j \mathrm{C}_n^j f(i+n-j),$$

其中

$$\mathrm{C}_n^j = \frac{n!}{(n-j)!j!}.$$

于是

$$\Delta^n f(i) = f(i+n) - nf(i+n-1) + \frac{n(n-1)}{2!} f(i+n-2) + \cdots + (-1)^n f(i).$$

例 1.2.4 计算 $\Delta \sec \pi i$.

解 先运用定理 1.2.1(3) 和定理 1.2.2(c) 得

$$\Delta \sec \pi i = \Delta \frac{1}{\cos \pi i}$$

$$= \frac{(\cos \pi i)(\Delta 1) - (1)(\Delta \cos \pi i)}{\cos \pi i \cos \pi (i+1)}$$

$$= \frac{2 \left(\sin \pi i \cos \frac{\pi}{2} + \cos \pi i \sin \frac{\pi}{2} \right)}{\cos \pi i (\cos \pi i \cos \pi - \sin \pi i \sin \pi)}$$

$$= \frac{2 \cos \pi i}{(\cos \pi i)(-\cos \pi i)} = -2 \sec \pi i.$$

也可以通过 Δ 的定义,直接推导出上述结果. 事实上,

$$\Delta \sec \pi i = \sec \pi (i+1) - \sec \pi (i)$$

$$= \frac{1}{\cos \pi (i+1)} - \frac{1}{\cos \pi i}$$

$$= \frac{1}{-\cos \pi i} - \frac{1}{\cos \pi i}$$

$$= -2 \sec \pi i.$$

定义 1.2.2 设 $r \in \mathbb{Z}$. i 的 r 阶递减连乘 $i^{\underline{r}}$ 定义如下:

(a) 若 $r = 1, 2, 3, \cdots$,则 $i^{\underline{r}} = i(i-1)(i-2) \cdots (i-r+1) = \prod_{j=0}^{r-1} (i-j).$

(b) 若 $r = 0$, 则 $i^{\underline{0}} = 1$.

(c) 若 $r = -1, -2, -3, \cdots$, 则 $i^{\underline{r}} = \dfrac{1}{(i-r)(i-r-1)\cdots(i+1)} = \prod\limits_{j=1}^{-r}(i+j)^{-1}$.

例 1.2.5　已知 $i \in \mathbb{N}$, 计算函数
$$i^{\underline{m}} = i(i-1)\cdots(i-(m-1)), \quad m = 1, 2, \cdots, i \tag{1.2.7}$$

的差分.

解　由定义知
$$\begin{aligned}
\Delta[i^{\underline{m}}] &= (i+1)^{\underline{m}} - i^{\underline{m}} \\
&= (i+1)i(i-1)\cdots((i+1)-(m-1)) - i(i-1)\cdots(i-(m-2))(i-(m-1)) \\
&= mi(i-1)\cdots(i-(m-2)) = mi^{\underline{m-1}}.
\end{aligned}$$

1.3　和分及其运算

为了有效利用差分算子, 这一节介绍它的逆算子, 也称为 "不定和".

定义 1.3.1　$y(i)$ 的一个不定和, 记为 $\sum y(i)$, 是指满足
$$\Delta\left(\sum y(i)\right) = y(i), \quad \forall\, i \in \mathrm{Dom}(y)$$

的函数, 其中 $\mathrm{Dom}(y)$ 表示函数 y 的定义域.

众所周知, 不定积分在微分学中起着类似的作用, 即
$$\dfrac{d}{dt}\left(\int y(t)dt\right) = y(t).$$

不定积分是不唯一的, 例如
$$\int \cos t\, dt = \sin t + C,$$

其中 C 是任意常数. 正如我们在如下例子中所看到的一样, 不定和也是不唯一的.

例 1.3.1　计算不定和 $\sum 6^i$.

由定理 1.2.2(a), $\Delta 6^i = 5 \cdot 6^i$, 则 $\Delta \dfrac{6^i}{5} = 6^i$. 从而 $\dfrac{6^i}{5}$ 是 6^i 的不定和. 试问: 是否存在其他形式的不定和?

解　令 $C(i)$ 是与 6^i 有相同定义域且满足 $\Delta C(i) = 0$ 的函数, 则
$$\Delta\left(\dfrac{6^i}{5} + C(i)\right) = \Delta\left(\dfrac{6^i}{5}\right) = 6^i,$$

所以 $\dfrac{6^i}{5} + C(i)$ 是 6^i 的不定和. 此外, 如果 $f(i)$ 为 6^i 任意的不定和, 那么

$$\Delta\left(f(i) - \dfrac{6^i}{5}\right) = \Delta f(i) - \Delta\dfrac{6^i}{5} = 6^i - 6^i = 0.$$

可见, $f(i) = \dfrac{6^i}{5} + C(i)$, 其中 $C(i)$ 为某个满足 $\Delta C(i) = 0$ 的函数. 于是, 我们发现了 6^i 所有的不定和可表示为

$$\sum 6^i = \dfrac{6^i}{5} + C(i),$$

其中 $C(i)$ 是任意的 "与 6^i 有相同定义域且满足 $\Delta C(i) = 0$ 的函数".

定义 1.3.2 设 p 为一个函数. 若 $\Delta p(i) = 0$, 则称 $p(i)$ 为 1 周期函数.

不难验证如下结论成立.

定理 1.3.1 如果 $z(i)$ 是 $y(i)$ 的不定和, 那么每个 $y(i)$ 的不定和由

$$\sum y(i) = z(i) + C(i) \tag{1.3.1}$$

给出, 其中 $C(i)$ 是 $\mathbb{Z}$ 上任意的 1 周期函数.

推论 1.3.1 设 $y(i)$ 定义在 $[a, \infty)_\mathbb{Z}$ 上, 其中 $a \in \mathbb{N}$. 如果 $z(i)$ 是 $y(i)$ 的一个不定和, 那么 $y(i)$ 的任意不定和为

$$\sum y(i) = z(i) + C,$$

其中 C 是任意常数.

定理 1.3.2 如果 a 是一个常数, 那么对于 $\Delta C(i) = 0$, 有下列等式成立:

(a) $\sum a^i = \dfrac{a^i}{a - 1} + C(i) \; (a \neq 1).$

(b) $\sum \sin ai = -\dfrac{\cos a\left(i - \dfrac{1}{2}\right)}{2\sin \dfrac{a}{2}} + C(i) \; (a \neq 2n\pi).$

(c) $\sum \cos ai = \dfrac{\sin a\left(i - \dfrac{1}{2}\right)}{2\sin \dfrac{a}{2}} + C(i) \; (a \neq 2n\pi).$

(d) $\sum i^{\underline{a}} = \dfrac{i^{\underline{a+1}}}{a + 1} + C(i) \; (a \neq -1).$

证明 我们只证明 (b), 其他部分类似可证. 由定理 1.2.2(c) 知

$$\Delta \cos a\left(i - \dfrac{1}{2}\right) = -2\sin \dfrac{a}{2} \sin ai,$$

所以，根据定理 1.3.1,

$$\sum \sin ai = -\frac{\cos a\left(i-\frac{1}{2}\right)}{2\sin\frac{a}{2}} + C(i).$$ □

例 1.3.2 求解

$$y(i+2) - 2y(i+1) + y(i) = i^2, \quad i \in \mathbb{N},$$

使得 $y(0) = -1, y(1) = 3$.

解 因为 $\Delta^2 y(i) = i^2$, 根据推论 1.3.1 和定理 1.3.2(d) 可得

$$\Delta y(i) = \frac{i^3}{3} + C$$

且

$$y(i) = \frac{i^4}{12} + Ci + D,$$

其中 C, D 是常数. 利用 y 在 $i=0$ 和 $i=1$ 的取值, 可得 $D=-1$ 和 $C=4$, 所以满足条件的方程唯一解为

$$y(i) = \frac{i^4}{12} + 4i - 1.$$

我们可以从定理 1.2.1 中推导出一些不定和的基本性质.

定理 1.3.3 设 $y(i), z(i)$ 为函数.
(a) $\sum(y(i) + z(i)) = \sum y(i) + \sum z(i)$.
(b) 若 D 是常数, 则 $\sum Dy(i) = D \sum y(i)$.
(c) $\sum(y(i)\Delta z(i)) = y(i)z(i) - \sum Ez(i)\Delta y(i)$.
(d) $\sum(Ey(i)\Delta z(i)) = y(i)z(i) - \sum z(i)\Delta y(i)$.

注 1.3.1 定理 1.3.3 的 (c) 和 (d) 称为不定和的 "分部求和公式".

证明 (a) 与 (b) 可直接由定理 1.2.1 得到. 为了证明 (c), 首先

$$\Delta(y(i)z(i)) = y(i)\Delta z(i) + Ez(i)\Delta y(i).$$

由定理 1.3.2 得

$$\sum(y(i)\Delta z(i) + Ez(i)\Delta y(i)) = y(i)z(i) + C(i).$$

同理可证 (d) 成立, 从而 (c) 和 (d) 成立. □

微积分中利用分部积分公式可以计算积分. 类似地, 利用分部求和公式可以计算不定和. 此外, 这些公式在差分方程分析中有着非常重要的应用.

1.3 和分及其运算

例 1.3.3 计算 $\sum i a^i$，其中 $a \neq 1$.

解 在定理 1.3.3(c) 中，令 $y(i) = i$，$\Delta z(i) = a^i$. 则由定理 1.3.2(a)，有

$$\sum i a^i = i \frac{a^i}{a-1} - \sum \frac{a^{i+1}}{a-1} \Delta i + C(i)$$

$$= \frac{i a^i}{a-1} - \frac{a}{a-1} \sum a^i + C(i)$$

$$= \frac{i a^i}{a-1} - \frac{a}{(a-1)^2} a^i + 2C(i),$$

其中 $\Delta C(i) = 0$.

在本节的其余部分中，将假定 $y(i)$ 的定义域为 $[1, \infty)_{\mathbb{Z}}$，函数 $y(i)$ 将使用序列符号：

$$y(i) \leftrightarrow \{y_i\},$$

其中 $i \in [1, \infty)_{\mathbb{Z}}$. 在本书后面的章节中，函数记号和序列记号两者均被使用.

显然，对于满足 $n \geqslant m$ 的固定的 m，总有

$$\Delta \left(\sum_{k=m}^{n-1} y_k \right) = y_n,$$

对于满足 $p \geqslant n$ 的固定的 p，总有

$$\Delta \left(\sum_{k=n}^{p} y_k \right) = -y_n.$$

据推论 1.3.1 可知: 如果 $m \leqslant n$，$\sum y_n$ 为 y_n 的一个不定和，则存在常数 C，使得

$$\sum y_n = \sum_{k=m}^{n-1} y_k + C. \tag{1.3.2}$$

如果 $p \geqslant n$，$\sum y_n$ 为 y_n 的一个不定和，则存在常数 D，使得

$$\sum y_n = -\sum_{k=n}^{p} y_k + D. \tag{1.3.3}$$

方程 (1.3.2) 和 (1.3.3) 给出了将不定和转化为求定和的一种方法.

例 1.3.4 计算有限和 $\sum_{k=1}^{n-1} \left(\frac{2}{3} \right)^k$.

解 由 (1.3.2) 式与定理 1.3.2(a) 知

$$\sum_{k=1}^{n-1}\left(\frac{2}{3}\right)^k = \sum \left(\frac{2}{3}\right)^n + C$$

$$= \frac{\left(\frac{2}{3}\right)^n}{\frac{2}{3}-1} + C$$

$$= -3\left(\frac{2}{3}\right)^n + C \quad (n \in [2, \infty)_{\mathbb{Z}}).$$

为求 C 的值, 取 $n=2$, 则有

$$\frac{2}{3} = -3\left(\frac{2}{3}\right)^2 + C,$$
$$C = 2.$$

所以

$$\sum_{k=1}^{n-1}\left(\frac{2}{3}\right)^k = 2 - 3\left(\frac{2}{3}\right)^n, \quad n \in [2, \infty)_{\mathbb{Z}}.$$

下面给出一个计算定和的有用公式, 它类似于微积分的基本定理.

定理 1.3.4 如果 z_n 是 y_n 的不定和, 那么

$$\sum_{k=m}^{n-1} y_k = [z_k]_m^n = z_n - z_m.$$

证明 它是 (1.3.2) 的直接推论. □

例 1.3.5 计算 $\sum_{k=1}^{l} k^{\underline{2}}$.

解 由于 $k^{\underline{1}} = k$ 且 $k^{\underline{2}} = k(k-1)$, 那么 $k^2 = k^{\underline{1}} + k^{\underline{2}}$, 由定理 1.3.2(d) 可得

$$\sum k^2 = \sum k^{\underline{1}} + \sum k^{\underline{2}}$$
$$= \frac{k^{\underline{2}}}{2} + \frac{k^{\underline{3}}}{3} + C.$$

由定理 1.3.4 可得

$$\sum_{k=1}^{l} k^2 = \left[\frac{k^{\underline{2}}}{2} + \frac{k^{\underline{3}}}{3}\right]_1^{l+1}$$
$$= \frac{(l+1)^{\underline{2}}}{2} + \frac{(l+1)^{\underline{3}}}{3} - \frac{1^{\underline{2}}}{2} - \frac{1^{\underline{3}}}{3}$$
$$= \frac{(l+1)l}{2} + \frac{(l+1)l(l-1)}{3}$$
$$= \frac{l(l+1)(2l+1)}{6}.$$

1.3 和分及其运算

定理 1.3.5 如果 $m < n$, 那么

$$\sum_{k=m}^{n-1} a_k \Delta b_k = [a_k b_k]_m^n - \sum_{k=m}^{n-1} (\Delta a_k) b_{k+1}.$$

证明 在定理 1.3.3(c) 中选择 $y(n) = a_n, z(n) = b_n$,

$$\sum a_n \Delta b_n = a_n b_n - \sum (\Delta a_n) b_{n+1}.$$

由 (1.3.2) 式可得

$$\sum_{k=m}^{n-1} a_k \Delta b_k = a_n b_n - \sum_{k=m}^{n-1} (\Delta a_k) b_{k+1} + C.$$

取 $n = m + 1$, 前面的方程变成

$$a_m \Delta b_m = a_{m+1} b_{m+1} - (\Delta a_m) b_{m+1} + C.$$

因此, $C = -a_m b_m$, 结论得证. □

注 1.3.2 定理 1.3.5 的一个等价形式是阿贝尔求和公式:

$$\sum_{k=m}^{n-1} c_k d_k = d_n \sum_{k=m}^{n-1} c_k - \sum_{k=m}^{n-1} \left(\sum_{i=m}^{k} c_i \right) \Delta d_k.$$

例 1.3.6 计算 $\sum_{k=1}^{n-1} k 3^k$.

解 根据定理 1.3.5, 令 $a_k = k, \Delta b_k = 3^k$ 可得

$$\sum_{k=1}^{n-1} k 3^k = \left[k \frac{3^k}{2} \right]_1^n - \sum_{k=1}^{n-1} \frac{3^{k+1}}{2}.$$

由定理 1.3.4 与定理 1.3.2(a),

$$\sum_{k=1}^{n-1} 3^k = \frac{3^n - 3}{2}.$$

于是,

$$\sum_{k=1}^{n-1} k 3^k = \frac{n 3^n - 3}{2} - \frac{3}{2} \left(\frac{3^n - 3}{2} \right)$$
$$= \frac{(2n - 3) 3^n + 3}{4}.$$

运用例 1.3.3, 也可以得到同样的结果:
$$\sum n3^n = \frac{n3^n}{2} - \frac{3^{n+1}}{4} + C.$$
所以
$$\sum_{k=1}^{n-1} k3^k = \frac{n3^n}{2} - \frac{3^{n+1}}{4} - \left(\frac{3^1}{2} - \frac{3^2}{4}\right) = \frac{(2n-3)3^n + 3}{4}.$$

在微积分中, 微分中值定理有着重要的应用. 对于定义在 $\mathbb{N}$ 上的函数, 我们也可以得到一些类似的结果. 下面将不加证明地叙述几个这类结果, 有关这方面的详细讨论参见文献 [1] 的 1.2 节.

定义 1.3.3 设 $x(i)$ 定义在 $[a,b]_{\mathbb{Z}}$ 上, 若 $x(a) = 0$, 则称 a 为 $x(i)$ 的节点(node); 当 $k > a$ 时, 若 $x(k) = 0$, 或者 $x(k-1)x(k) < 0$, 称 k 为 $x(i)$ 的节点. 一个函数 $x(i)$ 的节点和其差分的节点有一定的联系.

定理 1.3.6 (离散的 Rolle 定理) 设 $x(i)$ 定义在 $[1,m]_{\mathbb{Z}}$ 上, 若 $x(i)$ 有 P_m 个节点. 则 $\Delta x(i)$ 定义在 $[1, m-1]_{\mathbb{Z}}$ 上, $\Delta x(i)$ 有 Q_m 个节点, 且满足 $Q_m \geqslant P_m - 1$.

定理 1.3.7 (差分中值定理) 设 $x(i)$ 定义在 $[a,b]_{\mathbb{Z}}$ 上, 则存在 $c \in [a+1, b-1]_{\mathbb{Z}}$, 使得下列不等式之一成立:

(i) $\Delta x(c) \leqslant \dfrac{x(b) - x(a)}{b-a} \leqslant \Delta x(c-1)$;

(ii) $\Delta x(c) \geqslant \dfrac{x(b) - x(a)}{b-a} \geqslant \Delta x(c-1)$.

利用递减连乘函数和差分的定义, 通过计算可以得到
$$\Delta x^{\underline{0}} = 0,$$
$$\Delta x^{\underline{n}} = nx^{\underline{n-1}},$$
$$\Delta x^{\underline{-n}} = -nx^{\underline{-n-1}}.$$

所以, 对任意的整数 n, 有
$$\Delta x^{\underline{n}} = nx^{\underline{n-1}}, \quad \Delta^n x^{\underline{k}} = kx^{\underline{k-1}} \cdots (k-n+1)x^{\underline{k-n}}, \quad \Delta^n x^{\underline{n}} = n!.$$

该差分公式与微分公式完全一致, 进一步有下面的定理.

定理 1.3.8 设 $f(x)$ 是 x 的 n 次多项式, 则
$$f(x) = f(0) + \Delta f(0) x^{\underline{1}} + c_2 x^{\underline{2}} + \cdots + c_{n-1} x^{\underline{n-1}} + c_n x^{\underline{n}},$$
其中 $c_k = \dfrac{\Delta^k f(0)}{k!}$, $k = 2, 3, \cdots, n$.

定理 1.3.8 表明, 每一个多项式可以用递减连乘函数表示出来, 对于一般的函数, 也可以利用差分算子的性质得到离散 Taylor 公式.

定理 1.3.9 当 $x(i)$ 定义在 $[i_0, \infty)_{\mathbb{Z}}$ 上时，则对所有的 $i \in [i_0, \infty)_{\mathbb{Z}}$ 和 $n \geqslant 1$，有

$$x(i) = \sum_{j=0}^{n-1} \frac{(i-i_0)^{\underline{j}}}{j!} \Delta^j x(i_0) + \frac{1}{(n-1)!} \sum_{j=i_0}^{i-n} (i-j-1)^{\underline{n-1}} \Delta^n x(j).$$

在微积分中，对 $\dfrac{0}{0}$ 型或者 $\dfrac{\infty}{\infty}$ 型不定式的极限，在一定条件下，可以通过导数之比的极限来计算. 这就是 L'Hospital 法则. 对于定义在 $[i_0, \infty)_{\mathbb{Z}}$ 上的函数也有类似的结论.

定理 1.3.10 设 $x(i)$ 和 $y(i)$ 在 $[i_0, \infty)_{\mathbb{Z}}$ 有定义，且对所有的 $i \in [k_0, \infty)_{\mathbb{Z}}$，有 $x(i) > 0$ 和 $\Delta x(i) < 0$. 若 $\lim\limits_{i \to +\infty} x(i) = \lim\limits_{i \to +\infty} y(i) = 0$，则

$$\liminf_{i \to +\infty} \frac{\Delta y(i)}{\Delta x(i)} \leqslant \liminf_{i \to +\infty} \frac{y(i)}{x(i)} \leqslant \limsup_{i \to +\infty} \frac{y(i)}{x(i)} \leqslant \limsup_{i \to +\infty} \frac{\Delta y(i)}{\Delta x(i)}.$$

1.4 差分方程及其解

定义 1.4.1 含有未知函数及其差分的等式称为 **差分方程**，其形式是

$$g(i, x(i), \Delta x(i), \cdots, \Delta^n x(i)) = 0.$$

根据差分算子与位移算子的关系，可以将 n 阶差分方程写为

$$F(i, x(i), Ex(i), \cdots, E^n x(i)) = 0,$$

或者

$$f(i, x(i), x(i+1), \cdots, x(i+n)) = 0.$$

称 f 不显含 i 的方程为 **自治差分方程**. 否则，称 f 显含 i 的方程为 **非自治差分方程**.

用

$$x(i+1) = f(i, x(i)) \tag{1.4.1}$$

和

$$x(i+n) = f(i, x(i), x(i+1), \cdots, x(i+n-1)) \tag{1.4.2}$$

分别表示一阶和 n 阶 (显式) 差分方程.

差分方程阶的定义与微分方程略有不同. 方程 (1.4.2) 中，如果右端显含 $x(i)$，则方程 (1.4.2) 为 n 阶差分方程. 如果 (1.4.2) 的右端不显含 $x(i)$，但显含 $x(i+1)$，

则 (1.4.2) 为 $n-1$ 阶差分方程. 一般地, 如果函数 $f(i,x(i+j),\cdots,x(i+n-1))$ $(0 \leqslant j < n-1)$ 显含 $x(i+j)$, 那么称差分方程

$$x(i+n) = f(i,x(i+j),\cdots,x(i+n-1)) \tag{1.4.3}$$

为 $n-j$ 阶差分方程.

如果以 $x(i) = \psi(i)$ 代入差分方程 (1.4.2), 得到一个关于 i 的恒等式, 则称 $x(i) = \psi(i)$ 是差分方程 (1.4.2) 的一个解. n 阶差分方程的包含 n 个任意周期函数的解称为 (1.4.2) 的**通解**①, 而差分方程的任意一个确定的解称为 (1.4.2) 的**特解**.

定解问题

$$x(k+1) = f(x(k)), \quad x(0) = x_0$$

称为一阶自治差分方程的初值问题. 满足方程及初始值条件的序列称为初值问题的解. 当 f 显含 k 时, 称

$$x(k+1) = f(k,x(k)), \quad x(0) = x_0$$

为一阶非自治差分方程的初值问题.

例 1.4.1 已知差分方程

$$\Delta^2 x(i) - 3\Delta x(i)T + 2x(i)T^2 = 4i^2 T^4, \tag{1.4.4}$$

其中 T 是正常数. 验证函数

$$\psi(i) = C_1(1+2T)^i + C_2(1+T)^i + 2(iT)^2 + (6-2T)iT + 7$$

是差分方程 (1.4.4) 的通解.

证明 首先有

$$\begin{aligned}
\Delta\psi(i) &= C_1(1+2T)^{i+1} + C_2(1+T)^{i+1} + 2(i+1)^2 T^2 + (6-2T)(i+1)T + 7 \\
&\quad - [C_1(1+2T)^i + C_2(1+T)^i + 2(iT)^2 + (6-2T)iT + 7] \\
&= C_1[(1+2T)^{i+1} - (1+2T)^i] + C_2[(1+T)^{i+1} - (1+T)^i] \\
&\quad + 2[(i+1)^2 T^2 - i^2 T^2] + (6-2T)[(i+1)T - iT] \\
&= C_1(1+2T)^i 2T + C_2(1+T)^i T + 4iT^2 + 2T^2 + (6-2T)T \\
&= 2C_1(1+2T)^i T + C_2(1+T)^i T + 4iT^2 + 6T \\
&= [2C_1(1+2T)^i + C_2(1+T)^i + 4iT + 6]T.
\end{aligned}$$

---

① 因本书只研究整数集上的差分方程, 故 n 个任意周期函数只能是 n 个任意常数.

1.4 差分方程及其解

类似地, 可以计算

$$\Delta^2 \psi(i) = [4C_1(1+2T)^i + C_2(1+T)^i + 4]T^2.$$

因此

$$\begin{aligned}
&\Delta^2\psi(i) - 3\Delta\psi(i)T + 2\psi(i)T^2 \\
&= [4C_1(1+2T)^i + C_2(1+T)^i + 4]T^2 - 3[2C_1(1+2T)^i + C_2(1+T)^i + 4iT + 6]T^2 \\
&\quad + 2[C_1(1+2T)^i + C_2(1+T)^i + 2(iT)^2 + (6-2T)iT + 7]T^2 \\
&= 4i^2T^4 - 4iT^4 = 4i(i-1)T^4 = 4i^2T^4.
\end{aligned}$$

所以, $x(i) = \psi(i)$ 是 (1.4.4) 的通解.

例 1.4.2 初值问题

$$x(i+1) = x^2(i), \quad x(0) = 0.6$$

解序列的前几项为

$$x(0) = 0.6, \quad x(1) = 0.36, \quad x(2) = 0.1296, \quad x(3) = 0.01679616, \cdots.$$

这个初值问题解的一般形式是 $x(k) = 0.6^{2^k}$. 这个差分方程是否有满足其他初始条件的解?

解 容易验证, $x(k) = 0$ 和 $x(k) = 1$ 都是满足差分方程的解. 当 $x(0) = -1$ 且 $k \geqslant 1$ 时也有 $x(k) = 1$. 显然, 这个差分方程满足初始值条件 $x(0) = x_0$ 解的形式是 $x(k) = x_0^{2^k}$. 所以, 可以得到该方程的解当 k 趋于无穷时的极限: 当 $|x(0)| < 1$ 时, $\lim\limits_{n\to\infty} x(n) = 0$, 而当 $|x(0)| > 1$ 时, $\lim\limits_{n\to\infty} x(n) = \infty$.

例 1.4.3 初值问题 $x(k+1) = a(k)x(k), x(k_0) = x_0$ 当 $k \geqslant k_0 \geqslant 0$ 时的解 $x(k)$.

解 根据初值条件, 先逐个计算 $k \geqslant k_0 \geqslant 0$ 前几项表达式, 再总结规律得

$$\begin{aligned}
x(k_0+1) &= a(k_0)x(k_0) = a(k_0)x_0, \\
x(k_0+2) &= a(k_0+1)x(k_0+1) = a(k_0+1)a(k_0)x_0, \\
x(k_0+3) &= a(k_0+2)x(k_0+2) = a(k_0+2)a(k_0+1)a(k_0)x_0, \\
&\cdots\cdots \\
x(k_0+k) &= a(k_0+k-1)x(k_0+k-1) \\
&= a(k_0+k-1)a(k_0+k-2)\cdots a(k_0+1)a(k_0)x_0.
\end{aligned}$$

故 $x(k) = a(k-1)a(k-2)\cdots a(k_0+1)a(k_0)x_0, \ k \geqslant k_0 + 1.$

例 1.4.4 求一阶线性差分方程初值问题 $y(k+1) = ay(k) + g(k), y(0) = y_0$ 解序列的前几项和一般项.

解 由初值条件和差分方程可得

$$y(1) = ay_0 + g(0),$$
$$y(2) = ay_1 + g(1) = a^2 y_0 + ag(0) + g(1),$$
$$y(3) = ay_2 + g(2) = a^3 y_0 + a^2 g(0) + ag(1) + g(2),$$
$$y(4) = ay_3 + g(3) = a^4 y_0 + a^3 g(0) + a^2 g(1) + ag(2) + g(3),$$
$$\cdots\cdots$$
$$y(k) = a^k y_0 + \sum_{j=0}^{k-1} a^{k-j-1} g(j).$$

特别地, 当 $g(k) = b$ 时, $y(k) = a^k y_0 + \sum_{j=0}^{k-1} a^{k-j-1} b$. 进一步, 当 $a \neq 1$ 时, $y(k) = a^k y_0 + \dfrac{b(1-a^k)}{1-a}$; 而当 $a = 1$ 时, $y(k) = y_0 + kb$.

例 1.4.5 求解初值问题

$$y(k+2) - 2y(k+1) + y(k) = k(k-1), \quad y(0) = -1, \quad y(1) = 3.$$

解 由差分和递减连乘函数的定义知, 差分方程的左端和右端分别满足 $y(k+2) - 2y(k+1) + y(k) = \Delta^2 y(k), k(k-1) = k^{\underline{2}}$. 所以, 这个差分方程可以简写为 $\Delta^2 y(k) = k^{\underline{2}}$. 按照差分与不定和的定义和关系, 我们只要对这个方程两边求两次不定和就可得到它的解. 对 $\Delta^2 y(k) = k^{\underline{2}}$ 两边求不定和得到 $\Delta y(k) = \dfrac{k^{\underline{3}}}{3} + c_1$, 再求一次不定和得到 $y(k) = \dfrac{k^{\underline{4}}}{12} + c_1 k + c_2$, 利用初始值条件得到 $c_2 = -1$ 和 $c_1 = 4$, 代入得到所求问题的解为

$$y(k) = \dfrac{k^{\underline{4}}}{12} + 4k - 1 = \dfrac{k(k-1)(k-2)(k-3)}{12} + 4k - 1.$$

差分方程初值问题可能有唯一的解, 也可能没有解, 还有可能有多个解. 例如, 差分方程 $kx(k+2) = x(k)$ 在初始值条件 $x(0) = 1, x(1) = 1$ 下无解. 而差分方程 $kx(k+2) = x(k)$ 总有零解 $x(k) = 0$, 且对任意常数 c,

$$x(k) = \begin{cases} 0, & k = 0, \ k = 2m-1, \ m \in [1, \infty)_{\mathbb{Z}}, \\ \dfrac{c}{2^{m-1}(m-1)!}, & k = 2m, \ m \in [1, \infty)_{\mathbb{Z}} \end{cases}$$

都是该方程满足 $x(0) = 0$ 和 $x(1) = 0$ 的解, 即差分方程 $kx(k+2) = x(k)$ 满足初始条件 $x(0) = 0$ 和 $x(1) = 0$ 的解有无穷多个.

1.5 评注

1. 本书只对定义在 $\mathbb{Z}$ 或其子集上的函数 $y(t)$ 定义了差分. 事实上, 对定义在 $\mathbb{R}$ 上的实函数或复函数 $y(t)$, 也可以类似地定义差分

$$\Delta y(t) = y(t+1) - y(t).$$

参见文献 [1,2].

2. 如果函数 $y(t)$ 的定义域不是 $\mathbb{Z}$, 则 (1.3.1) 中的 1 周期函数 $C(i)$ 未必是常值函数.

事实上, $C(i)$ 是什么样的函数? 答案取决于 $y(i)$ 的定义域. 在自然数集 $\mathbb{N}$ 上,

$$\Delta C(i) = C(i+1) - C(i) = 0, \quad i \in \mathbb{N}$$

蕴含 $C(1) = C(2) = C(3) = \cdots$. 易见, 此时 $C(i)$ 是常值函数.

若 $y(t)$ 的定义域是实数集 $\mathbb{R}$, 则满足方程

$$\Delta C(t) = C(t+1) - C(t) = 0, \quad t \in \mathbb{R}$$

的 1 周期函数不只是常值函数. 显然函数 $2\sin 2\pi t$ 和 $-5\cos 4\pi(t-\pi)$ 均符合要求.

3. 1988 年, 德国学者 S. Hilger[3] 提出并建立了一种新的分析理论 —— 时标上的微积分理论. 通过在任意实数集的闭子集 A 上定义前向跳跃算子

$$\sigma(t) = \inf\{\tau \in A \mid \tau > t\},$$

并引入 Δ-导数的概念来统一并推广经典的差分和分理论及经典微积分理论.

4. 分数阶微分方程因其在通信、物理等领域有着广泛的应用背景而受到众多学者的关注, 为了研究分数阶微分方程数值解, 1987 年, Samko, Kilbas 和 Maritchev [4] 给出了分数阶差分的定义, 随后有许多学者关注研究分数阶差分方程. 程金发在《分数阶差分方程理论》一书中完善和发展了分数阶差分和分数阶和分的概念, 将经典的整数阶差分方程理论和方法推广到分数阶差分方程, 参见文献 [5].

第2章 线性差分方程

2.1 线性差分方程初值问题解的存在唯一性

线性差分方程的理论与线性微分方程的理论类似, 我们可以清楚地知道一个线性差分方程解的结构, 它是若干个线性无关解的组合, 线性差分方程的任意一个解都在这个组合中, 这为我们后面的求解提供了理论基础.

在形如
$$x(i+n) = f(i, x(i), x(i+1), \cdots, x(i+n-1)) \qquad (2.1.1)$$

的差分方程中, 如果 $f(i, x(i), x(i+1), \cdots, x(i+n-1))$ 关于 $x(i), x(i+1), \cdots, x(i+n-1)$ 都是一次的, 那么称 (2.1.1) 为线性差分方程.

线性差分方程的一般形式是
$$x(i+n) + a_1(i)x(i+n-1) + \cdots + a_n(i)x(i) = u(i), \qquad (2.1.2)$$

或
$$[E^n + a_1(i)E^{n-1} + \cdots + a_n(i)I]x(i) = u(i). \qquad (2.1.3)$$

当 $u(i) \not\equiv 0$ 时, 称 (2.1.2) 或 (2.1.3) 为线性非齐次差分方程. 而称方程
$$L[x(i)] \equiv [E^n + a_1(i)E^{n-1} + \cdots + a_{n-1}(i)E + a_n(i)I]x(i) = 0 \qquad (2.1.4)$$

为线性齐次差分方程.

例 2.1.1 差分方程
$$x(i+2) - 5x(i+1) + 6x(i) = 0$$

是二阶齐次线性差分方程. 不难验证函数 $x_1(i) = 2^i, x_2(i) = 3^i$ 及它们的线性组合 $x(i) = C_1 \cdot 2^i + C_2 \cdot 3^i$ 均为该方程的解.

例 2.1.2 差分方程
$$x(i+2) - 5x(i+1) + 6x(i) = 8i \qquad (2.1.5)$$

是二阶非齐次线性差分方程. 验证函数 $x(i) = C_1 2^i + C_2 3^i + [4i+6]$ 是 (2.1.5) 的一个解.

证明 事实上,

$$
\begin{aligned}
&x(i+2) - 5x(i+1) + 6x(i) \\
&= \left(C_1 2^{(i+2)} + C_2 3^{(i+2)} + (4(i+2)+6)\right) - 5\left(C_1 2^{(i+1)} + C_2 3^{(i+1)} + (4(i+1)+6)\right) \\
&\quad + 6\left(C_1 2^i + C_2 3^i + (4i+6)\right) \\
&= C_1\left(2^{(i+2)} - 5 \times 2^{(i+1)} + 6 \times 2^i\right) + C_2\left(3^{(i+2)} - 5 \times 3^{(i+1)} + 6 \times 3^i\right) \\
&\quad + \left(4(i+2) - 5 \times 4(i+1) + 6 \times 4i\right) + (6 - 5 \times 6 + 6 \times 6) \\
&= 8i.
\end{aligned}
$$

故 $x(i) = C_1 2^i + C_2 3^i + (4i+6)$ 是 (2.1.5) 的一个解. □

给定一个差分方程, 自然会问它是否有解? 如果存在解, 那么解是否唯一? 例如, 差分方程 $y(k+1) = ay(k)$ 有解, 且对于任意的常数 c, $y(k) = ca^k$ 都是该方程的解, 即差分方程 $y(k+1) = ay(k)$ 有无穷多解, 而 $y(k+1) = ay(k)$ 满足条件 $y(1) = a$ 的解只有 $y(k) = a^k$, 即这个解是存在唯一的.

线性差分方程 "初值问题" 解的存在唯一性由下面的定理给出.

定理 2.1.1 设函数 $p_0, \cdots, p_n, r$ 均定义在 $[a, \infty)_{\mathbb{Z}}$ 上, 且满足

$$p_0(i) \neq 0, \quad p_n(i) \neq 0, \quad \forall i \in [a, \infty)_{\mathbb{Z}}.$$

则对任意 $i_0 \in [a, \infty)_{\mathbb{Z}}$ 和任意给定的 n 个数 $y_0, \cdots, y_{n-1}$, 初值问题

$$
\begin{cases}
p_n(i)y(i+n) + \cdots + p_0(i)y(i) = r(i), \\
y(i_0 + k) = y_k, \quad k = 0, \cdots, n-1
\end{cases}
\tag{2.1.6}
$$

存在唯一的解 $y(i), i \in [i_0, \infty)_{\mathbb{Z}}$.

证明 结论可由迭代法直接推得. 事实上, 因为 $p_n(i_0) \neq 0$,

$$y(i_0 + n) = \frac{r(i_0) - p_{n-1}(i_0)y(i_0 + n - 1) - \cdots - p_0(i_0)y(i_0)}{p_n(i_0)}.$$

类似地, 当 $i > i_0 + n$ 时, 可以利用 y 在 i 之前的 n 个值来确定 $y(i)$ 的值. 由于 $p_0(i)$ 总不为 0, 故我们总能唯一地求出

$$y(i) = \frac{r(i-n) - p_{n-1}(i-n)y(i-1) - \cdots - p_0(i-n)y(i-n)}{p_n(i-n)}, \quad i \in [i_0 + n, \infty)_{\mathbb{Z}}. \quad □$$

2.2 一阶线性差分方程的解法

设 $a \in \mathbb{N}$ 为一个固定常数. 设 $p(i)$ 和 $r(i)$ 为给定的函数, 且对任意 $i \in [a, \infty)_{\mathbb{Z}}$,

满足 $p(i) \neq 0, -1$. 一阶线性差分方程的一般形式为

$$y(i+1) - p(i)y(i) = r(i). \tag{2.2.1}$$

首先考虑一阶线性齐次方程

$$u(i+1) = p(i)u(i). \tag{2.2.2}$$

通过迭代,

$$u(a+1) = p(a)u(a),$$
$$u(a+2) = p(a+1)p(a)u(a),$$
$$\cdots\cdots$$
$$u(a+n) = u(a)\prod_{k=0}^{n-1} p(a+k).$$

可以把这个解写成更简便的形式

$$u(i) = u(a)\prod_{s=a}^{i-1} p(s) \qquad (i \in [a, \infty)_{\mathbb{Z}}),$$

其中 $\prod_{s=a}^{a-1} p(s) \equiv 1$,且对 $i \geqslant a+1$,该式等于 $p(a)p(a+1)\cdots p(i-1)$.

方程 (2.2.1) 可以用如下方法求解. 设 $y(i) = u(i)v(i)$ 为方程 (2.2.1) 的一个解. 将其代入 (2.2.1),则有

$$u(i+1)v(i+1) - p(i)u(i)v(i) = r(i),$$

或

$$v(i) = \sum \frac{r(i)}{Eu(i)} + C,$$

因此

$$y(i) = u(i)\left[\sum \frac{r(i)}{Eu(i)} + C\right].$$

上述两个方程中 C 是任意常数,$u(i)$ 是方程 (2.2.2) 的一个非平凡解. 上述求解 (2.2.1) 的方法称为**常数变易法**.

综上所述,有如下结论.

定理 2.2.1 设 $p(i), r(i)$ 为给定函数且满足 $p(i) \neq 0$ 对 $i \in [a, \infty)_{\mathbb{Z}}$ 成立. 则
(a) 方程 (2.2.2) 的解为

$$u(i) = u(a)\prod_{s=a}^{i-1} p(s), \quad i \in [a, \infty)_{\mathbb{Z}}.$$

(b) 方程 (2.2.1) 的解为
$$y(i) = u(i)\left[\sum \frac{r(i)}{Eu(i)} + C\right],$$
其中 C 是任意常数.

例 2.2.1　求解方程
$$y(i+1) - iy(i) = -3^i. \tag{2.2.3}$$

解　据定理 2.2.1, 方程 (2.2.3) 的解为
$$y(i) = \sum_{k=0}^{\infty} \frac{3^{i+k}}{i(i+1)\cdots(i+k)} = \frac{3^i}{i}\sum_{k=0}^{\infty} 3^k \underline{i^{-k}}.$$

2.3　线性差分方程解的一般理论

本节将讨论线性非齐次方程
$$p_n(i)u(i+n) + \cdots + p_0(i)u(i) = r(i) \tag{2.3.1}$$
及其相应的齐次方程
$$p_n(i)u(i+n) + \cdots + p_0(i)u(i) = 0 \tag{2.3.2}$$
的解集的一般理论.

利用位移算子, 方程 (2.3.1) 可写成
$$(p_n(i)E^n + \cdots + p_0(i)E^0)u(i) = r(i),$$
其中 $E^0 = I$. 由于 $E = \Delta + I$, 故方程 (2.3.1) 也可通过差分算子表示. 然而, 下面的例子表明, 在这种情况下, 方程的阶数是不明显的.

例 2.3.1　试问方程
$$\Delta^3 y(i) + 3\Delta^2 y(i) + \Delta y(i) - y(i) = r(i)$$
的阶数是多少?

解　将 $\Delta = E - I$ 代入上述方程, 得
$$(E^3 - 3E^2 + 3E - I)y(i) + 3(E^2 - 2E + I)y(i) + (E - I)y(i) - y(i) = r(i),$$
即
$$y(i+3) - 2y(i+1) = r(i).$$

可见, 原差分方程实际上是一个二阶线性差分方程.

定理 2.3.1 设 $u_1(i), u_2(i), y_1(i), y_2(i)$ 和 $y(i)$ 是函数, 则下列命题成立:

(i) 如果 $u_1(i)$ 和 $u_2(i)$ 是方程 (2.3.2) 的解, 则对任意的常数 C 和 D, $Cu_1(i) + Du_2(i)$ 也是方程 (2.3.2) 的解.

(ii) 如果 $u(i)$ 是方程 (2.3.2) 的解, $y(i)$ 是方程 (2.3.1) 的解, 则 $u(i) + y(i)$ 是方程 (2.3.1) 的解.

(iii) 如果 $y_1(i)$ 和 $y_2(i)$ 是方程 (2.3.1) 的解, 则 $y_1(i) - y_2(i)$ 是方程 (2.3.2) 的解.

证明 所有结论均可通过直接验证推得. □

推论 2.3.1 如果 $z(i)$ 是方程 (2.3.1) 的一个解, 则方程 (2.3.1) 的每个解 $y(i)$ 都可写为
$$y(i) = z(i) + u(i),$$
其中 $u(i)$ 是方程 (2.3.2) 的解.

由推论 2.3.1 知, 寻找方程 (2.3.1) 通解的问题, 可化归为求解如下两个问题:

(a) 求方程 (2.3.2) 的通解.

(b) 求方程 (2.3.1) 的一个特解.

定义 2.3.1 函数集 $\{u_1(i), \cdots, u_m(i)\}$, $i \in [a, \infty)_{\mathbb{Z}}$, 线性相关是指: 存在不全为 0 的常数 $C_1, \cdots, C_m$, 使得
$$C_1 u_1(i) + C_2 u_2(i) + \cdots + C_m u_m(i) = 0, \quad i \in [a, \infty)_{\mathbb{Z}}.$$
否则, 称这组函数线性无关.

例 2.3.2 证明在 $[1, \infty)_{\mathbb{Z}}$ 上, 函数 2^i, $i2^i$ 和 $i^2 2^i$ 是线性无关的.

证明 设存在常数 C_1, C_2, C_3, 使得
$$C_1 2^i + C_2 i 2^i + C_3 i^2 2^i = 0, \quad i \in [1, \infty)_{\mathbb{Z}},$$
则
$$C_1 + C_2 i + C_3 i^2 = 0, \quad i \in [1, \infty)_{\mathbb{Z}}.$$
这个事实蕴含 $C_1 = C_2 = C_3 = 0$. 故函数 2^i, $i2^i$ 和 $i^2 2^i$ 在 $[1, \infty)_{\mathbb{Z}}$ 上线性无关. □

现在将定义一个在线性差分方程研究中非常有用的矩阵.

定义 2.3.2 设 $u_1, u_2, \cdots, u_n$ 是 n 个给定的函数. 称矩阵
$$W(i) = \begin{pmatrix} u_1(i) & u_2(i) & \cdots & u_n(i) \\ u_1(i+1) & u_2(i+1) & \cdots & u_n(i+1) \\ \vdots & \vdots & & \vdots \\ u_1(i+n-1) & u_2(i+n-1) & \cdots & u_n(i+n-1) \end{pmatrix} \tag{2.3.3}$$

2.3 线性差分方程解的一般理论

为函数组 $u_1, u_2, \cdots, u_n$ 的 Casoratian 矩阵, 行列式

$$w(i) = \det W(i)$$

被称为 Casoratian 行列式.

易证 Casoratian 行列式满足方程

$$w(i) = \begin{vmatrix} u_1(i) & u_2(i) & \cdots & u_n(i) \\ \Delta u_1(i) & \Delta u_2(i) & \cdots & \Delta u_n(i) \\ \vdots & \vdots & & \vdots \\ \Delta^{n-1} u_1(i) & \Delta^{n-1} u_2(i) & \cdots & \Delta^{n-1} u_n(i) \end{vmatrix}. \tag{2.3.4}$$

Casoratian 行列式在线性差分方程中的作用类似于 Wronskian 行列式在线性微分方程中的作用.

定理 2.3.2 设 $u_1(i), u_2(i), \cdots, u_n(i)$ $(i \in [a, \infty)_{\mathbb{Z}})$ 是方程 (2.3.2) 的解, 那么下面的条件是等价的:

(1) 集合 $\{u_1(i), u_2(i), \cdots, u_n(i)\} (i \in [a, \infty)_{\mathbb{Z}})$ 是线性相关的.

(2) 对某个 $i_0 \in [a, \infty)_{\mathbb{Z}}$, $w(i_0) = 0$.

(3) 对所有的 $i \in [a, \infty)_{\mathbb{Z}}$, $w(i) = 0$.

证明 首先假设 $u_1(i), u_2(i), \cdots, u_n(i)$ 是线性相关的. 则存在不全为零的常数 $C_1, C_2, \cdots, C_n$, 使得对 $i \in [a, \infty)_{\mathbb{Z}}$, 有

$$C_1 u_1(i) + C_2 u_2(i) + \cdots + C_n u_n(i) = 0,$$

$$C_1 u_1(i+1) + C_2 u_2(i+1) + \cdots + C_n u_n(i+1) = 0,$$

$$\cdots \cdots$$

$$C_1 u_1(i+n-1) + C_2 u_2(i+n-1) + \cdots + C_n u_n(i+n-1) = 0.$$

由于这个齐次方程组有非平凡解 $C_1, C_2, \cdots, C_n$, 故系数矩阵的行列式 $w(i)(i \in [a, \infty)_{\mathbb{Z}})$ 为零.

另一方面, 假设 $w(i_0) = 0$. 则存在不全为零的常数 $C_1, C_2, \cdots, C_n$, 使得

$$C_1 u_1(i_0) + C_2 u_2(i_0) + \cdots + C_n u_n(i_0) = 0,$$

$$C_1 u_1(i_0 + 1) + C_2 u_2(i_0 + 1) + \cdots + C_n u_n(i_0 + 1) = 0,$$

$$\cdots \cdots$$

$$C_1 u_1(i_0 + n - 1) + C_2 u_2(i_0 + n - 1) + \cdots + C_n u_n(i_0 + n - 1) = 0.$$

设
$$u(i) = C_1 u_1(i) + \cdots + C_n u_n(i).$$

则 u 是方程 (2.3.2) 的一个解,并且满足

$$u(i_0) = u(i_0 + 1) = \cdots = u(i_0 + n - 1) = 0.$$

由定理 2.1.1 可知:对所有的 $i \in [a, \infty)_{\mathbb{Z}}$, $u(i) = 0$. 因此集合 $\{u_1, u_2, \cdots, u_n\}$ 是线性相关的. □

定理 2.3.3　如果 $u_1(i), \cdots, u_n(i)$ 是方程 (2.3.2) 的 n 个线性无关的解,则 (2.3.2) 的任意一个解 $u(i)$ 可以唯一地表示成

$$u(i) = C_1 u_1(i) + \cdots + C_n u_n(i),$$

其中 $C_1, \cdots, C_n$ 是常数.

证明　设 $u(i)$ 是方程 (2.3.2) 的解. 由于 $w(i) \neq 0$, $i \in [a, \infty)_{\mathbb{Z}}$, 故方程组

$$C_1 u_1(a) + \cdots + C_n u_n(a) = u(a),$$

$$\cdots \cdots$$

$$C_1 u_1(a + n - 1) + \cdots + C_n u_n(a + n - 1) = u(a + n - 1)$$

有唯一解 $C_1, \cdots, C_n$. 于是

$$u(i) = C_1 u_1(i) + \cdots + C_n u_n(i)$$

对所有的 $i \in [a, \infty)_{\mathbb{Z}}$ 成立. □

例 2.3.3　方程

$$u(i+3) - 6u(i+2) + 11u(i+1) - 6u(i) = 0 \tag{2.3.5}$$

有解 $2^i, 3^i, 1$,其中 $i \in \mathbb{N}$. 求该方程的通解.

解　这些解的 Casoratian 行列式为

$$w(i) = \det \begin{pmatrix} 2^i & 3^i & 1 \\ 2^i & 2 \cdot 3^i & 0 \\ 2^i & 4 \cdot 3^i & 0 \end{pmatrix} = 2^{i+1} 3^i,$$

$w(i)$ 恒不为零. 因此,集合 $\{2^i, 3^i, 1\}$ 是线性无关的,进而, (2.3.5) 的通解为

$$u(i) = C_1 2^i + C_2 3^i + C_3.$$

定义 2.3.3 方程 (2.3.2) 的 n 个线性无关的解称为 (2.3.2) 的**基本解组**.

定理 2.3.4 如果 $u_1(i), \cdots, u_n(i)$ 是方程 (2.3.2) 的基本解组, $v(i)$ 是方程 (2.3.1) 的一个解, 则 (2.3.1) 的任意一个解 $y(i)$ 可以唯一地表示成

$$y(i) = C_1 u_1(i) + \cdots + C_n u_n(i) + v(i),$$

其中 $C_1, \cdots, C_n$ 是常数.

证明 注意到 $y(i) - v(i)$ 是方程 (2.3.2) 的解. 由定理 2.3.3 知, 存在唯一的常数组 $C_1, \cdots, C_n$, 使得

$$y(i) - v(i) = C_1 u_1(i) + \cdots + C_n u_n(i). \qquad \square$$

定理 2.3.5 n 阶线性齐次方程 (2.3.2) 必有基本解组.

证明 由定理 2.1.1, 对任意在 $i_0 \in [a, \infty)_{\mathbb{Z}}$ 和任意给定的 n 个数 $y_0, \cdots, y_{n-1}$, 初值问题

$$p_n(i) y(i+n) + \cdots + p_0 y(i) = 0,$$
$$y(i_0 + k) = y_k, \quad k = 0, \cdots, n-1$$

存在唯一的解 $y \in [i_0, \infty)_{\mathbb{Z}}$. 让向量 $(y_1, y_2, \cdots, y_n)^{\mathrm{T}}$ 依次取值为

$$\begin{pmatrix} 1 \\ 0 \\ \vdots \\ 0 \end{pmatrix}, \begin{pmatrix} 0 \\ 1 \\ \vdots \\ 0 \end{pmatrix}, \cdots, \begin{pmatrix} 0 \\ 0 \\ \vdots \\ 1 \end{pmatrix},$$

便得到 (2.3.2) 的 n 个解. 最后, 定理 2.3.2 保证这 n 个解线性无关. $\qquad \square$

定理 2.3.6 n 阶线性齐次方程 (2.3.2) 的任何 $n+1$ 个解一定线性相关.

证明 设 $u_1(i), u_2(i), \cdots, u_n(i), u_{n+1}(i)$ 是 (2.3.2) 的 $n+1$ 个解.

如果 $u_1(i), u_2(i), \cdots, u_n(i)$ 线性相关, 则 $u_1(i), u_2(i), \cdots, u_n(i), u_{n+1}(i)$ 必然线性相关.

如果 $u_1(i), u_2(i), \cdots, u_n(i)$ 线性无关, 则由定理 2.3.4 知, $u_{n+1}(i)$ 可由基本解组 $u_1(i), u_2(i), \cdots, u_n(i)$ 线性表示. 从而, $u_1(i), u_2(i), \cdots, u_n(i), u_{n+1}(i)$ 线性相关. $\qquad \square$

推论 2.3.2 n 阶线性齐次方程 (2.3.2) 的解集构成一个 n 维线性空间.

2.4 n 阶常系数线性差分方程

2.4.1 常系数线性齐次差分方程的解

现在我们讨论如何求常系数线性差分方程

$$u(i+n) + p_{n-1}u(i+n-1) + \cdots + p_0 u(i) = 0 \qquad (2.4.1)$$

的 n 个线性无关解的问题, 其中 $p_0, \cdots, p_{n-1}$ 是常数并且 $p_0 \neq 0$.

定义 2.4.1　(a) 多项式 $\lambda^n + p_{n-1}\lambda^{n-1} + \cdots + p_0$ 称为方程 (2.4.1) 的特征多项式.

(b) 方程 $\lambda^n + p_{n-1}\lambda^{n-1} + \cdots + p_0 = 0$ 称为 (2.4.1) 的特征方程.

(c) 特征方程的解 $\lambda_1, \cdots, \lambda_k (k \leqslant n)$ 称为 (2.4.1) 的特征根.

如果将位移算子 E 代入 (2.4.1), 则 (2.4.1) 可以等价地写成

$$(E^n + p_{n-1}E^{n-1} + \cdots + p_0 I)u(i) = 0,$$

或

$$(E - \lambda_1 I)^{\alpha_1} \cdots (E - \lambda_k I)^{\alpha_k} u(i) = 0, \qquad (2.4.2)$$

其中 $\alpha_1 + \cdots + \alpha_k = n$ 并且与各因子的顺序无关. 值得注意的是, $p_0 \neq 0$ 蕴含每个特征根均非零.

我们先来求解方程

$$(E - \lambda_1 I)^{\alpha_1} u(i) = 0. \qquad (2.4.3)$$

显然, 方程 (2.4.3) 的解也是方程 (2.4.2) 的解.

若 $\alpha_1 = 1$, 则方程 (2.4.3) 化简为

$$u(i+1) = \lambda_1 u(i),$$

它有一个形如 $u(i) = \lambda_1^i$ 的解. 若 $\alpha_1 > 1$, 令 (2.4.3) 式中 $u(i) = \lambda_1^i v(i)$,

$$\begin{aligned}(E - \lambda_1 I)^{\alpha_1} \lambda_1^i v(i) &= \sum_{j=0}^{\alpha_1} \binom{\alpha_1}{j}(-\lambda_1)^{\alpha_1 - j} E^j \lambda_1^i v(i) \\ &= \sum_{j=0}^{\alpha_1} \binom{\alpha_1}{j}(-\lambda_1)^{\alpha_1 - j} \lambda_1^{i+j} E^j v(i) \\ &= (\lambda_1)^{\alpha_1 + i} \sum_{j=0}^{\alpha_1} \binom{\alpha_1}{j}(-1)^{\alpha_1 - j} E^j v(i) \\ &= (\lambda_1)^{\alpha_1 + i}(E - I)^{\alpha_1} v(i) \\ &= (\lambda_1)^{\alpha_1 + i} \Delta^{\alpha_1} v(i) = 0 \end{aligned}$$

对 $v(i) = 1, i, i^2, \cdots, i^{\alpha_1 - 1}$ 成立. 自然地, 方程 (2.4.3) 有 α_1 个解 $\lambda_1^i, i\lambda_1^i, \cdots, i^{\alpha_1 - 1}\lambda_1^i$. 正如例 2.3.2 所示. 可以验证: 这些解是线性无关的. 通过方程 (2.4.2), 我们得出方程 (2.4.1) 的 n 个解是线性无关的. 于是, 推得如下结论.

2.4 n 阶常系数线性差分方程

定理 2.4.1 假设方程 (2.4.1) 有特征根 $\lambda_1, \cdots, \lambda_k$,它们的重数分别为 $\alpha_1, \cdots, \alpha_k$, $\alpha_1 + \cdots + \alpha_k = n$. 则方程 (2.4.1) 有 n 个线性无关的解

$$\lambda_1^i, \cdots, i^{\alpha_1-1}\lambda_1^i, \lambda_2^i, \cdots, i^{\alpha_2-1}\lambda_2^i, \cdots, \lambda_k^i, \cdots, i^{\alpha_k-1}\lambda_k^i.$$

如果特征根是一对共轭复根 $\lambda = a \pm ib$ ($i^2 = -1$), 那么 (2.4.1) 的实值解可以通过极坐标变换

$$\lambda = re^{\pm i\theta} = r(\cos\theta \pm i\sin\theta)$$

求得, 其中 $a^2 + b^2 = r^2$, $\tan\theta = b/a$. 于是

$$\lambda^i = r^i(\cos\theta i \pm i\sin\theta i).$$

由于 (2.4.1) 解的线性组合仍然是 (2.4.1) 的解, 故得到线性无关的两个解 $r^i\cos\theta i$ 和 $r^i\sin\theta i$. 对于 λ 为重复根的情形可以通过类似的方法处理.

例 2.4.1 求线性差分方程

$$u(k+2) - 2u(k+1) + 4u(k) = 0$$

的基本解组.

解 根据特征方程 $\lambda^2 - 2\lambda + 4 = 0$, 解得

$$\lambda_1 = 1 + \sqrt{3}i = 2\left(\cos\frac{\pi}{3} + i\sin\frac{\pi}{3}\right),$$
$$\lambda_2 = 1 - \sqrt{3}i = 2\left(\cos\left(\frac{-\pi}{3}\right) + i\sin\left(\frac{-\pi}{3}\right)\right).$$

于是, 两个实数解分别为

$$u_1(i) = 2^i\cos\frac{\pi}{3}i, \quad u_2(i) = 2^i\sin\frac{\pi}{3}i.$$

由于 $\omega(i) = \sqrt{3}\cdot 4^i \neq 0$, 故 u_1, u_2 线性无关, 即 u_1, u_2 为该方程的基本解组.

例 2.4.2 求下面初值问题的解

$$y(k+3) - 7y(k+2) + 16y(k+1) - 12y(k) = 0, \quad y(0) = 0, \quad y(1) = 1, \quad y(2) = 1.$$

解 该方程的特征方程 $r^3 - 7r^2 + 16r - 12 = 0$ 的三个根分别为 $r_1 = r_2 = 2, r_3 = 3$. 按照前面的分析知道, 方程的通解为

$$y(k) = c_1 2^k + c_2 k 2^k + c_3 3^k.$$

利用初值条件得到方程组
$$\begin{cases} c_1 + c_3 = 0, \\ 2c_1 + 2c_2 + 3c_3 = 1, \\ 4c_1 + 8c_2 + 9c_3 = 1. \end{cases}$$

由此方程组得到 $c_1 = 3, c_2 = 2, c_3 = -3$. 最后, 将这些常数值代入方程通解的表达式即可得到初始值问题的解

$$y(k) = 3 \cdot 2^k + 2k \cdot 2^k - 3 \cdot 3^k.$$

例 2.4.3 求方程 $y(k+2) - 2y(k+1) + 2y(k) = 0$ 的通解.

解 这个差分方程的特征方程 $r^2 - 2r + 2 = 0$ 的根为共轭复数, $r_1 = 1+i, r_2 = 1-i$. 按照前面的分析知道, 方程的通解为

$$y(k) = c_1 2^{\frac{k}{2}} \cos \frac{k\pi}{4} + c_2 2^{\frac{k}{2}} \sin \frac{k\pi}{4}.$$

进一步整理可以得到 $y(k) = a 2^{\frac{k}{2}} \cos\left(\frac{k\pi}{4} + \phi\right)$, 其中 a 和 ϕ 是常数.

2.4.2 常系数线性非齐次差分方程的解

对于常系数线性非齐次差分方程

$$y(i+n) + p_{n-1} y(i+n-1) + \cdots + p_0 y(i) = r(i), \tag{2.4.4}$$

将介绍下列三种解法.

解法 1 零化算子法.

若 $r(i)$ 是某个齐次常系数方程的一个解, 则可以通过"零化算子法"来求解. 其核心思想包含在如下简单结果中.

定理 2.4.2 假设 $y(i)$ 是方程 (2.4.4) 的解, 即

$$(E^n + p_{n-1} E^{n-1} + \cdots + p_0 I) y(i) = r(i),$$

且 $r(i)$ 满足

$$(E^m + q_{m-1} E^{m-1} + \cdots + q_0 I) r(i) = 0,$$

则 $y(i)$ 满足

$$\left(E^m + q_{m-1} E^{m-1} + \cdots + q_0 I\right)\left(E^n + p_{n-1} E^{n-1} + \cdots + p_0 I\right) y(i) = 0.$$

证明 用算子 $E^m + p_{n-1} E^{m-1} + \cdots + q_0 I$ 同时作用于方程 (2.4.4) 两边即得结论. □

2.4 n 阶常系数线性差分方程

例 2.4.4 求解 $y(i+2) - 7y(i+1) + 6y(i) = i$.

解 先将方程改写成

$$(E^2 - 7E + 6I)y(i) = i$$

或

$$(E - I)(E - 6I)y(i) = i.$$

因 i 满足齐次方程

$$(E - I)^2 i = \Delta^2 i = 0,$$

故由定理 2.4.2 可知

$$(E - I)^3 (E - 6I)y(i) = 0,$$

这里 $(E - I)^2$ 为零化算子. 它的功能是从原方程的右端消除不恒为零的函数

$$r(i) = i.$$

利用齐次方程的相关知识, 可以推得

$$y(i) = C_1 6^i + C_2 + C_3 i + C_4 i^2.$$

下一步把 $y(i)$ 的表达式代入原方程来确定未知系数 C_1, C_2, C_3, C_4, 注意到 $C_1 6^i + C_2$ 满足原方程相应的齐次方程, 因此只需要把 $y(i) = C_3 i + C_4 i^2$ 代入原方程, 进而可得

$$C_3(i+2) + C_4(i+2)^2 - 7C_3(i+1) - 7C_4(i+1)^2 + 6C_3 i + 6C_4 i^2 = i$$

或者

$$i^2[C_4 - 7C_4 + 6C_4] + i[4C_4 + C_3 - 14C_4 - 7C_3 + 6C_3] + [4C_4 + 2C_3 - 7C_4 - 7C_3] = i.$$

整理得

$$-10C_4 = 1,$$

$$-5C_3 - 3C_4 = 0,$$

解得 $C_4 = -\dfrac{1}{10}, C_3 = \dfrac{3}{50}$, 从而

$$y(i) = C_1 6^i + C_2 + \frac{3}{50} i - \frac{1}{10} i^2.$$

例 2.4.5 解方程 $\Delta y(i) = 3^i \sin \dfrac{\pi}{2} i, i \in [a, \infty)_{\mathbb{Z}}$.

解 函数 $3^i \sin \frac{\pi}{2} i$ 必须满足具有复特征根的方程，从例 2.4.1 可知根的极坐标是 $r=3, \theta = \pm \frac{\pi}{2}$，于是 $\lambda = 3e^{\pm \frac{\pi}{2}i} = \pm 3i$. 可见 $3^i \sin \frac{\pi}{2} i$ 满足

$$(E-3i)(E+3i)y(i) = (E^2+9)y(i) = 0,$$

于是 $y(i)$ 满足

$$(E^2+9)(E-1)y(i) = 0,$$

它的通解为

$$y(i) = C_1 + C_2 3^i \sin \frac{\pi}{2} i + C_3 3^i \cos \frac{\pi}{2} i.$$

将这个表达式代入原方程，有

$$C_2 3^i \left(3 \cos \frac{\pi}{2} i - \sin \frac{\pi}{2} i \right) + C_3 3^i \left(-3 \sin \frac{\pi}{2} i - \cos \frac{\pi}{2} i \right) = 3^i \sin \frac{\pi}{2} i.$$

可以推得 $C_2 = -\frac{1}{10}, C_3 = -\frac{3}{10}$，最后得到

$$y(i) = C_1 - \frac{3^i}{10}\left(\sin \frac{\pi}{2} i + 3 \cos \frac{\pi}{2} i \right),$$

其中 C_1 为任意常数.

解法 2 待定系数法.

非齐次线性差分方程

$$x(i+n) + a_1(i)x(i+n-1) + \cdots + a_{n-1}(i)x(i+1) + a_n(i)x(i) = u(i) \tag{2.4.5}$$

或

$$L(E)x(i) \equiv [E^n + a_1(i)E^{n-1} + \cdots + a_{n-1}(i)E + a_n(i)I]x(i) = u(i) \tag{2.4.6}$$

的通解等于相应的齐次方程的通解加上 (2.4.5) 的一个特解. 现在我们介绍针对特殊类型的 $u(i)$ 求特解的待定系数法.

首先，对函数 a^i 有: $Ea^i = a^{i+1} = a \cdot a^i, E^2 a^i = a^2 \cdot a^i, \cdots, E^n a^i = a^n \cdot a^i$，因此，当 $u(i) = ka^i$ 时可考虑求形如 Aa^i 的特解，其中 A 是待定常数.

例 2.4.6 解方程 $[E^2 - 6E + 8I]x(i) = -5 \cdot (3^i)$.

解 显然与它相应的齐次方程的通解为

$$C_1 2^i + C_2 4^i.$$

下面求非齐次方程的一个特解 $z(i)$，令 $z(i) = A3^i$，代入差分方程得

$$(9A - 18A + 8A)3^i = -5(3^i).$$

2.4 n 阶常系数线性差分方程

解上式得 $A = 5$, 于是, $z(i) = 5(3^i)$ 是一个特解, 因此, 非齐次差分方程的通解是

$$x(i) = C_1 2^i + C_2 4^i + 5(3^i).$$

由上面的推导可以看出, 如果 a 是特征方程的根, 则直接代入不能求得 A.

例 2.4.7 解方程 $[E^2 - 6E + 8I]x(i) = 2^i$.

解 $a = 2$ 是特征方程 $\lambda^2 - 6\lambda + 8 = 0$ 的根, 如果仍像上例, 令 $z(i) = A2^i$, 代入得

$$4A2^i - 12A2^i + 8A2^i = 2^i.$$

上式左端恒为零, 因此不可能成为恒等式, 这说明该差分方程没有形如 $A2^i$ 的特解. 运用类似于线性常系数微分方程中的做法, 设特解为 $z(i) = Ai2^i$. 将其代入差分方程, 得

$$(i+2)2^{i+2}A - 6(i+1)2^{i+1}A + 8i2^i A = 2^i.$$

化简得

$$(4(i+2) - 12(i+1) + 8i)A = 1,$$

解得 $A = -\dfrac{1}{4}$, 因此 $z(i) = -\dfrac{1}{4}i2^i$ 是非齐次差分方程的一个特解. 于是, 该差分方程的通解为

$$x(i) = C_1 2^i + C_2 4^i - \dfrac{i}{4}2^i.$$

当 $u(i)$ 取其他几种常见函数的形式时, 仅将此时特解的形式列于表 2.1, 而不再一一推导.

表 2.1 $a + 1\alpha$ 不是特征根时线性非齐次方程特解的形式

$u(i)$	一般情况下的特解形式
a(常数)	A(常数)
a^i	Aa^i
$\cos\alpha i$	$A\cos\alpha i + B\sin\alpha i$
$\sin\alpha i$	$A\cos\alpha i + B\sin\alpha i$
m 次多项式 Q_i	$A_0 i^m + A_1 i^{m-1} + \cdots + A_{m-1} i + A_m$
$a^i Q_i$	$a^i(A_0 i^m + A_1 i^{m-1} + \cdots + A_{m-1} i + A_m)$
$a^i \sin\alpha i$	$a^i(A\cos\alpha i + B\sin\alpha i)$
$a^i \cos\alpha i$	$a^i(A\cos\alpha i + B\sin\alpha i)$

当差分方程的右端 $u(i)$ 取表中所列形式时, 用待定系数法求解非齐次差分方程的步骤如下:

第一步 求相应的齐次差分方程的 n 个线性无关解 $x_1(i), x_2(i), \cdots, x_n(i)$.

第二步 按表 2.1 确定特解的形式, 并检验特解中是否有某项与第一步求出的齐次差分方程的某个解相同. 如果没有, 则表中给出的函数就是该方程的特解形

式. 如果有, 则这一项要乘以 i 或 i 的整数幂, 使之不再与齐次差分方程的无关解相同.

第三步 将形式特解代入非齐次方程, 确定待定系数, 从而求得它的一个特解 $z(i)$.

第四步 构造非齐次差分方程的通解

$$x(i) = C_1 x_1(i) + C_2 x_2(i) + \cdots + C_n x_n(i) + z(i).$$

例 2.4.8 求差分方程

$$[E^2 - 6E + 8I]x(i) = 3i^2 + 2 - 5(3^i)$$

的通解.

解 **第一步** 在例 2.4.7 中, 已求出相应的齐次差分方程的两个线性无关解是 2^i 和 4^i.

第二步 由表 2.1 知特解形式为

$$z(i) = A_1 i^2 + A_2 i + A_3 + A_4 3^i.$$

上式没有与 2^i 和 4^i 相同的项.

第三步 将 $z(i)$ 代入差分方程得到

$$A_1(i+2)^2 + A_2(i+2) + A_3 + A_4 3^{i+2} - 6[A_1(i+1)^2 + A_2(i+1) + A_3 + A_4 3^{i+1}]$$
$$+ 8[A_1 i^2 + A_2 i + A_3 + A_4 3^i]$$
$$= 3A_1 i^2 + (3A_2 - 8A_1)i + 3A_3 - 4A_2 - 2A_1 - A_4 3^i$$
$$= 3i^2 + 2 - 5(3^i).$$

令等式两端同类项的系数相等, 得到

$$\begin{cases} 3A_1 = 3, \\ 3A_2 - 8A_1 = 0, \\ 3A_3 - 4A_2 - 2A_1 = 2, \\ -A_4 = -5. \end{cases}$$

解得: $A_1 = 1, A_2 = \dfrac{8}{3}, A_3 = \dfrac{44}{9}, A_4 = 5$. 于是所求的非齐次差分方程的特解是

$$z(i) = i^2 + \frac{8}{3}i + \frac{44}{9} + 5(3^i).$$

第四步 非齐次差分方程的通解为

$$x(i) = C_1 2^i + C_2 4^i + i^2 + \frac{8}{3}i + \frac{44}{9} + 5(3^i).$$

例 2.4.9 求差分方程

$$[E^3 - 3E^2 + 3E - I]x(i) = 24(i+2)$$

的通解.

解 **第一步** 求齐次差分方程的三个线性无关解, 其特征方程 $L(\lambda) = \lambda^3 - 3\lambda^2 + 3\lambda - 1 = (\lambda-1)^3 = 0$. $\lambda = 1$ 是特征方程的三重根, $x_1(i) = 1, x_2(i) = i, x_3(i) = i^2$ 是对应的齐次差分方程的三个线性无关解.

第二步 特解形如

$$z(i) = i^3(A_1 i + A_2)$$

(注意各项乘以 i, i^2 都还有与线性无关解相同的项, 因此乘 i^3).

第三步 确定系数 A_1, A_2. 将 $z(i)$ 代入差分方程, 经化简得

$$24A_1 i + 36A_1 + 6A_2 = 24i + 48.$$

令相应的同次幂的系数相等得

$$\begin{cases} 24A_1 = 24, \\ 36A_1 + 6A_2 = 48. \end{cases}$$

解得 $A_1 = 1, A_2 = 2$. 因此非齐次差分方程的特解是

$$z(i) = i^4 + 2i^3.$$

第四步 非齐次差分方程的通解为

$$x(i) = C_1 + C_2 i + C_3 i^2 + 2i^3 + i^4.$$

解法 3 常数变易法.

我们曾经在 2.2 节运用常数变易法求一阶线性非齐次方程的一个特解. 现在将运用该方法分别求 n 阶线性非齐次方程

$$p_n(i)y(i+n) + \cdots + p_0(i)y(i) = r(i) \tag{2.4.7}$$

和齐次方程

$$p_n(i)y(i+n) + \cdots + p_0(i)y(i) = 0 \tag{2.4.8}$$

的特解.

常数变易法是求解方程 (2.4.7) 的基本方法. 如果已知方程 (2.4.8) 的 n 个线性无关解 $u_1(i), \cdots, u_n(i)$, 那么该方法是说 (2.4.7) 有一个形如

$$y(i) = a_1(i)u_1(i) + \cdots + a_n(i)u_n(i)$$

的特解, 其中 $a_1, \cdots, a_n$ 是待定函数. 将对 $n = 2$ 的情形进行讨论. $n > 2$ 的情形可以类似处理.

令 u_1, u_2 是 $n = 2$ 时方程 (2.4.8) 的两个线性无关解, 则方程 (2.4.7) 的解形如

$$y(i) = a_1(i)u_1(i) + a_2(i)u_2(i),$$

其中 a_1 和 a_2 待定. 则

$$\begin{aligned} y(i+1) &= a_1(i+1)u_1(i+1) + a_2(i+1)u_2(i+1) \\ &= a_1(i)u_1(i+1) + a_2(i)u_2(i+1) + \Delta a_1(i)u_1(i+1) + \Delta a_2(i)u_2(i+1). \end{aligned} \quad (2.4.9)$$

选择 a_1 和 a_2 使得

$$\Delta a_1(i)u_1(i+1) + \Delta a_2(i)u_2(i+1) = 0 \quad (2.4.10)$$

成立, 从而将 (2.4.9) 右边中的第三、第四项被消除. 另外, 有

$$y(i+2) = a_1(i)u_1(i+2) + a_2(i)u_2(i+2) + \Delta a_1(i)u_1(i+2) + \Delta a_2(i)u_2(i+2).$$

将 $y(i), y(i+1)$ 和 $y(i+2)$ 代入方程 (2.4.7), 并合并 $a_1(i)$ 和 $a_2(i)$ 的系数, 得

$$\begin{aligned} &p_2(i)y(i+2) + p_1(i)y(i+1) + p_0(i)y(i) \\ &= a_1(i)[p_2(i)u_1(i+2) + p_1(i)u_1(i+1) + p_0(i)u_1(i)] \\ &\quad + a_2(i)[p_2(i)u_2(i+2) + p_1(i)u_2(i+1) + p_0(i)u_2(i)] \\ &\quad + p_2(i)[u_1(i+2)\Delta a_1(i) + u_2(i+1)\Delta a_2(i)]. \end{aligned}$$

因为 u_1 和 u_2 满足方程 (2.4.8), 故前两项为 0. 进而有

$$u_1(i+2)\Delta a_1(i) + u_2(i+1)\Delta a_2(i) = \frac{r(i)}{p_2(i)}, \quad (2.4.11)$$

综上所述, 如果 $\Delta a_1(i), \Delta a_2(i)$ 满足线性方程组 (2.4.10) 和 (2.4.11), 因系数矩阵 $w(T+1)$ 的行列式是非零的, 故线性方程组 (2.4.10), (2.4.11) 有唯一解. 那么

$$y(i) = a_1(i)u_1(i) + a_2(i)u_2(i)$$

2.4 n 阶常系数线性差分方程

是方程 (2.4.7) 的一个特解.

类似地, 对于 n 阶线性非齐次差分方程, 有如下结果.

定理 2.4.3 令 $u_1(i), \cdots, u_n(i)$ 是齐次方程 (2.4.8) 的线性无关解. 则

$$y(i) = a_1(i)u_1(i) + \cdots + a_n(i)u_n(i)$$

是非齐次方程 (2.4.7) 的一个解, 其中 $a_1, \cdots, a_n$ 满足矩阵方程

$$w(i+1)\begin{pmatrix} \Delta a_1(i) \\ \vdots \\ \Delta a_n(i) \end{pmatrix} = \begin{pmatrix} 0 \\ \vdots \\ \dfrac{r(i)}{p_n(i)} \end{pmatrix}.$$

例 2.4.10 求

$$y(i+2) - 7y(i+1) + 6y(i) = i$$

的通解.

解 在例 2.4.4 中, 我们曾利用零化算子法求解过这个问题, 现在再利用常数变易法求解这个问题. 易见相应的齐次方程有两个线性无关解分别为 $u_1(i) = 1$ 和 $u_2(i) = 6^i$, 此时的方程 (2.4.10), (2.4.11) 变为

$$\Delta a_1(i) + 6^{i+1}\Delta a_2(i) = 0,$$
$$\Delta a_1(i) + 6^{i+2}\Delta a_2(i) = i,$$

其解为

$$\Delta a_1(i) = -\frac{i}{5}, \quad \Delta a_2(i) = \frac{i}{30}6^{-i}.$$

于是

$$a_1(i) = \sum \left(-\frac{i}{5}\right) + C$$
$$= -\frac{i^2}{10} + C$$
$$= -\frac{i(i-1)}{10} + C,$$

$$a_2(i) = \frac{1}{30}\sum i\left(\frac{1}{6}\right)^i + D$$
$$= \frac{1}{30}\left[i\left(-\frac{6}{5}\right)\left(\frac{1}{6}\right)^i - \sum\left(-\frac{6}{5}\right)\left(\frac{1}{6}\right)^{i+1}\right] + D$$
$$= \frac{1}{30}\left[-\frac{6}{5}i\left(\frac{1}{6}\right)^i + \left(\frac{6}{5}\right)\frac{1}{6}\left(-\frac{6}{5}\right)\left(\frac{1}{6}\right)^i\right] + D$$
$$= -\frac{i}{25}\left(\frac{1}{6}\right)^i - \frac{1}{125}\left(\frac{1}{6}\right)^i + D.$$

进而
$$y(i) = a_1(i) \cdot 1 + a_2(i)6^i$$
$$= -\frac{i(i-1)}{10} + C - \frac{i}{25} - \frac{1}{125} + D6^i$$
$$= C + D6^i - \frac{i^2}{10} + \frac{3i}{50} - \frac{1}{125}$$
$$= F + D6^i - \frac{i^2}{10} + \frac{3i}{50}.$$

2.5 线性差分方程组的解法

2.5.1 用消元法求解线性非齐次差分方程组

常系数线性差分方程组可由类似于求解含有两个未知函数的线性差分方程组

$$\begin{aligned} L(E)y(i) + M(E)z(i) &= r(i), \\ P(E)y(i) + Q(E)z(i) &= s(i) \end{aligned} \tag{2.5.1}$$

的消元法来处理. 在 (2.5.1) 中, $y(i)$ 和 $z(i)$ 是未知数, L, M, P 和 Q 是多项式. 简单地用 $Q(E)$ 乘以第一个方程两边, 用 $M(E)$ 乘以第二个方程两边, 然后相减, 得

$$(Q(E)L(E) - M(E)P(E))y(i) = Q(E)r(i) - M(E)s(i),$$

它是单个常系数线性差分方程. 一旦找到 $y(i)$, 将它代入原方程之一, 便可得到一个仅含 $z(i)$ 的方程.

例 2.5.1 求解下面的系统:

$$\begin{aligned} y(i+2) - 3y(i) + z(i+1) - z(i) &= 5^i, \\ y(i+1) - 3y(i) + z(i+1) - 3z(i) &= 2 \cdot 5^i. \end{aligned} \tag{2.5.2}$$

解 首先, 将系统写成算子形式:

$$(E^2 - 3I)y(i) + (E - I)z(i) = 5^i,$$

$$(E - 3I)y(i) + (E - 3I)z(i) = 2 \cdot 5^i.$$

以 $(E - 3I)$ 作用第一个方程的两边, 以 $(E - I)$ 作用第二个方程的两边, 并相减可得

$$[(E^2 - 3I)(E - 3I) - (E - 3I)(E - I)]y(i) = (E - 3I)5^i - 2(E - I)5^i,$$

或者

$$(E - 3I)(E - 2I)(E + I)y(i) = -6 \cdot 5^i. \tag{2.5.3}$$

2.5 线性差分方程组的解法

由待定系数法, 上述方程有一个特解形如 $y(i) = C5^i$. 代入 (2.5.3) 推知 $C = -\dfrac{1}{6}$, 于是

$$y(i) = C_1 3^i + C_2 2^i + C_3(-1)^i - \frac{1}{6}5^i.$$

其次, 如果将这个 y 的表达式代入 (2.5.2) 的第二个方程, 有

$$(E - 3I)z(i) = C_2 2^i + 4C_3(-1)^i + \frac{7}{3}5^i.$$

同理可解得

$$z(i) = C_4 3^i - C_2 2^i - C_3(-1)^i + \frac{7}{6}5^i.$$

最后, 将 y 和 z 代入 (2.5.2) 的第一个方程, 得

$$\begin{aligned}
(E^2 - 3I)y(i) + (E - I)z(i) &= \left(6C_1 3^i + C_2 2^i - 2C_3(-1)^i - \frac{11}{3}5^i\right) \\
&\quad + \left(2C_4 3^i - C_2 2^i + 2C_3(-1)^i + \frac{14}{3}5^i\right) \\
&= (6C_1 + 2C_4)3^i + 5^i \\
&= 5^i,
\end{aligned}$$

因此, $C_4 = -3C_1$, 进而通解为

$$y(i) = C_1 3^i + C_2 2^i + C_3(-1)^i - \frac{1}{6}5^i,$$

$$z(i) = -3C_1 3^i - C_2 2^i - C_3(-1)^i + \frac{7}{6}5^i.$$

2.5.2 用常数变易法求解一般线性非齐次差分方程组

对于含有 n 个未知函数的变系数线性差分方程组

$$\begin{aligned}
u_1(i+1) &= a_{11}(i)u_1(i) + \cdots + a_{1n}(i)u_n(i) + f_1(i), \\
u_2(i+1) &= a_{21}(t)u_1(i) + \cdots + a_{2n}(i)u_n(i) + f_2(i), \\
&\cdots\cdots \\
u_n(i+1) &= a_{n1}(i)u_1(i) + \cdots + a_{nn}(i)u_n(i) + f_n(i)
\end{aligned} \tag{2.5.4}$$

也可以通过运用常数变易法来求解. (2.5.4) 可以写成下列向量形式

$$u(i+1) = A(i)u(i) + f(i), \tag{2.5.5}$$

其中
$$u(i) = \begin{pmatrix} u_1(i) \\ \vdots \\ u_n(i) \end{pmatrix}, \quad A(i) = \begin{pmatrix} a_{11}(i) & \cdots & a_{1n}(i) \\ \vdots & & \vdots \\ a_{n1}(i) & \cdots & a_{nn}(i) \end{pmatrix}, \quad f(i) = \begin{pmatrix} f_1(i) \\ \vdots \\ f_n(i) \end{pmatrix}.$$

2.4 节所讨论的 n 阶标量方程

$$p_n(i)y(i+n) + \cdots + p_0(i)y(i) = r(i) \tag{2.5.6}$$

是 (2.5.5) 的特殊情形. 事实上, 设 $y(t)$ 是 (2.5.6) 的解, 并记

$$u_t(i) = y(i+t-1), \quad 1 \leqslant t \leqslant n, \ i \in [a, \infty)_{\mathbb{Z}}.$$

则由 $u_j(t)$ 构成的向量 $u(t)$ 满足方程 (2.5.5), 其中

$$A(i) = \begin{pmatrix} 0 & 1 & 0 & \cdots & 0 \\ 0 & 0 & 1 & \cdots & 0 \\ \vdots & \vdots & \ddots & \ddots & \vdots \\ 0 & 0 & \cdots & 0 & 1 \\ -\dfrac{p_0(i)}{p_n(i)} & -\dfrac{p_1(i)}{p_n(i)} & \cdots & -\dfrac{p_{n-2}(i)}{p_n(i)} & -\dfrac{p_{n-1}(i)}{p_n(i)} \end{pmatrix}, \quad f(i) = \begin{pmatrix} 0 \\ 0 \\ \vdots \\ \dfrac{r(i)}{p_n(i)} \end{pmatrix}.$$

定义 2.5.1 设 $U(i)$ 为 $n \times n$ 矩阵值函数. 如果 $\Phi(i)$ 是方程组

$$U(i+1) = A(i)U(i)$$

的一个解, 并且

$$\det \Phi(i) \neq 0, \quad i \in \mathbb{Z}.$$

则称 $\Phi(i)$ 为方程组

$$u(i+1) = A(i)u(i) \tag{2.5.7}$$

的一个**基解矩阵**.

定理 2.5.1 若 $\Phi(i)$ 是方程

$$u(i+1) = A(i)u(i)$$

的一个基本解组, 则它的通解给定为

$$u(i) = \Phi(i)C,$$

其中 C 是任意常数列向量.

定理 2.5.2 若 $\Phi(i)$ 是方程 (2.5.7) 的一个基本解组, 则初值问题

$$u(i+1) = A(i)u(i) + f(i),$$
$$u(i_0) = u_0$$

在 $[i_0, \infty)_{\mathbb{Z}}$ 上存在唯一解, 并且该解可由如下常数变易公式给出

$$u(i) = \Phi(i)\Phi^{-1}(i_0)u_0 + \Phi(i)\sum_{s=i_0}^{i-1}\Phi^{-1}(s+1)f(s). \tag{2.5.8}$$

2.6 评　　注

1. 线性差分方程是差分方程中比较简单但很重要的一类, 其理论和求解方法已比较完整. 因为实际应用中许多模型本身就是线性差分方程, 有较多的方法可以对线性差分方程进行求解和分析解的性态, 这些求解与分析为研究非线性差分方程提供了基础和范例.

2. 线性差分方程 (组) 边值问题的求解与初值问题的求解类似, 不再详细介绍, 我们会在后续章节里穿插叙述. 关于这方面的内容参见文献 [2]. 我们也不再赘述线性差分方程初值问题的解对初始值和参数的连续依赖性和解的稳定性理论, 参见文献 [1,2,6-10].

3. 关于线性周期差分方程组的相关理论, 有类似于连续问题的 Floquet (弗洛凯) 理论, 详细内容参见文献 [1,2].

4. 关于差分方程方面的经典著作, 可参见文献 [11-13].

第 3 章 线性差分算子的正性及相应非线性问题的正解

3.1 引 言

定理 2.1.1 指出: 若 $p_0, \cdots, p_n, r$ 均为定义在 $[a, \infty)_{\mathbb{Z}}$ 上的函数, 且满足

$$p_0(i) \neq 0, \quad p_n(i) \neq 0, \quad \forall i \in [a, \infty)_{\mathbb{Z}},$$

则对任意在 $i_0 \in [a, \infty)_{\mathbb{Z}}$ 和任意给定的 n 个数 $y_0, \cdots, y_{n-1}$, 初值问题

$$p_n(i)y(i+n) + \cdots + p_0(i)y(i) = r(i),$$
$$y(i_0 + k) = y_k, \quad k \in [0, n-1]_{\mathbb{Z}}$$

总存在唯一的解 $y \in [i_0, \infty)_{\mathbb{Z}}$.

但下列两个反例说明, 上述关于线性差分方程初值问题解的存在唯一性结果对于相应的线性差分方程边值问题一般是不对的.

例 3.1.1 考察二阶线性齐次差分方程边值问题

$$\Delta^2 y(i-1) + \lambda y(i) = 0, \quad i \in [1, 3]_{\mathbb{Z}},$$
$$y(0) = y(4) = 0 \tag{3.1.1}$$

的解. 利用 2.4 节的特征根法, 可推得 (3.1.1) 有非平凡解当且仅当

$$\lambda_n = 2 - 2\cos\frac{n\pi}{4}, \quad n = 1, 2, 3.$$

而当 $\lambda = \lambda_n$ 时, (3.1.1) 的解集为

$$\left\{ c \sin\left(\frac{n\pi}{4}i\right) \middle| n = 1, 2, 3 \right\}, \quad c \text{ 为常数}.$$

例 3.1.2 考察二阶线性非齐次差分方程边值问题

$$\Delta^2 y(i-1) + \lambda_1 y(i) = \sin\left(\frac{\pi i}{4}\right), \quad i \in [1, 3]_{\mathbb{Z}},$$
$$y(0) = y(4) = 0 \tag{3.1.2}$$

的解, 其中 $\lambda_1 = 2 - 2\cos\frac{\pi}{4} = 2 - \sqrt{2}$. 我们将证明问题 (3.1.2) 无解.

反设 (3.1.2) 有一个解 $y(i)$. 对 (3.1.2) 两边同时乘以 $\sin\left(\frac{\pi i}{4}\right)$, 然后让 i 从 1 到 3 求和. 此时

$$0 = \sum_{i=1}^{3}\left[\Delta^2 y(i-1)\sin\left(\frac{\pi i}{4}\right) + \lambda_1 y(i)\sin\left(\frac{\pi i}{4}\right)\right] = \sum_{i=1}^{3}\sin\left(\frac{\pi i}{4}\right)\sin\left(\frac{\pi i}{4}\right) > 0,$$

矛盾! 故边值问题 (3.1.2) 无解.

上述事实说明, 差分方程边值问题的研究要比相应的初值问题的研究困难得多. 本章将借助比较特殊的线性二阶差分方程 Dirichlet 边值问题、Sturm-Liouville 边值问题、Neumann 边值问题及周期边值问题的 Green 函数及其正性, 研究相应的非线性二阶差分方程边值问题的可解性、正解的存在性和多解性.

3.2 非线性二阶差分方程 Sturm-Liouville 边值问题解的存在性

本节运用不动点定理研究二阶离散边值问题

$$\begin{cases} \Delta^2 y(i) + \mu f(i,y) = 0, & i \in \mathbb{T}, \\ \alpha_0 y(0) - \beta_0 \Delta y(0) = 0, \\ \gamma_0 y(T+1) + \delta_0 \Delta y(T+1) = 0 \end{cases} \quad (3.2.1)$$

解的存在性, 其中 $\mu \geqslant 0$ 为参数, $T \in [1,\infty)_{\mathbb{Z}}$, $\mathbb{T} = [0,T]_{\mathbb{Z}}$, $\mathbb{T}^+ = [0,T+2]_{\mathbb{Z}}$, $\alpha_0 \geqslant 0, \beta_0 \geqslant 0, \gamma_0 \geqslant 0, \delta_0 \geqslant 0$ 为给定的常数且不全为零, $y: \mathbb{T}^+ \to \mathbb{R}^m$, 非线性项 f 满足

$$f: \mathbb{T}^+ \times \mathbb{R}^m \to \mathbb{R}^m \text{ 是连续函数}. \quad (3.2.2)$$

注意到问题 (3.2.1) 中如果 $\alpha_0 > 0$, $\gamma_0 > 0$, $\beta_0 \geqslant 0$, $\delta_0 \geqslant 0$, 那么边值条件

$$\alpha_0 y(0) - \beta_0 \Delta y(0) = 0, \quad \gamma_0 y(T+1) + \delta_0 \Delta y(T+1) = 0$$

称为 Sturm-Liouville 边值条件; 如果 $\alpha_0 > 0, \gamma_0 > 0$ 且 $\beta_0 = 0, \delta_0 = 0$, 那么边值条件可写作

$$y(0) = 0, \quad y(T+1) = 0 \quad (\text{Dirichlet 边值条件});$$

如果 $\alpha_0 > 0, \gamma_0 = 0$ 且 $\beta_0 = 0, \delta_0 > 0$, 那么边值条件可写作

$$y(0) = 0, \quad \Delta y(T+1) = 0 \quad (\text{Robin 边值条件});$$

如果 $\alpha_0 = 0, \gamma_0 > 0$ 且 $\beta_0 > 0, \delta_0 = 0$, 那么边值条件可写作

$$\Delta y(0) = 0, \quad y(T+1) = 0 \quad (\text{Robin 边值条件});$$

上述两种形式的 Robin 边值条件也称混合边值条件. 如果 $\alpha_0 = 0, \gamma_0 = 0$ 且 $\beta_0 > 0, \delta_0 > 0$, 那么边值条件可写作

$$\Delta y(0) = 0, \quad \Delta y(T+1) = 0 \quad (\text{Neumann 边值条件});$$

以上边值条件结合周期边值条件

$$y(0) - y(T+1) = 0, \quad \Delta y(0) - \Delta y(T+1) = 0$$

和反周期边值条件

$$y(0) + y(T+1) = 0, \quad \Delta y(0) + \Delta y(T+1) = 0$$

均称为二阶差分方程的两点边值条件.

3.2.1 Darbo 映射的不动点定理

令空间

$$C(\mathbb{T}^+, \mathbb{R}^m) = \{w; w : \mathbb{T}^+ \to \mathbb{R}^m\}.$$

则 $C(\mathbb{T}^+, \mathbb{R}^m)$ 按范数 $|w|_0 = \max\limits_{k \in \mathbb{T}^+} |w(k)|$ 构成一个 Banach 空间.

边值问题 (3.2.1) 的一个解是指: $C(\mathbb{T}^+, \mathbb{R}^m)$ 中满足 (3.2.1) 中的方程且满足边值条件的一个向量值 w.

本节的主要工具是如下的不动点定理.

设 $\alpha(A)$ 表示集合 A 的非紧性测度, E_1 和 E_2 是两个 Banach 空间. 设映射 $F: Y \subseteq E_1 \to E_2$ 连续且将有界集映到有界集.

若对所有的有界集 $X \subseteq Y$, 均存在一个常数 $k > 0$, 使得

$$\alpha(F(X)) \leqslant k\alpha(X),$$

则称 F 为 α Lipschitz 映射. 如果 F 是 α Lipschitz 映射且 $k < 1$, 则称 F 为 Darbo 映射.

定理 3.2.1 设 E 是一个 Banach 空间, $C \subseteq E$ 是非空闭凸子集. 假设 U 是 C 的有界开子集, 且 $0 \in U$. 若 $F : \bar{U} \to C$ 是一个 Darbo 映射且 $F(\bar{U})$ 有界, 则下列结论之一成立.

(i) F 在 $\bar{U}$ 中有一个不动点;

(ii) 存在一个点 $u \in \partial U$ 和 $\lambda \in (0, 1)$, 使得

$$u = \lambda F(u).$$

3.2.2 非线性差分方程组的可解性结果

首先我们对于 (3.2.1) 建立如下解的存在性原理. 本节总假定 $\alpha_0 > 0$, $\gamma_0 > 0$, $\beta_0 \geqslant 0$, $\delta_0 \geqslant 0$.

定理 3.2.2 假设 (3.2.2) 成立. 如果存在一个不依赖于 λ 的常数 M_0, 问题

$$\begin{cases} \Delta^2 y(i) + \lambda\mu f(i,y) = 0, & i \in \mathbb{T}, \\ \alpha_0 y(0) - \beta_0 \Delta y(0) = 0, \\ \gamma_0 y(T+1) + \delta_0 \Delta y(T+1) = 0, & \alpha_0 > 0, \; \gamma_0 > 0, \; \beta_0 \geqslant 0, \; \delta_0 \geqslant 0 \end{cases} \quad (3.2.3)_\lambda$$

的所有可能解 y 均满足

$$|y|_0 = \max_{i \in \mathbb{T}^+} |y(i)| \neq M_0,$$

则问题 (3.2.1) 至少有一个解.

证明 不难验证 $y \in C(\mathbb{T}^+, \mathbb{R}^m)$ 为 $(3.2.3)_\lambda$ 的解当且仅当 y 满足

$$y(i) = \lambda\mu \sum_{j=0}^{T} G(i,j) f(j, y(j)), \quad i \in \mathbb{T}^+, \quad (3.2.4)_\lambda$$

其中

$$G(i,j) = \begin{cases} \dfrac{[\beta_0 + \alpha_0(j+1)][\delta_0 + \gamma_0(T+1-i)]}{\alpha_0\gamma_0(T+1) + \alpha_0\delta_0 + \beta_0\gamma_0}, & j \in [0, i-1]_\mathbb{Z}, \\ \dfrac{[\beta_0 + \alpha_0 i][\delta_0 + \gamma_0(T-j)]}{\alpha_0\gamma_0(T+1) + \alpha_0\delta_0 + \beta_0\gamma_0}, & j \in [i, T]_\mathbb{Z}. \end{cases} \quad (3.2.5)$$

定义算子 $S : C(\mathbb{T}^+, \mathbb{R}^m) \to C(\mathbb{T}^+, \mathbb{R}^m)$ 如下

$$Sy(i) = \mu \sum_{j=0}^{T} G(i,j) f(j, y(j)).$$

则差分边值问题 $(3.2.3)_\lambda$ 等价于不动点问题

$$y = \lambda Sy. \quad (3.2.6)_\lambda$$

不难验证 $S : C(\mathbb{T}^+, \mathbb{R}^m) \to C(\mathbb{T}^+, \mathbb{R}^m)$ 全连续. 令

$$U = \{u \in C(\mathbb{T}^+, \mathbb{R}^m) : |u|_0 < M_0\}.$$

易见 S 为一个 Darbo 映射. 结合 U 的定义及定理条件, 不难验证定理 3.2.1 的情形 (ii) 不会发生. 故 S 在 U 中有一个不动点, 即边值问题 (3.2.1) 有一个解. □

现在利用上述存在原理建立问题 (3.2.1) 的解的存在性结果.

定理 3.2.3 设 (3.2.2) 成立. 假设存在连续的非减函数 $\psi:[0,\infty)\to[0,\infty)$ 和函数 $q:\mathbb{T}\to\mathbb{R}$ 满足 $\psi(u)>0$, $u\in\mathbb{R}^m$ 及

$$|f(i,u)|\leqslant q(i)\psi(u),\quad \forall u\in\mathbb{R}^m,\ i\in\mathbb{T}.$$

假设存在 $\mu_0>0$ 满足

$$\sup_{c\in(0,\infty)}\left(\frac{c}{\mu_0 Q\psi(c)}\right)>1,\quad Q=\max_{i\in\mathbb{T}^+}\sum_{j=0}^{T}G(i,j)q(j), \tag{3.2.7}$$

则对任意 $\mu\in[0,\mu_0]$, 问题 (3.2.1) 至少有一个解.

证明 对任意取定的 $\mu\leqslant\mu_0$, 选取 M_0 满足

$$\frac{M_0}{\mu Q\psi(M_0)}>1. \tag{3.2.8}$$

令 y 是 $(3.2.3)_\lambda$ 对某 $\lambda\in(0,1)$ 的一个解. 则对于 $i\in\mathbb{T}^+$, 有

$$|y(i)|\leqslant \mu\sum_{j=0}^{T}G(i,j)|f(j,y(i))|$$

$$\leqslant \mu\sum_{j=0}^{T}G(i,j)q(j)\psi(|y(i)|)$$

$$\leqslant \mu\psi(|y|_0)\sum_{j=0}^{T}G(i,j)q(j)$$

$$\leqslant \mu Q\psi(|y|_0).$$

因此, $|y|_0\leqslant \mu Q\psi(|y|_0)$, 即

$$\frac{|y|_0}{\mu Q\psi(|y|_0)}\leqslant 1. \tag{3.2.9}$$

反设 $|y|_0=M_0$. 则 (3.2.9) 蕴含

$$\frac{M_0}{\mu Q\psi(M_0)}\leqslant 1.$$

这与 (3.2.8) 矛盾. 因此 $(3.2.3)_\lambda$ 的任意解 y 满足 $|y|_0\neq M_0$. 由定理 3.2.2 知, $(3.2.3)_1$ 至少有一个解, 即边值问题 (3.2.1) 有一个解. $\square$

3.3 二阶变系数离散 Neumann 边值问题正解的存在性

本节考虑二阶变系数离散 Neumann 边值问题

$$\begin{cases}-\Delta[p(i-1)\Delta y(i-1)]+q(i)y(i)=f(i,y(i)),\quad i\in[1,T]_\mathbb{Z},\\ \Delta y(0)=\Delta y(T)=0\end{cases} \tag{3.3.1}$$

3.3 二阶变系数离散 Neumann 边值问题正解的存在性

正解的存在性, 其中 $T \geqslant 2$ 是一个整数.

本节总假定:

(H1) $p(i) > 0$, $i \in [0, T]_{\mathbb{Z}}$, $q(i) \geqslant 0$ 且 $q(i) \not\equiv 0$, $i \in [1, T]_{\mathbb{Z}}$;

(H2) $f : [1, T]_{\mathbb{Z}} \times [0, +\infty) \to [0, +\infty)$ 连续.

记

$$f_0 = \liminf_{y \to 0^+} \min_{i \in [0,T+1]_{\mathbb{Z}}} \frac{f(i,y)}{y}, \quad f^0 = \limsup_{y \to 0^+} \max_{i \in [0,T+1]_{\mathbb{Z}}} \frac{f(i,y)}{y},$$

$$f_\infty = \liminf_{y \to +\infty} \min_{i \in [0,T+1]_{\mathbb{Z}}} \frac{f(i,y)}{y}, \quad f^\infty = \limsup_{y \to +\infty} \max_{i \in [0,T+1]_{\mathbb{Z}}} \frac{f(i,y)}{y}.$$

记 $\lambda_1 > 0$ 为线性特征值问题

$$\begin{cases} -\Delta[p(i-1)\Delta y(i-1)] + q(i)y(i) = \lambda y(i), & i \in [1, T]_{\mathbb{Z}}, \\ \Delta y(0) = \Delta y(T) = 0 \end{cases}$$

的第一个特征值. 本节的主要结果如下所述.

定理 3.3.1 假定 (H1), (H2) 成立. 若

$$\frac{\lambda_1}{f_0} < 1 < \frac{\lambda_1}{f^\infty},$$

则问题 (3.3.1) 至少存在一个正解.

定理 3.3.2 假定 (H1), (H2) 成立. 若

$$\frac{\lambda_1}{f_\infty} < 1 < \frac{\lambda_1}{f^0},$$

则问题 (3.3.1) 至少存在一个正解.

注 3.3.1 显然, 问题 (3.3.1) 是连续边值问题

$$\begin{cases} -(p(t)u'(t))' + q(t)u(t) = f(t, u(t)), & t \in (0, 1), \\ u'(0) = u'(1) = 0 \end{cases}$$

的有限差分形式. 给出线性离散 Neumann 边值问题

$$\begin{cases} -\Delta[p(i-1)\Delta y(i-1)] + q(i)y(i) = 0, & i \in [1, T]_{\mathbb{Z}}, \\ \Delta y(0) = \Delta y(T) = 0 \end{cases}$$

的 Green 函数的显式表示和它的一些性质, 并将其运用于研究相应的非线性问题 (3.3.1) 正解的存在性.

本节的主要工具如下.

引理 3.3.1[14]　设 E 为实 Banach 空间，P 为 E 中一个锥，$\Omega(P)$ 是 P 上的有界开子集，算子 $A: \overline{\Omega(P)} \to P$ 全连续. 若存在 $u_0 \in P\backslash\{\theta\}$，使得

$$u - Au \neq \mu u_0, \quad \forall\, u \in \partial\Omega(P), \quad \mu \geqslant 0,$$

则 $i(A, \Omega(P), P) = 0$.

引理 3.3.2[14]　设 E 为实 Banach 空间，P 为 E 中一个锥，$\Omega(P)$ 为 P 上的有界开子集，$\theta \in \Omega(P)$，算子 $A: \overline{\Omega(P)} \to P$ 全连续. 若

$$\mu Au \neq u, \quad \forall\, u \in \partial\Omega(P),\ 0 < \mu \leqslant 1,$$

则 $i(A, \Omega(P), P) = 1$.

记

$$E = \{y \mid y: [0,\, T+1]_{\mathbb{Z}} \to \mathbb{R},\ \Delta y(0) = \Delta y(T) = 0\},$$

则 E 按范数 $\|y\| = \max\limits_{i \in [0,T+1]_{\mathbb{Z}}} |y(i)|$ 构成 Banach 空间.

引理 3.3.3　假定 (H1) 成立. 若 $u(i)$，$v(i)$ 分别为初值问题

$$\begin{cases} -\Delta[p(i-1)\Delta u(i-1)] + q(i)u(i) = 0, & i \in [1,\, T]_{\mathbb{Z}}, \\ u(0) = 1, \quad \Delta u(0) = 0 \end{cases} \tag{3.3.2}$$

和

$$\begin{cases} -\Delta[p(i-1)\Delta v(i-1)] + q(i)v(i) = 0, & i \in [1,\, T]_{\mathbb{Z}}, \\ v(T) = 1, \quad \Delta v(T) = 0 \end{cases} \tag{3.3.3}$$

的唯一解，则

$$u(i) = 1 + \sum_{s=1}^{i-1}\left[\sum_{k=s}^{i-1} \frac{1}{p(k)}\right] q(s)u(s), \quad i \in [0,\, T+1]_{\mathbb{Z}},$$

$$v(i) = 1 + \sum_{s=i+1}^{T}\left[\sum_{k=i}^{s-1} \frac{1}{p(k)}\right] q(s)v(s), \quad i \in [0,\, T+1]_{\mathbb{Z}}.$$

证明　通过直接计算可得，此处略去. □

引理 3.3.4　假定 (H1) 成立，$u(i)$，$v(i)$ 分别为初值问题 (3.3.2) 和 (3.3.3) 的唯一解. 则

(1) $u(i) > 0$，$i \in [0,\, T+1]_{\mathbb{Z}}$，且 $\Delta u(i) \geqslant 0$，$i \in [0,T]_{\mathbb{Z}}$；

(2) $v(i) > 0$，$i \in [0,\, T+1]_{\mathbb{Z}}$，且 $\Delta v(i) \leqslant 0$，$i \in [0,T]_{\mathbb{Z}}$；

(3) $u(i)v(i-1) - u(i-1)v(i) = \dfrac{p(T)}{p(i-1)}\Delta u(T)$，$i \in [1,T]_{\mathbb{Z}}$.

3.3 二阶变系数离散 Neumann 边值问题正解的存在性

证明 (1) 因为 $u(0) = 1$, $\Delta u(0) = 0$, 所以 $u(1) = u(0) = 1$, 从而 $u(2) - u(1) = \Delta u(1) = \frac{q(1)u(1)}{p(1)} \geqslant 0$, 即 $u(2) \geqslant u(1) = 1$. 归纳可得

$$\Delta u(i) = \frac{1}{p(i)} \sum_{s=1}^{i} q(s)u(s) \geqslant 0, \quad i \in [0, T]_{\mathbb{Z}},$$

$$u(i) = 1 + \sum_{s=1}^{i-1} \left[\sum_{k=s}^{i-1} \frac{1}{p(k)} \right] q(s)u(s) \geqslant 1, \quad i \in [0, T+1]_{\mathbb{Z}}.$$

(2) 因为 $v(T) = 1$, 所以 $v(T) - v(T-1) = \Delta v(T-1) = -\frac{q(T)v(T)}{p(T-1)} \leqslant 0$, 即 $v(T-1) \geqslant v(T) = 1$. 归纳可得

$$\Delta v(i) = -\frac{1}{p(i)} \sum_{s=i+1}^{T} q(s)v(s) \leqslant 0, \quad i \in [0,T]_{\mathbb{Z}},$$

$$v(i) = 1 + \sum_{s=i+1}^{T} \left[\sum_{k=i}^{s-1} \frac{1}{p(k)} \right] q(s)v(s) \geqslant 1, \quad i \in [0, T+1]_{\mathbb{Z}}.$$

(3) 根据 Lagrange 恒等式 (见 [2, Theorem 6.1]) 可得, $\Delta\{p(i-1)W[v(i-1), u(i-1)]\} = 0$, 其中

$$W[v(i-1), u(i-1)] = \begin{vmatrix} v(i-1) & u(i-1) \\ v(i) & u(i) \end{vmatrix}.$$

即

$$p(i)W[v(i), u(i)] = p(i-1)W[v(i-1), u(i-1)].$$

从而对任意的 $i \in [1, T]_{\mathbb{Z}}$, 有

$$W[v(i-1), u(i-1)] = \frac{p(i)}{p(i-1)} W[v(i), u(i)],$$

故

$$\begin{aligned}
u(i)v(i-1) - u(i-1)v(i) &= W[v(i-1), u(i-1)] \\
&= \frac{p(i)}{p(i-1)} \cdot \frac{p(i+1)}{p(i)} \cdot \frac{p(i+2)}{p(i+1)} \cdots \frac{p(T)}{p(T-1)} W[v(T), u(T)] \\
&= \frac{p(T)}{p(i-1)} \begin{vmatrix} v(T) & u(T) \\ v(T+1) & u(T+1) \end{vmatrix} \\
&= \frac{p(T)}{p(i-1)} \Delta u(T).
\end{aligned}$$

□

引理 3.3.5 假定 (H1) 成立, $h: [1, T]_{\mathbb{Z}} \to \mathbb{R}$, 则问题

$$\begin{cases} -\Delta[p(i-1)\Delta y(i-1)] + q(i)y(i) = h(i), & i \in [1, T]_{\mathbb{Z}}, \\ \Delta y(0) = \Delta y(T) = 0 \end{cases} \quad (3.3.4)$$

存在唯一解

$$y(i) = \sum_{s=1}^{T} G(i, s)h(s), \quad i \in [0, T+1]_{\mathbb{Z}}, \quad (3.3.5)$$

其中

$$G(i, s) = \frac{1}{p(T)\Delta u(T)} \begin{cases} u(s)v(i), & 1 \leqslant s \leqslant i \leqslant T+1, \\ u(i)v(s), & 0 \leqslant i \leqslant s \leqslant T. \end{cases} \quad (3.3.6)$$

证明 由引理 3.3.4 知, 方程

$$-\Delta[p(i-1)\Delta y(i-1)] + q(i)y(i) = 0$$

有两个线性无关解 u, v. 事实上,

$$\begin{vmatrix} v(T) & u(T) \\ v(T+1) & u(T+1) \end{vmatrix} = \Delta u(T) > 0,$$

利用常数变易法可得: 问题 (3.3.4) 的唯一解为

$$y(i) = \sum_{s=1}^{T} G(i, s)h(s), \quad i \in [0, T+1]_{\mathbb{Z}},$$

其中 $G(i, s)$ 如 (3.3.6) 所定义. □

显然, Green 函数 $G(i, s)$ 具有下列性质:

(i) $G(i, s) > 0, \forall i, s \in [0, T+1]_{\mathbb{Z}}$;

(ii) $m \leqslant G(i, s) \leqslant M$, 其中 $M = \max\limits_{i,s \in [0,T+1]_{\mathbb{Z}}} G(i, s), m = \min\limits_{i,s \in [0,T+1]_{\mathbb{Z}}} G(i, s)$.

定义锥

$$P = \{y \in E \mid y(i) \geqslant 0, \ y(i) \geqslant \sigma\|y\|, \ i \in [0, T+1]_{\mathbb{Z}}\},$$

其中 $0 < \sigma := \dfrac{m}{M} < 1$, 则 P 是 E 中的一个非负锥. 选取 $r > 0$, 记 $B_r = \{u \in E \mid \|u\| < r\}$.

定义算子

$$(Ty)(i) = \sum_{s=1}^{T} G(i, s)y(s), \quad i \in [0, T+1]_{\mathbb{Z}}, \quad (3.3.7)$$

3.3 二阶变系数离散 Neumann 边值问题正解的存在性

$$(Ay)(i) = \sum_{s=1}^{T} G(i, s)f(s, y(s)), \quad i \in [0, T+1]_{\mathbb{Z}}. \tag{3.3.8}$$

不难证明 $T: E \to E$, $A: E \to E$ 全连续, 且 y 是问题 (3.3.1) 的解当且仅当 y 是算子 A 的不动点.

引理 3.3.6 假定 (H1) 成立, 则 $A(P) \subset P$, $T(P) \subset P$ 且 $A, T: P \to P$ 全连续.

证明 对任意的 $i \in [0, T+1]_{\mathbb{Z}}$, 有

$$\begin{aligned}(Ay)(i) &= \sum_{s=1}^{T} G(i, s)f(s, y(s)) = \sum_{s=1}^{T} \frac{G(i, s)}{M} Mf(s, y(s)) \\ &\geqslant \frac{m}{M} \sum_{s=1}^{T} Mf(s, y(s)) \geqslant \sigma \sum_{s=1}^{T} G(i, s)f(s, y(s)) \\ &= \sigma \|Ay\|.\end{aligned}$$

故 $A(P) \subset P$. 同理可证 $T(P) \subset P$. 又因 E 为有限维空间, 所以易证 $A, T: P \to P$ 全连续. □

引理 3.3.7 假定 (H1) 成立, 则算子 T 的谱半径 $r(T) \neq 0$ 且 T 有一个相应于第一个特征值 $\lambda_1 = (r(T))^{-1}$ 的正特征函数.

证明 因 $G(i, s) > 0$, $(i, s) \in [0, T+1]_{\mathbb{Z}} \times [0, T+1]_{\mathbb{Z}}$. 故可取 $\psi \in E$, $\psi(i) \geqslant 0$, $\forall i \in [0, T+1]_{\mathbb{Z}}$, 使得对某给定的 $i_0 \in [0, T+1]_{\mathbb{Z}}$, 有 $\psi(i_0) > 0$, 从而

$$(T\psi)(i) = \sum_{s=1}^{T} G(i, s)\psi(s) > 0, \quad i \in [0, T+1]_{\mathbb{Z}}.$$

则存在常数 $c > 0$, 使得

$$cT\psi(i) \geqslant \psi(i), \quad i \in [0, T+1]_{\mathbb{Z}}.$$

因此, 由 Krein-Rutman 定理[15] 可知, $r(T) \neq 0$ 且算子 T 有一个相应于第一个特征值 $\lambda_1 = (r(T))^{-1}$ 的正特征函数. □

定理 3.3.1 的证明 由 $f_0 > \lambda_1$ 知, 存在 $\varepsilon > 0$, $R_1 > 0$, 使得

$$f(i, y) \geqslant (1+\varepsilon)\lambda_1 y, \quad \forall\, 0 \leqslant y \leqslant R_1,\ i \in [1, T]_{\mathbb{Z}}.$$

记 φ_1 为算子 T 的相应于第一个特征值 λ_1 的正特征函数, 即 $\varphi_1 = \lambda_1 T\varphi_1$. 对任意的 $y \in \partial B_{R_1} \cap P$, 有

$$(Ay)(i) = \sum_{s=1}^{T} G(i, s)f(s, y(s))$$

$$\geqslant (1+\varepsilon)\lambda_1 \sum_{s=1}^{T} G(i,\ s)y(s)$$
$$= (1+\varepsilon)\lambda_1(Ty)(i), \quad i \in [0,\ T+1]_{\mathbb{Z}}.$$

不妨设 A 在 $\partial B_{R_1} \cap P$ 上无不动点, 若不然, 则定理得证. 下证

$$y - Ay \neq \mu\varphi_1, \quad \forall\, y \in \partial B_{R_1} \cap P, \quad \mu \geqslant 0. \tag{3.3.9}$$

反设存在 $y_0 \in \partial B_{R_1} \cap P$, $\mu_0 \geqslant 0$, 使得 $y_0 - Ay_0 = \mu_0\varphi_1$, 则

$$y_0 = Ay_0 + \mu_0\varphi_1 \geqslant \mu_0\varphi_1, \quad \mu_0 > 0.$$

令

$$\overline{\mu} = \sup\{\mu \mid y_0 \geqslant \mu\varphi_1\},$$

显然, $\overline{\mu} \geqslant \mu_0 > 0$ 且 $y_0 \geqslant \overline{\mu}\varphi_1$. 由 $T(P) \subset P$ 知

$$\lambda_1 Ty_0 \geqslant \overline{\mu}\lambda_1 T\varphi_1 = \overline{\mu}\varphi_1.$$

因此 $y_0 = Ay_0 + \mu_0\varphi_1 \geqslant Ay_0 \geqslant (1+\varepsilon)\lambda_1 Ty_0 \geqslant (1+\varepsilon)\overline{\mu}\varphi_1$. 这与 $\overline{\mu}$ 的定义矛盾, 故 (3.3.9) 成立. 由引理 3.3.1 知

$$i(A,\ B_{R_1} \cap P,\ P) = 0. \tag{3.3.10}$$

由 $f^\infty < \lambda_1$ 知, 存在 $r_2 > R_1$, $0 < \varepsilon < 1$, 使得

$$f(i,y) \leqslant (1-\varepsilon)\lambda_1 y, \quad \forall\, y \geqslant r_2, \quad i \in [1,\ T]_{\mathbb{Z}}. \tag{3.3.11}$$

取 $R_2 = \max\left\{2R_1,\ \dfrac{r_2}{\sigma}\right\}$, 则对任意的 $y \in \partial B_{R_2} \cap P$, 有 $y(t) \geqslant \sigma\|y\| = \sigma R_2 \geqslant r_2$.

不妨设 A 在 $\partial B_{R_2} \cap P$ 上无不动点, 若不然, 则定理得证. 下证

$$y \neq \mu Ay, \quad \forall\, y \in \partial B_{R_2} \cap P, \quad 0 < \mu \leqslant 1. \tag{3.3.12}$$

反设存在 $y_1 \in \partial B_{R_2} \cap P$, $\mu_1 \in (0,\ 1]$, 使得 $y_1 = \mu_1 Ay_1$. 由 (3.3.8) 知

$$y_1(i) = \mu_1 Ay_1(i) = \mu_1 \sum_{s=1}^{T} G(i,\ s)f(s, y_1(s))$$
$$\leqslant \sum_{s=1}^{T} G(i,\ s)(1-\varepsilon)\lambda_1 y_1(s) = (1-\varepsilon)\lambda_1 \sum_{s=1}^{T} G(i,\ s)y_1(s)$$
$$= (1-\varepsilon)\lambda_1 Ty_1(i), \quad i \in [0,\ T+1]_{\mathbb{Z}}.$$

3.3 二阶变系数离散 Neumann 边值问题正解的存在性

令 $\underline{\mu} = \inf\{\mu \mid y_1 \leqslant \mu\varphi_1\}$, 则 $\underline{\mu} > 0$ 且 $y_1 \leqslant \underline{\mu}\varphi_1$. 由 $T(P) \subset P$ 知

$$\lambda_1 Ty_1 \leqslant \underline{\mu}\lambda_1 T\varphi_1 = \underline{\mu}\varphi_1.$$

因此

$$y_1 = \mu_1 Ay_1 \leqslant (1-\varepsilon)\lambda_1 Ty_1 \leqslant (1-\varepsilon)\underline{\mu}\varphi_1.$$

这与 $\underline{\mu}$ 的定义矛盾, 故 (3.3.12) 成立. 由引理 3.3.2 知

$$i(A, B_{R_2} \cap P, P) = 1. \tag{3.3.13}$$

结合 (3.3.10) 及 (3.3.13), 根据不动点指数的区域可加性得

$$i(A, (B_{R_2} \cap P)\backslash(\overline{B}_{R_1} \cap P), P) = i(A, B_{R_2} \cap P, P) - i(A, B_{R_1} \cap P, P) = 1.$$

故算子 A 在 $(B_{R_2} \cap P)\backslash(\overline{B}_{R_1} \cap P)$ 上至少存在一个不动点, 即问题 (3.3.1) 至少存在一个正解. □

定理 3.3.2 的证明 由 $f^0 < \lambda_1$ 知, 存在 $R_1 > 0$, $0 < \varepsilon < 1$ 使得

$$f(i, y) \leqslant (1-\varepsilon)\lambda_1 y, \quad \forall\, y \in [0, R_1],\ i \in [1, T]_{\mathbb{Z}}.$$

记 φ_1 为算子 T 的相应于第一个特征值 λ_1 的正特征函数, 即 $\varphi_1 = \lambda_1 T\varphi_1$. 对任意的 $y \in \partial B_{R_1} \cap P$, 有

$$(Ay)(i) = \sum_{s=1}^{T} G(i, s)f(s, y(s))$$
$$\leqslant (1-\varepsilon)\lambda_1 \sum_{s=1}^{T} G(i, s)y(s)$$
$$= (1-\varepsilon)\lambda_1(Ty)(i), \quad i \in [0, T+1]_{\mathbb{Z}}.$$

不妨设 A 在 $\partial B_{R_1} \cap P$ 上无不动点, 若不然, 则定理得证. 类似 (3.3.12) 的证明过程可证

$$y \neq \mu Ay, \quad \forall\, y \in \partial B_{R_1} \cap P,\ 0 < \mu \leqslant 1.$$

由引理 3.3.2 知

$$i(A, B_{R_1} \cap P, P) = 1. \tag{3.3.14}$$

由 $f_\infty > \lambda_1$ 知, 存在 $r_2 > R_1$, $\varepsilon > 0$, 使得

$$f(i, y) \geqslant (1+\varepsilon)\lambda_1 y, \quad \forall\, y \geqslant r_2,\ i \in [1, T]_{\mathbb{Z}}.$$

取 $R_2 = \max\left\{2R_1, \dfrac{r_2}{\sigma}\right\}$, 则对任意的 $y \in \partial B_{R_2} \cap P$, 有 $y(i) \geqslant \sigma\|y\| = \sigma R_2 \geqslant r_2$, 从而

$$
\begin{aligned}
(Ay)(i) &= \sum_{s=1}^{T} G(i,\ s) f(s, y(s)) \\
&\geqslant (1+\varepsilon)\lambda_1 \sum_{s=1}^{T} G(i,\ s) y(s) \\
&= (1+\varepsilon)\lambda_1 (Ty)(i), \quad i \in [0,\ T+1]_{\mathbb{Z}}.
\end{aligned}
$$

不妨设 A 在 $\partial B_{R_2} \cap P$ 上无不动点,若不然,则定理得证.类似 (3.3.9) 的证明过程可证

$$y - Ay \neq \mu\varphi_1, \quad \forall\, y \in \partial B_{R_2} \cap P, \quad \mu \geqslant 0.$$

由引理 3.3.1 知

$$i(A,\ B_{R_2} \cap P,\ P) = 0. \tag{3.3.15}$$

结合 (3.3.14) 及 (3.3.15), 根据不动点指数的区域可加性得

$$i(A,\ (B_{R_2} \cap P) \backslash (\overline{B}_{R_1} \cap P),\ P) = i(A,\ B_{R_2} \cap P,\ P) - i(A,\ B_{R_1} \cap P,\ P) = -1.$$

故算子 A 在 $(B_{R_2} \cap P) \backslash (\overline{B}_{R_1} \cap P)$ 上至少存在一个不动点, 即问题 (3.3.1) 至少存在一个正解. □

3.4 离散二阶周期边值问题的定号解的存在性

设 $T,\ a,\ b \in \mathbb{Z},\ T > 2,\ a < b$, 且 $[a,b]_{\mathbb{Z}} = \{a, a+1, \cdots, b\}$.

本节首先给出了线性边值问题

$$\Delta^2 y(i-1) + a(i) y(i) = 0, \quad i \in [1, T]_{\mathbb{Z}}, \tag{3.4.1}$$

$$y(0) = y(T), \quad \Delta y(0) = \Delta y(T) \tag{3.4.2}$$

Green 函数新的表达式, 其中 $a \in \Lambda^+ \cup \Lambda^-$ 且

$$
\begin{aligned}
\Lambda^- &= \{a | a : [1, T]_{\mathbb{Z}} \to (-\infty,\ 0] \text{ 且 } a(\cdot) \not\equiv 0\}, \\
\Lambda^+ &= \left\{a | a : [1, T]_{\mathbb{Z}} \to [0,\ \infty),\ a(\cdot) \not\equiv 0 \text{ 且 } \max_{i \in [1, T]_{\mathbb{Z}}} |a(i)| < 4\sin^2 \dfrac{\pi}{2T}\right\}.
\end{aligned}
$$

并得到了问题 (3.4.1), (3.4.2) Green 函数的符号性质.

3.4 离散二阶周期边值问题的定号解的存在性

基于此, 建立了离散二阶非线性周期边值问题

$$\Delta^2 y(i-1) = f(i, y(i)), \quad i \in [1,T]_{\mathbb{Z}}, \tag{3.4.3}$$

$$y(0) = y(T), \quad \Delta y(0) = \Delta y(T) \tag{3.4.4}$$

的定号周期解的存在性结果, 其中 $f:[1,T]_{\mathbb{Z}} \times \mathbb{R} \to \mathbb{R}$ 是连续的. 本节的主要结果选自文献 [16].

令

$$E = \{y | y : [0, T+1]_{\mathbb{Z}} \to \mathbb{R}, \ y(0) = y(T), \ y(1) = y(T+1)\}.$$

它在范数 $\|y\| = \max\limits_{i \in [0,T+1]_{\mathbb{Z}}} |y(i)|$ 下构成一个 Banach 空间.

称线性边值问题 (3.4.1), (3.4.2) 是非共振的, 若它有且仅有唯一的平凡解. 如果 (3.4.1), (3.4.2) 是非共振的, 令 $h : [1,T]_{\mathbb{Z}} \to \mathbb{R}$, 根据 Fredholm 定理知, 离散的二阶周期边值问题

$$\Delta^2 y(i-1) + a(i)y(i) = h(i), \quad i \in [1,T]_{\mathbb{Z}}, \tag{3.4.5}$$

$$y(0) = y(T), \quad \Delta y(0) = \Delta y(T) \tag{3.4.6}$$

有唯一解 y,

$$y(i) = \sum_{s=1}^{T} G(i, s) h(s), \quad i \in [0, T+1]_{\mathbb{Z}}, \tag{3.4.7}$$

其中 $G(i, s)$ 是问题 (3.4.1), (3.4.2) 的 Green 函数.

定义 3.4.1[2]　设 y 是 (3.4.1) 的一个定义在 $[0, \infty)_{\mathbb{Z}}$ 上的解. 称 i_0 为 y 的一个节点, 若下列之一成立:

(1) 当 $i_0 = 0$ 满足 $y(i_0) = 0$;

(2) 当 $i_0 > 0$ 满足 $y(i_0) = 0$ 或者 $y(i_0 - 1) y(i_0) < 0$.

注 3.4.1　上面节点的定义, 取自文献 [17]

定理 3.4.1　假设 (3.4.1) 的一个非平凡解的两个连续节点之间的距离大于 T. 则 Green 函数 $G(i,s)$ 不变号.

证明　显然, G 定义在 $[0, T+1]_{\mathbb{Z}} \times [1,T]_{\mathbb{Z}}$ 上. 我们只需要证明 G 在任意点处都没有节点. 反设存在 $(i_0, s_0) \in [0, T+1]_{\mathbb{Z}} \times [1,T]_{\mathbb{Z}}$, 使得 (i_0, s_0) 是 $G(i,s)$ 的一个节点. 则对于给定的 $s_0 \in [1,T]_{\mathbb{Z}}$, $G(i, s_0)$ 作为 i 的函数在 $[0, s_0-1]_{\mathbb{Z}}$ 和 $[s_0+1, T+1]_{\mathbb{Z}}$ 上分别为 (3.4.1) 的解, 同时

$$G(0, s_0) = G(T, s_0), \quad G(1, s_0) = G(T+1, s_0).$$

情形 1　$G(i_0, s_0) = 0, \ (i_0, s_0) \in [0, T+1]_{\mathbb{Z}} \times [1,T]_{\mathbb{Z}}.$

若 $i_0 \in [s_0+1, T+1]_{\mathbb{Z}}$, 则构造辅助函数

$$y(i) = \begin{cases} G(i, s_0), & i \in [s_0, T+1]_{\mathbb{Z}}, \\ G(i-T, s_0), & i \in [T+1, s_0+T]_{\mathbb{Z}}. \end{cases} \tag{3.4.8}$$

不难验证 y 在整个区间 $[s_0, s_0+T]_{\mathbb{Z}}$ 上是 (3.4.1) 的一个解. 因 $y(i_0) = 0$, 故 $\Delta^2 y(i_0-1) = -a(i)y(i_0) = 0$, 即 $y(i_0-1)y(i_0+1) < 0$. 又因为 $y(s_0) = y(s_0+T)$, 所以至少存在 y 的另一个节点 $i_1 \in [s_0+1, s_0+T]_{\mathbb{Z}}$. 注意到 i_0 和 i_1 的距离比 T 小, 与题设矛盾.

类似地, 若 $i_0 \in [0, s_0-1]_{\mathbb{Z}}$, 则构造辅助函数

$$y(i) = \begin{cases} G(i+T, s_0), & i \in [s_0-T, 0]_{\mathbb{Z}}, \\ G(i, s_0), & i \in [0, s_0]_{\mathbb{Z}}. \end{cases} \tag{3.4.9}$$

同理可得结论.

若 $i_0 = s_0$, 应用 (3.4.9) 定义的 y. 由于 $y(i_0) = y(s_0) = 0$ 且 $y(s_0-T) = y(s_0)$, 这与假设相矛盾.

情形 2 $G(i_0-1, s_0)G(i_0, s_0) < 0$, $(i_0, s_0) \in [1, T+1]_{\mathbb{Z}} \times [1, T]_{\mathbb{Z}}$.

若 $i_0 \in [s_0+1, T+1]_{\mathbb{Z}}$, 可以构造函数 y 为 (3.4.8). 不难证明 y 在整个区间 $[s_0, s_0+T]_{\mathbb{Z}}$ 上是 (3.4.1) 的一个解. 由情形 2 条件知, $y(i_0-1)y(i_0) < 0$, 即 i_0 是 y 的一个节点. 又因 $y(s_0) = y(s_0+T)$, 故至少存在 y 的另一个节点 $i_1 \in [s_0+1, s_0+T]_{\mathbb{Z}}$. 注意到 i_0 与 i_1 之间的距离小于 T, 矛盾.

若 $i_0 \in [1, s_0-1]_{\mathbb{Z}}$, 则构造辅助函数 (3.4.9) 类似讨论得到结论.

若 $i_0 = s_0$, 则构造由 (3.4.9) 式定义的函数 y. 由于 $y(i_0-1)y(i_0) = y(s_0-1)y(s_0) < 0$ 且 $y(s_0-T) = y(s_0)$, 显然存在 y 的另一个节点 $i_1 \in [s_0-T, s_0]_{\mathbb{Z}}$. 注意到 i_0 与 i_1 的距离比 T 小, 这与题设矛盾. □

定义 3.4.2 称差分方程 (3.4.1) 在 $[0, T+1]_{\mathbb{Z}}$ 上非共轭 (disconjugacy), 如果 (3.4.1) 的任何非平凡解在 $[0, T+1]_{\mathbb{Z}}$ 上至多有一个节点.

推论 3.4.1 若 $a \in \Lambda^-$, 则对任意的 $(i, s) \in [0, T+1]_{\mathbb{Z}} \times [1, T]_{\mathbb{Z}}$, $G(i, s) < 0$.

证明 若 $a \in \Lambda^-$, 由文献 [2, Corollary 6.7] 易证 (3.4.1) 在区间 $[0, T+1]_{\mathbb{Z}}$ 上是非共轭的, 且 (3.4.1) 的任何非平凡解在 $[0, T+1]_{\mathbb{Z}}$ 上至多有一个节点. 因此, 由定理 3.4.1, Green 函数 $G(i, s)$ 不变号.

我们宣称 $G(i, s) < 0$.

事实上, $y(i) = \sum\limits_{s=1}^{T} G(i, s)$ 是方程

$$\Delta^2 y(i-1) + a(i)y(i) = 1 \tag{3.4.10}$$

3.4 离散二阶周期边值问题的定号解的存在性

的唯一的 T 周期解. 对 (3.4.10) 式两边分别从 $i=1$ 到 $i=T$ 求和, 可得

$$\sum_{i=1}^{T} a(i)y(i) = T > 0.$$

因为 $a(i) < 0$, $y(i) < 0$, $i \in [1,T]_{\mathbb{Z}}$, 所以, 对任意的 $(i,s) \in [0, T+1]_{\mathbb{Z}} \times [1,T]_{\mathbb{Z}}$, $G(i,s) < 0$. □

注 3.4.2 如果 $a(\cdot) \equiv a_0$ (a_0 是一个负常数), 通过计算可得

$$G(i,\ s) = \begin{cases} -\dfrac{\lambda_1^{i-s} + \lambda_1^{T-i+s}}{(\lambda_1 - \lambda_1^{-1})(\lambda_1^T - 1)}, & 1 \leqslant s \leqslant i \leqslant T+1, \\ -\dfrac{\lambda_1^{s-i} + \lambda_1^{T-s+i}}{(\lambda_1 - \lambda_1^{-1})(\lambda_1^T - 1)}, & 0 \leqslant i \leqslant s \leqslant T, \end{cases}$$

其中 $\lambda_1 = \dfrac{2 - a_0 + \sqrt{a_0^2 - 4a_0}}{2} > 1$. 显然, $G(i,s) < 0$, $(i,s) \in [0,T+1]_{\mathbb{Z}} \times [1,T]_{\mathbb{Z}}$. □

如果 $a \geqslant 0$, 那么 (3.4.1) 的解是振荡的.

推论 3.4.2 如果 $a \in \Lambda^+$, 那么对任意的 $(i,s) \in [0,T+1]_{\mathbb{Z}} \times [1,T]_{\mathbb{Z}}$, $G(i,s) > 0$.

证明 我们要求 (3.4.1) 一个非平凡解 y 的两个连续节点之间的距离 y 严格大于 T. 事实上, 不难证明在满足条件 $\|a\| < 4\sin^2\dfrac{\pi}{2T}$ 时 $\Delta^2 y(i-1) + \|a\|y(i) = 0$ 在 $[0, T+1]_{\mathbb{Z}}$ 上是非共轭的. 由于 $a(i) \leqslant \|a\|$, $i \in [1,T]_{\mathbb{Z}}$, 根据 Sturm 比较定理 ([2, Theorem 6.19]), (3.4.1) 在 $[0, T+1]_{\mathbb{Z}}$ 上是非共轭的, 即 (3.4.1) 的任意非平凡解在 $[0, T+1]_{\mathbb{Z}}$ 上至多有一个节点.

因此, 由定理 3.4.1 知, $G(i,s)$ 在 $[0, T+1]_{\mathbb{Z}} \times [1,T]_{\mathbb{Z}}$ 上不变号, G 正号的确定与推论 3.4.1 的证明过程类似, 不再赘述. □

注 3.4.3 如果 $a(\cdot) \equiv \bar{a}$ ($\bar{a}$ 是正常数), 且 $0 < \bar{a} < 4\sin^2\dfrac{\pi}{2T}$, 通过计算可得

$$G(i,\ s) = \begin{cases} \dfrac{\sin[\theta(i-s)] + \sin[\theta(T-i+s)]}{2\sin\theta(1-\cos(\theta T))}, & 1 \leqslant s \leqslant i \leqslant T+1, \\ \dfrac{\sin[\theta(s-i)] + \sin[\theta(T-s+i)]}{2\sin\theta(1-\cos(\theta T))}, & 0 \leqslant i \leqslant s \leqslant T, \end{cases}$$

其中 $\theta = \arccos\dfrac{2-\bar{a}}{2}$ 且 $0 < \theta < \dfrac{\pi}{T}$. 显然, $G(i,s) > 0$, $(i,s) \in [0,T+1]_{\mathbb{Z}} \times [1,T]_{\mathbb{Z}}$.

如果 $a(\cdot) \equiv \bar{a}$ 且 $\bar{a} = 4\sin^2\dfrac{\pi}{2T}$, 那么 $\theta = \dfrac{\pi}{T}$, 通过计算可得

$$G(i,\ s) = \begin{cases} \dfrac{1}{2\sin\dfrac{\pi}{T}} \sin\left[\dfrac{\pi}{T}(i-s)\right], & 1 \leqslant s \leqslant i \leqslant T+1, \\ \dfrac{1}{2\sin\dfrac{\pi}{T}} \sin\left[\dfrac{\pi}{T}(s-i)\right], & 0 \leqslant i \leqslant s \leqslant T. \end{cases}$$

显然,当 $i=s$ 时 Green 函数 $G(i,s)=0$,当 $i\neq s$ 时 $G(i,s)>0$.

如果 $a(\cdot)\equiv\bar{a}$ 且 $\bar{a}=4\sin^2\dfrac{\pi}{T}$,那么 $\theta=\dfrac{2\pi}{T}$,不难证明

$$\varphi(i)=\sin\left(\dfrac{2\pi}{T}i\right),\quad \psi(i)=\cos\left(\dfrac{2\pi}{T}i\right),\quad i\in[0,T+1]_{\mathbb{Z}}$$

是 (3.4.1), (3.4.2) 的非平凡解, 即问题 (3.4.1), (3.4.2) 没有 Green 函数.

如果 $a(\cdot)\equiv\bar{a}$ 且 $4\sin^2\dfrac{\pi}{2T}<\bar{a}<4\sin^2\dfrac{\pi}{T}$,那么 Green 函数可能变号. 例如, 令 $T=6,\bar{a}=4\sin^2\dfrac{\pi}{8}=2-\sqrt{2}$, 容易证明 $2-\sqrt{3}=4\sin^2\dfrac{\pi}{12}<\bar{a}<4\sin^2\dfrac{\pi}{6}=1$ 且 $\theta=\dfrac{\pi}{4}$, 因此

$$G(i,\ s)=\begin{cases} \sin\left[\dfrac{\pi}{4}(i-s-1)\right], & 1\leqslant s\leqslant i\leqslant T+1,\\ \sin\left[\dfrac{\pi}{4}(s-i-1)\right], & 0\leqslant i\leqslant s\leqslant T. \end{cases}$$

显然, 当 $i=s$ 时, $G(i,s)=-\sin\dfrac{\pi}{4}<0$; 当 $|i-s|=1$ 时, $G(i,s)=0$; 当 $|i-s|=2$ 时, $G(i,s)=\sin\dfrac{\pi}{4}>0$.

因此, $a\in\Lambda^+$ 是 $G(i,s)>0, (i,s)\in[0,T+1]_{\mathbb{Z}}\times[1,T]_{\mathbb{Z}}$ 的最佳条件. □

接下来, 我们提供了一种计算 $G(i,s)$ 的表达式的方法. 令 u 是初值问题

$$\Delta^2 u(i-1)+a(i)u(i)=0,\quad i\in[1,T]_{\mathbb{Z}},\quad u(0)=0,\ \Delta u(0)=1$$

的唯一解, 且 v 是初值问题

$$\Delta^2 v(i-1)+a(i)v(i)=0,\quad i\in[1,T]_{\mathbb{Z}},\quad v(T)=0,\ \Delta v(T)=-1$$

的唯一解.

引理 3.4.1 令 $a\in\Lambda^-\cup\Lambda^+$. 则问题 (3.4.1), (3.4.2) 的 Green 函数 $G(i,\ s)$ 由

$$G(i,\ s)=\dfrac{[u(s)+v(s)][u(i)+v(i)]}{v(0)[2+v(1)-u(T+1)]}-\dfrac{1}{v(0)}\begin{cases} u(i)v(s), & 0\leqslant i\leqslant s\leqslant T,\\ u(s)v(i), & 1\leqslant s\leqslant i\leqslant T+1 \end{cases} \tag{3.4.11}$$

给定.

证明 假设问题 (3.4.1), (3.4.2) 的 Green 函数为

$$G(i,\ s)=[\alpha(s)u(i)+\beta(s)v(i)]-\dfrac{1}{v(0)}\begin{cases} u(i)v(s), & 0\leqslant i\leqslant s\leqslant T,\\ u(s)v(i), & 1\leqslant s\leqslant i\leqslant T+1, \end{cases}$$

其中 $\alpha(s)$, $\beta(s)$ 可以通过加边界条件来确定.

从 Green 函数的基本性质, 可知

$$G(0, s) = G(T, s), \quad G(1, s) = G(T+1, s), \quad \forall\, s \in [1, T]_{\mathbb{Z}} \text{ 且 } v(0) = u(T).$$

因此, $\beta(s)v(0) = G(0, s) = G(T, s) = \alpha(s)u(T)$, $s \in [1, T]_{\mathbb{Z}}$, 结合 $v(0) = u(T)$, 可得

$$\alpha(s) = \beta(s), \quad s \in [1, T]_{\mathbb{Z}}.$$

进一步地, 因为 $G(1, s) = G(T+1, s)$, 所以

$$\alpha(s) = \frac{u(s) + v(s)}{v(0)[2 + v(1) - u(T+1)]}. \qquad \square$$

注意到 $\alpha(\cdot)$ 与 $a(\cdot)$ 有相同的符号. 事实上, 由比较定理 ([2, Theorem 6.6]) 易证在 $[0, T]_{\mathbb{Z}}$ 上 $u, v \geqslant 0$. 如果 $a(t) \geqslant 0$, 那么

$$\Delta^2 u(i-1) = -a(i)u(i) \leqslant 0 \text{ 且 } \Delta u(i) \leqslant \Delta u(i-1), \ i \in [1, T]_{\mathbb{Z}}.$$

因此, $\Delta u(T) < \Delta u(0) = 1$. 同样地, 可得 $\Delta v(0) > \Delta v(T) = -1$. 因为 $v(0) = u(T)$, 所以

$$2 + v(1) - u(T+1) = 2 + \Delta v(0) - \Delta u(T) > 0.$$

即 $\alpha(i) = \dfrac{u(i) + v(i)}{v(0)[2 + v(1) - u(T+1)]} > 0$.

当 $a(\cdot) \leqslant 0$ 时, 用类似的方法, 可以证明 $\alpha(\cdot) < 0$.

引理 3.4.2 令 $a \in \Lambda^- \cup \Lambda^+$. 则周期边值问题 (3.4.5), (3.4.6) 有唯一解

$$y(i) = \sum_{s=1}^{T} G(i, s) h(s), \qquad i \in [0, T+1]_{\mathbb{Z}}, \tag{3.4.12}$$

其中 $G(i, s)$ 由 (3.4.11) 式定义.

证明 只需验证 y 满足 (3.4.5). 事实上,

$$y(i) = \sum_{s=1}^{T}(u(i)+v(i))\alpha(s)h(s) - \frac{1}{v(0)}\sum_{s=1}^{i-1} u(s)v(i)h(s) - \frac{1}{v(0)}\sum_{s=i}^{T} u(i)v(s)h(s)$$

$$= (u(i)+v(i))\sum_{s=1}^{T}\alpha(s)h(s) - \frac{v(i)}{v(0)}\sum_{s=1}^{i-1} u(s)h(s) - \frac{u(i)}{v(0)}\sum_{s=i}^{T} v(s)h(s),$$

$$y(i+1) = (u(i+1)+v(i+1))\sum_{s=1}^{T}\alpha(s)h(s)$$
$$-\frac{v(i+1)}{v(0)}\sum_{s=1}^{i}u(s)h(s) - \frac{u(i+1)}{v(0)}\sum_{s=i+1}^{T}v(s)h(s),$$
$$y(i-1) = (u(i-1)+v(i-1))\sum_{s=1}^{T}\alpha(s)h(s)$$
$$-\frac{v(i-1)}{v(0)}\sum_{s=1}^{i-2}u(s)h(s) - \frac{u(i-1)}{v(0)}\sum_{s=i-1}^{T}v(s)h(s),$$
$$\Delta^2 y(i-1) + a(i)y(i) = y(i+1) - (2-a(i))y(i) + y(i-1)$$
$$= [\Delta^2 u(i-1) + a(i)u(i) + \Delta^2 v(i-1) + a(i)v(i)]\sum_{s=1}^{T}\alpha(s)h(s)$$
$$- \frac{\Delta^2 v(i-1)+a(i)v(i)}{v(0)}\sum_{s=1}^{i-2}u(s)h(s) - \frac{\Delta^2 u(i-1)+a(i)u(i)}{v(0)}\sum_{s=i+1}^{T}v(s)h(s)$$
$$- \frac{u(i-1)h(i-1)}{v(0)}[\Delta^2 v(i-1)+a(i)v(i)] - \frac{u(i)h(i)}{v(0)}[\Delta^2 u(i-1)+a(i)u(i)]$$
$$+ \frac{u(i)v(i-1)h(i) - u(i-1)v(i)h(i)}{v(0)}$$
$$= \frac{h(i)}{v(0)}\begin{vmatrix} u(i) & v(i) \\ u(i-1) & v(i-1) \end{vmatrix} = \frac{h(i)}{v(0)}\begin{vmatrix} u(1) & v(1) \\ u(0) & v(0) \end{vmatrix} = h(i).$$

另一方面,易证 $y(0) = y(T)$, $y(1) = y(T+1)$. □

记
$$m = \min_{i,s \in [1,T]_{\mathbb{Z}}} G(i,s), \qquad M = \max_{i,s \in [1,T]_{\mathbb{Z}}} G(i,s).$$

作为直接应用,可以计算当 $a(\cdot) \equiv a_0 < 0$ 时 Green 函数的最大值和最小值满足

$$0 > m \geqslant -\frac{2\lambda_1^{\frac{T}{2}}}{(\lambda_1 - \lambda_1^{-1})(\lambda_1^T - 1)}, \qquad M = -\frac{\lambda_1^T + 1}{(\lambda_1 - \lambda_1^{-1})(\lambda_1^T - 1)},$$

其中 λ_1 在注 3.4.2 中定义. 同样地,当 $0 < a(\cdot) \equiv \bar{a} < 4\sin^2\frac{\pi}{2T}$ 时,可得

$$m = \frac{1}{2\sin\theta}\cot\left(\frac{\theta T}{2}\right) > 0, \qquad M \leqslant \frac{1}{2\sin\theta \sin\frac{\theta T}{2}},$$

其中 θ 在注 3.4.3 中定义.

3.4 离散二阶周期边值问题的定号解的存在性

下面我们考虑问题 (3.4.3), (3.4.4) 的定号解的存在性. 首先给出研究工具锥上的不动点定理.

定理 3.4.2[14] 令 E 是一个 Banach 空间, $K \subset E$ 是一个锥. 设 Ω_1 和 Ω_2 是 E 中的有界开子集, 且 $\theta \in \Omega_1$, $\overline{\Omega}_1 \subset \Omega_2$. 设 $A: K \cap (\overline{\Omega}_2 \setminus \Omega_1) \to K$ 是一个全连续算子, 且满足下列条件之一:

(i) $\|Au\| \leqslant \|u\|$, $u \in K \cap \partial \Omega_1$ 且 $\|Au\| \geqslant \|u\|$, $u \in K \cap \partial \Omega_2$;
(ii) $\|Au\| \geqslant \|u\|$, $u \in K \cap \partial \Omega_1$ 且 $\|Au\| \leqslant \|u\|$, $u \in K \cap \partial \Omega_2$.

那么 A 在 $K \cap (\overline{\Omega}_2 \setminus \Omega_1)$ 上有一个不动点.

定理 3.4.3 假设存在 $a \in \Lambda^+$ 且 $0 < r < R$ 使得

$$f(i, y) + a(i)y \geqslant 0, \quad \forall y \in \left[\frac{m}{M}r, \frac{M}{m}R\right], i \in [1, T]_{\mathbb{Z}}. \tag{3.4.13}$$

如果下列条件之一成立:

(i)
$$f(i, y) + a(i)y \geqslant \frac{M}{Tm^2}y, \quad \forall y \in \left[\frac{m}{M}r, r\right], i \in [1, T]_{\mathbb{Z}},$$
$$f(i, y) + a(i)y \leqslant \frac{1}{TM}y, \quad \forall y \in \left[R, \frac{M}{m}R\right], i \in [1, T]_{\mathbb{Z}};$$

(ii)
$$f(i, y) + a(i)y \leqslant \frac{1}{TM}y, \quad \forall y \in \left[\frac{m}{M}r, r\right], i \in [1, T]_{\mathbb{Z}},$$
$$f(i, y) + a(i)y \geqslant \frac{M}{Tm^2}y, \quad \forall y \in \left[R, \frac{M}{m}R\right], i \in [1, T]_{\mathbb{Z}}.$$

则问题 (3.4.3), (3.4.4) 有一个正解.

证明 由推论 3.4.2, 可得 $M > m > 0$. 容易看出方程 $\Delta^2 y(i-1) = f(i, y(i))$ 等价于

$$\Delta^2 y(i-1) + a(i)y(i) = f(i, y(i)) + a(i)y(i).$$

定义开集

$$\Omega_1 = \{y \in E \mid \|y\| < r\}, \quad \Omega_2 = \left\{y \in E \mid \|y\| < \frac{M}{m}R\right\}$$

和 E 中的锥 P,

$$P = \left\{y \in E \,\bigg|\, \min_{i \in [0, T+1]_{\mathbb{Z}}} y(i) > \frac{m}{M}\|y\|\right\}.$$

显然, 若 $y \in P \cap (\overline{\Omega}_2 \setminus \Omega_1)$, 则 $\frac{m}{M}r \leqslant y(i) \leqslant \frac{M}{m}R$, $\forall i \in [0, T+1]_{\mathbb{Z}}$.

根据引理 3.4.2, 定义算子 $A: E \to E$ 为

$$(Ay)(i) = \sum_{s=1}^{T} G(i, s)[f(s, y(s)) + a(s)y(s)], \quad i \in [0, T+1]_{\mathbb{Z}}. \tag{3.4.14}$$

由 (3.4.13), 如果 $y \in P \cap (\overline{\Omega}_2 \backslash \Omega_1)$, 那么

$$Ay(i) \geqslant \frac{m}{M} M \sum_{s=1}^{T} [f(s, y(s)) + a(s)y(s)]$$

$$> \frac{m}{M} \max_{i \in [0,T+1]_{\mathbb{Z}}} \sum_{s=1}^{T} G(i, s)[f(s, y(s)) + a(s)y(s)] = \frac{m}{M} \|Ay\|.$$

因此 $A(P \cap (\overline{\Omega}_2 \backslash \Omega_1)) \subset P$. 此外, E 是有限维空间, 易证 $A: P \cap (\overline{\Omega}_2 \backslash \Omega_1) \to P$ 是一个全连续算子. 显然, y 是问题 (3.4.3), (3.4.4) 的解等价于 y 是算子 A 的不动点.

我们只证 (i). (ii) 可以用类似的方法获得. 如果 $y \in \partial\Omega_1 \cap P$, 那么 $\|y\| = r$ 且对于任意的 $i \in [0, T+1]_{\mathbb{Z}}, \frac{m}{M}r \leqslant y(i) \leqslant r$ 成立. 因此, 根据 (i) 知

$$Ay(i) \geqslant m \sum_{s=1}^{T}[f(s, y(s)) + a(s)y(s)] \geqslant \frac{M}{Tm} \sum_{s=1}^{T} y(s) \geqslant r = \|y\|.$$

如果 $y \in \partial\Omega_2 \cap P$, 那么对于任意的 $i \in [0, T+1]_{\mathbb{Z}}, \|y\| = \frac{M}{m}R$ 且 $R \leqslant y(i) \leqslant \frac{M}{m}R$. 因此,

$$Ay(i) \leqslant M \sum_{s=1}^{T}[f(s, y(s)) + a(s)y(s)] \leqslant \frac{1}{T} \sum_{s=1}^{T} y(s) \leqslant \|y\|.$$

由定理 3.4.2, A 有一个不动点 $y \in P \cap (\overline{\Omega}_2 \backslash \Omega_1)$ 并且满足

$$\frac{m}{M}r \leqslant y(i) \leqslant \frac{M}{m}R.$$

所以, y 是 (3.4.3), (3.4.4) 的一个正解. □

用与证明定理 3.4.3 类似的方法, 可以证明下面推论.

推论 3.4.3 假设存在 $a \in \Lambda^+$ 且 $0 < r < R$ 使得

$$f(i, y) + a(i)y \leqslant 0, \quad \forall\, y \in \left[-\frac{M}{m}R, -\frac{m}{M}r\right], i \in [1, T]_{\mathbb{Z}}.$$

如果下列条件之一成立:

(i)

$$f(i, y) + a(i)y \leqslant \frac{M}{Tm^2}y, \quad \forall\, y \in \left[-r, -\frac{m}{M}r\right], i \in [1, T]_{\mathbb{Z}},$$

$$f(i, y) + a(i)y \geqslant \frac{1}{TM}y, \quad \forall\, y \in \left[-\frac{M}{m}R, -R\right], i \in [1, T]_{\mathbb{Z}};$$

3.4 离散二阶周期边值问题的定号解的存在性

(ii)
$$f(i, y) + a(i)y \geqslant \frac{1}{TM}y, \quad \forall y \in \left[-r, -\frac{m}{M}r\right], i \in [1, T]_{\mathbb{Z}},$$

$$f(i, y) + a(i)y \leqslant \frac{M}{Tm^2}y, \quad \forall y \in \left[-\frac{M}{m}R, -R\right], i \in [1, T]_{\mathbb{Z}}.$$

则 (3.4.3), (3.4.4) 有一个负解.

当 $a \in \Lambda^-$ 时, 应用 $G(i, s)$ 符号的性质和证明定理 3.4.3 类似的方法, 可以证明如下定理.

定理 3.4.4 假设存在 $a \in \Lambda^-$ 和 $0 < r < R$ 使得

$$f(i, y) + a(i)y \leqslant 0, \quad \forall y \in \left[\frac{M}{m}r, \frac{m}{M}R\right], i \in [1, T]_{\mathbb{Z}}.$$

如果下列条件之一成立:

(i)
$$f(i, y) + a(i)y \leqslant \frac{m}{TM^2}y, \quad \forall y \in \left[\frac{M}{m}r, r\right], i \in [1, T]_{\mathbb{Z}},$$

$$f(i, y) + a(i)y \geqslant \frac{1}{Tm}y, \quad \forall y \in \left[R, \frac{m}{M}R\right], i \in [1, T]_{\mathbb{Z}};$$

(ii)
$$f(i, y) + a(i)y \geqslant \frac{1}{Tm}y, \quad \forall y \in \left[\frac{M}{m}r, r\right], i \in [1, T]_{\mathbb{Z}},$$

$$f(i, y) + a(i)y \leqslant \frac{m}{TM^2}y, \quad \forall y \in \left[R, \frac{m}{M}R\right], i \in [1, T]_{\mathbb{Z}}.$$

那么 (3.4.3), (3.4.4) 有一个正解.

证明 由于 $m < M < 0$, 定义开集

$$\Omega_1 = \{y \in E : \|y\| < r\}, \quad \Omega_2 = \left\{y \in E : \|y\| < \frac{m}{M}R\right\},$$

定义 E 中的一个锥 P,

$$P = \left\{y \in E : \min_{i \in [0, T+1]_{\mathbb{Z}}} y(t) > \frac{M}{m}\|y\|\right\}.$$

若 $y \in P \cap (\overline{\Omega}_2 \setminus \Omega_1)$, 则

$$\frac{M}{m}r \leqslant y(i) \leqslant \frac{m}{M}R, \quad \forall i \in [0, T+1]_{\mathbb{Z}}.$$

定义算子 A 为 (3.4.14), 证明与定理 3.4.3 类似, 此处省略. □

推论 3.4.4 假设存在 $a \in \Lambda^-$ 和 $0 < r < R$ 使得

$$f(i, y) + a(i)y \geqslant 0, \quad \forall y \in \left[-\frac{m}{M}R, -\frac{M}{m}r\right], i \in [1, T]_{\mathbb{Z}}.$$

如果下列条件之一成立:

(i)
$$f(i, y) + a(i)y \geqslant \frac{m}{TM^2}y, \quad \forall y \in \left[-\frac{M}{m}r, -r\right], i \in [1, T]_{\mathbb{Z}},$$

$$f(i, y) + a(i)y \leqslant \frac{1}{Tm}y, \quad \forall y \in \left[-R, -\frac{m}{M}R\right], i \in [1, T]_{\mathbb{Z}};$$

(ii)
$$f(i, y) + a(i)y \leqslant \frac{1}{Tm}y, \quad \forall y \in \left[-\frac{M}{m}r, -r\right], i \in [1, T]_{\mathbb{Z}},$$

$$f(i, y) + a(i)y \geqslant \frac{m}{TM^2}y, \quad \forall y \in \left[-R, -\frac{m}{M}R\right], i \in [1, T]_{\mathbb{Z}}.$$

那么 (3.4.3), (3.4.4) 有一个负解.

例 3.4.1 考虑周期边值问题

$$\Delta^2 y(n-1) = f(n, y(n)), \quad n \in [1, T]_{\mathbb{Z}}, \tag{3.4.15}$$

$$y(0) = y(T), \quad \Delta y(0) = \Delta y(T), \tag{3.4.16}$$

其中

$$f(n, y) = \begin{cases} 2n^2 + 3y, & y \in \left[\frac{\sqrt{2}}{2}r, r\right], n \in [1, T]_{\mathbb{Z}}, \\ (2n^2 + 3y)\dfrac{R-y}{R-r} - 0.25y\dfrac{y-r}{R-r}, & y \in [r, R], n \in [1, T]_{\mathbb{Z}}, \\ -0.25y, & y \in [R, \sqrt{2}R], n \in [1, T]_{\mathbb{Z}}. \end{cases}$$

考虑辅助问题

$$\Delta^2 y(n-1) + a(n)y(n) = f(n, y(n)) + a(n)y(n), \quad n \in [1, T]_{\mathbb{Z}}, \tag{3.4.17}$$

$$y(0) = y(T), \quad \Delta y(0) = \Delta y(T), \tag{3.4.18}$$

取 $r = 2\sqrt{2}$, $R = 8\sqrt{2}$, $T = 3$, $a(n) \equiv \bar{a} = 2 - \sqrt{3} < 4\sin^2\dfrac{\pi}{2T}$, $\theta = \dfrac{\pi}{6}$, $\cos\theta = \dfrac{2-\bar{a}}{2} = \dfrac{\sqrt{3}}{2}$, $\sin\theta = \dfrac{1}{2}$, $m = \dfrac{1}{2\sin\theta}\cot\dfrac{\theta T}{2} = 1$, $M = \dfrac{1}{2\sin\theta\sin\dfrac{\theta T}{2}} = \sqrt{2}$. 通过计

算, $f(n,y)+a(n)y \geqslant 0$, $y \in \left[\frac{\sqrt{2}}{2}r, \sqrt{2}R\right]$, $n \in [1,T]_{\mathbb{Z}}$; $f(n,y)+a(n)y \geqslant \frac{\sqrt{2}}{3}y$, $y \in \left[\frac{\sqrt{2}}{2}r, r\right]$, $n \in [1,T]_{\mathbb{Z}}$; $f(n,y)+a(n)y \leqslant \frac{1}{3\sqrt{2}}y$, $y \in [R, \sqrt{2}R]$, $n \in [1,T]_{\mathbb{Z}}$. 因此, 根据定理 3.4.3, 问题 (3.4.15), (3.4.16) 有一个正解.

3.5 两端简单支撑的离散梁方程正解的存在性

两端简单支撑的静态梁可用四阶微分方程边值问题

$$y^{(4)} = f(x,y,y''), \quad x \in (0,1), \tag{3.5.1}$$

$$y(0) = y(1) = y''(0) = y''(1) = 0 \tag{3.5.2}$$

来进行描述[18, 19]. 问题 (3.5.1), (3.5.2) 解的存在性研究已有大量结果. 特别地, 对含参问题

$$y^{(4)}(x) - \lambda f(x,y(x)) = 0, \quad x \in (0,1), \tag{3.5.3}$$

$$y(0) = y(1) = y''(0) = y''(1) = 0 \tag{3.5.4}$$

正解的存在性研究也有许多有趣的结果, 如 [20, 21] 等. 然而, (3.5.3), (3.5.4) 对应的离散问题

$$\Delta^4 u(t-2) - \lambda f(t, u(t)) = 0, \quad t \in \mathbb{T}_2, \tag{3.5.5}$$

$$u(1) = u(T+1) = \Delta^2 u(0) = \Delta^2 u(T) = 0 \tag{3.5.6}$$

正解的研究却很少, 其中 $T \geqslant 5$ 是一个整数, $\mathbb{T}_2 := [2,T]_{\mathbb{Z}}$, $\lambda > 0$ 是参数, $f : \mathbb{T}_2 \times [0,\infty) \to [0,\infty)$ 连续.

注意到文献 [22, 23] 研究了如下非线性四阶差分方程边值问题

$$\Delta^4 u(t-2) - ra(t)f(u(t)) = 0, \quad t \in \mathbb{T}_2, \tag{3.5.7}$$

$$u(0) = u(T+2) = \Delta^2 u(0) = \Delta^2 u(T) = 0 \tag{3.5.8}$$

正解的存在性, 其中 $r > 0$ 是参数, $a : \mathbb{T}_2 \to [0,\infty)$ 证明了 (3.5.7), (3.5.8) 等价于和分方程

$$u(t) = r \sum_{s=1}^{T+1} G(t,s) \sum_{j=2}^{T} G_1(s,j) a(j) f(u(j)) =: A_0 u(t), \quad t \in \{0,1,\cdots,T+2\}, \tag{3.5.9}$$

其中
$$G(t,s) = \frac{1}{T+2}\begin{cases} s(T+2-t), & 1 \leqslant s \leqslant t \leqslant T+2, \\ t(T+2-s), & 0 \leqslant t \leqslant s \leqslant T+1, \end{cases}$$

且
$$G_1(t,i) = \frac{1}{T}\begin{cases} (T+1-t)(i-1), & 2 \leqslant i \leqslant t \leqslant T+1, \\ (T+1-i)(t-1), & 1 \leqslant t \leqslant i \leqslant T. \end{cases}$$

本节我们将在新的边界条件 (3.5.6) 下对方程 (3.5.5) 进行研究, 值得注意的是, 边界条件 (3.5.6) 能更自然地描述两端简单支撑的静态梁的边界条件, 在求解的过程中只需一个 Green 函数, 从而简化了问题的证明过程. 为此, 对问题正解给出一个新的定义.

定义 3.5.1 记
$$\mathbb{T}_1 := [1, T+1]_{\mathbb{Z}}, \quad \mathbb{T}_0 := [0, T+2]_{\mathbb{Z}}.$$

函数 $y : \mathbb{T}_0 \to \mathbb{R}^+$ 称为 (3.5.5), (3.5.6) 的一个广义正解, 如果 y 满足 (3.5.5), (3.5.6), $y(t) \geqslant 0$ 于 $\mathbb{T}_2$ 且 $y(t) \not\equiv 0$ 于 $\mathbb{T}_2$.

注 3.5.1 注意到 $y : \mathbb{T}_0 \to \mathbb{R}^+$ 是 (3.5.5), (3.5.6) 的一个广义正解并不蕴含 $y(t) \geqslant 0$ 于 $\mathbb{T}_0$. 事实上, y 满足

(1) $y(t) \geqslant 0$ 于 $t \in \mathbb{T}_2$;

(2) $y(1) = y(T+1) = 0$;

(3) $y(0) = -y(2), y(T+2) = -y(T)$.

注 3.5.2 在定义 3.5.1 中, 正解允许在 $t = 0$ 和 $t = T+2$ 处取得非正值. 但当 T 充分大时, 两端点取负值的 "正解" 是可以理解的.

引理 3.5.1[14] 设 P 是 Banach 空间 X 中的一个锥, 对 $r > 0$, 定义 $P_r = \{x \in P \mid \|x\| \leqslant r\}$. 设 $T : P_r \to P$ 是一个全连续算子, 满足对任意 $x \in \partial P_r = \{x \in P \mid \|x\| = r\}$, 有 $Tx \neq x$. 则

(1) 如果对任意 $x \in \partial P_r, \|x\| \leqslant \|Tx\|$, 则 $i(T, P_r, P) = 0$;

(2) 如果对任意 $x \in \partial P_r, \|x\| \geqslant \|Tx\|$, 则 $i(T, P_r, P) = 1$.

记
$$X := \{u | u : \mathbb{T}_0 \to \mathbb{R}, u \text{ 满足 } (3.5.6)\}.$$

则 X 在范数
$$\|u\| = \max\{\, |u(j)| \mid j \in \mathbb{T}_0\,\}$$

下构成 Banach 空间. 记
$$\underline{f}_0 := \liminf_{u \to 0^+} \min_{t \in \mathbb{T}_2} \frac{f(t,u)}{u}, \quad \overline{f}_0 := \limsup_{u \to 0^+} \max_{t \in \mathbb{T}_2} \frac{f(t,u)}{u},$$

3.5 两端简单支撑的离散梁方程正解的存在性

$$\underline{f}_\infty := \liminf_{u\to\infty} \min_{t\in\mathbb{T}_2} \frac{f(t,u)}{u}, \quad \overline{f}_\infty := \limsup_{u\to\infty} \max_{t\in\mathbb{T}_2} \frac{f(t,u)}{u}.$$

引理 3.5.2 对任意 $h = (h(2), \cdots, h(T)) \in \mathbb{R}^{T-1}$, 线性问题

$$\Delta^4 u(t-2) = h(t), \quad t \in \mathbb{T}_2, \tag{3.5.10}$$

$$u(1) = u(T+1) = \Delta^2 u(0) = \Delta^2 u(T) = 0 \tag{3.5.11}$$

有唯一解

$$u(t) = \sum_{s=2}^{T} H(t,s) \sum_{j=2}^{T} H(s,j) h(j), \quad t \in \mathbb{T}_1, \tag{3.5.12}$$

其中

$$H(t,s) = \frac{1}{T} \begin{cases} (t-1)(T+1-s), & 1 \leqslant t \leqslant s \leqslant T, \\ (s-1)(T+1-t), & 2 \leqslant s \leqslant t \leqslant T+1. \end{cases} \tag{3.5.13}$$

证明 设 $\Delta^2 u(t-2) = w(t-1), t \in \mathbb{T}_2$. 则 (3.5.10), (3.5.11) 等价于系统

$$\Delta^2 w(t-1) = h(t), \quad t \in \mathbb{T}_2,$$
$$\Delta^2 u(t-1) = w(t), \quad t \in \mathbb{T}_2,$$
$$w(1) = w(T+1) = 0,$$
$$u(1) = u(T+1) = 0.$$

由 Kelly 和 Peterson ([2], Theorme 6.8 及 Example 6.12), 有

$$w(t) = -\sum_{s=2}^{T} H(t,s) h(s), \quad t \in \mathbb{T}_1, \tag{3.5.14}$$

$$u(t) = -\sum_{s=2}^{T} H(t,s) w(s), \quad t \in \mathbb{T}_1. \tag{3.5.15}$$

则 (3.5.12) 成立.

由边界条件 (3.5.6), 如果 $u \in X$ 是 (3.5.5), (3.5.6) 的解, 则 u 满足

$$u(0) = -u(2), \quad u(T+2) = -u(T).$$

所以, $u(t) = (u(0), 0, u(2), \cdots, u(T), 0, u(T+2))$ 是 (3.5.5), (3.5.6) 的解当且仅当 $(0, u(2), \cdots, u(T), 0)$ 满足

$$u(t) = T_0 u(t) := \lambda \sum_{s=2}^{T} H(t,s) \sum_{j=2}^{T} H(s,j) f(j, u(j)), \quad t \in \mathbb{T}_1. \tag{3.5.16}$$

由 (3.5.13) 可知
$$H(t,s) > 0, \qquad (t,s) \in \mathbb{T}_2 \times \mathbb{T}_2, \tag{3.5.17}$$
且
$$H(t,s) \leqslant H(s,s) = \frac{1}{T}(s-1)(T+1-s), \qquad t \in \mathbb{T}_1, \quad s \in \mathbb{T}_2, \tag{3.5.18}$$
定义 Y
$$Y = \left\{ t \in \mathbb{Z} \ : \ \frac{T+1}{4} \leqslant t \leqslant \frac{3(T+1)}{4} \right\}$$
及
$$\sigma = \min\left\{ \frac{\min Y}{T+1}, \frac{T+2-\max Y}{T+1} \right\},$$
则
$$H(t,s) \geqslant \sigma H(s,s) = \frac{\sigma}{T}(s-1)(T+1-s).$$
定义 X 中的锥 P
$$P = \{ u \in X \ : \ u(t) \geqslant 0, \ t \in \mathbb{T}_1, \ \text{且} \ \min_{t \in Y} u(t) \geqslant \sigma \|u\| \}. \tag{3.5.19}$$
设 $r > 0$, 记
$$P_r = \{ u \in P \ : \ \|u\| \leqslant r \}.$$
记
$$A = \max_{t \in \mathbb{T}_1} \sum_{s=2}^{T} H(t,s) \sum_{j=2}^{T} H(s,j),$$
$$B = \min_{t \in Y} \sum_{s=2}^{T} H(t,s) \sum_{j \in Y} H(s,j),$$
其中 $H(t,s)$ 如 (3.5.13) 所定义.

引理 3.5.3 设 $f : [0,\infty) \to [0,\infty)$ 连续, $\lambda > 0$ 是一个常数, 定义 F 如下
$$(Fu)(t) = \lambda \sum_{s=2}^{T} H(t,s) \sum_{j=2}^{T} H(s,j) f(u(j)).$$
如果
$$\lim_{s \to 0} \frac{f(s)}{s} = \lim_{s \to \infty} \frac{f(s)}{s} = \infty,$$
则存在 $0 < r_0 < R_0 < \infty$, 使得对于任意的 $0 < r \leqslant r_0$, $i(F, P_r, P) = 0$, 对任意的 $r \geqslant R_0$, $i(F, P_r, P) = 0$.

引理 3.5.4 设 l 是一个正常数. 则

(1) $\max\limits_{t\in\mathbb{T}_1, 0\leqslant u\leqslant l} f(t, u(t)) < \dfrac{l}{\lambda A}$ 蕴含 $i(T_0, P_l, P) = 1$;

(2) $\min\limits_{t\in Y, \sigma l\leqslant u\leqslant l} f(t, u(t)) > \dfrac{l}{\lambda B}$ 蕴含 $i(T_0, P_l, P) = 0$.

证明 (1) 由条件可知, 对 $\forall u \in \partial P_l, t \in \mathbb{T}_1$, 有 $f(t, u(t)) < l/(\lambda A)$, 进一步, 有

$$(T_0 u)(t) = \lambda \sum_{s=2}^{T} H(t,s) \sum_{j=2}^{T} H(s,j) f(j, u(j))$$

$$< \lambda \left[\sum_{s=2}^{T} H(t,s) \sum_{j=2}^{T} H(s,j)\right] \cdot \dfrac{l}{\lambda A} \leqslant l = \|u\|.$$

从而 $\|T_0 u\| < \|u\|, u \in \partial P_l$. 由引理 3.5.1 知, $i(T_0, P_l, P) = 1$.

(2) 由条件知对任意的 $u \in \partial P_l, t \in Y$, 有 $\sigma l \leqslant u(t) \leqslant l$. 故 $f(t, u(t)) > l/(\lambda B), t \in Y$. 则

$$(T_0 u)(t) = \lambda \sum_{s=2}^{T} H(t,s) \sum_{j=2}^{T} H(s,j) f(j, u(u(j))$$

$$> \lambda \left[\sum_{s=2}^{T} H(t,s) \sum_{j=2}^{T} H(s,j)\right] \cdot \dfrac{l}{\lambda B} \geqslant l = \|u\|.$$

从而 $\|T_0 u\| > \|u\|, u \in \partial P_l$. 由引理 3.5.1 知, $i(T_0, P_l, P) = 0$.

定义

$$\lambda_1 = \dfrac{1}{A} \inf_{r>0} \dfrac{r}{\max\limits_{t\in\mathbb{T}_2, 0\leqslant u\leqslant r} f(t, u(t))}, \quad \lambda_2 = \dfrac{1}{A} \sup_{r>0} \dfrac{r}{\max\limits_{t\in\mathbb{T}_2, 0\leqslant u\leqslant r} f(t, u(t))},$$

$$\lambda_1^* = \dfrac{1}{B} \inf_{r>0} \dfrac{r}{\min\limits_{t\in Y, \sigma r\leqslant u\leqslant r} f(t, u(t))}, \quad \lambda_2^* = \dfrac{1}{B} \sup_{r>0} \dfrac{r}{\min\limits_{t\in Y, \sigma r\leqslant u\leqslant r} f(t, u(t))}.$$

定理 3.5.1 设 $\underline{f}_0, \underline{f}_\infty > 16\sin^4\dfrac{\pi}{2T}$. 则当 $\lambda \in ((\lambda_1, \lambda_2) \cap (1, \infty))$ 时, (3.5.5), (3.5.6) 至少有两个正解.

证明 对 $r > 0$, 设

$$q(r) = \dfrac{r}{A \max\limits_{t\in\mathbb{T}_1, 0\leqslant u\leqslant r} f(t, u(t))}.$$

则 $q : (0, \infty) \to (0, \infty)$ 连续. 结合 $\underline{f}_0, \underline{f}_\infty > 16\sin^4\dfrac{\pi}{2T}$, 有

$$\limsup_{r\to 0} q(r) < \dfrac{1}{16A\sin^4\dfrac{\pi}{2T}}, \quad \limsup_{r\to\infty} q(r) < \dfrac{1}{16A\sin^4\dfrac{\pi}{2T}}.$$

因此, $0 \leqslant \lambda_1 = \inf\limits_{r>0} q(r) < \lambda_2 = \sup\limits_{r>0} q(r) < +\infty$. 所以, 对于 $\lambda_1 < \lambda < \lambda_2$, 存在 $0 < r_0 < +\infty$ 使得 $q(r_0) = \lambda$. 这蕴含

$$f(t,u) \leqslant \frac{r_0}{\lambda A}, \qquad t \in \mathbb{T}_1, \quad u \in [0, r_0].$$

由引理 3.5.4 知
$$i(T_0, P_{r_0}, P) = 1. \tag{3.5.20}$$

固定 $0 < m < 1 < n$, 对于 $u \geqslant 0$, 设 $f_1(u) = u^m + u^n$. 则 $f_1(u)$ 满足

$$\lim_{s \to 0} \frac{f_1(s)}{s} = \lim_{s \to \infty} \frac{f_1(s)}{s} = \infty.$$

定义 $F_1 : P \to P$ 如下

$$(F_1 u)(t) = \lambda \sum_{s=2}^{T} H(t,s) \sum_{j=2}^{T} H(s,j) f_1(u(j)).$$

由引理 3.5.3 可知, 存在 r_1, r_2 满足 $0 < r_1 < r_0 < r_2 < \infty$ 使得对于 $0 < r < r_1$,

$$i(F_1, P_r, P) = 0, \tag{3.5.21}$$

对于 $r \geqslant r_2$,

$$i(F_1, P_r, P) = 0. \tag{3.5.22}$$

定义 $K : [0,1] \times P \to P$, $K(s,u) = (1-s)T_0 u + s F_1 u$, 则 K 是全连续算子. 由 $\underline{f_0} > 16 \sin^4 \frac{\pi}{2T}$ 和 f_1 的定义可知, 存在 $\varepsilon > 0$ 及 $0 < \bar{r}_1 \leqslant r_1$ 使得

$$f(t,u) \geqslant \left(16 \sin^4 \frac{\pi}{2T} + \varepsilon\right) u, \quad \forall\, t \in \mathbb{T}_2,\ 0 \leqslant u \leqslant \bar{r}_1, \tag{3.5.23}$$

$$f_1(u) \geqslant \left(16 \sin^4 \frac{\pi}{2T} + \varepsilon\right) u, \quad \forall\, 0 \leqslant u \leqslant \bar{r}_1. \tag{3.5.24}$$

下面证明对于任意 $s \in [0,1]$, $u \in \partial P_{\bar{r}_1}$, $K(s,u) \neq u$. 事实上, 如果存在 $s_0 \in [0,1]$, $u_0 \in \partial P_{\bar{r}_1}$ 使得 $K(s_0, u_0) = u_0$, 则 u_0 满足方程

$$\Delta^4 u_0(t-2) = (1-s_0)\lambda f(t, u_0) + s_0 \lambda f_1(u_0) \tag{3.5.25}$$

及边界条件
$$u_0(1) = u_0(T+1) = \Delta^2 u_0(0) = \Delta^2 u_0(T) = 0.$$

在方程 (3.5.25) 两边同乘 $\sin \frac{\pi(t-1)}{T}$, 从 2 到 T 求和, 有

$$16 \sin^4 \frac{\pi}{2T} \sum_{s=2}^{T} u_0(s) \sin \frac{\pi(s-1)}{T} \geqslant \lambda \left(16 \sin^4 \frac{\pi}{2T} + \varepsilon\right) \sum_{s=2}^{T} u_0(s) \sin \frac{\pi(s-1)}{T}.$$

3.5 两端简单支撑的离散梁方程正解的存在性

因为 $\sum\limits_{s=2}^{T} u_0(t)\sin\dfrac{\pi(t-1)}{T} > 0$ 且 $\lambda > 1$, 可得 $16\sin^4\dfrac{\pi}{2T} \geqslant 16\sin^4\dfrac{\pi}{2T} + \varepsilon$. 矛盾! 由 (3.5.21) 和不动点指数的同伦不变性, 可得

$$i(T_0, P_{\bar{r}_1}, P) = i(K(0,\cdot), P_{\bar{r}_1}, P) = i(K(1,\cdot), P_{\bar{r}_1}, P) = i(F_1, P_{\bar{r}_1}, P) = 0. \quad (3.5.26)$$

另一方面, 由 $\underline{f}_{\infty} > 16\sin^4\dfrac{\pi}{2T}$ 和 f_1 的定义, 存在 $\varepsilon > 0$ 和 $M > 0$ 使得

$$f(t,u) \geqslant \left(16\sin^4\dfrac{\pi}{2T} + \varepsilon\right)u, \quad \forall\, t \in \mathbb{T}_2,\ u > M, \quad (3.5.27)$$

$$f_1(u) \geqslant \left(16\sin^4\dfrac{\pi}{2T} + \varepsilon\right)u, \quad \forall\, u > M. \quad (3.5.28)$$

设

$$C = \max_{t\in\mathbb{T}_2,\,0\leqslant u\leqslant M}\left|f(t,u) - \left(16\sin^4\dfrac{\pi}{2T} + \varepsilon\right)u\right|$$
$$+ \max_{0\leqslant u\leqslant M}\left|f_1(u) - \left(16\sin^4\dfrac{\pi}{2T} + \varepsilon\right)u\right| + 1,$$

则

$$f(t,u) \geqslant \left(16\sin^4\dfrac{\pi}{2T} + \varepsilon\right)u - C, \quad \forall\, t \in \mathbb{T}_1,\ u \geqslant 0, \quad (3.5.29)$$

$$f_1(u) \geqslant \left(16\sin^4\dfrac{\pi}{2T} + \varepsilon\right)u - C, \quad \forall\, u \geqslant 0. \quad (3.5.30)$$

下证存在 $\bar{r}_2 > r_2$ 使得对于任意 $s \in [0,1]$ 和 $u \in P$, 当 $\|u\| \geqslant \bar{r}_2$ 时, 有 $K(s,u) \neq u$. 事实上, 如果存在 $s_0 \in [0,1]$, $u_0 \in P$ 满足 $K(s_0, u_0) = u_0$, 由 (3.5.29), (3.5.30) 和边界条件 (3.5.6) 得

$$16\sin^4\dfrac{\pi}{2T}\sum_{s=2}^{T} u_0(s)\sin\dfrac{\pi(s-1)}{T}$$
$$\geqslant \lambda\left[\left(16\sin^4\dfrac{\pi}{2T} + \varepsilon\right)\sum_{s=2}^{T} u_0(s)\sin\dfrac{\pi(s-1)}{T} - C\sum_{s=2}^{T}\sin\dfrac{\pi(s-1)}{T}\right].$$

因为 $\lambda > 1$,

$$\sum_{s=2}^{T} u_0(t)\sin\dfrac{\pi(s-1)}{T} \leqslant \dfrac{C}{\varepsilon}\cdot\sum_{s=2}^{T}\sin\dfrac{\pi(s-1)}{T}.$$

因为 $u_0 \in P$, $\min\limits_{t\in Y} u_0(t) \geqslant \sigma\|u_0\|$, 故

$$\sigma\|u_0\|\sum_{s\in Y}\sin\dfrac{\pi(s-1)}{T} \leqslant \sum_{s\in Y} u_0(t)\sin\dfrac{\pi(s-1)}{T} \leqslant \dfrac{C}{\varepsilon}\cdot\sum_{s=2}^{T}\sin\dfrac{\pi(s-1)}{T}.$$

所以

$$\|u_0\| \leqslant \frac{C\sum\limits_{s=2}^{T}\sin\dfrac{\pi(s-1)}{T}}{\sigma\varepsilon\sum\limits_{s\in Y}\sin\dfrac{\pi(s-1)}{T}} := \bar{r}.$$

设 $\bar{r}_2 = \max\{r_2, \bar{r}\}$, 则对于任意的 $s \in [0,1]$, $u \in P$, $\|u\| \geqslant \bar{r}_2$ 有 $K(s,u) \neq u$. 由 (3.5.22) 和不动点指数的同伦不变性, 有

$$i(T_0, P_{\bar{r}_2}, P) = i(K(0,\cdot), P_{\bar{r}_2}, P) = i(K(1,\cdot), P_{\bar{r}_2}, P) = i(F_1, P_{\bar{r}_2}, P) = 0. \quad (3.5.31)$$

联立 (3.5.20), (3.5.26) 和 (3.5.31) 可得

$$i(T_0, P_{\bar{r}_2} \setminus \bar{P}_{r_0}, P) = -1, \qquad i(T_0, P_{\bar{r}_0} \setminus \bar{P}_{\bar{r}_1}, P) = 1.$$

因此, T_0 在 $P_{\bar{r}_2} \setminus \bar{P}_{r_0}$ 和 $P_{\bar{r}_0} \setminus \bar{P}_{\bar{r}_1}$ 分别有两个不动点 u_1 和 u_2. 这表明 $u_1(t)$ 和 $u_2(t)$ 是 (3.5.5), (3.5.6) 的两个正解且 $0 < \|u_1\| < r_0 < \|u_2\|$. □

定理 3.5.2 假设 $\bar{f}_0 < 16\sin^4\dfrac{\pi}{2T}$, $\bar{f}_\infty < 16\sin^4\dfrac{\pi}{2T}$. 则当 $\lambda \in ((\lambda_1^*, \lambda_2^*) \cap (1,\infty))$ 时, (3.5.5), (3.5.6) 至少有两个正解.

证明 对于 $r > 0$, 设

$$p(r) = \frac{r}{B\min\limits_{t\in Y,\ r/4\leqslant u\leqslant r} f(t,u)}.$$

则 $p: (0,\infty) \to (0,\infty)$ 是连续的. 结合 $\bar{f}_0 < 16\sin^4\dfrac{\pi}{2T}$, $\bar{f}_\infty < 16\sin^4\dfrac{\pi}{2T}$, 有

$$\liminf_{r\to 0} p(r) > \frac{1}{16B\sin^4\dfrac{\pi}{2T}}, \qquad \liminf_{r\to\infty} p(r) > \frac{1}{16B\sin^4\dfrac{\pi}{2T}}.$$

所以, $0 < \lambda_1^* = \inf\limits_{r>0} p(r) < \lambda_2^* = \sup\limits_{r>0} p(r) \leqslant +\infty$. 对 $\lambda \in (\lambda_1^*, \lambda_2^*)$, 存在 $0 < R_0 < +\infty$ 使得

$$p(R_0) = \lambda.$$

这蕴含

$$f(t,u) \geqslant \frac{R_0}{\lambda B}, \qquad t \in Y, \quad u \in \left[\frac{R_0}{4}, R_0\right],$$

故运用引理 3.5.4, 可得

$$i(T_0, P_{R_0}, P) = 0.$$

3.5 两端简单支撑的离散梁方程正解的存在性

定义 $H_1 : [0,1] \times P \to P$ 为 $H_1(s,u) = sTu$. 则 H_1 是全连续算子. 此时有

$$i(H_1(0,0), P_r, P) = i(0, P_r, P) = 1,$$

后面的证明与定理 3.5.1 的证明类似, 故略去. □

定理 3.5.3 假设 $\bar{f}_0 > 16\sin^4\dfrac{\pi}{2T}$, $\bar{f}_\infty > 16\sin^4\dfrac{\pi}{2T}$. 则当 $\lambda \in ((\lambda_1^*, \lambda_2^*) \cap (1, \infty))$ 时, (3.5.5), (3.5.6) 至少有两个正解.

定理 3.5.4 当 $\lambda > 1$ 时, (3.5.5), (3.5.6) 至少存在一个正解, 如果

(1) $\bar{f}_0 < 16\sin^4\dfrac{\pi}{2T}$ 且 $\underline{f}_\infty > 16\sin^4\dfrac{\pi}{2T}$ 成立;

(2) $\underline{f}_0 > 16\sin^4\dfrac{\pi}{2T}$ 且 $\bar{f}_\infty < 16\sin^4\dfrac{\pi}{2T}$ 成立.

定理 3.5.5 假设 $f(t,u)$ 对于 u 是严格增的. 则当 $\lambda > 0$ 且

$$\liminf_{u \to \infty} \frac{\max\limits_{t \in \mathbb{T}_2} f(t,u)}{u} < \frac{1}{\lambda A}, \quad \limsup_{u \to \infty} \frac{\min\limits_{t \in Y} f(t,u)}{u} > \frac{1}{\sigma \lambda B}$$

时 (3.5.5), (3.5.6) 有一列正解 $u_n^* \in P$ 满足 $\|u_n^*\| \to \infty$.

证明 因为

$$\liminf_{u \to \infty} \frac{\max\limits_{t \in \mathbb{T}_2} f(t,u)}{u} < \frac{1}{\lambda A},$$

且 $f(t,u)$ 对于 u 是严格增的, 则存在 $\{a_n\}$, $a_n \to \infty$, 使得

$$\max_{t \in \mathbb{T}_2,\, 0 \leqslant x \leqslant a_n} f(t,x) = \max_{t \in \mathbb{T}_2} f(t, a_n) < \frac{1}{\lambda A}.$$

另一方面,

$$\limsup_{u \to \infty} \frac{\min\limits_{t \in Y} f(t,u)}{u} > \frac{1}{\sigma \lambda B}$$

蕴含存在 $\{b_n\}$, $b_n \to \infty$, 使得

$$\min_{t \in Y,\, \sigma b_n \leqslant x \leqslant b_n} f(t,x) = \min_{t \in Y} f(t, \sigma b_n) > \frac{1}{\sigma \lambda B}.$$

不失一般性, 可假设

$$a_1 < b_1 < a_2 < b_2 < \cdots < a_n < b_n < \cdots.$$

由引理 3.5.4 和不动点指数理论, 可知存在一列正解 $u_n^* \in P_{b_n} \setminus \bar{P}_{a_n} \subset P$ 满足 $a_n \leqslant \|u_n^*\| \leqslant b_n$ 且 $\|u_n^*\| \to +\infty$. □

同理, 我们有如下定理.

定理 3.5.6 假设 $f(t,u)$ 对于 u 是严格增的. 则当 $\lambda > 0$ 且

$$\liminf_{u\to 0} \frac{\max\limits_{t\in\mathbb{T}_2} f(t,u)}{u} < \frac{1}{\lambda B}, \quad \limsup_{u\to 0} \frac{\min\limits_{t\in Y} f(t,u)}{u} > \frac{1}{\sigma\lambda A}$$

时, (3.5.5), (3.5.6) 有一列正解 $u_n^* \in P$ 满足 $\|u_n^*\| \to 0$.

3.6 评 注

1. 利用 Green 函数将 "线性部分可逆的非线性微分方程边值问题" 化为等价的积分方程, 再通过运用拓扑度理论、上下解方法、Leray-Schauder 抉择等工具研究该非线性问题的可解性, 目前已经出现了大量的工作, 参见文献 [24-26].

2. 若线性微分算子的逆算子是强正的, 则其所对应的 Green 函数是非负的. 利用 Green 函数将非线性差分方程边值问题化为等价的积分方程, 然后借助于锥上的不动点定理及锥上的不动点指数理论等工具来研究该非线性问题正解的存在性和多解性已经出现了大量的工作, 参见文献 [24, 25].

3. 庾建设等[27, 28] 利用临界点理论研究非线性离散边值问题周期解的存在性. 唐先华[29] 和马世旺[30] 运用临界点理论研究离散薛定谔方程. 他们均获得了许多深刻的结果.

4. 定义 3.4.1 的节点的定义, 取自于文献 [17]. 该定义等同于 Kelley 和 Peterson ([2, 定义 6.2]) 中 "广义零点" 的定义. 应该牢记的是: 在文献 [17] 中, 对于高阶方程的情形, "广义零点" 一词有别的含义.

第 4 章 非共轭理论，Green 函数的符号

在处理高等代数问题中，经常会碰到把一些数、多项式、矩阵、行列式或代数结构分别分解成若干个数、多项式、矩阵、行列式或代数结构的和、积等，进而达到简化这些运算对象的目的. 这就运用了分解的思想方法.

所谓分解的思想，就是把一个研究对象分解成若干个子对象，或者把一个研究问题分解成若干种情况来处理的一种思想方法. 分解的思想是高等代数中一类重要且实用的思想方法，其实质就是化整为零、化繁为简，利用局部来表示整体，借助于局部来解决整体的一种途径和方法.

高等代数的很多内容中都渗透着分解的思想方法. 例如，矩阵分解、行列式分解、多项式因式分解、向量空间的子空间分解和线性变换的分解等.

4.1 齐次线性微分方程的非共轭理论简介

非共轭的定义和性质对于线性微分算子的谱及 Green 函数的研究至关重要.

定义 4.1.1[31]　令 $p_k \in C[a,b], k \in [1,n]_{\mathbb{Z}}$. 如果 n 阶线性微分方程

$$Ly \equiv y^{(n)} + p_1(t)y^{(n-1)} + \cdots + p_n(t)y = 0 \tag{4.1.1}$$

的任意非平凡解在 $[a,b]$ 上至多有 n 个零点，其中零点的个数按重数计算，则称 (4.1.1) 在区间 $[a,b]$ 上非共轭.

引理 4.1.1[31]　假设 $|p_k(t)| \leqslant M_k, t \in [a,b](k \in [1,n]_{\mathbb{Z}})$. 那么当 $\chi\left(\dfrac{b-a}{2}\right) \leqslant 1$ 时，方程 (4.1.1) 在区间 $[a,b]$ 上非共轭，其中

$$\chi(h) = \sum_{k=1}^{n} \frac{M_k h^k}{k[(k-1)/2]![k/2]!}, \quad [x]\text{表示 } x \text{ 的整数部分}. \tag{4.1.2}$$

定义 4.1.2[31]　函数列 $y_1, \cdots, y_n \in C^n[a,b]$ 构成一个马尔可夫系 (Markov system) 是指下列 n 个 Wronskian 行列式

$$W_k := W[y_1, \cdots, y_k] = \begin{vmatrix} y_1 & \cdots & y_k \\ \vdots & & \vdots \\ y_1^{(k-1)} & \cdots & y_k^{(k-1)} \end{vmatrix} \quad (k \in [1,n]_{\mathbb{Z}}) \tag{4.1.3}$$

在区间 $[a,b]$ 均为正.

引理 4.1.2[31]   方程 (4.1.1) 的基础解系在区间 $[a,b]$ 上构成一组马尔可夫系当且仅当它在区间 $[a,b]$ 上非共轭.

引理 4.1.3[31]   方程 (4.1.1) 的基础解系在区间 $[a,b]$ 上构成一组马尔可夫系当且仅当算子 L 有如下拟分解

$$Ly \equiv v_1 v_2 \cdots v_n D \frac{1}{v_n} \cdots D \frac{1}{v_2} D \frac{1}{v_1} y,$$

其中 $D = d/dt$,

$$1 = W_0, \quad v_1 = W_1, \quad v_k = W_k W_{k-2}/W_{k-1}^2, \quad k = 2, \cdots, n. \tag{4.1.4}$$

设方程 (4.1.1) 在区间 $[a,b]$ 上非共轭. 令 f 为 $[a,b]$ 上的连续函数且 $k \in [1, n-1]_{\mathbb{Z}}$. 则两点边值问题

$$Ly = f(t), \quad t \in (a,b), \tag{4.1.5}$$

$$\begin{aligned} y^{(i)}(a) &= 0, \quad i = 0, 1, \cdots, k-1, \\ y^{(j)}(b) &= 0, \quad j = 0, 1, \cdots, n-k-1, \end{aligned} \tag{4.1.6}$$

有唯一解 y. 因为问题 (4.1.5), (4.1.6) 相应的齐次问题没有非平凡解, 故其解可表示为

$$y(t) = \int_a^b G(t,s) f(s) ds,$$

其中 $G(t,s)$ 是 (4.1.5), (4.1.6) 的 Green 函数, 它满足:

(1) 作为关于变量 t 的函数, $G(t,s)$ 为方程 (4.1.1) 在区间 $[a,s)$ 和 $(s,b]$ 的一个解且满足 n 个边界条件 (4.1.6);

(2) 作为关于变量 t 的函数, $G(t,s)$ 和它的前 $n-2$ 阶导数在 $t = s$ 处连续, 而

$$G^{(n-1)}(s+0,s) - G^{(n-1)}(s-0,s) = 1.$$

引理 4.1.4   假定方程 (4.1.1) 在区间 $[a,b]$ 上非共轭. 则

$$(-1)^{n-k} G(t,s) > 0, \quad a < s < b, \quad a < t < b. \tag{4.1.7}$$

证明   该结论为文献 [31] 的直接推论, 亦参见文献 [32]. □

定义 4.1.3[31]   假设方程 (4.1.1) 在区间 $[a,b]$ 上非共轭. 令 $\eta(a)$ 为使得方程 (4.1.1) 在区间 $[a,c]$ 上非共轭的所有 $c > a$ 的上确界, 则称 $\eta(a)$ 为 a 的第一个右共轭点.

4.2 二阶自伴线性差分方程

令 $y_k(t,a)$ 为方程 (4.1.1) 的满足初值条件

$$y_k^{(n-k)}(a) = 1, \quad y_k^{(n-j)}(a) = 0 \quad (j=1,\cdots,n;\ j \neq k)$$

的解. 记

$$\mathcal{W}_k(t,a) = \begin{vmatrix} y_1(t,a) & \cdots & y_k(t,a) \\ \vdots & & \vdots \\ y_1^{(k-1)}(t,a) & \cdots & y_k^{(k-1)}(t,a) \end{vmatrix}$$

为 $y_1(t,a),\cdots,y_k(t,a)$ 的 Wronskian 行列式.

定义 4.1.4[31] 假设存在 $s > a$ 使得在行列式 $\mathcal{W}_1(s,a),\cdots,\mathcal{W}_{n-1}(s,a)$ 中至少有一个为 0. 定义

$$w(a) = \inf\{s \in (a,b): \mathcal{W}_1(s,a),\cdots,\mathcal{W}_{n-1}(s,a) \text{ 中至少有一个为 } 0\}.$$

注 4.1.1 因为基础解系 $y_1,\cdots,y_n$ 线性无关, 所以其 n 阶 Wronskian 行列式 $\mathcal{W}_n(s,a),\ s \in [a,b]$ 恒不为零.

引理 4.1.5[31] $\eta(a) = w(a)$.

定义 4.1.5 归一化线性算子 $Ly = y^{(n)} + p_1(x)y^{(n-1)} + \cdots + p_n(x)y$ 的 Cauchy 函数 $K(x,t)$ 是指当 $x = t$ 时初值问题

$$\begin{aligned} &Ly(x) = 0, \quad x > t, \\ &\frac{d^i}{dx^i}K\big|_{x=t} = \delta_{i,n-1}, \quad i \in [0,n-1]_{\mathbb{Z}} \end{aligned} \tag{4.1.8}$$

的唯一解 $y(x) = K(x,t)$.

对于算子 Ly (通过 $\rho_0\rho_1\cdots\rho_n \equiv 1$ 去归一化是没有必要的), 它的 Cauchy 函数由如下方程定义

$$\frac{d^i}{dx^i}K\big|_{x=t} = \frac{\delta_{i,n-1}}{\rho_n(t)}, \quad i \in [0,n-1]_{\mathbb{Z}}. \tag{4.1.9}$$

引理 4.1.6 线性非齐次问题 $Ly = f(x)$ 的一个特解为

$$y(x) = \int_0^x K(x,t)f(t)dt.$$

本章后面的部分将对线性差分方程建立类似的理论.

4.2 二阶自伴线性差分方程

定义二阶自伴差分方程

$$\Delta(p(t-1)\Delta y(t-1)) + q(t)y(t) = 0, \tag{4.2.1}$$

其中 p, q 分别定义在正整数集 $[a,b+1]_{\mathbb{Z}}$ 和 $[a+1,b+1]_{\mathbb{Z}}$ 上且 $p:[a,b+1]_{\mathbb{Z}} \to (0,\infty)$, $q:[a+1,b+1]_{\mathbb{Z}} \to \mathbb{R}$. 与本节有关的详细内容, 可参见文献 [2].

方程 (4.2.1) 可写成如下等价形式

$$p(t)y(t+1) + c(t)y(t) + p(t-1)y(t-1) = 0, \qquad (4.2.2)$$

其中

$$c(t) = q(t) - p(t) - p(t-1), \quad t \in [a+1,b+1]_{\mathbb{Z}}. \qquad (4.2.3)$$

因为对给定的 $y(t+1)$ 和 $y(t-1)$, 方程 (4.2.2) 的解是唯一的, 所以方程 (4.2.2) 在初值条件

$$y(t_0) = A, \quad y(t_0+1) = B$$

下的解在集合 $[a,b+2]_{\mathbb{Z}}$ 上唯一存在, 其中 $t_0 \in [a,b+1]_{\mathbb{Z}}$, A, B 是整数. 自然地, 对相应的非齐次方程也有类似的结果.

注意到若取

$$q(t) = c(t) + p(t) + p(t-1), \qquad (4.2.4)$$

其中 $p(t) > 0$, $t \in [a,b+1]_{\mathbb{Z}}$ 时, 形如 (4.2.2) 的所有方程都能写出如方程 (4.2.1) 的自伴形式.

事实上, 我们宣称如下形式的方程

$$\alpha(t)y(t+1) + \beta(t)y(t) + \gamma(t)y(t-1) = 0 \qquad (4.2.5)$$

都能写成 (4.2.1) 的自伴形式, 其中 $\alpha,\beta:[a,b+1]_{\mathbb{Z}} \to \mathbb{R}$, $\alpha(t) > 0$, $t \in [a,b+1]_{\mathbb{Z}}$, $\gamma(t) > 0, t \in [a+1,b+1]_{\mathbb{Z}}$.

为验证该宣称, 给方程 (4.2.5) 两端同乘一个适当的正函数 $h(t)$, 使得

$$\alpha(t)h(t)y(t+1) + \beta(t)h(t)y(t) + \gamma(t)h(t)y(t-1) = 0. \qquad (4.2.6)$$

当 $h(t)$ 满足

$$\alpha(t)h(t) = p(t), \quad \gamma(t)h(t) = p(t-1),$$

则方程 (4.2.6) 可化为方程 (4.2.2) 的形式.

因而, 需找到一个正函数 $h(t)$, $t \in [a,b]_{\mathbb{Z}}$ 满足

$$\alpha(t)h(t) = \gamma(t+1)h(t+1), \quad t \in [a,b]_{\mathbb{Z}}$$

或

$$h(t+1) = \frac{\alpha(t)}{\gamma(t+1)}h(t), \quad t \in [a,b]_{\mathbb{Z}}.$$

4.2 二阶自伴线性差分方程

通过简单的计算, 易知

$$h(t) = A \prod_{s=a}^{t-1} \frac{\alpha(s)}{\gamma(s+1)},$$

其中 A 是任意的正整数. 如果选取

$$p(t) = A\alpha(t) \prod_{s=a}^{t-1} \frac{\alpha(s)}{\gamma(s+1)},$$

由方程 (4.2.4) 可知

$$q(t) = \beta(t)h(t) + p(t) + p(t-1),$$

故方程 (4.2.5) 和方程 (4.2.1) 等价.

假定 $y(t), z(t), t \in [a, b+2]_{\mathbb{Z}}$ 为方程 (4.2.1) 的解. 定义

$$w(t) = w[y(t), z(t)] = \begin{vmatrix} y(t) & z(t) \\ y(t+1) & z(t+1) \end{vmatrix}$$

$$= \begin{vmatrix} y(t) & z(t) \\ \Delta y(t) & \Delta z(t) \end{vmatrix}.$$

定义作用到函数 y 上的线性算子 L 如下

$$Ly(t) = \Delta(p(t-1)\Delta y(t-1)) + q(t)y(t), \quad t \in [a+1, b+1]_{\mathbb{Z}},$$

其中 y 定义在 $[a, b+2]_{\mathbb{Z}}$ 上.

定理 4.2.1 (Lagrange 恒等式) 假定 $y(t)$ 和 $z(t)$ 定义在 $[a, b+2]_{\mathbb{Z}}$ 上, 则

$$z(t)Ly(t) - y(t)Lz(t) = \Delta\{p(t-1)\omega[z(t-1), y(t-1)]\}, \quad t \in [a+1, b+1]_{\mathbb{Z}}.$$

证明 对任意的 $t \in [a+1, b+1]_{\mathbb{Z}}$,

$$\begin{aligned}
z(t)Ly(t) &= z(t)\Delta[p(t-1)\Delta y(t-1)] + z(t)q(t)y(t) \\
&= \Delta[z(t-1)p(t-1)\Delta y(t-1)] \\
&\quad - (\Delta z(t-1))p(t-1)\Delta y(t-1) + z(t)q(t)y(t) \\
&= \Delta[z(t-1)p(t-1)\Delta y(t-1) - y(t-1)p(t-1)\Delta z(t-1)] \\
&\quad + y(t)\Delta(p(t-1))\Delta z(t-1) + y(t)q(t)z(t) \\
&= \Delta p(t-1)w[z(t-1), y(t-1)] + y(t)Lz(t),
\end{aligned}$$

故结论得证. □

给 Lagrange 恒等式两端从 $a+1$ 到 $b+1$ 求和, 可得如下推论.

推论 4.2.1 (Green 定理)　假设 $y(t)$ 和 $z(t)$ 定义在 $[a,b+2]_\mathbb{Z}$ 上, 则

$$\sum_{t=a+1}^{b+1} z(t)Ly(t) - \sum_{t=a+1}^{b+1} y(t)Lz(t) = \{p(t)\omega[z(t),y(t)]\}_a^{b+1}.$$

推论 4.2.2 (Liouville 公式)　若 $y(t)$ 和 $z(t)$ 是方程 (4.2.1) 的解, 则

$$\omega[y(t),z(t)] = \frac{C}{p(t)}, \quad t \in [a,b+1]_\mathbb{Z},$$

其中 C 为常数.

证明　由 Lagrange 恒等式,

$$\Delta\{p(t-1)w[y(t-1),z(t-1)]\} = 0, \quad t \in [a+1,b+1]_\mathbb{Z}.$$

因此

$$p(t-1)w[y(t-1),z(t-1)] = C, \quad t \in [a+1,b+1]_\mathbb{Z},$$

其中 C 为常数. 故

$$w[y(t-1),z(t-1)] = \frac{C}{p(t)}, \quad t \in [a+1,b+1]_\mathbb{Z}. \quad \square$$

定理 4.2.2 (Polya 分解)　假设 $z(t)$ 是方程 (4.2.1) 的解且 $z(t) > 0$, $t \in [a,b+2]_\mathbb{Z}$. 则存在函数 $\rho_i(t)(i=1,2)$ 满足 $\rho_1(t) > 0$, $t \in [a,b+2]_\mathbb{Z}$, $\rho_2(t) > 0$, $t \in [a+1,b+2]_\mathbb{Z}$, 使得对定义在 $[a,b+2]_\mathbb{Z}$ 上的任意函数 $y(t)$, 有

$$Ly(t) = \rho_1(t)\Delta[\rho_2(t)\Delta(\rho_1(t-1)y(t-1))], \quad t \in [a+1,b+1]_\mathbb{Z}.$$

证明　因为 $z(t)$ 是方程 (4.2.1) 的正解, 由 Lagrange 恒等式知

$$Ly(t) = \frac{1}{z(t)}\Delta\{p(t-1)w[z(t-1),y(t-1)]\}, \quad t \in [a+1,b+1]_\mathbb{Z}.$$

又因为

$$\Delta\left(\frac{y(t-1)}{z(t-1)}\right) = \frac{z(t-1)\Delta y(t-1) - y(t-1)\Delta z(t-1)}{z(t-1)z(t)}$$

$$= \frac{w[z(t-1),y(t-1)]}{z(t-1)z(t)}.$$

则

$$Ly(t) = \frac{1}{z(t)}\Delta\left[p(t-1)z(t-1)z(t)\Delta\left(\frac{y(t-1)}{z(t-1)}\right)\right];$$

$$\rho_1(t) = \frac{1}{z(t)}, \quad t \in [a,b+2]_\mathbb{Z};$$

4.2 二阶自伴线性差分方程

$$\rho_2(t) = p(t-1)z(t-1)z(t) > 0, \quad t \in [a+1, b+2]_\mathbb{Z}.$$

所以

$$Ly(t) = \rho_1(t)\Delta[\rho_2(t)\Delta(\rho_1(t-1)y(t-1))]. \qquad \square$$

定义 4.2.1 设函数 $y(t,s)$ 定义在 $a \leqslant t \leqslant b+2, a+1 \leqslant s \leqslant b+1$ 上且对每个固定的 $s \in [a+1, b+1]_\mathbb{Z}$, $y(t,s)$ 为方程 (4.2.1) 满足初值条件 $y(s,s) = 0$, $y(s+1,s) = \dfrac{1}{p(s)}$ 的解. 称函数 $y(t,s)$ 为方程 (4.2.1) 的 Cauchy 函数.

定理 4.2.3 如果 $u_1(t)$, $u_2(t)$ 是方程 (4.2.1) 的线性无关解, 则方程 (4.2.1) 的 Cauchy 函数具有如下形式

$$y(t,s) = \frac{\begin{vmatrix} u_1(s) & u_2(s) \\ u_1(t) & u_2(t) \end{vmatrix}}{p(s)\begin{vmatrix} u_1(s) & u_2(s) \\ u_1(s+1) & u_2(s+1) \end{vmatrix}}, \qquad (4.2.7)$$

这里 $a \leqslant t \leqslant b+2$, $a+1 \leqslant s \leqslant b+1$.

证明 因为 $u_1(t)$, $u_2(t)$ 是两个线性无关解, 对任意的 $t \in [a, b+1]_\mathbb{Z}$, $w[u_1(t), u_2(t)] \neq 0$. 因此方程 (4.2.7) 有定义. 对固定的 $s \in [a+1, b+2]_\mathbb{Z}$, 不难验证 $y(t,s)$ 是 $u_1(t)$ 和 $u_2(t)$ 的线性组合, 因此, $y(t,s)$ 为方程 (4.2.1) 的解. 显然 $y(s,s) = 0$ 且 $y(s+1,s) = \dfrac{1}{p(s)}$. $\qquad \square$

定理 4.2.4 (常数变易公式) 初值问题

$$Ly(t) = h(t), \quad t \in [a+1, b+1]_\mathbb{Z},$$
$$y(a) = 0, \quad y(a+1) = 0$$

的解具有如下形式

$$y(t) = \sum_{s=a+1}^{t} y(t,s)h(s), \quad t \in [a, b+2]_\mathbb{Z}, \qquad (4.2.8)$$

其中 $y(t,s)$ 是当 $Ly(t) = 0$ 时的 Cauchy 函数 (如果 $t = b+2$, 则 $y(b+2, b+2)h(b+2)$ 这一项可理解为零).

证明 假定 $y(t)$ 由方程 (4.2.8) 给出. 令 $y(a) = 0$, 则

$$y(a+1) = y(a+1, a+1)h(a+1) = 0,$$

$$y(a+2) = y(a+2, a+1)h(a+1) + y(a+2, a+2)h(a+2) = \frac{h(a+1)}{p(a+1)},$$

因而当 $t = a+1$ 时, $Ly(t) = h(t)$.

现在假设 $a+2 \leqslant t \leqslant b+1$. 则

$$\begin{aligned}
Ly(t) &= p(t-1)y(t-1) + c(t)y(t) + p(t)y(t+1) \\
&= \sum_{s=a+1}^{t-1} p(t-1)y(t-1,s)h(s) \\
&\quad + \sum_{s=a+1}^{t} c(t)y(t,s)h(s) + \sum_{s=a+1}^{t+1} p(t)y(t+1,s)h(s) \\
&= \sum_{s=a+1}^{t-1} Ly(t,s)h(s) + c(t)y(t,t)h(t) \\
&\quad + p(t)y(t+1,t)h(t) + p(t)y(t+1,t+1)h(t+1) \\
&= h(t).
\end{aligned}$$
□

推论 4.2.3 初值问题

$$Ly(t) = h(t), \quad t \in [a+1, b+1]_{\mathbb{Z}},$$
$$y(a) = A,$$
$$y(a+1) = B$$

的解具有如下形式

$$y(t) = u(t) + \sum_{s=a+1}^{t} y(t,s)h(s),$$

其中 $y(t,s)$ 是当 $Ly(t) = 0$ 时的 Cauchy 函数, $u(t)$ 是初值问题 $Lu(t) = 0, u(a) = A, u(a+1) = B$ 的解.

证明 因为 $u(t)$ 是 $Lu(t) = 0$ 的解且 $\sum_{s=a+1}^{t} y(t,s)h(s)$ 是 $Ly(t) = h(t)$ 的解, 所以

$$y(t) = u(t) + \sum_{s=a+1}^{t} y(t,s)h(s)$$

是 $Ly(t) = h(t)$ 的解. 此外, $y(a) = u(a) = A$, 且 $y(a+1) = u(a+1) = B$. □

4.3 二阶线性差分方程的 Sturm 理论

本节将继续介绍节点的应用, 这将提供一种由二阶自伴线性差分方程的基础结果及向高阶线性差分方程发展的途径.

4.3 二阶线性差分方程的 Sturm 理论

下面的引理表明: 不存在

$$\Delta(p(t-1)\Delta y(t-1)) + q(t)y(t) = 0, \quad t \in [a, b+2]_{\mathbb{Z}} \tag{4.3.1}$$

的解, 使得 $y(t_0) = 0$ 并且 $y(t_0 - 1)y(t_0 + 1) > 0$.

引理 4.3.1 如果 $y(t)$ 为 (4.3.1) 的一个非平凡解并且 $y(t_0) = 0$ 对某个 $t_0 \in [a+1, b-1]_{\mathbb{Z}}$, 则

$$y(t_0 - 1)y(t_0 + 1) < 0.$$

证明 因 $y(t)$ 为 (4.3.1) 的一个非平凡解并且 $y(t_0) = 0$ 对某个 $t_0 \in [a+1, b-1]_{\mathbb{Z}}$, 故

$$p(t_0)y(t_0 + 1) = -p(t_0 - 1)y(t_0 - 1).$$

由于 $y(t_0 + 1), y(t_0 - 1) \neq 0$, 并且 $p(t) > 0$, 因此可以推得 $y(t_0 + 1)y(t_0 - 1) < 0$. □

定理 4.3.1 (Sturm 零点分离定理) (4.3.1) 的两个线性无关的解没有公共的零点. 如果 (4.3.1) 的一个非平凡解有一个零点 t_1 和一个节点 $t_2 > t_1$, 则 (4.3.1) 的任何第二个线性无关解在 $(t_1, t_2]_{\mathbb{Z}}$ 有一个节点. 如果 (4.3.1) 的一个非平凡解有一个节点 t_1 和另一个节点 $t_2 > t_1$, 则 (4.3.1) 的任何第二个线性无关解在 $[t_1, t_2]_{\mathbb{Z}}$ 有一个节点.

证明 设 $y(t), z(t)$ 为 (4.3.1) 的两个解, 且它们有公共的零点 $t_0 \in [a, b+2]_{\mathbb{Z}}$. 则当 $t_0 < b+2$ 时, Casoratian 行列式

$$w[y(t), z(t)]_{t=t_0} = 0.$$

从而, $y(t), z(t)$ 在 $[a, b+2]_{\mathbb{Z}}$ 线性相关.

当 $t_0 = b+2$ 时, 则 $y(b+1) \neq 0$, $z(b+1) \neq 0$. 令

$$w(t) = z(b+1)y(t) - y(b+1)z(t).$$

则 $w(b+1) = w(b+2) = 0$. 由此推知 $w(t) \equiv 0$ 于 $[a, b+2]_{\mathbb{Z}}$. 进而, $y(t), z(t)$ 在 $[a, b+2]_{\mathbb{Z}}$ 上线性相关.

下面, 设 $y(t)$ 是具有零点 t_1 和一个节点 $t_2 > t_1$ 的解. 不妨设 $t_2 > t_1 + 1$ 是 $y(t)$ 的位于 t_1 右侧的第一个节点. 则

$$y(t) > 0, \quad t \in (t_1, t_2)_{\mathbb{Z}}, \quad y(t_2) \leqslant 0.$$

反设 $z(t)$ 是 (4.3.1) 在 $(t_1, t_2]_{\mathbb{Z}}$ 上无节点的第二个线性无关的解. 不失一般性, 假定

$$z(t) > 0, \quad [t_1, t_2]_{\mathbb{Z}}.$$

选取 $T > 0$ 满足存在 $t_0 \in (t_1, t_2)_{\mathbb{Z}}$, 使得

$$z(t_0) = Ty(t_0),$$

但

$$z(t) \geqslant Ty(t), \quad t \in [t_1, t_2]_{\mathbb{Z}}.$$

于是, $u(t) = z(t) - Ty(t)$ 是一个满足 $u(t_0) = 0, u(t_0 - 1)u(t_0 + 1) \geqslant 0, t_0 > a$ 的非平凡解. 这与引理 4.3.1 矛盾.

定理的后一论断可用类似的方法证明. □

定义 4.3.1 称差分方程 (4.3.1) 在 $[a, b+2]_{\mathbb{Z}}$ 上非共轭, 如果 (4.3.1) 的任何非平凡解在 $[a, b+2]_{\mathbb{Z}}$ 上至多有一个节点.

定理 4.3.2 设 $Ly(t) = 0$ 在 $[a, b+2]_{\mathbb{Z}}$ 上非共轭. 设 $u(t), v(t)$ 满足

$$Lu(t) \geqslant Lv(t), \quad t \in [a+1, b+1]_{\mathbb{Z}},$$
$$u(a) = v(a),$$
$$u(a+1) = v(a+1).$$

则 $u(t) \geqslant v(t)$ 于 $[a, b+2]_{\mathbb{Z}}$.

证明 设

$$w(t) = u(t) - v(t).$$

则

$$h(t) \equiv Lw(t) = Lu(t) - Lv(t) \geqslant 0, \quad t \in [a+1, b+1]_{\mathbb{Z}},$$

因此 $w(t)$ 是初值问题

$$Lw(t) = h(t),$$
$$w(a) = 0, \quad w(a+1) = 0$$

的解. 根据常数变易法则,

$$w(t) = \sum_{s=a+1}^{t} y(t, s) h(s),$$

其中 $y(t, s)$ 是 $Ly(t) = 0$ 的 Cauchy 函数. 因为 $Ly(t) = 0$ 是非共轭的, 且 $y(s, s) = 0, y(s+1, s) = \dfrac{1}{p(s)} > 0$, 有

$$y(t, s) > 0, \quad s + 1 \leqslant t \leqslant b + 2.$$

因此, $w(t) \geqslant 0, t \in [a, b+2]_{\mathbb{Z}}$. □

定理 4.3.3 设 $a \leqslant t_1 < t_2 \leqslant b+2$, A, B 为常数. 设 $Ly(t) = 0$ 在 $[a, b+2]_{\mathbb{Z}}$ 上非共轭. 则边值问题
$$Ly(t) = h(t),$$
$$y(t_1) = A, \quad y(t_2) = B$$
有唯一解.

证明 设 $y_1(t), y_2(t)$ 是 $Ly(t) = 0$ 的线性无关解, $y_p(t)$ 是 $Ly(t) = h(t)$ 的一个特解. 那么 $Ly(t) = h(t)$ 的通解为
$$y(t) = c_1 y_1(t) + c_2 y_2(t) + y_p(t).$$
将边界条件代入上式有
$$c_1 y_1(t_1) + c_2 y_2(t_1) = A - y_p(t_1),$$
$$c_1 y_1(t_2) + c_2 y_2(t_2) = B - y_p(t_2).$$
该方程组有唯一解当且仅当
$$\begin{vmatrix} y_1(t_1) & y_2(t_1) \\ y_1(t_2) & y_2(t_2) \end{vmatrix} \neq 0.$$
反设
$$\begin{vmatrix} y_1(t_1) & y_2(t_1) \\ y_1(t_2) & y_2(t_2) \end{vmatrix} = 0.$$
那么存在不全为零的常数 d_1, d_2, 使得非平凡解
$$y(t) = d_1 y_1(t) + d_2 y_2(t),$$
满足
$$y(t_1) = y(t_2) = 0.$$
这与在 $[a, b+2]$ 上 $Ly(t) = 0$ 的非共轭性矛盾. □

4.4 二阶线性差分方程的 Green 函数

本节介绍两点共轭边值问题的 Green 函数, 其他二阶边值问题 Green 函数的构造方法读者可以通过文献 [2, 练习 6.15-6.18] 来完成, 这和 n 阶方程 Green 函数的建立类似. 进而在一定的条件下非齐次边值问题的解可以用含 Green 函数的和分方程表示. Green 函数在证明共轭边值问题的比较定理中扮演着重要角色.

由定理 4.3.3 得, 若 $Ly(t) = 0$ 在区间 $[a, b+2]_{\mathbb{Z}}$ 是非共轭的, 那么边值问题

$$Ly(t) = h(t), \quad t \in [a+1, b+1]_{\mathbb{Z}}, \tag{4.4.1}$$

$$y(a) = 0, \tag{4.4.2}$$

$$y(b+2) = 0 \tag{4.4.3}$$

有唯一解 $y(t)$. 为了求 $y(t)$ 的表达式, 首先证明几个必需的结果, 这些结果与获得边值问题 $Ly(t) = 0, (4.4.2), (4.4.3)$ 的 Green 函数 $G(t, s)$ 密切相关.

首先, 假设存在一个函数 $G(t, s)$ 且满足下列条件:

(a) 当 $a \leqslant t \leqslant b+2, a+1 \leqslant s \leqslant b+1$ 时, $G(t, s)$ 有定义.

(b) $LG(t, s) = \delta_{ts}, a+1 \leqslant t \leqslant b+1, a+1 \leqslant s \leqslant b+1$, 其中 δ_{ts} 是 Kronecker 函数, 即若 $t \neq s$, 则 $\delta_{ts} = 0$; 若 $t = s$, 则 $\delta_{ts} = 1$.

(c) $G(a, s) = G(b+2, s) = 0, a+1 \leqslant s \leqslant b+1$.

令

$$y(t) = \sum_{s=a+1}^{b+1} G(t, s) h(s),$$

则不难验证 $y(t)$ 满足边值问题 (4.4.1)—(4.4.3). 事实上, 由 (c) 得

$$y(a) = \sum_{s=a+1}^{b+1} G(a, s) h(s) = 0$$

和

$$y(b+2) = \sum_{s=a+1}^{b+1} G(b+2, s) h(s) = 0.$$

即证边值条件 (4.4.2), (4.4.3) 成立. 其次, 通过计算有

$$Ly(t) = \sum_{s=a+1}^{b+1} LG(t, s) h(s) = \sum_{s=a+1}^{b+1} \delta_{ts} h(s) = h(t), \quad a+1 \leqslant s \leqslant b+1.$$

因此, 若存在一个函数 $G(t, s)$ 满足条件 (a)—(c), 则

$$y(t) = \sum_{s=a+1}^{b+1} G(t, s) h(s)$$

满足边值问题 (4.4.1)—(4.4.3).

下面证明若 $Ly(t) = 0$ 在区间 $[a, b+2]_{\mathbb{Z}}$ 上非共轭, 则存在函数 $G(t, s)$ 满足 (a)—(c).

4.4 二阶线性差分方程的 Green 函数

为此, 令 $y_1(t)$ 是初值问题

$$\Delta(p(t-1)\Delta y(t-1)) + q(t)y(t) = 0, \quad t \in [a+1, b+1]_{\mathbb{Z}}, \\ y(a) = 0, \quad y(a+1) = 1 \tag{4.4.4}$$

的解, $y(t,s)$ 是 $Ly(t) = 0$ 的 Cauchy 函数. 定义 $G(t,s), a \leqslant t \leqslant b+2, a+1 \leqslant s \leqslant b+1$ 如下

$$G(t,s) = \begin{cases} -\dfrac{y(b+2,s)y_1(t)}{y_1(b+2)}, & t \leqslant s, \\ y(t,s) - \dfrac{y(b+2,s)y_1(t)}{y_1(b+2)}, & s \leqslant t. \end{cases} \tag{4.4.5}$$

因为 $Ly(t) = 0$ 在区间 $[a, b+2]_{\mathbb{Z}}$ 上非共轭, 所以 $y_1(b+2) > 0$. 由 $G(t,s)$ 的定义和 $y(s,s) = 0$ 知, $G(t,s)$ 分为 $t \leqslant s, s \leqslant t$ 两部分讨论.

因为

$$G(a,s) = \frac{y(b+2,s)y_1(a)}{y_1(b+2)} = 0,$$

且

$$G(b+2,s) = y(b+2,s) - \frac{y(b+2,s)y_1(b+2)}{y_1(b+2)} = 0,$$

所以 $G(t,s)$ 满足 (c).

下证 $G(t,s)$ 满足 (b). 事实上, 若 $t \geqslant s+1$, 则

$$LG(t,s) = Ly(t,s) - \frac{y(b+2,s)}{y_1(b+2)}Ly_1(t) = 0 = \delta_{ts};$$

若 $t \leqslant s-1$, 则

$$LG(t,s) = -\frac{y(b+2,s)}{y_1(b+2)}Ly_1(t) = 0 = \delta_{ts};$$

若 $t = s$, 则

$$LG(s,s) = p(s)G(s+1,s) + c(s)G(s,s) + p(s-1)G(s-1,s) \\ = p(s)y(s+1,s) - \frac{y(b+2,s)}{y_1(b+2)}Ly_1(t) \\ = 1 = \delta_{ts}.$$

因此, $G(t,s)$ 满足 (a)—(c).

我们宣称若 $Ly(t) = 0$ 在区间 $[a, b+2]_{\mathbb{Z}}$ 上非共轭, 则存在唯一函数 $G(t,s)$ 满足 (a)—(c).

已知 $G(t,s)$ 由方程 (4.4.5) 定义并且满足 (a)—(c). 假设 $H(t,s)$ 满足 (a)—(c). 取定 $s \in [a+1, b+1]_{\mathbb{Z}}$ 且令

$$y(t) = G(t,s) - H(t,s).$$

由 (b) 知 $y(t)$ 是 $Ly(t) = 0$ 在区间 $[a, b+2]_{\mathbb{Z}}$ 上的一个解. 结合 (c) 知, $y(a) = 0, y(b+2) = 0$. 由于 $Ly(t) = 0$ 在区间 $[a, b+2]_{\mathbb{Z}}$ 上非共轭, $y(t) = 0$ 在区间 $[a, b+2]_{\mathbb{Z}}$ 上一定成立. 由 $s \in [a+1, b+1]_{\mathbb{Z}}$ 的任意性得

$$G(t,s) \equiv H(t,s), \quad a \leqslant t \leqslant b+2, \quad a+1 \leqslant s \leqslant b+1.$$

引理 4.4.1 若 $Ly(t) = 0$ 在区间 $[a, b+2]_{\mathbb{Z}}$ 上非共轭, 问题 $Ly(t) = 0, (4.4.2), (4.4.3)$ 满足 (a)—(c) 的 Green 函数唯一.

定理 4.4.1 若 $Ly(t) = 0$ 在区间 $[a, b+2]_{\mathbb{Z}}$ 上非共轭, 边值问题

$$Ly(t) = h(t), \quad t \in [a+1, b+1]_{\mathbb{Z}},$$
$$y(a) = 0 = y(b+2)$$

的唯一解为

$$y(t) = \sum_{s=a+1}^{b+1} G(t,s)h(s), \quad t \in [a, b+2]_{\mathbb{Z}},$$

其中

$$G(t,s) = \begin{cases} -\dfrac{y(b+2, s)y_1(t)}{y_1(b+2)}, & t \leqslant s, \\ y(t, s) - \dfrac{y(b+2, s)y_1(t)}{y_1(b+2)}, & s \leqslant t, \end{cases}$$

且当 $a+1 \leqslant t, s \leqslant b+1$ 时 $G(t,s) < 0$.

证明 只需证当 $a+1 \leqslant t, s \leqslant b+1$ 时, $G(t,s) < 0$ 成立. 给定 $s \in [a+1, b+1]_{\mathbb{Z}}$. 因为 $Ly(t) = 0$ 在区间 $[a, b+2]_{\mathbb{Z}}$ 上非共轭, $y_1(t) > 0, a < t \leqslant b+2$ 且 $y(t,s) > 0, s < t \leqslant b+2$. 所以当 $a+1 \leqslant t \leqslant s$ 时,

$$G(t,s) = -\frac{y(b+2,s)y_1(t)}{y_1(b+2)} < 0;$$

当 $s \leqslant t \leqslant b+2$ 时,

$$G(t,s) = y(t,s) - \frac{y(b+2,s)y_1(t)}{y_1(b+2)}$$

是 $Ly(t) = 0$ 在区间 $[a, b+2]_{\mathbb{Z}}$ 上关于变量 t 的函数. 因 $G(b+2, s) = 0$ 且 $G(s,s) < 0$, 故

$$G(t,s) < 0, \quad s \leqslant t \leqslant b+1.$$

由 $s \in [a+1, b+1]_{\mathbb{Z}}$ 的任意性即证结论.

推论 4.4.1 若 $Ly(t) = 0$ 在区间 $[a, b+2]_{\mathbb{Z}}$ 上非共轭, 非齐次边值问题

$$Ly(t) = h(t), \quad t \in [a+1, b+1]_{\mathbb{Z}}$$
$$y(a) = A, y(b+2) = B$$

的唯一解为

$$y(t) = v(t) + \sum_{s=a+1}^{b+1} G(t,s)h(s), \quad t \in [a, b+2]_{\mathbb{Z}},$$

其中 $G(t,s)$ 是边值问题 $Ly(t) = 0, y(a) = 0 = y(b+2)$ 的 Green 函数, $v(t)$ 是边值问题 $Lv(t) = 0, v(a) = A, v(b+2) = B$ 的解.

定理 4.4.2 若 $Ly(t) = 0$ 在区间 $[a, b+2]_{\mathbb{Z}}$ 上非共轭, $u(t), v(t)$ 满足

$$Lu(t) \leqslant Lv(t), \quad t \in [a+1, b+1]_{\mathbb{Z}},$$
$$u(a) \geqslant v(a), \quad u(b+2) \geqslant v(b+2),$$

则 $u(t) \geqslant v(t), t \in [a, b+2]_{\mathbb{Z}}$.

证明 令 $w(t) = u(t) - v(t), t \in [a, b+2]_{\mathbb{Z}}$. 则

$$h(t) \equiv Lw(t) = Lu(t) - Lv(t) \leqslant 0, \quad t \in [a+1, b+1]_{\mathbb{Z}}.$$

若 $A \equiv u(a) - v(a) \geqslant 0, B \equiv u(b+2) - v(b+2) \geqslant 0$, 则 $w(t)$ 是如下边值问题

$$Lw(t) = h(t),$$
$$w(a) = A, \quad w(b+2) = B$$

的解. 由推论 4.4.1 知

$$w(t) = v(t) + \sum_{s=a+1}^{b+1} G(t,s)h(s), \quad (4.4.6)$$

其中 $G(t,s)$ 是问题 $Ly(t) = 0, y(a) = 0 = y(b+2)$ 的 Green 函数, $v(t)$ 是问题 $Lv(t) = 0, v(a) = A, v(b+2) = B$ 的解. 由定理 4.4.1 知, $G(t,s) \leqslant 0$. 因为 $Lv(t) = 0$ 在区间 $[a, b+2]_{\mathbb{Z}}$ 上非共轭且 $v(a) \geqslant 0, v(b+2) \geqslant 0$, 所以 $v(t) \geqslant 0$. 从而由 (4.4.6) 式得, $w(t) \geqslant 0$, 结论得证.

4.5 二阶线性差分方程的非共轭理论

定理 4.5.1 差分方程 $Ly(t) = 0$ 在 $[a, b+2]_{\mathbb{Z}}$ 上是非共轭, 当且仅当在 $[a, b+2]_{\mathbb{Z}}$ 上 $Ly(t) = 0$ 存在一个正解.

证明 假设 $Ly(t) = 0$ 在 $[a, b+2]_{\mathbb{Z}}$ 上是非共轭. 令 $u(t), v(t)$ 为 $Ly(t) = 0$ 的解, 且满足

$$u(a) = 0, \quad u(a+1) = 1,$$

$$v(b+1) = 1, \quad v(b+2) = 0.$$

由 $Ly(t) = 0$ 的非共轭性, 在 $[a+1, b+2]_{\mathbb{Z}}$ 上 $u(t) > 0$, 在 $[a, b+1]_{\mathbb{Z}}$ 上 $v(t) > 0$. 因此, $y(t) = u(t) + v(t)$ 是 $Ly(t) = 0$ 的一个正解.

反之, 假设 $Ly(t) = 0$ 在 $[a, b+2]_{\mathbb{Z}}$ 上有一个正解. 由 Sturm 分离定理, 非平凡解在 $[a, b+2]_{\mathbb{Z}}$ 上没有两个节点. □

推论 4.5.1 差分方程 (4.2.1) 在 $[a, b+2]_{\mathbb{Z}}$ 上是非共轭, 当且仅当它在 $[a, b+2]_{\mathbb{Z}}$ 上有一个 Polya 分解.

证明 若方程 (4.2.1) 是非共轭, 则根据定理 4.5.1 可知它有一个正解. 再由定理 4.2.2 知, $Ly(t) = 0$ 有一个 Polya 分解.

反过来, 假设 $Ly(t) = 0$ 有一个 Polya 分解

$$\rho_1(t)\Delta\{\rho_2(t)\Delta(\rho_1(t-1)y(t-1))\} = 0,$$

其中 $\rho_1(t) > 0$, $t \in [a, b+2]_{\mathbb{Z}}$, $\rho_2(t) > 0$, $t \in [a+1, b+2]_{\mathbb{Z}}$. 从而 $y(t) = \dfrac{1}{\rho_1(t)}$ 是一个正解. 根据定理 4.5.1, $Ly(t) = 0$ 在 $[a, b+2]_{\mathbb{Z}}$ 上是非共轭. □

定义 k 表示 k 阶三对角行列式 $D_k(t)$ ($a+1 \leqslant t \leqslant b+1$, $1 \leqslant k \leqslant b+2-t$) 的阶数, 其中三对角行列式 $D_k(t)$ 定义如下

$$D_k(t) = \begin{vmatrix} c(t) & p(t) & 0 & 0 & \cdots & 0 \\ p(t) & c(t+1) & p(t+1) & 0 & \cdots & 0 \\ 0 & p(t+1) & c(t+2) & p(t+2) & \cdots & 0 \\ \vdots & \vdots & \ddots & \ddots & \ddots & \vdots \\ 0 & 0 & \cdots & p(t+k-3) & c(t+k-2) & p(t+k-2) \\ 0 & 0 & \cdots & 0 & p(t+k-2) & c(t+k-1) \end{vmatrix},$$

其中 $c(t)$ 由方程 (4.2.3) 给出.

定理 4.5.2 差分方程 $Ly(t) = 0$ 在 $[a, b+2]_{\mathbb{Z}}$ 上是非共轭, 则 $Ly(t) = 0$ 的系数满足

$$(-1)^k D_k(t) > 0, \quad a+1 \leqslant t \leqslant b+1, \quad 1 \leqslant k \leqslant b+2-t. \tag{4.5.1}$$

证明 假设 $Ly(t) = 0$ 在 $[a, b+2]_{\mathbb{Z}}$ 上是非共轭. 我们将证明 (4.5.1) 对于 $1 \leqslant k \leqslant b-a+1$, $a+1 \leqslant t \leqslant b+2-k$ 成立.

4.5 二阶线性差分方程的非共轭理论

先证当 $k=1$ 时,$-D_1(t) = -c(t) > 0$, $a+1 \leqslant t \leqslant b+2-k$. 为证明这一事实, 固定 $t_0 \in [a+1, b+1]_{\mathbb{Z}}$, 令 $y(t)$ 为方程 (4.2.1) 的解, 且满足 $y(t_0-1)=0$, $y(t_0)=1$. 因为 $Ly(t_0) = 0$, 所以由 (4.2.4) 式可得

$$p(t_0)y(t_0+1) + c(t_0)y(t_0) = 0,$$

$$c(t_0) = -p(t_0)y(t_0+1).$$

由 $Ly(t) = 0$ 的非共轭, $y(t_0+1) > 0$, 因此 $c(t_0) < 0$. 由于 $t_0 \in [a+1, b+1]_{\mathbb{Z}}$ 是任意的, 所以 $c(t) < 0$ 对于 $a+1 \leqslant t \leqslant b+1$ 成立, 归纳的第一步证明完成. 再假设当 $1 < k \leqslant b-a+1$ 时,

$$(-1)^{k-1}D_{k-1}(t) > 0, \quad a+1 \leqslant t \leqslant b+3-k. \tag{4.5.2}$$

下面将运用这个归纳假设来证明 (4.5.1) 成立. 给定 $t_1 \in [a+1, b+2-k]_{\mathbb{Z}}$, 令 $u(t)$ 为 $Lu(t) = 0$ 的解, 且 $u(t_1-1) = 0$, $u(t_1+k) = 1$. 用这些边界条件和方程 $Ly(t) = 0$, $t_1 \leqslant t \leqslant t_1+k-1$ 可得

$$c(t_1)u(t_1) + p(t_1)u(t_1+1) = 0$$

$$p(t_1)u(t_1) + c(t_1+1)u(t_1+1) + p(t_1+1)u(t_1+2) = 0$$

$$\cdots\cdots$$

$$p(t_1+k-3)u(t_1+k-3) + c(t_1+k-2)u(t_1+k-2) + p(t_1+k-2)u(t_1+k-1) = 0,$$

$$p(t_1+k-2)u(t_1+k-2) + c(t_1+k-1)u(t_1+k-1) = -p(t_1+k-1).$$

注意到系数的行列式是 $D_k(t_1)$. 易证 $D_k(t_1) \neq 0$ (留给读者练习证明). 对 $u(t_1+k-1)$ 用 Cramer 法则求解上述系统, 从而得到

$$u(t_1+k-1) = -\frac{p(t_1+k-1)D_{k-1}(t_1)}{D_k(t_1)}.$$

由 $Ly(t) = 0$ 的非共轭知, $u(t_1+k-1) > 0$, 所以根据 (4.5.2) 式可得 $(-1)^k D_k(t) > 0$. 又由 $t_1 \in [a+1, b+2-k]_{\mathbb{Z}}$ 是任意的, 所以 (4.5.1) 式对任意的 $a+1 \leqslant t \leqslant b+2-k$ 成立. $\square$

这个定理的逆命题是下面定理的一个推论.

定理 4.5.3 若 $(-1)^k D_k(a+1) > 0$, $1 \leqslant k \leqslant b-a+1$, 则 $Ly(t) = 0$ 在 $[a, b+2]_{\mathbb{Z}}$ 上是非共轭.

证明 令 $u(t)$ 为 $Ly(t) = 0$ 的解, 满足 $u(a) = 0$, $u(a+1) = 1$. 由 Sturm 分离定理可证 $u(t) > 0$, $t \in [a+1, b+2]_{\mathbb{Z}}$.

下面运用数学归纳法证明 $u(a+k) > 0, 1 \leqslant k \leqslant b-a+2$. 当 $k=1$ 时, 显见 $u(a+1) > 0$. 假设当 $1 < k \leqslant b-a+2$ 时, 满足 $u(a+k-1) > 0$. 下面证明 $u(a+k) > 0$. 由 $Lu(t) = 0, a+1 \leqslant t \leqslant a+k-1$ 和 $u(a) = 0$ 可得 $k-1$ 个方程

$$c(a+1)u(a+1) + p(a+1)u(a+2) = 0,$$

$$p(a+1)u(a+1) + c(a+2)u(a+2) + p(a+2)u(a+3) = 0,$$

$$\cdots \cdots$$

$$p(a+k-3)u(a+k-3) + c(a+k-2)u(a+k-2) + p(a+k-2)u(a+k-1) = 0,$$

$$p(a+k-2)u(a+k-2) + c(a+k-1)u(a+k-1) + p(a+k-1)u(a+k) = 0.$$

由 Cramer 法则 (这里 $D_0(a+1) \equiv 1$),

$$u(a+k-1) = -\frac{p(a+k-1)u(a+k)D_{k-2}(a+1)}{D_{k-1}(a+1)}.$$

所以 $u(a+k) > 0$, 即在 $[a+1, b+2]_{\mathbb{Z}}$ 上 $u(t) > 0$. 因此在 $[a, b+2]_{\mathbb{Z}}$ 上 $Ly(t) = 0$. □

称 $Ly(t) = 0$ 在无限整数集 $[a, \infty)_{\mathbb{Z}}$ 上是非共轭, 如果 $Ly(t) = 0$ 不存在非平凡解在 $[a, \infty)_{\mathbb{Z}}$ 上有两个节点.

定理 4.5.4 若 $Ly(t) = 0$ 在 $[a, b+2]_{\mathbb{Z}}$ 上是非共轭, 则存在解 $u(t), v(t)$ 使得在 $[a, b+2]_{\mathbb{Z}}$ 上 $u(t) > 0, v(t) > 0$, 且

$$\begin{vmatrix} u(t_1) & v(t_1) \\ u(t_2) & v(t_2) \end{vmatrix} > 0, \qquad (4.5.3)$$

其中 $a \leqslant t_1 < t_2 \leqslant b+2$.

证明 由 $Ly(t) = 0$ 的非共轭和定理 4.5.1 可得, 方程 (4.2.1) 在 $[a, b+2]_{\mathbb{Z}}$ 上存在一个正解 $u(t)$. 令 $y(t)$ 为方程 (4.2.1) 的一个解, 使得 $u(t)$ 与 $y(t)$ 线性无关. 注意到如果需要, 将 $y(t)$ 替换为 $-y(t)$, 利用 Liouville 公式 (推论 4.2.2) 知, $w[u(t), y(t)]$ 在 $[a, b+1]$ 上定号.

假设 $w[u(t), y(t)] > 0, t \in [a, b+1]_{\mathbb{Z}}$. 选取足够大的 $C > 0$, 使得

$$v(t) = y(t) + Cu(t) > 0, \quad t \in [a, b+2]_{\mathbb{Z}}.$$

注意到, 在 $[a, b+1]_{\mathbb{Z}}$ 上

$$w[u(t), v(t)] = w[u(t), y(t)] > 0. \qquad (4.5.4)$$

下面证明 (4.5.3) 式成立. 为此, 给定 $t_1 \in [a, b+1]_{\mathbb{Z}}$, 通过数学归纳法证明当 $1 \leqslant k \leqslant b+2-t_1$ 时,

$$\left| \begin{array}{cc} u(t_1) & v(t_1) \\ u(t_1+k) & v(t_1+k) \end{array} \right| > 0.$$

事实上, 当 $k = 1$ 时, 由方程 (4.5.4) 知结论显然成立.

假设 $1 < k \leqslant b+2-t_1$ 且

$$\left| \begin{array}{cc} u(t_1) & v(t_1) \\ u(t_1+k-1) & v(t_1+k-1) \end{array} \right| > 0.$$

由定理 4.3.3 可知, 边值问题 $Lz(t) = 0$, $z(t_1) = 0$, $z(t_1+k-1) = 1$ 有一个唯一解. 由于 $z(t)$ 是 $u(t)$ 与 $v(t)$ 的一个线性组合,

$$\left| \begin{array}{ccc} z(t_1) & u(t_1) & v(t_1) \\ z(t_1+k-1) & u(t_1+k-1) & v(t_1+k-1) \\ z(t_1+k) & u(t_1+k) & v(t_1+k) \end{array} \right| = 0.$$

按第一列展开, 可得

$$\left| \begin{array}{cc} u(t_1) & v(t_1) \\ u(t_1+k) & v(t_1+k) \end{array} \right| = z(t_1+k) \left| \begin{array}{cc} u(t_1) & v(t_1) \\ u(t_1+k-1) & v(t_1+k-1) \end{array} \right|.$$

由 $Ly(t) = 0$ 的非共轭性知, $z(t_1+k) > 0$, 所以

$$\left| \begin{array}{cc} u(t_1) & v(t_1) \\ u(t_1+k) & v(t_1+k) \end{array} \right| > 0.$$

即证得对于 $a \leqslant t_1 < t_2 \leqslant b+2$, (4.5.3) 式成立. □

4.6　高阶线性差分方程的非共轭理论及 Green 函数的符号

4.6.1　节点、广义零点、非共轭的定义

设 $I = [a, b]_{\mathbb{Z}}$ 或 $I = [a, \infty)_{\mathbb{Z}}$. 本节考察 n 阶线性差分方程

$$P(u)(m) \equiv \sum_{j=0}^{n} \alpha_j(m) u(m+j) = 0, \quad \alpha_n(m) = 1, \alpha_0(m) \neq 0, \tag{4.6.1}$$

其中自变量 m 在有限区间 $I = [a,b]_{\mathbb{Z}}$ 或无限区间 $I = [a,\infty)_{\mathbb{Z}}$ 取值, 系数 $\alpha_0, \cdots,$
α_{n-1} 定义于 I 上, 而方程的解 u 定义于 I^n 上. 这里

$$I^n = \begin{cases} [a, b+n]_{\mathbb{Z}}, & I = [a,b]_{\mathbb{Z}}, \\ I, & I = [a,\infty). \end{cases}$$

本节将对方程 (4.6.1) 建立类似于 n 阶线性微分方程的非共轭理论, 选自文献 [17], 主要包括高阶线性差分方程非共轭的概念、Polya 关于非共轭的判别准则、Frobenius 分解、广义 Sturm 定理、Green 函数的符号等.

为了对 (4.6.1) 定义 "非共轭", 我们将推广当 $n = 2$ 时的 "节点" 的概念, 参见 [34, p.131]. 这种推广将保证 Rolle 定理的相似版本成立, 参见 [34, Proposition 5.1].

对一个有限或无限的实数列 $u : u(a), u(a+1), \cdots,$ 称 $m = a$ 为 u 的一个 "节点", 如果 $u(a) = 0$. 称 $m(>a)$ 为 u 的一个 "节点", 如果 $u(m) = 0$ 或 $u(m-1)u(m) < 0$.

如果差分方程 (4.6.1) 不存在 "在 I^n 上具有 n 个节点的不恒为零的解 u", 则称方程 (4.6.1) 在 I^n 上是严格意义下是非共轭的, 简单地记为 r 非共轭.

对一个有限或无限的实数列 $u : u(a), u(a+1), \cdots,$ 称 $m = a$ 为 u 的一个广义零点 (generalized zero), 如果 $u(a) = 0$. 称 $m(>a)$ 为 u 的一个广义零点 如果 $u(m) = 0$ 或存在整数 $k : 1 \leqslant k \leqslant m - a$, 使得

$$(-1)^k u(m-k)u(m) > 0,$$

并且当 $k > 1$ 有

$$u(m-k+1) = \cdots = u(m-1) = 0.$$

这样定义是受到如下事实的启发: 当 $u(m-k)u(m) < 0$ 时, u 应该具有奇数个广义零点; 而当 $u(m-k)u(m) > 0$ 时, u 应该具有偶数个广义零点.

如果差分方程 (4.6.1) 不存在 "在 I^n 上具有 n 个广义零点的不恒为零的解 u", 则称方程 (4.6.1) 在 I^n 上是 非共轭的.

显然, 如果 m 是 u 的一个节点, 则它必是 u 的一个广义零点. 故非共轭蕴含 r 非共轭. 在 4.6.5 节中, 我们将证明: 两个术语非共轭和 r 非共轭是等价的.

引进广义零点的好处在于如下关于微分方程的结果的相似版本成立: (4.6.1) 非共轭于 I^n 当且仅当 $u(m) = 0$ 为 (4.6.1) 在 $m = a, \cdots, a+k-1$ 有 $k(>0)$ 个连续的零点, 而在 $m = j, \cdots, j+n-k-1 \in I^n$ 有 $n-k$ 个连续的广义零点, 其中 $j > a + k$. 如果将 "广义零点" 换成 "节点", 则上述结论不再成立. 这可从如下例子得出.

4.6 高阶线性差分方程的非共轭理论及 Green 函数的符号

例 4.6.1 差分方程 $u(m+3) - 2u(m+2) + u(m+1) - u(m) = 0$ 满足

$$u(3) - 2u(2) + u(1) - u(0) = 0, \quad m = 0,$$
$$u(4) - 2u(3) + u(2) - u(1) = 0, \quad m = 1, \quad (4.6.2)$$

有一个解满足 $u_1(0) = 0, u_1(1) = 2, u_1(2) = 1, u_1(3) = 0$ 和 $u_1(4) = 1$. 该解具有两个零点 $m = 0, 3$ 并且不具有其他节点, 但具有一个广义零点 $m = 4$. (4.6.2) 具有另一个解 $u_2(0) = 0, u_2(1) = 0, u_2(2) = 1, u_2(3) = 2$ 和 $u_2(4) = 3$. 该解具有两个零点 $m = 0, 1$, 但不具有任何广义零点.

4.6.2 Wronskian 行列式

从现在起 a, b, i, j, k, m, n, μ 和 ν 表示整数, m 表示自变量. 设 $j \in \mathbb{Z}$ 满足

$$j > -\mathrm{card} I$$

(其中 $\mathrm{card} I$ 为 I 中元素的个数), 则

$$I^j = [a, b+j] \quad \text{或者} \quad I^j = [a, \infty),$$

进而

$$(I^j)^k = I^{j+k}.$$

其中当 $\mathrm{card} I = \infty$ 时, $I^j = I$ 对任意 j 均成立.

对任何函数 $u = u(m)$ 有时以 u 表示 $u(m)$, 以 u^* 表示 $u(m+1)$.

通常, 称

$$W(u_1, \cdots, u_k) = W(u_1, \cdots, u_k)(m)$$
$$= \det(u_j(m+i-1)), \quad i, j = 1, \cdots, k$$

为 $u_1, \cdots, u_k$ 的 Wronskian 行列式. 为了方便, 以 W^k 表示 W 中第 j 列元素为

$$u_j(m), \cdots, u_j(m+k-1)$$

的 $k \times k$ 行列式. 记

$$\Delta^0 u(m) = u(m),$$
$$\Delta u(m) = u(m+1) - u(m) = u^* - u,$$
$$\Delta^k u(m) = \sum_{j=0}^{k} \binom{k}{j} u(m+j). \quad (4.6.3)$$

于是
$$\Delta = \Delta^1, \quad \Delta^k = \Delta^{k-1}\Delta,$$
$$W(u_1, \cdots, u_k) = \det\left(\Delta^{i-1} u_j(m)\right), \quad i,j = 1, \cdots, k. \tag{4.6.4}$$
$$\Delta(u/v) = W(u,v)/vu^*. \tag{4.6.5}$$

当 $v \neq 0$ 时,
$$W(u_1, \cdots, u_k) = W(u_1/v, \cdots, u_k/v) \prod_{\mu=0}^{k-1} v(m+\mu). \tag{4.6.6}$$

在 (4.6.6) 中, 将 k 换成 $k+1$, 将 $u_1, \cdots, u_k$ 换成 $u_0, \cdots, u_k$, 将 v 换成 u_0, 便有
$$W^{k+1}(u_0, \cdots, u_k) = W(\Delta(u_1/u_0), \cdots, \Delta(u_k/u_0)) \prod_{\mu=0}^{k} u_0(m+\mu). \tag{4.6.7}$$

利用 (4.6.5) 及 $v(m) = u_0 u_0^*$ 时的 (4.6.6), (4.6.7) 蕴含
$$W^k(W^2(u_0, u_1), \cdots, W^2(u_0, u_k)) = W^{k+1}(u_0, \cdots, u_k) \prod_{\mu=0}^{k-1} u_0(m+\mu). \tag{4.6.8}$$

结合 (4.6.7) 和 (4.6.8) 并对 j 进行归纳, 可推出如下 Sylvester 定理的一个新版本
$$W^k(W^{j+1}(u_1, \cdots, u_j, v_1), \cdots, W^{j+1}(u_1, \cdots, u_j, v_k))$$
$$= W^{j+k}(u_1, \cdots, u_j, v_1, \cdots, v_k) \prod_{\mu=1}^{k-1} W^j(u_1, \cdots, u_j)(m+\mu). \tag{4.6.9}$$

由 (4.6.5) 及 $k=2$ 时的 (4.6.9), 可推出
$$\Delta\left\{\frac{W^{j+1}(u_1, \cdots, u_j, w)}{W^{j+1}(u_1, \cdots, u_j, v)}\right\} = \frac{W^{j+2}(u_1, \cdots, u_j, v, w) W^j(u_1, \cdots, u_j)^*}{W^{j+1}(u_1, \cdots, u_j, v) W^{j+1}(u_1, \cdots, u_j, v)^*}. \tag{4.6.10}$$

利用与文献 [33, p. 311] 中对于 [33, Corollary 2.2] 的证明类似的方法, 可推得
$$W^k(x, u_1, \cdots, \hat{u}_j, \cdots, u_k) w_{k-1} = W^{k-1}(x, u_1, \cdots, \hat{u}_j, \cdots, u_{k-1}) w_k$$
$$+ W^k(x, u_1, \cdots, u_{k-1}) W^{k-1}(x, u_1, \cdots, \hat{u}_j, \cdots, u_k), \tag{4.6.11}$$

其中 $\hat{u}_j$ 表示省略 u_j, $x = x(m)$ 是任意函数,
$$w_k = w_k(m) = W(u_1, \cdots, u_k). \tag{4.6.12}$$

4.6 高阶线性差分方程的非共轭理论及 Green 函数的符号

命题 4.6.1 设 $k \geqslant 2$,
$$w_0 = 1, \quad w_1 > 0, \cdots, w_k > 0. \tag{4.6.13}$$

则对 $k \in [1, n-1]_{\mathbb{Z}}$,

$$W^k(x, u_1, \cdots, \hat{u}_j, \cdots, u_k)$$
$$= w_k \sum_{\mu=j}^{k} W^{\mu-1}(x, u_1, \cdots, \hat{u}_j, \cdots, u_\mu) W^\mu(x, u_1, \cdots, u_\mu) / w_{\mu-1} w_\mu, \tag{4.6.14}$$

其中当 $\mu = 1$ 时, $W(x, u_1, \cdots, u_{\mu-1}) = x$; 当 $\mu = j$ 时,

$$W(x, u_1, \cdots, u_{\mu-1}) = w_{j-1}. \tag{4.6.15}$$

命题 4.6.2 设 $k \geqslant 2$, 并设 (4.6.13) 成立. 则对 $k \in [1, n]_{\mathbb{Z}}$,

$$W^{k-1}(x, u_1, \cdots, \hat{u}_j, \cdots, u_k)^*$$
$$= w_k \sum_{\mu=j}^{k} W^{\mu-1}(x, u_1, \cdots, \hat{u}_j, \cdots, u_\mu) w_{\mu-1}^* / w_{\mu-1} w_\mu, \tag{4.6.16}$$

其中当 $\mu = 1$ 时, $W(x, u_1, \cdots, u_{\mu-1}) = x$; $\mu = j$ 时, $W(x, u_1, \cdots, u_{\mu-1}) = w_{j-1}$.

定义 4.6.1 称函数组 $u_1, \cdots, u_{n-1}$ 为一个 $w_n(I)$-系, 如果它们定义于 I 上, $\mathrm{card}\, I \geqslant n - 1$, 并且

$$w_k(m) = W(u_1, \cdots, u_k)(m) > 0, \quad m \in I^{1-k}, \ k \in [1, n-1]_{\mathbb{Z}}. \tag{4.6.17}$$

定义 4.6.2 称函数组 $u_1, \cdots, u_{n-1}$ 为一个 $W_n(I)$-系, 如果它们定义于 I 上, $\mathrm{card}\, I \geqslant n - 1$, 并且

$$W^k(u_{i_1}, \cdots, u_{i_k})(m) > 0, \quad m \in I^{1-k}, \ k \in [1, n-1]_{\mathbb{Z}}. \tag{4.6.18}$$

定义 4.6.3 称函数组 $u_1, \cdots, u_{n-1}$ 为一个 $\tilde{W}_n(I)$-系, 如果它们定义于 I 上, $\mathrm{card}\, I \geqslant n - 1$, 构成一个 $w_n(I)$-系, 并且满足

$$W^{k-1}(u_1, \cdots, \hat{u}_j, \cdots, u_k)(m) \geqslant 0, \quad m \in I^{2-k}, \ 1 \leqslant j \leqslant k < n. \tag{4.6.19}$$

以

$$D(i(1), \cdots, i(k); \mu(1), \cdots, \mu(k)) = \det(u_{i(p)}(\mu(q)) : p, q = 1, \cdots, k) \tag{4.6.20}$$

记第 p 列为 $(u_{i(p)}(\mu(1)), \cdots, u_{i(p)}(\mu(k)))$ 的行列式, 其中 $i(1) < \cdots < i(k)$, $\mu(1) < \cdots < \mu(k)$.

记
$$D_k(\mu(1),\cdots,\mu(k)) = D(1,\cdots,k;\mu(1),\cdots,\mu(k)). \tag{4.6.21}$$
于是, 特别地
$$W(u_1,\cdots,u_k) = D_k(m,\cdots,m+k-1).$$

定义 4.6.4 称函数组 $u_1,\cdots,u_{n-1}$ 为一个 $Dw_n(I)$-系, 如果它们定义于 I 上, $\text{card} I \geqslant n-1$, 并且

$$D_k(\mu(1),\cdots,\mu(k)) > 0 \quad 对任意 \ k \in [1,n-1]_\mathbb{Z} \ 及任意 \ \mu(1) < \cdots < \mu(k), \ \mu(j) \in I. \tag{4.6.22}$$

定义 4.6.5 称函数组 $u_1,\cdots,u_{n-1}$ 为一个 $DW_n(I)$-系, 如果它们定义于 I 上, $\text{card} I \geqslant n-1$, 并且

$$D(i(1),\cdots,i(k);\mu(1),\cdots,\mu(k)) > 0 \tag{4.6.23}$$

对任意 $k \in [1,n-1]_\mathbb{Z}$ 及任意 $1 \leqslant i(1) < \cdots < i(k) < n$, $\mu(1) < \cdots < \mu(k)$, $\mu(j) \in I$ 成立.

命题 4.6.3 设 $u_1,\cdots,u_{n-1}$ 是一个 $w_n(I)$-系. 则 $u_1,\cdots,u_{n-1}$ 是一个 $W_n(I)$-系的充要条件是

$$W(u_j,\cdots,u_k)(m) > 0, \quad 1 \leqslant j \leqslant k < n \tag{4.6.24}$$

对 $m = a$ 成立.

命题 4.6.4 设 $u_1,\cdots,u_n$ 是一个 $W_{n+1}(I)$-系, $\text{card } I \geqslant n+1$. 设 $u_0(m), m \in I$, 满足

$$W(u_0,\cdots,u_k)(m) > 0, \quad m \in I^{1-k}, \ 0 \leqslant k \leqslant n.$$

则 $u_0, u_1,\cdots,u_n$ 是一个 $W_{n+2}(I)$-系.

命题 4.6.5 设 $u_1,\cdots,u_{n-1}$ 是一个 $w_n(I)$-系, 且满足

$$W(u_1,\cdots,\hat{u}_j,\cdots,u_k)(a) > 0, \quad 1 \leqslant j \leqslant k \leqslant n. \tag{4.6.25}$$

则 $u_1,\cdots,u_{n-1}$ 是一个 $\tilde{W}_n(I)$-系, 即 (4.6.19) 成立.

命题 4.6.6 设 I 是一个有限区间. 设 (4.6.1) 中的 α_0 满足

$$(-1)^n \alpha_0(m) > 0.$$

设 $u_1,\cdots,u_{n-1}$ 是一个 $w_n(I)$-系 (且/或 $W_n(I)$-系). 则存在函数 $u_0(m)$ 和 $u_n(m)$, 使得 $u_0,\cdots,u_{n_1}$ 和 $u_1,\cdots,u_n$ 均为 $w_{n+1}(I)$-系 (且/或 $W_{n+1}(I)$-系). 同时

$$(-1)^n p(u_0)(m) > 0, \quad p(u_n)(m) > 0, \quad m \in I.$$

命题 4.6.7 设 $u_1,\cdots,u_n$ 均为 (4.6.1) 的解. 则

$$W(u_1,\cdots,u_n)(m+1) = (-1)^n \alpha_0(m) W(u_1,\cdots,u_n)(m), \quad m \in I. \tag{4.6.26}$$

4.6.3 化归为一阶系统

命题 4.6.8 设 $u_1,\cdots,u_n$ 是一个 $w_{n+1}(I^n)$-系. 则对 $m \in I$, (4.6.1) 等价于一阶系统

$$\Delta y = -Ay,$$

即

$$y(m+1) = (I - A(m))y(m), \quad m \in I, \tag{4.6.27}$$

其中 $A(m)$ 是一个 $n \times n$ 函数矩阵, 对于 $m \in I$,

$$y_k = W^k(u, u_1, \cdots, u_{k-1})/w_k, \quad 1 \leqslant k \leqslant n \tag{4.6.28}$$

(显然 $y_1 = u/u_1$). 于是 (4.6.1) 可以等价地写成

$$\begin{aligned}
\Delta y_k &= -\frac{-y_{k+1} w_{k+1} w^*_{k-1}}{w_k w^*_k}, \quad 1 \leqslant k < n, \\
\Delta y_n &= -\left(\frac{w^*_{n-1}}{w^*_n}\right) \sum_{j=1}^n \sum_{k=j}^n (-1)^{n+j}(Pu_j) W(u_1,\cdots,\hat{u}_j,\cdots,u_k) \frac{y_k}{w_{k-1}}.
\end{aligned} \tag{4.6.29}$$

同时, 有

$$\det(I - A) = (-1)^n \frac{\alpha_0 w_n}{w^*_n}.$$

如果 $u_1,\cdots,u_n$ 为 (4.3.1) 的一组解, 或是一个 $\tilde{W}_{n+1}(I^n)$-系并且

$$(-1)^{n+1}(Pu_j)(m) \geqslant 0, \quad m \in I, \ 1 \leqslant j \leqslant m, \tag{4.6.30}$$

则矩阵 A 的元素均在 I 上非负. 进一步, 如果

$$(-1)^n \alpha_0 > 0,$$

则矩阵 $(I - A)^{-1}$ 的元素均在 I 上非负.

命题 4.6.9 设 (4.6.1) 中的 α_0 满足

$$(-1)^n \alpha_0(m) > 0.$$

设 $u_1,\cdots,u_n$ 是一个 $w_{n+1}(I^n)$-系, 并且 $u_1,\cdots,u_{n-1}$ 是一个 $\tilde{w}_n(I^n)$-系, 并且

$$(-1)^{n+j} Pu_j(m) \geqslant 0, \quad m \in I, \ 1 \leqslant j \leqslant n. \tag{4.6.31}$$

则对 $m \in I$, (4.6.1) 等价于一阶系统

$$\Delta z = -Bz,$$

即

$$z(m+1) = (I - B(m))z(m), \quad m \in I, \tag{4.6.32}$$

其中 $B(m)$ 是一个 $n \times n$ 函数矩阵, 对于 $m \in I$,

$$z_k = W^k(u, u_1, \cdots, u_{k-1})/w_k, \quad 1 \leqslant k \leqslant n, \tag{4.6.33}$$

$$z_n = \tau W^k(u, u_1, \cdots, u_{n-1})/w_n, \tag{4.6.34}$$

其中 $\tau = \tau(m) > 0$ 于 I^n (显然 $y_1 = u/u_1$). 于是 (4.6.32) 可以等价地写成

$$\Delta z_k = -\frac{-z_{k+1}w_{k+1}w_{k-1}^*}{w_k w_k^*}, \quad 1 \leqslant k < n-1, \tag{4.6.35}$$

$$\Delta z_{n-1} = -\frac{z_n w_n w_{n-2}^*}{w_{n-1} w_{n_1}^* \tau} W(u_1, \cdots, \hat{u}_j, \cdots, u_k) \frac{y_k}{w_{k-1}}. \tag{4.6.36}$$

$$\Delta z_n = -\frac{\tau^* w_{n-1}^*}{w_n^*} \sum_{k=1}^{n-1} \sum_{j=1}^{k} (-1)^{n+j} (Pu_j) W(u_1, \cdots, \hat{u}_j, \cdots, u_k) \frac{z_k}{w_{k-1}}. \tag{4.6.37}$$

同时, 有

$$\det(I - B) > 0,$$

且对任意 $m \in I$, B 的元素及 $(I-B)^{-1}$ 的元素均在 I 上非负.

4.6.4 一个分解定理

许多教科书上都给出了线性非齐次差分方程的 "常数变易" 公式, 但没有统一的形式陈述.

设 $U(m, \nu)$ 为 (4.6.1) 的定义于 $I^n \times I$ 上的 Cauchy 函数. 即对给定的 $m \in I$, $u(m) = U(m, \nu)$ 为 (4.6.1) 的满足初始条件

$$U(m, \nu) = 0, \quad m = \nu + 1, \cdots, \nu + n - 1, \quad u(\nu + n, v) = 1 \tag{4.6.38}$$

的解.

条件 $\alpha_0 \neq 0$ 对保证 $U(m, \nu)$ 在 $a \leqslant m \leqslant \nu$ 上有定义是必需条件. 如果 $u_1, \cdots, u_n$ 是 (4.6.1) 的线性无关解, 则

$$U(m, \nu) = \sum_{j=1}^{n} (-1)^{n+j} u_j(m) W(u_1, \cdots, \hat{u}_j, \cdots, u_n)(\nu + 1)/w_n(\nu + 1), \tag{4.6.39}$$

4.6 高阶线性差分方程的非共轭理论及 Green 函数的符号

其中和式为第 j 列为 $(u_j(\nu+1), \cdots, u_j(\nu+n-1))$ 的 $n \times n$ 行列式. 特别地,

$$U(m,m) = (-1)^{n-1} w_n(m)/w_n(m+1). \tag{4.6.40}$$

命题 4.6.10 初值问题

$$(Pv)(m) = f(m), \quad v(a) = \cdots = v(a+n-1) = 0 \tag{4.6.41}$$

的唯一解可以表示为

$$v(m) = \sum_{\nu=a}^{m-1} U(m,\nu) f(\nu), \quad m \in I^n. \tag{4.6.42}$$

值得注意的是, 如果 $I = [a,b]_{\mathbb{Z}}$, 那么 (4.6.42) 蕴含

$$U(m,\nu) = 0, \quad m \in I^n - I, \nu > b. \tag{4.6.43}$$

于是, 可以将 (4.6.42) 中的 ν "从 a 加到 $m-1$" 换成 "从 a 加到 $\max\{m-1,b\}$", 或者允许 $f(m)$ 当 $m > b$ 时任意取值.

命题 4.6.11 设 $k \in [1,n]_{\mathbb{Z}}$. 设 $u_1, \cdots, u_k$ 为问题 (4.6.1), (4.6.38) 的 k 个解满足

$$w_k = W(u_1, \cdots, u_k)(m) \neq 0, \quad m \in I^{n-k+1}.$$

则有且仅有一个 $n-k$ 阶的微分方程

$$P_1 v \equiv \sum_{j=0}^{n-k} \beta_j(m) v(m+j) = 0, \quad m \in I, \tag{4.6.44}$$

使得

$$\beta_{n-k} = 1, \quad \beta_0 = (-1)^k \alpha_0 w_k / w_k^* \neq 0, \tag{4.6.45}$$

并且 v 为 (4.6.44) 的一个解当且仅当存在 (4.6.1), (4.6.38) 的一个解 u, 满足

$$v(m) = W(u, u_1, \cdots, u_k)(m), \quad m \in I^{n-k}. \tag{4.6.46}$$

设

$$P_2(w) \equiv W(w, u_1, \cdots, u_k) \equiv \sum_{j=0}^{k} \gamma_j(m) u(m+j), \quad j \in I^{n-k}, \tag{4.6.47}$$

其中 $\gamma_0(m) = w_k^* \neq 0$, $\gamma_k(m) = (-1)^k w_k \neq 0$. 于是, 命题 4.6.10 蕴含分解

$$P = P_1 P_2. \tag{4.6.48}$$

证明 设 $W(m,\nu)$ 为 (4.6.47) 定义于 $I^n \times I^{n-k}$ 上的 Cauchy 函数, 即对固定的 ν, $w(m) = W(m,\nu)$ 为问题

$$P_2 = 0, \quad w(m) = 0, \quad \nu < m < \nu + k, \quad \text{当 } m = \nu + k \text{ 时 } w = 1 \qquad (4.6.49)$$

的解. 定义 $u = P_2^{-1} v$ 为

$$P_2 u = v, \quad u = 0, \quad m = a, \cdots, a + k - 1$$

的唯一解. 于是

$$u = P_2^{-1} v = \sum_{\nu=a}^{m-1} W(m,\nu) v(\nu), \quad m \in I^n. \qquad (4.6.50)$$

定义 $P_v = P P_2^{-1} v$. 将证明它具有 (4.6.44) 中所需要的形式.

为此, 注意到

$$u(m+i) = \sum_{\nu=a}^{m-1} W(m+i,\nu) v(\nu), \quad i \in [0, k-1]_{\mathbb{Z}}, \qquad (4.6.51)$$

有

$$u(m+i) = \sum_{\nu=m}^{m+i-k} W(m+i,\nu) v(\nu) + \sum_{\nu=a}^{m-1} W(m+i,\nu) v(\nu), \quad i \in [k,n]_{\mathbb{Z}}. \qquad (4.6.52)$$

由于 $w(\cdot) = W(\cdot,\nu)$ 是 $P_2 w = 0$ 的一个解, 故 $Pw = 0$. 可见 $P_1 v = Pu$,

$$P_1 v = \sum_{i=1}^{k} \alpha_i(m) \sum_{\nu=m}^{m+i-k} W(m+i,\nu) v(\nu) \equiv \sum_{j=0}^{n-k} \beta_j(m) v(m+j),$$

其中

$$\beta_j(m) = \sum_{i=j+k}^{n} \alpha_i(m) W(m+i, j+m), \quad j \in [0, n-k]_{\mathbb{Z}}.$$

它对 $m \in I$ 有定义. 它蕴含 $\beta_{n-k} = \alpha_n = 1$.

因为 $PW(\cdot,\nu) = 0$, 故

$$\beta_0(m) = \sum_{i=0}^{n} \alpha_i(m) W(m+i, m) = -\alpha_0(m) W(m,m).$$

利用与 (4.6.40) 类似的证明方法可推得 $W(m,m) = -(-1)^{k-1} W_k / W_k^*$, 进而完成命题的证明. $\square$

4.6.5 非共轭

定理 4.6.1 下列条件等价:

(a) (4.6.1) 有一个由解构成的 $w_{n+1}(I^n)$-系;

(b) 对 $k \in [1,n]_{\mathbb{Z}}$, 存在正函数 $p_k(m)$, $m \in I^{n-k+1}$, 满足

$$Pu = p_{n+1}\Delta_n \cdots \Delta_1 u = p_{n+1}\Delta\{p_n\Delta[\cdots \Delta p_1]u\},$$

其中

$$p_{N=1} = 1/p_1 \cdots p_n, \quad m \in I,$$

$$\Delta_k u = \Delta(p_k u) = p_k(m+1)u(m+1) - p_k(m)u(m);$$

(c) (4.6.1) 在 I^n 上非共轭;

(d) (4.6.1) 在 I^n 上 r 非共轭;

(e) (4.6.1) 有一个由解构成的 $DW_{n+1}(I^n)$-系;

(f) $u(m) \equiv 0$ 是 (4.6.1) 满足条件 "在 $m = a, \cdots, a+k-1$ 上有 $k(>0)$ 个连续的零点, 而在 $m = j, \cdots, j+n-k-1$ 上有 $n-k$ 个连续的广义零点 (其中 $i \in I^{k+1} : a+k \leqslant j$)" 的唯一解;

(g) 如果 $u_1(m), \cdots, u_n(m)$ 为 (4.6.1) 的 n 个线性无关解, 则行列式 $D_n(\mu_1(1), \cdots, \mu_n(n))$ 非零并且对任意 $\mu(1) < \cdots < \mu(n)$, $\mu(j) \in I^n$ 具有相同的符号.

4.6.6 Green 函数

设 $I = [a,b]_{\mathbb{Z}}$. 如果 (4.6.1) 在 I^n 上非共轭, 则对任意函数 $f = f(m)$, $m \in I$, 边值问题

$$(Pu)(m) \equiv \sum_{j=0}^{m} \alpha_j(m)v(m+j) = f(m), \quad m \in I, \quad (4.6.53)$$

$$v(m) = 0, \quad m = m(1), \cdots, m(n) \quad (4.6.54)$$

(其中 $a \leqslant m(1) < \cdots < m(n) \leqslant b+n$) 有唯一解. 进一步, 存在定义于 $I^n \times I$ 上的 Green 函数 $G(m, \nu)$, 使得

$$u(m) = \sum_{\nu=a}^{b} G(m, \nu)f(\nu), \quad (4.6.55)$$

这里 Green 函数 $G(m, \nu)$ 为问题

$$\begin{aligned}(Pv)(m) &= \delta_{m\nu}, \quad m \in I^n, \\ v(m) &= 0, \quad m = m(1), \cdots, m(n)\end{aligned} \quad (4.6.56)$$

的唯一解, 其中
$$\delta_{m\nu} = \begin{cases} 1, & m = \nu, \\ 0, & m \neq \nu. \end{cases}$$

定理 4.6.2 设 $I = [a,b]_{\mathbb{Z}}$. 如果 (4.6.1) 在 I^n 上非共轭. 设 $G(m,\nu)$ 为 (4.6.56) 的 Green 函数. 对 $m \in I^n$, 记

$$\sigma(m) = \text{card}\{j : 1 \leqslant j \leqslant n, m(j) < j\}. \tag{4.6.57}$$

则对 $k \in [1, \text{card}I]_{\mathbb{Z}}$

$$(-1)^{nk+\sum \sigma(\mu(i))} \det(G(\mu(i),\mu(j)); i,j = 1,\cdots,k) \geqslant 0, \tag{4.6.58}$$

对 $a \leqslant \mu(1) < \cdots < \mu(k) \leqslant b+n$, $a \leqslant \nu(1), \cdots, \nu(k) \leqslant b$ 成立. 当 $k = b+1$ 且 $\mu(i) \neq m(1), \cdots, \mu(n)$ 时, (4.6.58) 中的严格大于号成立.

同时, 如果 $\mu(1) = a, m(n) = b+n$, 则

$$(-1)^{n+\sigma(m)} G(m,\mu) > 0, \quad m \neq \mu(1), \cdots, \mu(n); \tag{4.6.59}$$

特别地, 如果 $1 \leqslant k \leqslant n$,

$$m(j) = \begin{cases} a+j-1, & 1 \leqslant j \leqslant k, \\ b+j, & k < j \leqslant n, \end{cases}$$

则

$$(-1)^{n+k} G(m,\mu) > 0, \quad m \in [a+k, b+k]_{\mathbb{Z}}. \tag{4.6.60}$$

4.7 评 注

1. 微分方程和差分方程的非共轭早在 20 世纪五六十年代就受到学者的关注和研究, 并取得了丰富的成果, 参见文献 [2, 17, 31-33, 35, 36] 等. 非共轭理论在微分方程和差分方程的定性理论中具有重要的作用. 例如,

(i) 方程非共轭可以获得共轭边值问题 Green 函数的符号、极值原理和相应算子的正性;

(ii) 方程非共轭等价于方程可以进行 Polya 分解;

(iii) 方程非共轭可以获得带共轭边值条件的特征值问题的谱结构.

这些性质在研究非线性边值问题正解的存在性和结点解集的全局结构中具有重要的理论价值. 微分方程的非共轭理论已发展得相对完整, 可参考文献 [31, 32, 36] 等, 而差分方程的非共轭理论正在发展中, 读者可参考文献 [2,17] 等.

2. 关于本章及第 7 章和第 8 章所用到非线性分析工具, 可参看文献 [37-41].

第 5 章 离散 Sturm-Liouville 问题

线性算子的特征值理论不仅是算子理论的重要组成部分, 也是研究相应非线性问题的重要工具之一. 关于线性算子特征值理论的研究可追溯至 19 世纪 30 年代, Sturm 和 Liouville 对二阶右定线性微分方程特征值问题

$$(p(t)u'(t))' + q(t)u(t) + \lambda r(t)u(t) = 0, \quad t \in (a,b),$$
$$\alpha_1 u(a) + \alpha_2 u'(a) = 0,$$
$$\beta_1 u(b) + \beta_2 u'(b) = 0$$

谱的研究. 他们获得了该问题恰有一列实的简单特征值满足

$$\lambda_1 < \lambda_2 < \cdots < \lambda_k < \cdots \to +\infty,$$

并且特征值 λ_k 所对应的特征函数在 (a,b) 内恰好有 $k-1$ 个简单零点.

此后, Prüfer 变换以及变分方法等大量研究工具的引入, 使得线性算子特征值理论的研究得到了蓬勃发展, 相关的研究结果可参见文献 [42-58]. 特别地, 1914 年, 著名数学家 Bôcher[62] 讨论了二阶左定 Dirichlet 特征值问题的谱结构, 获得了该类问题恰有两列实的简单特征值:

$$0 < \lambda_{1,+} < \lambda_{2,+} < \cdots < \lambda_{k,+} < \cdots \to +\infty,$$
$$0 > \lambda_{1,-} > \lambda_{2,-} > \cdots > \lambda_{k,-} < \cdots \to -\infty,$$

并且特征值 $\lambda_{k,\pm}$ 所对应的特征函数在 (a,b) 内也恰有 $k-1$ 个简单零点. 继 Bôcher 的工作之后, 关于左定 Sturm-Liouville 问题谱理论的研究得到了广泛关注, 并得到了大量有趣的结果, 见文献 [42, 43, 49, 51-53] 及相关参考文献.

相对于线性微分方程特征值问题谱理论的研究, 线性差分方程特征值问题谱理论的研究则相对滞后. 虽然在早于 Atkinson 之前, 已有一些零散的关于离散特征值问题的谱理论结果, 但是, 直到 1964 年, Atkinson[59] 在其专著 *Discrete and Continuous Boundary Problems* 中对线性差分方程特征值问题的谱理论进行讨论之后, 线性差分方程特征值问题谱理论的研究才得到了人们的广泛关注, 并得到了大量有意义的结果. 本章将对二阶右定和左定线性差分方程特征值问题谱理论的一些基本结果和基本方法进行介绍.

5.1 引言

本章主要讨论线性差分方程

$$\Delta[p(t-1)\Delta y(t-1)] + [q(t) + \lambda r(t)]y(t) = 0, \qquad t \in [a, b+1]_{\mathbb{Z}} \tag{5.1.1}$$

在不同边界条件下的特征值理论, 其中, a, b 为两个整数满足: $a < b$. 这里 $[a, b+1]_{\mathbb{Z}} = \{a, a+1, \cdots, b+1\}$, $p: [a, b+1]_{\mathbb{Z}} \to (0, \infty)$, q, $r: [a+1, b+1]_{\mathbb{Z}} \to \mathbb{R}$, $\lambda \in \mathbb{R}$ 是参数.

首先考虑一般线性齐次边界条件

$$Py \equiv a_{11}y(a) + a_{12}\Delta y(a) - b_{11}y(b+1) - b_{12}\Delta y(b+1) = 0, \tag{5.1.2}$$

$$Qy \equiv a_{21}y(a) + a_{22}\Delta y(a) - b_{21}y(b+1) - b_{22}\Delta y(b+1) = 0, \tag{5.1.3}$$

这里, a_{ij} 和 b_{ij} 均为实常数, 并且向量 $\{a_{11}, a_{12}, b_{11}, b_{12}\}$ 与向量 $\{a_{21}, a_{22}, b_{21}, b_{22}\}$ 是线性无关的. 如果 $a_{21} = a_{22} = b_{11} = b_{12} = 0$, 则可得分离型边界条件

$$\alpha y(a) + \beta \Delta y(a) = 0, \qquad \gamma y(b+1) + \delta \Delta y(b+1) = 0, \tag{5.1.4}$$

这里, α, β, γ, $\delta \in \mathbb{R}$ 并且满足

$$\alpha^2 + \beta^2 \neq 0, \qquad \gamma^2 + \delta^2 \neq 0. \tag{5.1.5}$$

定义 5.1.1 假设 (5.1.5) 成立, 则边值问题 (5.1.1), (5.1.4) 称为 Sturm-Liouville 问题.

边界条件 $Py = 0$, $Qy = 0$ 的另一种重要的特殊情形就是周期边界条件

$$y(a) = y(b+1), \qquad \Delta y(a) = \Delta y(b+1). \tag{5.1.6}$$

定义 5.1.2 假设 $p(a) = p(b+1)$, 则边值问题 (5.1.1), (5.1.6) 称为 周期 Sturm-Liouville 问题.

定义 5.1.3 $\lambda = \lambda_0$ 是边值问题 (5.1.1)—(5.1.3) 的一个特征值, 是指当 $\lambda = \lambda_0$ 时边值问题有一个非平凡解 $y_0(t)$. 此时, 称 $y_0(t)$ 为对应于特征值 λ_0 的特征函数, $(\lambda_0, y_0(t))$ 为边值问题 (5.1.1)—(5.1.3) 的一个特征对.

由特征对的定义可知, 如果 $(\lambda_0, y_0(t))$ 为边值问题 (5.1.1)—(5.1.3) 的一个特征对, 那么对于任意实数 $k \neq 0$, $(\lambda_0, ky_0(t))$ 也是它的一个特征对.

定义 5.1.4 设 $y: [0, T+1]_{\mathbb{Z}} \to \mathbb{R}$ 是一个函数. 如果 $y(t) = 0$, 则 t 是 y 的一个零点. 如果 $y(t) = 0$ 且 $y(t-1)y(t+1) < 0$, 则 t 是 y 的一个简单零点. 如果 $y(t-1)y(t) < 0$, 则称 y 在点 $s = t$ 处有一个节点. 称简单零点或节点为简单节点.

5.1 引言

例 5.1.1 设 $T > 1$ 是一个正整数, 求 Sturm-Liouville 问题

$$\begin{cases} \Delta^2 y(t-1) + \lambda y(t) = 0, & t \in [1, T]_{\mathbb{Z}}, \\ y(0) = y(T+1) = 0 \end{cases} \tag{5.1.7}$$

的特征值对.

解 问题 (5.1.7) 中方程的特征方程为

$$m^2 + (\lambda - 2)m + 1 = 0,$$

解得

$$m = \frac{2 - \lambda \pm \sqrt{(\lambda - 2)^2 - 4}}{2}.$$

若 $|\lambda - 2| \geqslant 2$, 不难推知特征值问题 (5.1.7) 只有零解. 从而, 问题 (5.1.7) 不存在特征值.

假设 $|\lambda - 2| < 2$. 则可令

$$2 - \lambda = 2 - \cos\theta.$$

那么,

$$m = \cos\theta \pm i\sin\theta = e^{\pm i\theta}.$$

从而, 方程的通解为

$$y(t) = A\cos\theta t + B\sin\theta t.$$

进一步, 由边界条件可知

$$y(0) = A = 0, \qquad y(T+1) = B\sin(T+1)\theta = 0.$$

令

$$\theta_k = \frac{k\pi}{T+1}, \qquad k = 1, 2, \cdots, T,$$

则

$$\lambda_k = 2 - 2\cos\frac{k\pi}{T+1}, \qquad k = 1, 2, \cdots, T.$$

所以, Sturm-Liouville 问题 (5.1.7) 的特征对为

$$(\lambda_k, \ y_k(t)) = \left(2 - 2\cos\frac{k\pi}{T+1}, \ \sin\frac{k\pi}{T+1}t\right), \qquad k = 1, 2, \cdots, T.$$

注 5.1.1 例 5.1.1 中每个特征值都是简单的, 而且特征值的数量与区间 $[1, T]_{\mathbb{Z}}$ 的元素数量相等.

例 5.1.2 设 $T > 1$ 是一个正整数, 求 Sturm-Liouville 问题

$$\begin{cases} \Delta^2 y(t-1) + \lambda y(t) = 0, & t \in [1, T]_{\mathbb{Z}}, \\ y(0) = y(T), & \Delta y(0) = \Delta y(T) \end{cases} \tag{5.1.8}$$

的特征值对.

解 问题 (5.1.8) 中方程的特征方程为

$$m^2 + (\lambda - 2)m + 1 = 0, \tag{5.1.9}$$

解得

$$m_{1,2} = \frac{2 - \lambda \pm \sqrt{(\lambda - 2)^2 - 4}}{2}.$$

若 $|\lambda - 2| > 2$, 则问题 (5.1.8) 没有特征值. 事实上, 由于一元二次方程 (5.1.8) 的两个互异的根为

$$m_1 = \frac{2 - \lambda + \sqrt{(\lambda - 2)^2 - 4}}{2}, \qquad m_2 = \frac{2 - \lambda - \sqrt{(\lambda - 2)^2 - 4}}{2}.$$

故问题 (5.1.8) 中方程的通解为

$$y(t) = A m_1^t + B m_2^t.$$

由边界条件可知

$$\begin{cases} A(1 - m_1^T) + B(1 - m_2^T) = 0, \\ A m_1(1 - m_1^T) + B m_2(1 - m_2^T) = 0. \end{cases}$$

由于

$$\det \begin{pmatrix} 1 - m_1^T & 1 - m_2^T \\ m_1(1 - m_1^T) & m_2(1 - m_2^T) \end{pmatrix} \neq 0,$$

所以, $A = B = 0$. 故 $y(t) \equiv 0$, 这意味着当 $|\lambda - 2| > 2$ 时, 问题 (5.1.8) 没有特征值.

接下来考虑 $|\lambda - 2| = 2$ 的情形. 此时

$$m_1 = m_2 = \frac{2 - \lambda}{2},$$

即

$$m_1 = m_2 = 1 \quad \text{或者} \quad m_1 = m_2 = -1.$$

当 $m_1 = m_2 = 1$ 时, 问题 (5.1.8) 中方程的通解为

$$y(t) = A + Bt.$$

5.1 引言

进一步, 由边界条件可知, 此时, 问题有非平凡解 $y(t) \equiv C, C \in \mathbb{R}$. 而此时, $\lambda = 0$. 所以, $\lambda = 0$ 为问题的一个特征值.

当 $m_1 = m_2 = -1$ 时, 问题 (5.1.8) 中方程的通解为 $y(t) = A(-1)^t + Bt(-1)^t$. 类似计算可得, 问题 (5.1.8) 只有零解.

若 $|\lambda - 2| < 2$, 则可令
$$2 - \lambda = 2 - \cos\theta.$$
那么,
$$m = \cos\theta \pm i\sin\theta = e^{\pm i\theta}.$$
从而, 方程的通解为
$$y(t) = A\cos\theta t + B\sin\theta t.$$
进一步, 由边界条件可得
$$A[\cos(\theta T) - \cos 0] + B[\sin(\theta T) - \sin 0] = 0,$$
$$A[\cos(\theta(T+1)) - \cos\theta] + B[\sin(\theta(T+1)) - \sin\theta] = 0.$$

要使问题 (5.1.8) 有非平凡解, 则

$$\begin{vmatrix} \cos(\theta T) - \cos 0 & \sin(\theta T) - \sin 0 \\ \cos(\theta(T+1)) - \cos\theta & \sin(\theta(T+1)) - \sin\theta \end{vmatrix}$$

$$= \begin{vmatrix} -2\sin\dfrac{\theta T}{2}\sin\dfrac{\theta T}{2} & 2\sin\dfrac{\theta T}{2}\cos\dfrac{\theta T}{2} \\ -2\sin\dfrac{\theta(T+2)}{2}\sin\dfrac{\theta T}{2} & 2\cos\dfrac{\theta(T+2)}{2}\sin\dfrac{\theta T}{2} \end{vmatrix}$$

$$= -4\sin^2\dfrac{\theta T}{2} \begin{vmatrix} \sin\dfrac{\theta T}{2} & \cos\dfrac{\theta T}{2} \\ \sin\dfrac{\theta(T+2)}{2} & \cos\dfrac{\theta(T+2)}{2} \end{vmatrix}$$

$$= 4\sin^2\dfrac{\theta T}{2}\sin\theta = 0.$$

从而
$$\theta_k = \frac{2k\pi}{T}, \qquad k = 0, 1, \cdots, T-1.$$
于是, 问题 (5.1.8) 的特征值为
$$\lambda_k = 2 - 2\cos\frac{2k\pi}{T}, \qquad k = 0, 1, \cdots, T-1.$$
由函数 $g(x) = 2 - 2\cos\dfrac{2x\pi}{T}$ 的对称性, 不难推知, 当 T 为奇数时, $\lambda_k = \lambda_{T-k}$, $k = 1, \cdots, \dfrac{T-1}{2}$; 当 T 为偶数时, $\lambda_k = \lambda_{T-k}$, $k = 1, \cdots, \dfrac{T-2}{2}$.

综上可知, 特征值 $\lambda_0 = 0$ 所对应的特征函数为 $y_0(t) \equiv 1$. 当 T 为奇数时, 对应于特征值 $\lambda_k = \lambda_{T-k}$ 的特征函数为

$$\cos\frac{2k\pi t}{T}, \quad \sin\frac{2k\pi t}{T}, \quad k \in \left[1, \frac{T-1}{2}\right]_{\mathbb{Z}};$$

当 T 为偶数时, 特征值 $\lambda_k = \lambda_{T-k}$ 所对应的特征函数为

$$\cos\frac{2k\pi t}{T}, \quad \sin\frac{2k\pi t}{T}, \quad k \in \left[1, \frac{T}{2}\right]_{\mathbb{Z}}.$$

注 5.1.2 从例 5.1.2 中可以看出, 二阶离散周期特征值问题的特征值有可能是多重的.

5.2 有限维 Fourier 分析

为讨论特征值问题的相关理论, 本节主要建立相应的有限维 Fourier 分析理论. 本节的主要内容节选自文献 [2].

定义 5.2.1 令 $y(t), z(t)$ 是定义在 $[a+1, b+1]_{\mathbb{Z}}$ 上的复函数. 定义如下双线性关系:

$$\langle y, z \rangle = \sum_{t=a+1}^{b+1} y(t)\overline{z(t)},$$

容易验证上面所定义的双线性关系满足下面条件:

(a) $\langle y + z, w \rangle = \langle y, w \rangle + \langle z, w \rangle$;
(b) $\langle \alpha y, z \rangle = \alpha \langle y, z \rangle$;
(c) $\langle y, z \rangle = \overline{\langle z, y \rangle}$;
(d) $\langle y, y \rangle > 0$, 其中 y 为定义在 $[a+1, b+1]_{\mathbb{Z}}$ 上的非平凡函数.

则双线性关系 $\langle y, z \rangle$ 构成了空间 $\mathcal{D} = \{y | y : [a+1, b+1]_{\mathbb{Z}} \to \mathbb{C}\}$ 上的内积. 类似地, 如果权函数 $r(t) > 0, t \in [a+1, b+1]_{\mathbb{Z}}$, 那么可以定义空间 $\mathcal{D}$ 上的加权内积:

$$\langle y, z \rangle_r = \sum_{t=a+1}^{b+1} r(t) y(t) \overline{z(t)}.$$

显然, $\langle \cdot, \cdot \rangle_r$ 满足条件 (a)—(d), 并且, $\langle y, z \rangle_r = \langle \sqrt{r} y, \sqrt{r} z \rangle$.

令

$$\mathcal{D}_0 = \{y | y : [a+1, b+1]_{\mathbb{Z}} \to \mathbb{R} \text{ 满足 } Py = 0 = Qy\}.$$

则 $\mathcal{D}_0$ 在内积 $\langle y, z \rangle$ 以及加权内积 $\langle y, z \rangle_r$ 之下均构成 Hilbert 空间.

5.2 有限维 Fourier 分析

定义算子 $L: \mathcal{D}_0 \to \mathcal{D}_0$ 如下:

$$Ly(t) = -\Delta\bigl[p(t-1)\Delta y(t-1)\bigr] - q(t)y(t)$$

则问题 (5.1.1)—(5.1.3) 可以转换为如下形式:

$$Ly(t) = \lambda r(t)y(t). \tag{5.2.1}$$

定义 5.2.2 如果 $\langle Ly, z\rangle = \langle z, Ly\rangle$ 对所有的 $y \in \mathcal{D}_0$ 成立, 则称特征值问题 (5.1.1)—(5.1.3) 是自伴的.

定理 5.2.1 如果特征值问题 (5.1.1)—(5.1.3) 是自伴的, 则其特征值都是实的. 如果 λ_n, λ_m 是不同的特征值, 则相应于 λ_n 和 λ_m 的特征函数 $y_n(t), y_m(t)$ 满足 $\langle y_n, y_m\rangle_r = 0$.

证明 令 $(\lambda_n, y_n(t))$, $(\lambda_m, y_m(t))$ 是 (5.1.1)—(5.1.3) 的特征对. 因为问题 (5.1.1)—(5.1.3) 是自伴的, 所以

$$\langle Ly_n, y_m\rangle = \langle y_n, Ly_m\rangle.$$

由方程 (5.2.1) 可得

$$\langle \lambda_n r y_n, y_m\rangle = \langle y_n, \lambda_m r y_m\rangle.$$

因此有

$$(\lambda_n - \bar{\lambda}_m)\langle y_n, y_m\rangle_r = 0.$$

如果 $m = n$, 得到 $\lambda_n = \bar{\lambda}_n$, 因此自伴边值问题的特征值是实的. 如果 $\lambda_n \neq \lambda_m$, 那么

$$\langle y_n, y_m\rangle_r = 0. \qquad \square$$

定理 5.2.2 设 $y_1(t), \cdots, y_{b+1-a}(t)$ 是 (5.1.1) – (5.1.3) ($\alpha \neq \beta$) 的 $b+1-a$ 个线性无关特征函数. 则对任意定义在 $[a+1, b+1]_{\mathbb{Z}}$ 上的实值函数 $w(t)$, 有

$$w(t) = \sum_{k=1}^{b+1-a} \frac{\langle w, y_k\rangle_r}{\langle y_k, y_k\rangle_r} y_k. \tag{5.2.2}$$

证明 由于 $y_1(t), \cdots, y_{b+1-a}(t)$ 是线性无关的, 所以可令

$$w(t) = \sum_{k=1}^{b+1-a} c_k y_k.$$

下证

$$c_k = \frac{\langle w, y_k\rangle_r}{\langle y_k, y_k\rangle_r}. \tag{5.2.3}$$

事实上, 对任意给定的特征函数 $y_k(t)$, 由定理 5.2.1 可得

$$\langle w, y_k \rangle_r = \left\langle \sum_{j=1}^{b+1-a} c_j y_j, y_k \right\rangle_r = \sum_{j=1}^{b+1-a} c_j \langle y_j, y_k \rangle_r = c_k \langle y_k, y_k \rangle_r.$$

所以, (5.2.3) 成立. □

注 5.2.1 由 (5.2.3) 所表示的和式称为 $w(t)$ 的有限 Fourier 级数, 系数 c_k 称为 $w(t)$ 的 Fourier 系数.

5.3 二阶右定线性离散 Sturm-Liouville 问题的特征值

本节考虑二阶右定线性差分方程特征值问题 (5.1.1), (5.1.4) 的特征值结构. 本节部分内容节选自文献 [59, 60]. 本节总假定如下 Sturm-Liouville 型条件成立:

(H1) $p : [a, b+1]_{\mathbb{Z}} \to (0, \infty)$, $q : [a+1, b+1]_{\mathbb{Z}} \to \mathbb{R}$;

(H2) $r : [a+1, b+1]_{\mathbb{Z}} \to (0, \infty)$;

(H3) $\alpha\beta \leqslant 0$, $\gamma(\delta - \gamma) \geqslant 0$, 并且 $\alpha^2 + \beta^2 \neq 0$, $\delta \neq 0$, $\alpha - \beta \neq 0$.

定义线性算子 $L : X \to Y$,

$$Ly(t-1) = -\Delta[p(t-1)\Delta y(t-1)] - q(t)y(t), \quad t \in [a+1, b+1]_{\mathbb{Z}},$$

其中, $X = \{y | y : [a, b+1]_{\mathbb{Z}} \to \mathbb{R},$ 并且 (5.1.4) 成立$\}$, $Y = \{y | y : [a+1, b+1]_{\mathbb{Z}} \to \mathbb{R}\}$. 则问题 (5.1.1), (5.1.4) 在加权内积意义下是右定的.

引理 5.3.1 设 (H1)—(H3) 成立. 则算子 L 是自伴的.

证明 对任意的 $y, z \in X$,

$$\langle Ly, z \rangle = \sum_{t=a+1}^{b+1} (-\Delta[p(t-1)\Delta y(t-1)] - q(t)y(t))z(t)$$

$$= \sum_{t=a+1}^{b+1} p(t)\Delta y(t)\Delta z(t) - \sum_{t=a+1}^{b+1} q(t)y(t)z(t)$$

$$- p(b+1)\Delta y(b+1)z(b+2) - p(a)\Delta y(a)z(a+1).$$

同理,

$$\langle y, Lz \rangle = \sum_{t=a+1}^{b+1} p(t)\Delta y(t)\Delta z(t) - \sum_{t=a+1}^{b+1} q(t)y(t)z(t)$$

$$- p(b+1)\Delta z(b+1)y(b+2) - p(a)\Delta z(a)y(a+1).$$

所以

$$\langle Ly, z \rangle - \langle y, Lz \rangle = -p(b+1)\big[\Delta y(b+1)z(b+2) - \Delta z(b+1)y(b+2)\big]$$

$$- p(a)\big[\Delta y(a)z(a+1) - \Delta z(a)y(a+1)\big].$$

5.3 二阶右定线性离散 Sturm-Liouville 问题的特征值

由于函数 y, z 均满足边界条件 (5.1.4),并且条件 (H3) 成立,所以,

$$\langle Ly, z\rangle = \langle y, Lz\rangle.$$

所以,由定义 5.2.2 可知,L 是自伴的. □

因为算子 L 是自伴的,所以根据定理 5.2.1,可以得到如下结论.

推论 5.3.1 特征值问题 (5.1.1), (5.1.4) 的所有特征值都是实的.

引理 5.3.2 (Lagrange 型恒等式) 设 $y(t,\lambda)$ 和 $y(t,\mu)$ 分别是 $(5.1.1)_\lambda$ 和 $(5.1.1)_\mu$ 的解,并且均满足

$$y(a) = -\beta, \qquad \Delta y(a) = \alpha. \tag{5.3.1}$$

则

$$(\lambda - \mu)\sum_{s=a+1}^{t} r(s)y(s,\lambda)y(s,\mu) = p(t)\big[y(t,\lambda)\Delta y(t,\mu) - y(t,\mu)\Delta y(t,\lambda)\big]. \tag{5.3.2}$$

证明 在方程 $(5.1.1)_\lambda$ 两边同时乘以 $y(t,\mu)$,在方程 $(5.1.1)_\mu$ 两边同时乘以 $-y(t,\lambda)$,然后两式相加可得

$$\Delta\big[p(t-1)\Delta y(t-1,\lambda)\big]y(t,\mu) - \Delta\big[p(t-1)\Delta y(t-1,\mu)\big]y(t,\lambda) + (\lambda-\mu)r(t)y(t,\lambda)y(t,\mu) = 0.$$

进一步有

$$(\mu - \lambda)\sum_{s=a+1}^{t} r(s)y(s,\lambda)y(s,\mu)$$
$$= p(a)\big[y(a,\mu)\Delta y(a,\lambda) - y(a,\lambda)\Delta y(a,\mu)\big] + p(t)\big[y(t,\mu)\Delta y(t,\lambda) - y(t,\lambda)\Delta y(t,\mu)\big].$$

由于 $y(s,\lambda), y(s,\mu)$ 均满足 (5.3.1),所以

$$y(a,\mu)\Delta y(a,\lambda) - y(a,\lambda)\Delta y(a,\mu) = 0.$$

故

$$(\mu - \lambda)\sum_{s=a+1}^{t} r(s)y(s,\lambda)y(s,\mu) = p(t)\big[y(t,\mu)\Delta y(t,\lambda) - y(t,\lambda)\Delta y(t,\mu)\big]$$
$$= p(t)\begin{vmatrix} y(t,\mu) & y(t,\lambda) \\ \Delta y(t,\mu) & \Delta y(t,\lambda) \end{vmatrix}.$$

故引理结论成立. □

进一步, 在 (5.3.2) 式的两端同时除以 $\lambda - \mu$, 并且令 $\mu \to \lambda$, 从而, 运用 L'Hospital 法则, 可得如下推论.

推论 5.3.2 设 $y(t,\lambda)$ 是方程 (5.1.1) 的满足 (5.3.1) 的解. 则

$$\sum_{s=a+1}^{t} r(s)y_\lambda^2(s) = p(t) \begin{vmatrix} y(t+1,\lambda) & \dfrac{\partial}{\partial \lambda}y(t+1,\lambda) \\ y(t,\lambda) & \dfrac{\partial}{\partial \lambda}y(t,\lambda) \end{vmatrix}. \tag{5.3.3}$$

定理 5.3.1 设 $y(t,\lambda)$ 是方程 (5.1.1) 的满足 $\alpha y(a,\lambda) + \beta \Delta y(a,\lambda) = 0$ 的解. 则函数

$$\gamma y(t,\lambda) + \delta \Delta y(t,\lambda) = 0 \tag{5.3.4}$$

恰有 $t-a$ 个实的简单零点.

证明 由推论 5.3.1 可知, 函数 (5.3.4) 的所有零点都是实的. 接下来证明函数 (5.3.4) 的所有零点都是简单的. 反设函数 (5.3.4) 有一个重零点 λ_0. 则

$$\gamma y(t,\lambda_0) + \delta \Delta y(t,\lambda_0) = 0, \tag{5.3.5}$$

$$\gamma \frac{\partial}{\partial \lambda} y(t,\lambda_0) + \delta \frac{\partial}{\partial \lambda} \Delta y(t,\lambda_0) = 0, \tag{5.3.6}$$

于是, 在 (5.3.5) 的两端同时乘以 $\dfrac{\partial}{\partial \lambda}y(t,\lambda_0)$, 在 (5.3.6) 的两端同时乘以 $-y(t,\lambda_0)$, 并且相加可得

$$\delta \left(\Delta y(t,\lambda_0) \frac{\partial}{\partial \lambda}(t) - y(t,\lambda_0) \frac{\partial}{\partial \lambda} \Delta y(t,\lambda_0) \right) = 0.$$

另一方面, 若 $\delta \neq 0$, 则由推论 5.3.2, 可得

$$\Delta y(t,\lambda_0) \frac{\partial}{\partial \lambda} y(t,\lambda_0) - y(t,\lambda_0) \frac{\partial}{\partial \lambda} \Delta y(t,\lambda_0) > 0.$$

故矛盾, 因此, 若 $\delta \neq 0$, 则函数 (5.3.4) 只能有简单零点. 此外, 如果函数 $\delta = 0$, 那么, $\gamma \neq 0$, 于是运用类似的证明可得矛盾. 总之, 函数 (5.3.4) 只能有简单零点. 进一步, 由于函数 (5.3.4) 是 λ 的 $t-a$ 次多项式, 因此, 函数 (5.3.4) 恰有 $t-a$ 个简单零点. □

本节的最后一部分来讨论特征值问题 (5.1.1), (5.1.4) 的特征函数的振荡性. 首先, 由特征值问题的所有特征值和系数函数均为实数可知, 问题的所有特征函数也是实的. 接下来, 为证明特征函数的振荡性, 需要给出一个交错性结论.

引理 5.3.3 设 $y(t,\lambda)$ 是方程 (5.1.1) 满足 (5.3.1) 的非平凡解. 则两个连续的多项式 $y(t-1,\lambda)$ 与 $y(t,\lambda)$ 没有共同的零点, 并且 $y(t-1,\lambda)$ 的零点与 $y(t,\lambda)$ 的零点是交错的.

证明 首先, 如果 $y(t-1,\lambda)$ 与 $y(t,\lambda)$ 有共同的零点, 那么, 由方程 (5.1.1) 可知, $y(t,\lambda) \equiv 0$. 这与条件矛盾.

其次, 证明 $y(t-1,\lambda)$ 与 $y(t,\lambda)$ 零点的交错性. 由定理 5.3.1 可知, 函数 $y(t,\lambda)$ 的所有零点都是实的、简单的. 所以, 如果 λ_1, λ_2 是函数 $y(t,\lambda)$ 的任意连续两个零点, 那么

$$\left.\frac{\partial}{\partial \lambda} y(t,\lambda)\right|_{\lambda=\lambda_1} \left.\frac{\partial}{\partial \lambda} y(t,\lambda)\right|_{\lambda=\lambda_2} < 0.$$

故由 (5.3.3) 式可知, $y(t-1,\lambda_1)y(t-1,\lambda_2) < 0$, 故在 $y(t,\lambda_1)$ 的任意两个零点之间存在 $y(t-1,\lambda_1)$ 的一个零点. 类似地, 可以证明, 在 $y(t-1,\lambda_1)$ 的任意两个零点之间也存在 $y(t,\lambda_1)$ 的一个零点. □

假设 $\lambda_{t-1,i}^D$ $(i=1,2,\cdots,t-a-1)$ 与 $\lambda_{t,i}^D$ $(i=1,2,\cdots,t-a)$ 分别为 $y(t-1,\lambda)$ 与 $y(t,\lambda)$ 的零点. 则由定理 5.3.1 以及引理 5.3.3, 不难得到如下交错不等式:

$$\lambda_{t,1}^D < \lambda_{t-1,1}^D < \cdots < \lambda_{t,t-a-1}^D < \lambda_{t-1,t-a-1}^D < \lambda_{t,t-a}^D. \tag{5.3.7}$$

引理 5.3.4 设 $y(t,\lambda)$ 是方程 (5.1.1) 的满足初始条件 (5.3.1) 的非平凡解. 则对任意的 $i \in \{2,3,\cdots,b+2\}$, 当 $\lambda \in (\lambda_{i,k-1}^D, \lambda_{i,k}^D]$ 时, 序列

$$\{y(a,\lambda), y(a+1,\lambda), \cdots, y(i,\lambda)\}$$

在 $[a,i]_{\mathbb{Z}}$ 上恰好有 $k-1$ 个简单节点.

证明 本引理的证明思想主要选自文献 [61, 62]. 首先, 考察如下形式的广义 Sturm 序列:

$$y(a,\lambda) = -\beta;$$
$$y(a+1,\lambda) = \alpha - \beta;$$
$$y(a+2,\lambda) = \left[1 + \frac{p(0)}{p(1)} + \frac{q(1)}{p(1)} - \lambda\frac{r(1)}{p(1)}\right](\alpha-\beta) - \frac{p(0)}{p(1)}y(a,\lambda);$$
$$y(i,\lambda) = \left[1 + \frac{p(i-2)}{p(i-1)} + \frac{q(i-1)}{p(i-1)} - \lambda\frac{r(i-1)}{p(i-1)}\right]y(i-1,\lambda) - \frac{p(i-2)}{p(i-1)}y(i-2,\lambda)$$
$$= (-1)^{i-a-1}\frac{r(i-1)r(i-2)\cdots r(1)}{p(i-1)p(i-2)\cdots p(1)}(\alpha-\beta)\lambda^{i-a-1} + P_{i-a-2}(\lambda),$$
$$i = a+3, a+4, \cdots, b+2,$$

这里, $P_{i-a-2}(\lambda)$ 是 λ 的 $i-2$ 次多项式. 由于 $\alpha\beta \leqslant 0$, 所以, $y(a,\lambda)y(a+1,\lambda) \geqslant 0$. 因此, 本引理的证明就转化为当 $\lambda \in (\lambda_{i,k-1}^D, \lambda_{i,k}^D]$ 时, 寻找 Sturm 序列

$$\{y(a+1,\lambda), \cdots, y(i,\lambda)\}$$

的变号次数的问题. 为方便起见, 用 $\lambda_{i,j}$ 表示 $y(i,\lambda) = 0$ 的根, 其中, $i = a + 2, \cdots, b+2$, $j = 1, 2, \cdots, i-1$. 事实上, 这些根为方程 (5.1.1) 在边界条件 (5.3.1) 和 $y(i,\lambda) = 0$ 之下的特征值. 于是, 由定理 5.3.1 可知, 对每个 i, 这些根满足: $\lambda_{i,1} < \lambda_{i,2} < \cdots < \lambda_{i,i-1}$. 特别地, 如果 $i = b+2$, 那么 $\lambda_{i,k} = \lambda_k^D$. 进一步, 由引理 5.3.3, $y(i,\lambda) = 0$ 和 $y(i+1,\lambda) = 0$ 的根相互分离.

接下来, 运用数学归纳法进行证明. 不失一般性, 不妨假设 $\alpha - \beta > 0$.

首先考察 $i = a+2$ 的情形. 则右边界条件变为 $y(a+2,\lambda) = 0$. 显然, $y(a+2,\lambda) = 0$ 仅有唯一的根 $\lambda_{a+2,1}$. 如果 $\lambda \in (-\infty, \lambda_{a+2,1})$, 那么序列 $\{y(a+1,\lambda), y(a+2,\lambda)\}$ 不变号. 这是因为序列所对应的符号集为 $\{\text{sgn}\, y(a+1,\lambda), \text{sgn}\, y(a+2,\lambda)\} = \{(-1)^0, (-1)^0\}$. 如果 $\lambda = \lambda_{a+2,1}$, 那么 $y(a+1,\lambda) > 0$, $y(a+2,\lambda) = 0$, 结论仍然成立. 如果 $\lambda \in (\lambda_{a+2,1}, \infty)$, 那么序列 $\{y(a+1,\lambda), y(a+2,\lambda)\}$ 恰好变号一次, 并且与之相应的符号集为 $\{(-1)^0, (-1)^1\}$. 因此, 当 $i = a+2$ 时, 结论成立.

现在, 假设当 $i = a+N-1$ 时结论成立, 即如果 $\lambda \in (\lambda_{a+N,k-1}, \lambda_{a+N,k}]$, $k = 1, 2, \cdots, N-1$, 那么

$$y(a+1,\lambda),\ y(a+2,\lambda),\ \cdots, y(a+N,\lambda) \tag{5.3.8}$$

恰好变号 $k-1$ 次, 并且 $y(a+N,\lambda)$ 的符号为 $(-1)^{k-1}$ 对所有的 $\lambda \in (\lambda_{a+N,k-1}, \lambda_{a+N,k})$ 成立. 现在, 考察 $i = a+N$ 的情形. 我们给出多项式 $y(a+N,\lambda)$ 和 $y(a+N+1,\lambda)$ 根的交错性质:

$$\lambda_{a+N+1,1} < \lambda_{a+N,1} < \cdots < \lambda_{a+N+1,k} < \lambda_{a+N,k}$$
$$< \cdots < \lambda_{a+N+1,N-1} < \lambda_{a+N,N-1} < \lambda_{a+N+1,N}.$$

同时, $y(a+N+1,\lambda)$ 在每个区间 $(\lambda_{a+N+1,k-1}, \lambda_{a+N+1,k})$ 内的符号为 $(-1)^{k-1}$.

如果 $\lambda \in (-\infty, \lambda_{a+N+1,1}]$, 那么由 $\lambda \to -\infty$ 时, $y(a+N+1,\lambda) \to +\infty$ 以及 $\lambda_{a+N+1,1}$ 是 $y(a+N+1,\lambda)$ 的第一个零点可知, 当 $\lambda \in (-\infty, \lambda_{a+N+1,1})$ 时, $y(a+N+1,\lambda) > 0$, 并且 $y(a+N+1, \lambda_{a+N+1,1}) = 0$. 另一方面, 由假设可知, 对于 $\lambda \in (-\infty, \lambda_{a+N,1})$, 序列 (5.3.8) 中的所有 $y(k,\lambda)$ 都是正的. 结合 $(-\infty, \lambda_{a+N+1,1}] \subset (-\infty, \lambda_{a+N,1})$ 可知

$$y(a+1,\lambda),\ y(a+2,\lambda),\ \cdots, y(a+N,\lambda),\ y(a+N+1,\lambda) \tag{5.3.9}$$

均为正的, 从而序列 (5.3.9) 不变号.

如果 $\lambda \in (\lambda_{a+N+1,k-1}, \lambda_{a+N+1,k})$, $k = 1, 2, \cdots, N-1$, 那么将区间分为两个子区间 $(\lambda_{a+N+1,k-1}, \lambda_{a+N,k-1})$ 和 $(\lambda_{a+N,k-1}, \lambda_{a+N+1,k})$ 进行讨论.

情形 1 $\lambda \in (\lambda_{a+N+1,k-1}, \lambda_{a+N,k-1})$. 显然, $(\lambda_{a+N+1,k-1}, \lambda_{a+N,k-1}) \subset (\lambda_{a+N,k-2}, \lambda_{a+N,k-1})$. 于是, 序列 (5.3.8) 恰好变号 $k-2$ 次, 并且 $y(a+N,\lambda)$ 的符

5.3 二阶右定线性离散 Sturm-Liouville 问题的特征值

号是 $(-1)^{k-2}$. 另一方面, 因为 $(\lambda_{a+N+1,k-1}, \lambda_{a+N,k-1})$ 是 $(\lambda_{a+N+1,k-1}, \lambda_{a+N+1,k})$ 的子区间, 所以, $y(a+N+1, \lambda)$ 的符号是 $(-1)^{k-1}$. 于是, 序列 (5.3.9) 恰好变号 $k-1$ 次.

情形 2 $\lambda \in (\lambda_{a+N,k-1}, \lambda_{a+N+1,k})$. 那么 $(\lambda_{a+N,k-1}, \lambda_{a+N+1,k}) \subset (\lambda_{a+N,k-1}, \lambda_{a+N,k})$, 并且序列 (5.3.8) 恰好变号 $k-1$ 次, $y(a+N, \lambda)$ 的符号是 $(-1)^{k-1}$. 另一方面, 因为 $(\lambda_{a+N,k-1}, \lambda_{a+N+1,k})$ 是 $(\lambda_{a+N+1,k-1}, \lambda_{a+N+1,k})$ 的子区间, 所以 $y(a+N+1, \lambda)$ 的符号是 $(-1)^{k-1}$. 因此, 序列 (5.3.9) 恰好变号 $k-1$ 次.

如果 $\lambda = \lambda_{a+N+1,k}$, 那么 $y(a+N+1, \lambda) = 0$. 结论显然成立.

于是, 由数学归纳法可知, 结论成立. □

为方便起见, 本节以下定理中用 λ_k^D 表示方程 (5.1.1) 在边界条件

$$\alpha y(a) + \beta \Delta y(a) = 0, \qquad y(b+2) = 0$$

之下的特征值.

定理 5.3.2 设 (H1)—(H3) 成立. 若 $\gamma = 0$, 则特征值问题 (5.1.1), (5.1.4) 恰好有 $b+1-a$ 个实特征值 λ_k^N 满足如下交错性质:

$$\lambda_1^N < \lambda_1^D < \cdots < \lambda_k^N < \lambda_k^D < \cdots < \lambda_{b+1-a}^N < \lambda_{b+1-a}^D,$$

并且 λ_k^N 所对应的特征函数在 $[a, b+2]_{\mathbb{Z}}$ 上恰好有 $k-1$ 个简单节点.

证明 若 $\gamma = 0$, 则 (5.1.4) 中的第二个边界条件变为 Neumann 型边界条件 $\Delta y(b+1) = 0$. 故定义函数

$$f(\lambda) = \frac{y(b+2, \lambda)}{y(b+1, \lambda)}, \qquad \lambda \in \bigcup_{i=1}^{b+1}(\lambda_{b+1,i-1}^D, \lambda_{b+1,i}^D),$$

其中, $\lambda_{b+1,0}^D = -\infty$, $\lambda_{b+1,b-a}^D = +\infty$. 则寻找问题 (5.1.1), (5.1.4) 的特征值就转化为寻找方程

$$f(\lambda) = 1$$

的根的问题.

根据 $f(\lambda)$ 的定义可知

$$\lim_{\lambda \to -\infty} f(\lambda) = +\infty, \quad \lim_{\lambda \to +\infty} f(\lambda) = -\infty, \quad \lim_{\lambda \uparrow \lambda_k^D} f(\lambda) = -\infty, \quad \lim_{\lambda \downarrow \lambda_k^D} f(\lambda) = +\infty.$$

这意味着 $f(\lambda)$ 的图像由 $b-a+1$ 个分支构成, 同时, $\lambda = \lambda_{b+1,i}^D$ 都成了 $f(\lambda)$ 的垂直渐近线, 而 $\lambda = \lambda_k^D$ 为 $f(\lambda)$ 的零点. 另一方面, 由 $f(\lambda)$ 的定义,

$$f'(\lambda) = \frac{y(b+1, \lambda)\dfrac{\partial}{\partial \lambda}y(b+2, \lambda) - y(b+2, \lambda)\dfrac{\partial}{\partial \lambda}y(b+1, \lambda)}{[y(b+1, \lambda)]^2}.$$

根据推论 5.3.2, $f'(\lambda) < 0$. 所以, $f(\lambda)$ 在 $(\lambda_{b+1,i-1}^D, \lambda_{b+1,i}^D)$ 上严格单调递减. 故方程 $f(\lambda) = 1$ 恰有 $b+1-a$ 个特征值 λ_k^N 满足

$$\lambda_1^N < \lambda_1^D < \cdots < \lambda_k^N < \lambda_k^D < \cdots < \lambda_k^N < \lambda_{b+1-a}^D.$$

最后, 在引理 5.3.4 中取 $i = b+1$, 则可得特征函数在 $[a, b+2]_\mathbb{Z}$ 中的简单节点个数. □

定理 5.3.3 设 (H1)—(H3) 成立. 若 $\gamma \neq 0$, 则特征值问题 (5.1.1), (5.1.4) 恰好有 $b+1-a$ 个实特征值 λ_k 满足如下交错性质:

$$\lambda_1^N < \lambda_1 < \lambda_1^D < \cdots < \lambda_k^N < \lambda_k < \lambda_k^D < \cdots < \lambda_{b+1-a}^N < \lambda_{b+1-a} < \lambda_{b+1-a}^D, \quad (5.3.10)$$

并且 λ_k 所对应的特征函数在 $[a, b+2]_\mathbb{Z}$ 上恰好有 $k-1$ 个简单节点.

证明 首先, 将边界条件 $\gamma y(b+1) + \delta \Delta y(b+1) = 0$ 转化为如下等价形式

$$\gamma y(b+2) + (\delta - \gamma) \Delta y(b+1) = 0.$$

令

$$f(\lambda) = \frac{y(b+2, \lambda)}{\Delta y(b+1, \lambda)}, \qquad \lambda \in \bigcup_{k=1}^{b-a+2} (\lambda_{k-1}^N, \lambda_k^N),$$

其中, 当 $k = 1$ 时, 取 $\lambda_0^N = -\infty$. 当 $k = b-a+2$ 时, 取 $\lambda_{b-a+2}^N = +\infty$.

于是, 寻找问题 (5.1.1), (5.1.4) 的特征值就转化为寻找方程

$$f(\lambda) = \frac{\gamma - \delta}{\gamma}$$

的根的问题.

首先考察函数 $f(\lambda)$ 的性质. 根据推论 5.3.2 可知

$$f'(\lambda) = \frac{\frac{\partial}{\partial \lambda} y(b+2, \lambda) \Delta y(b+1, \lambda) - \frac{\partial}{\partial \lambda} \Delta y(b+1, \lambda) y(b+2, \lambda)}{[\Delta y(b+1, \lambda)]^2}$$

$$= \frac{\sum_{t=a+1}^{b+1} r(t) y^2(t, \lambda)}{p(b+1)[\Delta y(b+1, \lambda)]^2} > 0.$$

此外, 根据 $f(\lambda)$ 的定义可知, 对 $k = 1, 2, \cdots, b-a+1$,

$$\lim_{\lambda \to \pm \infty} f(\lambda) = 1, \qquad \lim_{\lambda \to \lambda_k^N - 0} f(\lambda) = -\infty, \qquad \lim_{\lambda \to \lambda_k^N + 0} f(\lambda) = +\infty.$$

故 $f(\lambda)$ 具有水平渐近线 $f(\lambda) = 1$ 及垂直渐近线 $\lambda = \lambda_k^N$, $k = 1, 2, \cdots, b-a+1$. 此外, $f(\lambda)$ 具有 $b-a+1$ 个简单零点 λ_k^D, $k = 1, 2, \cdots, b-a+1$. 结合 $\frac{\gamma - \delta}{\gamma} \leqslant 0$ 可知, 特征值问题 (5.1.1), (5.1.4) 具有 $b-a+1$ 个实的简单特征值满足 (5.3.8). 此外, 根据 (5.3.8) 可知, 特征值问题 (5.1.1), (5.1.4) 的特征值均满足: $\lambda_k \in (\lambda_{k-1}^D, \lambda_k^D)$. 因此, 在引理 5.3.4 中取 $i = b+2$, 则可得 λ_k 所对应的特征函数在区间 $[a, b+2]_{\mathbb{Z}}$ 上恰好有 $k-1$ 个简单节点. □

5.4 二阶右定线性离散周期和反周期特征值问题的特征值

本节主要内容选自文献 [63]. 为方便起见, 本节选取 $a = -1$, $b + 1 = T - 1$. 则周期边界条件 (5.1.6) 转化为如下形式

$$y(-1) = y(T-1), \qquad y(0) = y(T). \tag{5.4.1}$$

本节同时考虑周期边界条件 (5.4.1) 和反周期边界条件

$$y(-1) = -y(T-1), \qquad y(0) = -y(T) \tag{5.4.2}$$

之下二阶线性差分方程特征值问题 (5.1.1) 的特征值. 为此, 本节总假定如下条件成立:

(H4) $p : \{-1, 0, \cdots, T\} \to (0, \infty)$ 满足 $p(-1) = p(T-1) = 1$;

(H5) $q : [0, T-1]_{\mathbb{Z}} \to \mathbb{R}$;

(H6) $r : [0, T-1]_{\mathbb{Z}} \to (0, \infty)$.

5.4.1 预备知识

首先, 将方程 (5.1.1) 转化为如下形式:

$$p(t)y(t+1) = [p(t)+p(t-1)+q(t)-\lambda r(t)]y(t) - p(t-1)y(t-1), \quad t \in [0, T-1]_{\mathbb{Z}}, \tag{5.4.3}$$

显然, 由于 $p(t), q(t)$ 和 $w(t)$ 全为实数, 所以, $y(t, \lambda)$ 是关于 λ 的实系数多项式. 从而, 方程 (5.1.1) 的所有解是关于 λ 的函数. 特别地, 若 $y(0) \neq 0$, 则 $y(t, \lambda)$ 是关于 λ 的 $t(t \leqslant T)$ 次多项式; 若 $y(0) = 0$ 且 $y(-1) \neq 0$, 则 $y(t, \lambda)$ 是关于 λ 的 $t - 1(t \leqslant T)$ 次多项式.

为获得问题 (5.1.1), (5.4.1) 和 (5.1.1), (5.4.2) 的特征值, 考虑方程 (5.1.1) 满足初始条件

$$y(-1, \lambda) = 0, \quad y(0, \lambda) = c > 0 \tag{5.4.4}$$

的解序列

$$y(1, \lambda), y(2, \lambda), \cdots, y(T, \lambda). \tag{5.4.5}$$

定理 5.4.1　耦合性边值问题 (5.1.1), (5.4.1) 和 (5.1.1), (5.4.2) 有 T 个实的特征值.

证明　设 $d=1$, $C(t)=p(t)$, $B(t)=q(t)$,

$$R=\begin{pmatrix} 1 & 1 \\ 0 & 0 \end{pmatrix}, \quad S=\begin{pmatrix} 0 & 0 \\ 1 & -1 \end{pmatrix}.$$

将区间 $[1,T]_{\mathbb{Z}}$ 向左平移一个单位, 并且结合 $p(-1)=p(T-1)=1$ 可知, (5.1.1), (5.4.1) 可以记作如下形式:

$$-\nabla(C(t)\Delta y(t))+B(t)y(t)=\lambda r(t)y(t),$$

$$R\begin{pmatrix} -y(0) \\ y(T) \end{pmatrix}=S\begin{pmatrix} C_0\Delta y(0) \\ C_T\Delta y(T) \end{pmatrix}.$$

显然, (R,S) 的秩为 2, 并且 $SR^*=RS^*$. 于是, 由文献 [64] 的引理 2.1 可知, 边界条件 (5.4.1) 是自伴的. 由文献 [64] 的定理 4.1, 问题 (5.1.1), (5.4.1) 恰有 T 个实的特征值.

类似地, 如果令

$$R=\begin{pmatrix} -1 & 1 \\ 0 & 0 \end{pmatrix}, \quad S=\begin{pmatrix} 0 & 0 \\ 1 & 1 \end{pmatrix}.$$

则可类似证明, 问题 (5.1.1), (5.4.2) 也恰有 T 个实的特征值. □

下面考虑问题 (5.4.1) 在 Dirichlet 边界条件

$$y(-1,\mu)=y(T-1,\mu)=0 \tag{5.4.6}$$

下的特征值. 事实上, 在引理 5.3.4 和定理 5.3.3 中, 只需取 $\beta=\delta=0$, $\alpha=\gamma=1$, $a=-1$, $b=T-2$, 即可得到如下特征值结果.

引理 5.4.1　问题 (5.1.1), (5.4.6) 有 $T-1$ 个实特征值, 并且这些特征值 $\{\mu_k\}_{k=0}^{T-2}$ 满足

$$\mu_0<\mu_1<\cdots<\mu_{T-2}. \tag{5.4.7}$$

设 $y(t,\lambda)$ 是 (5.4.3) 满足初值条件 $y(-1,\lambda)=0$, $y(0,\lambda)\neq 0$ 的解. 则当 $\lambda\leqslant\mu_0$ 时, $y(t,\lambda)$ 在 $[0,T-1]_{\mathbb{Z}}$ 上不变号; 当 $\mu_k<\lambda\leqslant\mu_{k+1}$ 时, $y(t,\lambda)$ 在 $[0,T-1]_{\mathbb{Z}}$ 上变号 $k+1$ 次; 当 $\lambda>\mu_{T-2}$ 时, $y(t,\lambda)$ 在 $[0,T-1]_{\mathbb{Z}}$ 上变号 $T-1$ 次.

由上述的振荡结果, 设 $y(t,\lambda)$ 是 (5.1.1) 的解, 则对确定的 λ, $y(t,\lambda)$ 是关于 t 的函数. 定义

$$y(x,\lambda)=[y(t+1,\lambda)-y(t,\lambda)](x-t)+y(t,\lambda), \quad t<x\leqslant t+1, \tag{5.4.8}$$

则 $y(x,\lambda)$ 为区间 $[-1, T-1]$ 上的连续函数.

引理 5.4.2 设 μ_k 是特征值问题 (5.1.1), (5.4.6) 的满足 (5.4.7) 的特征值. 若 $y(t,\lambda)$ 是 (5.4.3) 的满足 (5.4.4) 的解, 则 $y(x,\mu_k)$ 在 $(-1, T-1)$ 内恰有 $k-1$ 个简单零点.

下面将给出初值条件下非齐次方程解的表示形式. 设 $\varphi(t,\lambda)$ 是方程 (5.1.1) 在初值条件

$$\varphi(-1,\lambda) = 1, \quad \varphi(0,\lambda) = 0 \tag{5.4.9}$$

下的唯一解. 设 $\psi(t,\lambda)$ 是方程 (5.1.1) 在初值条件

$$\psi(-1,\lambda) = 0, \quad \psi(0,\lambda) = 1 \tag{5.4.10}$$

下的唯一解.

引理 5.4.3 设 $\varphi(t,\lambda)$ 和 $\psi(t,\lambda)$ 是方程 (5.1.1) 分别满足初值条件 (5.4.9) 和 (5.4.10) 的解. 则其 Wronskian 行列式

$$W[\varphi,\psi] = \begin{vmatrix} \varphi(t+1) & \psi(t+1) \\ p(t)\Delta\varphi(t) & p(t)\Delta\psi(t) \end{vmatrix} = -p(t)[\varphi(t+1)\psi(t) - \varphi(t)\psi(t+1)]$$

在 $[-1, T-1]_{\mathbb{Z}}$ 上是一个常数.

引理 5.4.4 设 $\varphi(t,\lambda)$ 和 $\psi(t,\lambda)$ 是方程 (5.1.1) 分别满足初值条件 (5.4.9) 和 (5.4.10) 的解. 则对任意的 $f(t) \in \mathbb{C}$ 和 $c_{-1}, c_0 \in \mathbb{C}$, 初值问题

$$-\nabla[p(t)\Delta z(t)] + (q(t) - \lambda r(t))z(t) = r(t)f(t), \quad t \in [0, T-1]_{\mathbb{Z}}, \tag{5.4.11}$$

$$z(-1) = c(-1), \quad z(0) = c(0) \tag{5.4.12}$$

的唯一解 $z(t,\lambda)$ 可以表示为

$$z(t) = \sum_{j=0}^{t-1} r(j)[\varphi(t)\psi(j) - \varphi(j)\psi(t)]f(j) + c(-1)\varphi(t) + c(0)\psi(t), \quad t \in [-1,T]_{\mathbb{Z}}, \tag{5.4.13}$$

其中 $\sum_{j=0}^{-2} \cdot = \sum_{j=0}^{-1} \cdot = 0$.

证明 显然, $\varphi(t)$ 和 $\psi(t)$ 是方程 (5.1.1) 的两个线性无关解. 由常数变易法, 可设方程 (5.4.11) 有如下形式的特解:

$$z(t) = A(t)\varphi(t) + B(t)\psi(t), \quad t \in [-1, T]_{\mathbb{Z}}, \tag{5.4.14}$$

则

$$\Delta z(t) = A(t)\Delta\varphi(t) + B(t)\Delta\psi(t) + \Delta A(t)\varphi(t+1) + \Delta B(t)\psi(t+1).$$

令
$$\Delta A(t)\varphi(t+1) + \Delta B(t)\psi(t+1) = 0, \qquad t \in [-1, T-1]_{\mathbb{Z}}. \tag{5.4.15}$$
则有
$$\Delta z(t) = A(t)\Delta\varphi(t) + B(t)\Delta\psi(t), \qquad t \in [-1, T-1]_{\mathbb{Z}}.$$
因此
$$\begin{aligned}-\nabla[p(t)\Delta z(t)] =& -\nabla[p(t)A(t)\Delta\varphi(t) + p(t)B(t)\Delta\psi(t)]\\ =& -A(t)\nabla[p(t)\Delta\varphi(t)] - B(t)\nabla[p(t)\Delta\psi(t)]\\ & - (\nabla A(t))[p(t-1)\Delta\varphi(t-1)] - (\nabla B(t))[p(t-1)\Delta\psi(t-1)].\end{aligned}$$

因为 $\psi(t)$ 和 $\varphi(t)$ 是方程 (5.1.1) 的解, 所以
$$\begin{aligned}-\nabla[p(t)\Delta z(t)] =& [\lambda r(t) - q(t)][A(t)\varphi(t) + B(t)\psi(t)]\\ & - (\nabla A(t))[p(t-1)\Delta\varphi(t-1)] - (\nabla B(t))[p(t-1)\Delta\psi(t-1)]\\ =& [\lambda r(t) - q(t)]z(t) - (\nabla A(t))[p(t-1)\Delta\varphi(t-1)]\\ & - (\nabla B(t))[p(t-1)\Delta\psi(t-1)],\end{aligned}$$

由 (5.4.11), 可得
$$(\nabla A(t))p(t-1)\Delta\varphi(t-1)(\nabla B(t))p(t-1)\Delta\psi(t-1) = -r(t)f(t), \qquad t \in [0, T-1]_{\mathbb{Z}}. \tag{5.4.16}$$

进一步, 令
$$(\nabla A(T))[p(T-1)\Delta\varphi(T-1)] + (\nabla B(T))[p(T-1)\Delta\psi(T-1)] = -r(T)f(T), \tag{5.4.17}$$

其中, $f(T)$ 为任意复数.

显然, (5.4.15) 式等价于
$$(\nabla A(t))\varphi(t) + (\nabla B(t))\psi(t) = t, \qquad t \in [0, T]_{\mathbb{Z}}. \tag{5.4.18}$$

于是, 由 Cramer 法则和 (5.4.16) – (5.4.18) 式, 可得
$$\nabla A(t) = \frac{r(t)\psi(t)f(t)}{W[\varphi, \psi](t-1)}, \qquad \nabla B(t) = \frac{-r(t)\varphi(t)f(t)}{W[\varphi, \psi](t-1)}, \qquad t \in [0, T]_{\mathbb{Z}},$$

由 (5.4.9), (5.4.10) 以及 $p(-1) = 1$, 并结合引理 5.4.3, 可知
$$W[\varphi, \psi](t-1) = 1, \qquad t \in [0, T]_{\mathbb{Z}}. \tag{5.4.19}$$

5.4 二阶右定线性离散周期和反周期特征值问题的特征值

因此

$$\nabla A(t) = r(t)\psi(t)f(t), \qquad \nabla B(t) = -r(t)\varphi(t)f(t), \qquad t \in [0, T]_{\mathbb{Z}},$$

这意味着

$$A(t) = A(-1) + \sum_{j=0}^{t} r(j)\psi(j)f(j), \qquad B(t) = B(-1) - \sum_{j=0}^{t} r(j)\varphi(j)f(j), \qquad t \in [-1, T]_{\mathbb{Z}}.$$

将 $A(t)$ 和 $B(t)$ 代入 (5.4.14) 式可得

$$z(t) = \sum_{j=0}^{t-1} r(j)[\varphi(t)\psi(j) - \varphi(j)\psi(t)]f(j) + A(-1)\varphi(t) + B(-1)\psi(t), \qquad t \in [-1, T]_{\mathbb{Z}}. \tag{5.4.20}$$

又由 (5.4.9), (5.4.10) 以及 (5.4.12) 可得

$$A(-1) = c(-1), \quad B(-1) = c(0). \tag{5.4.21}$$

所以, 由 (5.4.20) 以及 (5.4.21) 可知, (5.4.13) 成立. $\square$

5.4.2 主要结果

首先, 本小节给出本节的主要结果.

定理 5.4.2 假设 λ_i 是周期问题 (5.1.1), (5.4.1) 的特征值, 且满足: $\lambda_0 \leqslant \lambda_1 \leqslant \cdots < \lambda_{T-1}$, $\tilde{\lambda}$ 是反周期问题 (5.1.1), (5.4.2) 的特征值, 且满足: $\tilde{\lambda}_0 \leqslant \tilde{\lambda}_1 \leqslant \cdots < \tilde{\lambda}_{T-1}$. 则这两类特征值满足如下交错性质:

(i) 如果 N 是奇数, 那么

$$\lambda_0 < \tilde{\lambda}_1 \leqslant \mu_0 \leqslant \tilde{\lambda}_2 < \lambda_1 \leqslant \mu_1 \leqslant \lambda_2 < \cdots < \lambda_{T-2} \leqslant \mu_{T-2} \leqslant \lambda_{T-1} < \tilde{\lambda}_T.$$

(ii) 如果 N 是偶数, 那么

$$\lambda_0 < \tilde{\lambda}_1 \leqslant \mu_0 \leqslant \tilde{\lambda}_2 < \lambda_1 \leqslant \mu_1 \leqslant \lambda_2 < \cdots < \tilde{\lambda}_{T-1} \leqslant \mu_{T-2} \leqslant \tilde{\lambda}_T < \lambda_{T-1}.$$

特别地, 不论 N 为奇数还是偶数, λ_0 均为问题 (5.1.1), (5.4.1) 的简单特征值. 如果 i 为奇数, 并且 $\lambda_i < \lambda_{i+1}$, 那么, λ_i 和 λ_{i+1} 为问题 (5.1.1), (5.4.1) 的简单特征值; 如果 i 为奇数, 并且 $\lambda_i = \lambda_{i+1}$, 那么, λ_i 为问题 (5.1.1), (5.4.1) 的重特征值. 进一步, 如果 T 是偶数, 那么, λ_{T-1} 是问题 (5.1.1), (5.4.1) 的简单特征值. 类似地, 如果 i 为奇数, 并且 $\tilde{\lambda}_i < \tilde{\lambda}_{i+1}$, 那么, $\tilde{\lambda}_i$ 和 $\tilde{\lambda}_{i+1}$ 为问题 (5.1.1), (5.4.2) 的简单特征值; 如果 i 为奇数, 并且 $\tilde{\lambda}_i = \tilde{\lambda}_{i+1}$, 那么, λ_i 为问题 (5.1.1), (5.4.2) 的重特征值. 进一步, 如果 T 是奇数, 那么, $\tilde{\lambda}_{T-1}$ 是问题 (5.1.1), (5.4.1) 的简单特征值.

为证明定理 5.4.2, 本节需要证明下面的五个命题. 设 $\varphi(t,\lambda)$ 是方程

$$-\nabla[p(t)\Delta\varphi(t)] + q(t)\varphi(t) - \lambda r(t)\varphi(t) = 0, \qquad t \in [0, T-1]_{\mathbb{Z}} \tag{5.4.22}$$

满足初值条件 (5.4.9) 的解. 设 $\psi(t,\lambda)$ 是方程

$$-\nabla[p(t)\Delta\psi(t)] + q(t)\psi(t) - \lambda r(t)\psi(t) = 0, \qquad t \in [0, T-1]_{\mathbb{Z}} \tag{5.4.23}$$

在初值条件 (5.4.10) 的解.

容易验证 $\varphi(t,\lambda)$ 和 $\psi(t,\lambda)$ 是方程 (5.1.1) 的基础解系. 在方程 (5.4.22) 两端乘以 $\psi(t,\lambda)$, 在方程 (5.4.23) 两端乘以 $\varphi(t,\lambda)$, 再从 $t=0$ 到 $t=T-1$ 求和, 最后两式相减可得

$$\psi(T,\lambda)\varphi(T-1,\lambda) - \psi(T-1,\lambda)\varphi(T,\lambda) = 1. \tag{5.4.24}$$

设方程 (5.1.1) 的通解为 $y(t,\lambda) = C_1\varphi(t,\lambda) + C_2\psi(t,\lambda)$, 则由 (5.4.1) 可知

$$\begin{cases} C_1[1 - \varphi(T-1,\lambda)] + C_2\psi(T-1,\lambda) = 0, \\ C_1\varphi(T,\lambda) + C_2[\psi(T,\lambda) - 1] = 0. \end{cases}$$

要使问题 (5.1.1), (5.4.1) 有非平凡解当且仅当

$$\begin{vmatrix} 1 - \varphi(T-1,\lambda) & \psi(T-1,\lambda) \\ \varphi(T,\lambda) & \psi(T,\lambda) - 1 \end{vmatrix} = 0. \tag{5.4.25}$$

这意味着

$$f(\lambda) := \varphi(T-1,\lambda) + \psi(T,\lambda) = 2. \tag{5.4.26}$$

同理, 要使问题 (5.1.1), (5.4.2) 有非平凡解, 当且仅当

$$f(\lambda) = -2. \tag{5.4.27}$$

另一方面, $\psi(t,\lambda)$ 和 $\varphi(t,\lambda)$ 是问题 (5.1.1), (5.4.1) 的两个线性无关解, 当且仅当 $\psi(t,\lambda)$ 和 $\varphi(t,\lambda)$ 满足

$$\varphi(T-1,\lambda) = \psi(T,\lambda) = 1, \qquad \varphi(T,\lambda) = \psi(T-1,\lambda) = 0. \tag{5.4.28}$$

因此, λ 是周期特征值问题 (5.1.1), (5.4.1) 的一个多重特征值当且仅当 (5.4.28) 成立. 同理, λ 是周期特征值问题 (5.1.1), (5.4.2) 的一个多重特征值当且仅当

$$\varphi(T-1,\lambda) = \psi(T,\lambda) = -1, \qquad \varphi(T,\lambda) = \psi(T-1,\lambda) = 0. \tag{5.4.29}$$

由于 $\varphi(t,\lambda)$ 和 $\psi(t,\lambda)$ 都是关于 λ 的多项式, 所以, $f(\lambda)$ 也是 λ 的多项式. 令

$$\frac{d}{d\lambda}f(\lambda) := f'(\lambda), \qquad \frac{d^2}{d\lambda^2}f(\lambda) := f''(\lambda).$$

5.4 二阶右定线性离散周期和反周期特征值问题的特征值

命题 5.4.1 假设 $0 \leqslant k \leqslant T-2$. 则当 k 是奇数时, $f(\mu_k) \geqslant 2$; 当 k 是偶数时, $f(\mu_k) \leqslant 2$.

证明 由于 $\psi(t,\lambda)$ 和 $\varphi(t,\lambda)$ 是方程 (5.1.1) 的两个线性无关解, 所以存在两个不同时为零的常数 C_1, C_2, 使得

$$y(t,\lambda) = C_1 \varphi(t,\lambda) + C_2 \psi(t,\lambda)$$

为方程 (5.1.1) 在 Dirichlet 边界条件 (5.4.6) 下的相应于特征值 μ_k 的特征函数. 于是

$$\begin{cases} C_1 \varphi(-1, \mu_k) + C_2 \psi(-1, \mu_k) = 0, \\ C_1 \varphi(T-1, \mu_k) + C_2 \psi(T-1, \mu_k) = 0. \end{cases}$$

由上式可知

$$C_1 = 0, \qquad C_2 \psi(T-1, \mu_k) = 0.$$

由于 C_1, C_2 是两个不同时为零的常数, 则

$$\psi(T-1, \mu_k) = 0.$$

所以, $\psi(t, \mu_k)$ 是相应于 μ_k 的特征函数. 进一步, 由 (5.4.3) 可得

$$\psi(T, \mu_k) = -p(T-2) \psi(T-2, \mu_k).$$

因此, $\psi(T, \mu_k)$ 和 $-\psi(T-2, \mu_k)$ 有相同的符号. 令

$$\psi(x, \mu_k) = \begin{cases} \psi(-1, \mu_k), & x = -1, \\ \{\psi(t+1, \mu_k) - \psi(t, \mu_k)\}(x-t) + \psi(t, \mu_k), & t < x \leqslant t+1. \end{cases}$$

则 $\psi(x, \mu_k)$ 为区间 $[-1, T-1]$ 上的连续函数. 由 $\psi(\mu_k)$ 在 $(-1, T-1)$ 内有 $k-1$ 个简单零点可知: 当 k 是奇数时, $\psi(\mu_k) > 0$; 当 k 是偶数时, $\psi(\mu_k) < 0$.

由 (5.4.24) 及 $\psi(T-1, \mu_k) = 0$ 可知, 对任意 k, 有

$$\psi(T, \mu_k) \varphi(T-1, \mu_k) = 1.$$

因此, 当 k 是奇数时,

$$f(\mu_k) = \frac{1}{\psi(T, \mu_k)} + \psi(T, \mu_k) \geqslant 2.$$

当 k 是偶数时,

$$f(\mu_k) = \frac{1}{\psi(T, \mu_k)} + \psi(T, \mu_k) \leqslant -2. \qquad \square$$

命题 5.4.2 方程 $f'(\lambda) = 0$ 和 $f(\lambda) = 2$ 或者 -2 成立,当且仅当 λ 是 (5.1.1) 和 (5.4.1) 或者 (5.1.1) 和 (5.4.2) 的一个多重特征根. 此外, 如果 $\lambda \neq \mu_i (0 \leqslant i \leqslant N-2)$ 时, $f(\lambda) = 2$ 或者 -2, 那么, λ 是 (5.1.1) 和 (5.4.1) 或者 (5.1.1) 和 (5.4.2) 的一个简单特征根, 并且

$$f'(\lambda) < 0, \quad \lambda < \mu_0;$$
$$(-1)^k f'(\lambda) > 0, \quad \mu_k < \lambda < \mu_{k+1}, \quad 0 \leqslant k \leqslant T-3;$$
$$(-1)^{T-2} f'(\lambda) > 0, \quad \lambda > \mu_{T-2}.$$

证明 由于 $\psi(t, \lambda)$ 和 $\varphi(t, \lambda)$ 是方程 (5.1.1) 的解, 所以

$$-\nabla[p(t)\Delta\varphi(t,\lambda)] + q(t)\varphi(t,\lambda) - \lambda r(t)\varphi(t,\lambda) = 0, \tag{5.4.30}$$

$$-\nabla[p(t)\Delta\psi(t,\lambda)] + q(t)\psi(t,\lambda) - \lambda r(t)\psi(t,\lambda) = 0. \tag{5.4.31}$$

(5.4.30) 和 (5.4.31) 分别关于 λ 求导可得

$$-\nabla\left[p(t)\frac{\partial}{\partial\lambda}\Delta\varphi(t,\lambda)\right] + [q(t) - \lambda r(t)]\frac{\partial}{\partial\lambda}\varphi(t,\lambda) = r(t)\varphi(t,\lambda), \tag{5.4.32}$$

$$-\nabla\left[p(t)\frac{\partial}{\partial\lambda}\Delta\psi(t,\lambda)\right] + [q(t) - \lambda r(t)]\frac{\partial}{\partial\lambda}\psi(t,\lambda) = r(t)\psi(t,\lambda). \tag{5.4.33}$$

另一方面, 由 (5.4.9) 和 (5.4.10) 可得

$$\frac{\partial}{\partial\lambda}\varphi(-1,\lambda) = \frac{\partial}{\partial\lambda}\varphi(0,\lambda) = \frac{\partial}{\partial\lambda}\psi(-1,\lambda) = \frac{\partial}{\partial\lambda}\psi(0,\lambda) = 0. \tag{5.4.34}$$

结合引理 5.4.4 和 (5.4.32) – (5.4.34) 可得

$$\begin{aligned}\frac{\partial}{\partial\lambda}\varphi(t,\lambda) &= \sum_{j=0}^{t-1} r(j)[\varphi(t,\lambda)\psi(j,\lambda) - \varphi(j,\lambda)\psi(t,\lambda)]\varphi(j,\lambda),\\ \frac{\partial}{\partial\lambda}\psi(t,\lambda) &= \sum_{j=0}^{t-1} r(j)[\varphi(t,\lambda)\psi(j,\lambda) - \varphi(j,\lambda)\psi(t,\lambda)]\psi(j,\lambda).\end{aligned} \tag{5.4.35}$$

由 (5.4.35) 式可得

$$\begin{aligned}\frac{\partial}{\partial\lambda}\Delta\psi(t-1,\lambda) &= \frac{\partial}{\partial\lambda}\psi(t,\lambda) - \frac{\partial}{\partial\lambda}\psi(t-1,\lambda)\\ &= \sum_{j=0}^{t-1} r(j)\psi(j,\lambda)[\psi(j,\lambda)\Delta\varphi(t,\lambda) - \varphi(j,\lambda)\Delta\psi(t,\lambda)].\end{aligned}$$

5.4 二阶右定线性离散周期和反周期特征值问题的特征值

因此
$$f'(\lambda) = \frac{\partial}{\partial \lambda}\varphi(T-1,\lambda) + \frac{\partial}{\partial \lambda}\psi(T,\lambda)$$
$$= \sum_{j=0}^{T-2} r(j)[\varphi(T-1,\lambda)\psi(j,\lambda) - \varphi(j,\lambda)\psi(T-1,\lambda)]\varphi(j,\lambda)$$
$$+ \sum_{j=0}^{T-1} r(j)\psi(j,\lambda)[\psi(j,\lambda)\varphi(T-1,\lambda) - \varphi(j,\lambda)\psi(T-1,\lambda)]$$
$$= \sum_{j=0}^{T-1} r(j)\delta(j,\lambda),$$

其中
$$\delta(j) = \varphi(T,\lambda)\psi^2(j,\lambda) - \psi(T-1,\lambda)\varphi^2(j,\lambda) + [\varphi(T-1,\lambda) - \psi(T,\lambda)]\psi(j,\lambda)\varphi(j,\lambda)$$
$$= (\psi(j,\lambda), \varphi(j,\lambda))I(\lambda)\begin{pmatrix} \psi(j,\lambda) \\ \varphi(j,\lambda) \end{pmatrix},$$

$$I(\lambda) = \begin{pmatrix} \varphi(T,\lambda) & \dfrac{\varphi(T-1,\lambda) - \psi(T,\lambda)}{2} \\ \dfrac{\varphi(T-1,\lambda) - \psi(T,\lambda)}{2} & -\psi(T-1,\lambda) \end{pmatrix}.$$

显然, $I(\lambda)$ 是对称的, 因此有
$$\det I(\lambda) = -\varphi(T,\lambda)\psi(T-1,\lambda) - \frac{[\varphi(T-1,\lambda) - \psi(T,\lambda)]^2}{4}$$
$$= -\frac{1}{4}f^2(\lambda) + 1.$$

则当 $f(\lambda) = 2$ 或 $f(\lambda) = -2$ 时, $\det I(\lambda) = 0$. 进一步,
$$-\varphi(T,\lambda)\psi(T-1,\lambda) = \left(\frac{\varphi(T-1,\lambda) - \psi(T,\lambda)}{2}\right)^2 \geqslant 0. \tag{5.4.36}$$

因此, $I(\lambda)$ 是半正定或者半负定的. 故当 $f(\lambda) = 2$ 或者 $f(\lambda) = -2$ 时, $f'(\lambda) \neq 0$ 除非对所有的 $j \in [0, T-1]_{\mathbb{Z}}, \delta_j(\lambda) \equiv 0$.

由于 $\varphi(t,\lambda)$ 和 $\psi(t,\lambda)$ 是基础解系, 所以 $\delta_j(\lambda) \equiv 0$ 当且仅当 $I(\lambda)$ 的所有元素都等于零. 结合 (5.4.26) 可知, 当 $f(\lambda) = 2$ 时, (5.4.28) 成立; 结合 (5.4.27) 可知, 当 $f(\lambda) = -2$ 时, (5.4.29) 成立. 因此, 当 $f(\lambda) = 2$ 或者 $f(\lambda) = -2$ 时, $f'(\lambda) = 0$ 的充要条件是 λ 不是简单特征值. 设存在 $\lambda \neq \mu_i, i \in [0, T-2]_{\mathbb{Z}}$, 使得 $f(\lambda) = 2$ 或者 $f(\lambda) = -2$. 则 $\psi(T-1,\lambda) \neq 0$. 由以上讨论可知, λ 是 (5.1.1), (5.4.1) 或者 (5.1.1),

(5.4.2) 的简单特征值, 并且 $\delta_j(\lambda)$ 不恒为零. 对这样的 λ, 由 (5.4.36) 可知

$$\delta_j(\lambda) = -\psi(T-1,\lambda)\left[\varphi(j,\lambda) - \frac{\varphi(T-1,\lambda) - \psi(T,\lambda)}{2\psi(T-1,\lambda)}\psi(j,\lambda)\right]^2.$$

所以

$$f'(\lambda) = -\psi(T-1,\lambda)\sum_{j=0}^{T-1} r(j)\left[\varphi(j,\lambda) - \frac{\varphi(T-1,\lambda) - \psi(T,\lambda)}{2\psi(T-1,\lambda)}\psi(j,\lambda)\right]^2. \tag{5.4.37}$$

显然, $f'(\lambda)$ 与 $-\psi(T-1,\lambda)$ 的变号次数相同. 进一步, 由引理 5.4.1 及 $\psi_0(\lambda) = 1 > 0$ 可知

$$f'(\lambda) < 0, \quad \lambda < \mu_0;$$
$$(-1)^k f'(\lambda) > 0, \quad \mu_k < \lambda < \mu_{k+1}, \quad 0 \leqslant k \leqslant T-3;$$
$$(-1)^{T-2} f'(\lambda) > 0, \quad \lambda > \mu_{T-2}. \qquad \Box$$

命题 5.4.3 存在常数 ν_0, 使得 $\nu_0 < \mu_0 < \mu_1 < \cdots < \mu_{N-2}$, 并且 $f(\nu_0) \geqslant 2$.

证明 因为 $\psi(T,\lambda)$ 是 λ 的 T 次多项式, $\varphi(T-1,\lambda)$ 是 λ 的 $T-2$ 次多项式, 所以, $\psi_T(\lambda)$ 可以表示为

$$\psi(T,\lambda) = (-1)^T A_T \lambda^T + A_{T-1}\lambda^{T-1} + \cdots + A_0,$$

其中 $A_T = r(0)r(1)\cdots r(T-1)(p(0)p(1)\cdots p(T-1))^{-1} > 0$, 并且对 $t \in [0,T-1]_{\mathbb{Z}}$, A_t 是确定的实常数. 所以

$$f(\lambda) = \varphi(T-1,\lambda) + \psi(T,\lambda) = (-1)^T A_T \lambda^T + h(\lambda), \tag{5.4.38}$$

其中, $h(\lambda)$ 是一个阶数不大于 $T-1$ 的 λ 的多项式. 显然, 当 $\lambda \to -\infty$ 时, $f(\lambda) \to +\infty$. 由命题 5.4.1 可知, $f(\mu_0) \leqslant -2$, 因此存在一个常数 $\nu_0 < \mu_0$, 使得 $f(\nu_0) \geqslant 2$. $\Box$

命题 5.4.4 如果 T 是奇数, 那么存在常数 ξ_0, 使得 $\mu_0 < \mu_1 < \cdots < \mu_{T-2} < \xi_0$, 并且 $f(\xi_0) \leqslant -2$. 如果 T 是偶数, 那么存在常数 η_0, 使得 $\mu_0 < \mu_1 < \cdots < \mu_{T-2} < \eta_0$, 并且 $f(\eta_0) \geqslant 2$.

证明 由命题 5.4.1 可知, 如果 T 是奇数, 那么 $f(\mu_{T-2}) \geqslant 2$. 如果 T 是偶数, $f(\mu_{T-2}) \leqslant -2$. 由 (5.4.38) 可得, 如果 T 是奇数, 那么当 $\lambda \to +\infty$ 时, $f(\lambda) \to -\infty$; 如果 T 是偶数, 那么当 $\lambda \to +\infty$ 时, $f(\lambda) \to +\infty$. 因此, 如果 T 是奇数, 那么存在一个常数 $\xi_0 > \mu_{T-2}$, 使得 $f(\xi_0) \leqslant -2$; 如果 T 是偶数, 那么存在一个常数 $\eta_0 > \mu_{T-2}$, 使得 $f(\eta_0) \geqslant 2$. $\Box$

命题 5.4.5 如果 k 是奇数, 并且 $f(\mu_k) = 2$, $f'(\mu_k) = 0$, 那么, $f''(\mu_k) < 0$; 如果 k 是偶数, 并且 $f(\mu_k) = -2$, $f'(\mu_k) = 0$, 那么, 当 $0 \leqslant k \leqslant T-2$ 时, $f''(\mu_k) > 0$.

5.4 二阶右定线性离散周期和反周期特征值问题的特征值

证明 由命题 5.4.2, $f(\mu_k) = 2$ 以及 $f'(\mu_k) = 0$ 可知, μ_k 是 (5.1.1) 和 (5.4.1) 的多重特征根. 于是, 由 (5.4.9), (5.4.10) 可得

$$\varphi(T, \mu_k) = \psi(T-1, \mu_k) = 0, \qquad \varphi(T-1, \mu_k) = \psi(T, \mu_k) = 1. \tag{5.4.39}$$

因为

$$f'(\mu_k) = \frac{\partial}{\partial \lambda}\varphi(T-1, \mu_k) + \frac{\partial}{\partial \lambda}\psi(T, \mu_k) = 0,$$

所以

$$\frac{\partial}{\partial \lambda}\varphi(T-1, \mu_k) = -\frac{\partial}{\partial \lambda}\psi(T, \mu_k). \tag{5.4.40}$$

(5.4.24) 式两边关于 λ 求二阶导数, 并由 (5.4.39) 和 (5.4.40) 可知

$$\frac{\partial^2}{\partial \lambda^2}\varphi(T-1, \mu_k) + \frac{\partial^2}{\partial \lambda^2}\psi(T, \mu_k) - 2\left(\frac{\partial}{\partial \lambda}\varphi(T-1, \mu_k)\right)^2$$
$$- 2\frac{\partial}{\partial \lambda}\varphi(T, \mu_k)\frac{\partial}{\partial \lambda}\psi(T-1, \mu_k) = 0.$$

于是

$$\begin{aligned}f''(\mu_k) &= \frac{\partial^2}{\partial \lambda^2}\varphi(T-1, \mu_k) + \psi(T, \mu_k)\\ &= 2\left[\left(\frac{\partial}{\partial \lambda}\varphi(T-1, \mu_k)\right)^2 + \frac{\partial}{\partial \lambda}\varphi(T, \mu_k)\frac{\partial}{\partial \lambda}\psi(T-1, \mu_k)\right].\end{aligned} \tag{5.4.41}$$

另一方面, 根据 (5.3.35) 和 (5.4.39), 可得

$$\frac{\partial}{\partial \lambda}\varphi(T-1, \mu_k) = \sum_{j=0}^{T-2} r(j)\varphi(j, \mu_k)\psi(j, \mu_k) = \sum_{j=0}^{T-1} r(j)\varphi(j, \mu_k)\psi(j, \mu_k),$$

$$\frac{\partial}{\partial \lambda}\varphi(T, \mu_k) = -\sum_{j=0}^{T-1} r(j)\varphi^2(j, \mu_k),$$

$$\frac{\partial}{\partial \lambda}\psi(T-1, \mu_k) = \sum_{j=0}^{T-2} r(j)\psi^2(j, \mu_k) = \sum_{j=0}^{T-1} r(j)\psi^2(j, \mu_k).$$

于是, 由 (5.4.41) 可知

$$f''(\mu_k) = 2\left[\left(\sum_{j=0}^{T-1} r(j)\varphi(j, \mu_k)\psi(j, \mu_k)\right)^2 \right.$$
$$\left. - \left(\sum_{j=0}^{T-1} r(j)\varphi^2(j, \mu_k)\right)\left(\sum_{j=0}^{T-1} r(j)\psi^2(j, \mu_k)\right)\right].$$

因为 $\varphi(t,\lambda)$ 和 $\psi(t,\lambda)$ 在区间 $[-1,T]_{\mathbb{Z}}$ 上线性无关, 所以, 由 Hölder 不等式可知, $f''(\mu_k) < 0$. 从而, 第一个结论得证. 同理, 可得第二个结论. □

本节最后, 给出定理 5.4.2 的证明.

证明 由命题 5.4.1—命题 5.4.5、引理 5.4.2 以及介值性定理可得, 当 T 为奇数时,

$$\nu_0 \leqslant \lambda_0 < \tilde{\lambda}_1 \leqslant \mu_0 \leqslant \tilde{\lambda}_2 < \lambda_1 \leqslant \mu_1 \leqslant \lambda_2 < \cdots < \lambda_{T-2} \leqslant \mu_{T-2} \leqslant \lambda_{T-1} < \tilde{\lambda}_T \leqslant \xi_0;$$

当 T 为偶数时,

$$\nu_0 \leqslant \lambda_0 < \tilde{\lambda}_1 \leqslant \mu_0 \leqslant \tilde{\lambda}_2 < \lambda_1 \leqslant \mu_1 \leqslant \lambda_2 < \cdots < \tilde{\lambda}_{T-1} \leqslant \mu_{T-2} \leqslant \tilde{\lambda}_T < \lambda_{T-1} \leqslant \xi_0.$$

因此, 定理 5.4.2 的结论成立. □

5.5 二阶左定线性离散 Sturm-Liouville 问题的特征值

本节将在继续考虑特征值问题 (5.1.1), (5.1.4) 在左定情形下的特征值理论. 本章的主要内容选自 [66]. 为简单起见, 本节取 $a = 0, b = T - 1$, 则边界条件 (5.1.4) 变为

$$\alpha y(0) + \beta \Delta y(0) = 0, \qquad \gamma y(T) + \delta \Delta y(T) = 0. \tag{5.1.4}'$$

为此, 本节总假定如下条件成立:

(H7) $p : [0,T]_{\mathbb{Z}} \to (0,\infty)$, $q : [1,T]_{\mathbb{Z}} \to (-\infty, 0]$;

(H8) $\alpha\beta \leqslant 0$, $\gamma(\delta - \gamma) \geqslant 0$, 并且 $\alpha^2 + \beta^2 \neq 0$, $\delta \neq 0$, $\alpha - \beta \neq 0$.

(H9) $r : [1, T+1]_{\mathbb{Z}} \to \mathbb{R}$ 满足 $r(t) \neq 0$ 并且 在 $[1,T]_{\mathbb{Z}}$ 上改变符号, 即存在 $[1,T+1]_{\mathbb{Z}}$ 的一个子集 $\mathbb{T}^+$, 使得

$$r(t) > 0, \quad t \in \mathbb{T}^+; \qquad r(t) < 0, \quad t \in [1,T]_{\mathbb{Z}} \setminus \mathbb{T}^+.$$

令 n 表示集合 $\mathbb{T}^+$ 中元素的个数. 则集合 $[1,T]_{\mathbb{Z}} \setminus \mathbb{T}^+$ 中元素的个数是 $T - n$.

5.5.1 预备引理

令 $c(t) = p(t-1) + p(t) - q(t)$, $t = 2, \cdots, T-1$, $c(1) = \dfrac{-\alpha}{\beta - \alpha} p(0) + p(1) - q(1)$, $c(T) = \dfrac{\gamma}{\delta} p(T) + p(T-1) - q(T)$. 那么问题 (5.1.1), (5.1.4)′ 可以被改写为如下形式

$$Jy = \lambda Dy, \tag{5.5.1}$$

其中, $D = \mathrm{diag}(r(1), r(2), \cdots, r(T))$,

5.5 二阶左定线性离散 Sturm-Liouville 问题的特征值

$$J = \begin{pmatrix} c(1) & -p(1) & 0 & \cdots & 0 & 0 & 0 \\ -p(1) & c(2) & -p(2) & \cdots & 0 & 0 & 0 \\ \vdots & \vdots & \vdots & & \vdots & \vdots & \vdots \\ 0 & 0 & 0 & \cdots & -p(T-2) & c(T-1) & -p(T-1) \\ 0 & 0 & 0 & \cdots & 0 & -p(T-1) & c(T) \end{pmatrix}.$$
(5.5.2)

令 J_j 表示 J 的第 j 个主子式, D_j 表示 D 的第 j 个主子式. 那么 J 和 J_i 都是正定的. 事实上, 对于任意的 $\boldsymbol{x} = (x_1, x_2, \cdots, x_T) \in \mathbb{R}^T$, 有

$$\boldsymbol{x} J \boldsymbol{x}^{\mathrm{T}} = \alpha p(0) x_1^2 + \gamma p(T) x_T^2 + \sum_{i=1}^{T-1} p(i)(x_{i+1} - x_i)^2 + \sum_{i=1}^{T} q(i) x_i^2 \geqslant 0.$$

此外, 如果 $\boldsymbol{x} J \boldsymbol{x}^{\mathrm{T}} = 0$, 那么 $\boldsymbol{x} = \boldsymbol{0}$. 因此, J 是正定的. 运用同样的方法, 不难验证, 对任意的 $j = 1, 2, \cdots, T$, J_i 也是正定的.

对于 $j = 1, 2, \cdots, T$, 令 $Q_j(\lambda)$ 表示 $J - \lambda D$ 的第 j 个主子式, 并且假定 $Q_0(\lambda) = 1$. 那么 $Q_T(\lambda) = \det(J - \lambda D)$, 并且

$$\begin{aligned} Q_0(\lambda) &= 1; \\ Q_1(\lambda) &= c(1) - \lambda r(1); \\ Q_j(\lambda) &= (c(j) - \lambda r(j)) Q_{j-1}(\lambda) - p^2(j-1) Q_{j-2}(\lambda), \qquad j = 2, 3, \cdots, T. \end{aligned}$$
(5.5.3)

由此, 寻找特征值问题 (5.1.1), (5.1.4)′ 的特征值的问题就转化为寻找多项式 $Q_T(\lambda)$ 的零点问题. 因此, 接下来本节将对多项式序列 (5.5.3) 的性质进行讨论.

对于 $j \in \{1, \cdots, T\}$, 令 j^+ 表示集合 $\{r(i) \,|\, r(i) > 0, i \in \{1, \cdots, j\}\}$ 中元素的个数, j^- 表示集合 $\{r(i) \,|\, r(i) < 0, i \in \{1, \cdots, j\}\}$ 中元素的个数.

引理 5.5.1 对于任意的 $j \in \{1, \cdots, T\}$,

$$\lim_{\lambda \to -\infty} (-1)^{j^-} Q_j(\lambda) = +\infty, \qquad \lim_{\lambda \to +\infty} (-1)^{j^+} Q_j(\lambda) = +\infty.$$

证明 对于任意的 $j \in \{1, \cdots, T\}$, 显然 $Q_j(\lambda)$ 是 λ 的 j 次多项式, 并且

$$Q_j(\lambda) = r(1) \cdots r(j)(-\lambda)^j + O(\lambda^{j-1}).$$
□

引理 5.5.2 方程 $Q_j(\lambda) = 0$ 的所有根都是实的, 并且方程 $Q_j(\lambda) = 0$ 恰有 j^+ 个正根和 j^- 个负根.

证明 对于正定矩阵 J_j, 根据 Cholesky 分解可知, 存在唯一的下三角实矩阵 L 使得

$$L L^{\mathrm{T}} = J_j.$$

不难验证矩阵 $L^{-1}D_j(L^{\mathrm{T}})^{-1}$ 是实的、对称的, 并且 λ 是 $Q_j(\lambda)$ 的零点当且仅当 $\dfrac{1}{\lambda}$ 是 $L^{-1}D_j(L^{\mathrm{T}})^{-1}$ 的特征值. 此外, 由 $L^{-1}D_j(L^{\mathrm{T}})^{-1}$ 是实对称矩阵可知, 必然存在正交矩阵 Q 使得

$$Q^{\mathrm{T}}L^{-1}D_j(L^{\mathrm{T}})^{-1}Q = \mathrm{diag}(a_1, \cdots, a_j), \tag{5.5.4}$$

其中, $a_1 \geqslant a_2 \geqslant \cdots \geqslant a_j$ 是 $L^{-1}D_j(L^{\mathrm{T}})^{-1}$ 的所有特征值.

令 $\boldsymbol{x}^{\mathrm{T}} = (L^{\mathrm{T}})^{-1}Q\boldsymbol{z}^{\mathrm{T}}$. 则由 (5.5.4) 可知

$$\sum_{i=1}^{j} a_i z_i^2 = \sum_{i=1}^{j} r(i) x_i^2$$

是 $\boldsymbol{x}D_j\boldsymbol{x}^{\mathrm{T}}$ 的两种表示形式. 因此, 由惯性定律可知, 集合 $\{a_1, \cdots, a_j\}$ 的正的元素个数为 j^+ 个, 而负的元素的个数为 j^- 个. □

引理 5.5.3 对任意的 $i = 1, \cdots, T$, 多项式 $Q_{i-1}(\lambda)$ 和 $Q_i(\lambda)$ 没有共同的零点.

证明 反设多项式 $Q_{i-1}(\lambda)$ 和 $Q_i(\lambda)$ 有共同的零点 $\lambda = \lambda_0$ 满足 $Q_{i-1}(\lambda_0) = Q_i(\lambda_0) = 0$. 于是, 由关系式 (5.5.3) 可知, $Q_{i-2}(\lambda_0) = 0$. 进一步有 $Q_{i-3}(\lambda_0) = \cdots = Q_1(\lambda_0) = Q_0(\lambda_0) = 0$. 这与 $Q_0(\lambda_0) = 1$ 矛盾. □

引理 5.5.4 假设 $\lambda = \lambda_0$ 是 $Q_i(\lambda)$ 的一个零点. 则对任意的 $i = 1, \cdots, T-1$, $Q_{i-1}(\lambda_0)Q_{i+1}(\lambda_0) < 0$.

证明 因为 $Q_i(\lambda_0) = 0$, 所以, 由引理 5.5.3, $Q_{i-1}(\lambda_0) \neq 0$. 由关系式 (5.5.3), $Q_{i+1}(\lambda_0) = -p^2(i)Q_{i-1}(\lambda_0)$, 这意味着 $Q_{i+1}(\lambda_0)Q_{i-1}(\lambda_0) = -p^2(i)Q_{i-1}^2(\lambda_0) < 0$. □

引理 5.5.5 对任意的 $j = 1, \cdots, T$, 方程 $Q_j(\lambda) = 0$ 的根都是简单的. 并且有如下结果成立:

(i) 方程 $Q_j(\lambda) = 0$ 最大的负根 $\lambda_{j,1}^-$ 和最小的正根 $\lambda_{j,1}^+$ 与方程 $Q_{j+1}(\lambda) = 0$ 的最大负根 $\lambda_{j+1,1}^-$ 和最小正根 $\lambda_{j+1,1}^+$ 满足关系式:

$$(\lambda_{j,1}^-, \lambda_{j,1}^+) \supset (\lambda_{j+1,1}^-, \lambda_{j+1,1}^+), \quad j = 1, \cdots, T-1.$$

(ii) 对任意的 $j = 1, \cdots, T-1$, $Q_j(\lambda) = 0$ 的正根和 $Q_{j+1}(\lambda) = 0$ 的正根相互分离; $Q_j(\lambda) = 0$ 的负根和 $Q_{j+1}(\lambda) = 0$ 的负根相互分离.

证明 首先证明 $j = 1$ 的情形.

显然, $Q_1(\lambda) = c(1) - \lambda r(1)$. 如果 $r(1) > 0$, 那么 $j = 1$, $j^+ = 1$, $j^- = 0$, 并且 $\lambda_{1,1}^+ = \dfrac{c(1)}{r(1)} > 0$. 如果 $r(1) < 0$, 那么 $j = 1$, $j^+ = 0$, $j^- = 1$, 并且 $\lambda_{1,1}^- = \dfrac{c(1)}{r(1)} < 0$.

因为 $Q_2(\lambda) = (c(2) - \lambda r(2))(c(1) - \lambda r(1)) - p^2(1)$, 所以, $Q_2(\lambda) = 0$ 有如下两个

5.5 二阶左定线性离散 Sturm-Liouville 问题的特征值

不同的根:

$$\lambda_1 = \frac{c(1)r(2) + c(2)r(1) - \sqrt{(c(1)r(2) - c(2)r(1))^2 + 4p^2(1)r(1)r(2)}}{2r(1)r(2)},$$

$$\lambda_2 = \frac{c(1)r(2) + c(2)r(1) + \sqrt{(c(1)r(2) - c(2)r(1))^2 + 4p^2(1)r(1)r(2)}}{2r(1)r(2)}.$$

如果 $r(1) > 0, r(2) > 0$, 那么 $j = 2$, $j^+ = 2$, $j^- = 0$. 通过直接计算可得 $0 < \lambda_1 < \lambda_2$. 令 $\lambda_{2,1}^+ = \lambda_1$, $\lambda_{2,2}^+ = \lambda_2$. 则 $0 < \lambda_{2,1}^+ < \lambda_{1,1}^+ < \lambda_{2,2}^+$.

如果 $r(1) < 0, r(2) > 0$, 那么 $j = 2$, $j^+ = 1$, $j^- = 1$, 并且 $\lambda_1 > 0 > \lambda_2$. 令 $\lambda_{2,1}^+ = \lambda_1$, $\lambda_{2,1}^- = \lambda_2$. 则 $\lambda_{1,1}^- < \lambda_{2,1}^- < 0 < \lambda_{2,1}^+$.

如果 $r(1) > 0, r(2) < 0$, 那么 $j = 2$, $j^+ = 1$, $j^- = 1$, 并且 $\lambda_1 > 0 > \lambda_2$. 令 $\lambda_{2,1}^+ = \lambda_1$, $\lambda_{2,1}^- = \lambda_2$. 则 $\lambda_{2,1}^- < 0 < \lambda_{1,1}^+ < \lambda_{2,1}^+$.

如果 $r(1) < 0, r(2) < 0$, 那么 $j = 2$, $j^+ = 0$, $j^- = 2$, 并且 $\lambda_2 < \lambda_1 < 0$. 令 $\lambda_{2,1}^- = \lambda_1$, $\lambda_{2,2}^- = \lambda_2$. 则 $\lambda_{2,2}^- < \lambda_{1,1}^- < \lambda_{2,1}^- < 0$. 因此, 当 $j = 1$ 时, 结论成立.

其次, 假设当 $j = k$ 时, $Q_k(\lambda) = 0$ 和 $Q_{k+1}(\lambda) = 0$ 满足结论, 即如下结论成立:

如果 $r(k+1) > 0$, 那么 $(k+1)^+ = k^+ + 1$, $(k+1)^- = k^-$. 于是

$$\lambda_{k,k^-}^- < \lambda_{k+1,k^-}^- < \cdots < \lambda_{k,1}^- < \lambda_{k+1,1}^- < 0, \tag{5.5.5}$$

并且

$$0 < \lambda_{k+1,1}^+ < \lambda_{k,1}^+ < \cdots < \lambda_{k+1,k^+}^+ < \lambda_{k,k^+}^+ < \lambda_{k+1,(k+1)^+}^+. \tag{5.5.6}$$

如果 $r(k+1) < 0$, 那么 $(k+1)^+ = k^+$, $(k+1)^- = k^- + 1$. 于是

$$\lambda_{k+1,k^-+1}^- < \lambda_{k,k^-}^- < \lambda_{k+1,k^-}^- < \cdots < \lambda_{k,1}^- < \lambda_{k+1,1}^- < 0, \tag{5.5.7}$$

并且

$$0 < \lambda_{k+1,1}^+ < \lambda_{k,1}^+ < \cdots < \lambda_{k+1,k^+}^+ < \lambda_{k,k^+}^+. \tag{5.5.8}$$

接下来, 考虑 $j = k+1$ 的情形.

情形 1 $r(k+1) > 0$ 并且 $r(k+2) > 0$. 此时, $(k+2)^+ = k^+ + 2$, $(k+2)^- = k^-$, 只需证明

$$\lambda_{k+1,k^-}^- < \lambda_{k+2,k^-}^- < \cdots < \lambda_{k+1,1}^- < \lambda_{k+2,1}^- < 0 \tag{5.5.9}$$

以及

$$0 < \lambda_{k+2,1}^+ < \lambda_{k+1,1}^+ < \cdots < \lambda_{k+2,k^++1}^+ < \lambda_{k+1,k^++1}^+ < \lambda_{k+2,k^++2}^+. \tag{5.5.10}$$

情形 2 $r(k+1) > 0$ 并且 $r(k+2) < 0$. 此时, $(k+2)^+ = k^+ + 1$, $(k+2)^- = k^- + 1$. 为此, 只需证明

$$\lambda^-_{k+2,k^-+1} < \lambda^-_{k+1,k^-} < \lambda^-_{k+2,k^-} < \cdots < \lambda^-_{k+1,1} < \lambda^-_{k+2,1} < 0 \tag{5.5.11}$$

以及

$$0 < \lambda^+_{k+2,1} < \lambda^+_{k+1,1} < \cdots < \lambda^+_{k+2,k^++1} < \lambda^+_{k+1,k^++1}. \tag{5.5.12}$$

情形 3 $r(k+1) < 0$ 并且 $r(k+2) < 0$. 此时, $(k+2)^+ = k^+$, $(k+2)^- = k^- + 2$. 只需证明

$$\lambda^-_{k+2,k^-+2} < \lambda^-_{k+1,k^-+1} < \lambda^-_{k+2,k^-+1} < \cdots < \lambda^-_{k+1,1} < \lambda^-_{k+2,1} < 0 \tag{5.5.13}$$

以及

$$0 < \lambda^+_{k+2,1} < \lambda^+_{k+1,1} < \cdots < \lambda^+_{k+2,k^+} < \lambda^+_{k+1,k^+}. \tag{5.5.14}$$

情形 4 $r(k+1) < 0$ 并且 $r(k+2) > 0$. 此时, $(k+2)^+ = k^+ + 1$, $(k+2)^- = k^- + 1$. 只需证明

$$\lambda^-_{k+1,k^-+1} < \lambda^-_{k+2,k^-+1} < \lambda^-_{k+1,k^-} < \lambda^-_{k+2,k^-} < \cdots < \lambda^-_{k+1,1} < \lambda^-_{k+2,1} < 0 \tag{5.5.15}$$

以及

$$0 < \lambda^+_{k+2,1} < \lambda^+_{k+1,1} < \cdots < \lambda^+_{k+2,k^+} < \lambda^+_{k+1,k^+} < \lambda^+_{k+2,k^++1}. \tag{5.5.16}$$

我们只需证明情形 1, 其他情形类似可证. 首先, 证明 (5.5.9) 成立. 因为 $(k+2)^- = (k+1)^- = k^-$, 所以由引理 5.5.1 可知

$$(-1)^{k^-} Q_k(-\infty) > 0, \quad (-1)^{(k+1)^-} Q_{k+1}(-\infty) = (-1)^{k^-} Q_{k+1}(-\infty) > 0. \tag{5.5.17}$$

为简单起见, 仅处理 k^- 是偶数的情形. k^- 是奇数的情形类似可证. 此时, (5.5.17) 可退化为

$$Q_k(-\infty) > 0, \quad Q_{k+1}(-\infty) > 0. \tag{5.5.18}$$

那么, 由 (5.5.17), (5.5.18) 和 (5.5.5) 可知, $(-1)^j Q_k(\lambda^-_{k+1,k^--j}) < 0$, $j = 0, \cdots, k^- - 1$. 同时, $Q_{k+1}(\lambda^-_{k+1,k^--j}) = 0$. 由引理 5.5.4 可知

$$(-1)^j Q_{k+2}(\lambda^-_{k+1,k^--j}) > 0, \quad j = 0, \cdots, k^- - 1. \tag{5.5.19}$$

由引理 5.5.2 可知, $Q_{k+2}(\lambda) = 0$ 在 $(-\infty, 0)$ 内恰有 k^- 个零点. 结合 (5.5.19) 以及 $Q_k(0) > 0$, $Q_{k+1}(0) > 0$, $Q_{k+2}(0) > 0$ 可知, 必存在 $\lambda^-_{k+2,k^--j} \in (\lambda^-_{k+1,k^--j}, \lambda^-_{k+1,k^--j-1})$, $j = 0, \cdots, k^- - 2$ 以及 $\lambda^-_{k+2,1} \in (\lambda^-_{k+1,1}, 0)$ 使得

$$Q_{k+2}(\lambda^-_{k+2,k^--j}) = 0, \quad j = 0, \cdots, k^- - 1.$$

5.5 二阶左定线性离散 Sturm-Liouville 问题的特征值

因此, (5.5.9) 成立.

接下来, 证明 (5.5.10) 成立. 在情形 1 之下, 由于 $r(k+1) > 0$, $r(k+2) > 0$. 所以, $(k+2)^+ = (k+1)^+ + 1 = k^+ + 2$. 这里, 也仅考虑 k^+ 是偶数的情形. 由引理 5.5.1, 有

$$Q_k(+\infty) > 0, \quad Q_{k+1}(+\infty) < 0, \quad Q_{k+2}(+\infty) > 0. \tag{5.5.20}$$

结合 (5.5.6) 以及 $Q_{k+1}(\lambda^+_{k+1,(k+1)^+-j}) = 0$, $j = 0, \cdots, (k+1)^+ - 1$, 不难推知

$$(-1)^j Q_k(\lambda^+_{k+1,(k+1)^+-j}) > 0, \quad j = 0, \cdots, (k+1)^+ - 1.$$

结合引理 5.5.4 可得

$$(-1)^j Q_{k+2}(\lambda^+_{k+1,(k+1)^+-j}) < 0, \quad j = 0, \cdots, (k+1)^+ - 1. \tag{5.5.21}$$

特别地, 对 $j = 0$, $Q_{k+2}(\lambda^+_{k+1,(k+1)^+}) < 0$. 结合 (5.5.20) 中的第三个不等式 $Q_{k+2}(+\infty) > 0$ 可知, 存在 $\lambda^+_{k+2,(k+1)^++1} \in (\lambda^+_{k+1,(k+1)^+}, \infty)$ 使得

$$Q_{k+2}(\lambda^+_{k+2,(k+1)^++1}) = 0. \tag{5.5.22}$$

运用 (5.5.21) 以及 $j = (k+1)^+ - 1$ 可得, $Q_{k+2}(\lambda^+_{k+1,1}) < 0$. 这结合 $Q_{k+2}(0) > 0$ 可知, 存在 $\lambda^+_{k+2,1} \in (0, \lambda^+_{k+1,1})$ 使得

$$Q_{k+2}(\lambda^+_{k+2,1}) = 0. \tag{5.5.23}$$

于是, 对于任意的 $j = 1, \cdots, (k+1)^+ - 1$, 必然存在

$$\lambda^+_{k+2,(k+2)^+-j} \in (\lambda^+_{k+1,(k+1)^+-j}, \lambda^+_{k+1,(k+1)^+-j+1}),$$

使得

$$Q_{k+2}(\lambda^+_{k+2,(k+2)^+-j}) = 0, \quad j = 0, \cdots, (k+1)^+.$$

因此, (5.5.10) 成立. □

引理 5.5.6 设 $w(\lambda)$ 为序列 (5.5.3) 的变号次数. 则对 $i \in \{1, \cdots, T^+\}$,

$$\lim_{\lambda \to \lambda^+_{T,i} - 0} w(\lambda) = i - 1, \quad \lim_{\lambda \to \lambda^+_{T,i} + 0} w(\lambda) = i, \tag{5.5.24}$$

其中, $\lambda \to C - 0$ 表示 λ 趋于 C 的左极限, 而 $\lambda \to C + 0$ 表示 λ 趋于 C 的右极限.

证明 本定理的证明思想来源于文献 [65] 中关于 Sturm 定理的证明.

证明的思想主要是考察当 λ 穿过区间 $[a, b]$ 时 w 的符号变化情况. 特别地, 将证明 w 是一个单调递增函数, 以及 Q_T 的每一个零点恰好使得 w 的数目增加 1.

假设存在 $j \in \{1, \cdots, T-1\}$ 使得 $Q_j(\hat{\lambda}) = 0$. 则由引理 5.5.4 可知, Q_{j-1} 和 Q_{j+1} 的符号相反. 同时, 由于在 $\hat{\lambda}$ 的某个充分小的邻域 $U(\hat{\lambda})$ 内, Q_{j-1} 和 Q_{j+1} 不会等于零, 所以, Q_{j-1} 和 Q_{j+1} 各自保持符号不变. 因此, 不论 Q_j 在 $U(\hat{\lambda})$ 内的符号是正还是负, 总的符号变化的数目不会发生改变 (事实上, 因为 Q_{j-1} 和 Q_{j+1} 具有相反的符号, 所以如果穿越之前的符号是 $+--$, 那么之后的符号为 $++-$, 所以符号变化的次数不会发生改变. 其他情形类似). 换言之, 当 λ 穿过 Q_j ($j \in \{1, \cdots, T-1\}$) 的零点时, $w(\lambda)$ 的值保持不变.

由引理 5.5.5 不难得到
$$\operatorname{sgn} Q_{T-1}(\lambda_{T,i}^+) = (-1)^{i-1}, \quad i \in \{1, \cdots, T^+\}.$$

接下来, 将证明: Q_T 的每一个零点都会让 w 的数目增加一次.

事实上, 对 $i = 1$, $Q_{T-1}(\lambda_{T,1}^+) > 0$, 这意味着存在 $\lambda_{T,1}^+$ 的某个邻域 $U(\lambda_{T,1}^+)$, 使得
$$Q_{T-1}(\lambda) > 0, \quad \lambda \in U(\lambda_{T,1}^+).$$
由 $\lambda_{T,1}^+$ 的定义,
$$Q_T(\lambda) > 0, \quad \lambda \in [0, \lambda_{T,1}^+).$$
所以, 当 λ 穿过 $\lambda_{T,1}^+$ 时, 序列 (5.5.3) 的符号序列将从 "$\cdots++$" 变为 "$\cdots+-$", 因此, w 的值增加 1.

对于 $i = 2$, $Q_{T-1}(\lambda_{T,2}^+) < 0$, 而 $Q_T(\lambda) < 0$, $\lambda \in (\lambda_{T,1}^+, \lambda_{T,2}^+)$. 因此, 当 λ 穿过 $\lambda_{T,2}^+$ 时, 序列 (5.5.3) 的符号序列将从 "$\cdots --$" 变为 "$\cdots -+$". 所以, w 的值增加 1.

重复上述讨论, 不难得到
$$\lim_{\lambda \to \lambda_{T,i}^+ - 0} w(\lambda) = i - 1, \quad \lim_{\lambda \to \lambda_{T,i}^+ + 0} w(\lambda) = i. \qquad \Box$$

引理 5.5.7 如果 $y(\cdot, \lambda)$ 满足 (5.1.1), (5.1.4), 并且 $y(1, \lambda) = 1$, 那么
$$Q_k(\lambda) = p(1) \cdots p(k) y(k+1, \lambda), \quad k = 1, \cdots, T. \tag{5.5.25}$$

证明 令 $y = (y_1, y_2, \cdots, y_T)^\mathrm{T}$. 则
$$\begin{cases} (c(1) - \lambda r(1))y_1 - p(1)y_2 = 0, \\ -p(1)y_1 + (c(2) - \lambda r(2))y_2 - p(2)y_3 = 0, \\ \quad \cdots \cdots \\ -p(T-2)y_{T-2} + (c(T-1) - \lambda r(T-1))y_{T-1} - p(T-1)y_T = 0, \\ -p(T-1)y_{T-1} + (c(T) - \lambda r(T))y_T = 0. \end{cases} \tag{5.5.26}$$

5.5 二阶左定线性离散 Sturm-Liouville 问题的特征值

令

$$v_0 = y_0, \quad v_1 = y_1, \quad v_k = p(1)p(2)\cdots p(k-1)y_k, \quad k = 2,\cdots,T,$$
$$v_{T+1} = (c(T) - \lambda r(T))y_T - p^2(T-1)y_{T-1}.$$

则

$$v_{k+1} = (c(k) - \lambda r(k))v_k - p^2(k-1)v_{k-1}, \quad k = 1,\cdots,T-1, \tag{5.5.27}$$

$$v_1 = y(1,\lambda) = 1 = Q_0(\lambda), \quad v_2 = Q_1(\lambda), \quad v_{T+1} = Q_T(\lambda). \tag{5.5.28}$$

显然, 因为 v_{k+1} 和 $Q_k(\lambda)$ 均满足公式 (5.5.3), 所以

$$v_{k+1} = Q_k(\lambda), \quad k = 1,\cdots,T.$$

从而, (5.5.25) 成立. $\square$

5.5.2 主要结果

定理 5.5.1[66] 假设 (H7)—(H9) 成立. 如果 $q(t) \not\equiv 0, t \in [1,T]_{\mathbb{Z}}$ 或者 $\alpha^2 + \gamma^2 \neq 0$, 那么

(a) (5.1.1), (5.1.4) 恰有 T 个实的、简单的特征值满足如下不等式:

$$\lambda_{T,T^-}^- < \lambda_{T,T^--1}^- < \cdots < \lambda_{T,1}^- < 0 < \lambda_{T,1}^+ < \lambda_{T,2}^+ < \cdots < \lambda_{T,T^+}^+;$$

(b) 对 $\nu \in \{+,-\}$, 相应于特征值 $\lambda_{T,k}^\nu$ 的每一个特征函数 $\psi_{T,k}^\nu$ 恰好变号 $k-1$ 次.

证明 (a) 是引理 5.5.2 和引理 5.5.5 的直接推论.

(b) 由引理 5.5.7, 可以通过考察序列

$$\{Q_0(\lambda_{T,i}^+), Q_1(\lambda_{T,i}^+), \cdots, Q_{T-1}(\lambda_{T,i}^+), Q_T(\lambda_{T,i}^+)\} \tag{5.5.29}$$

的符号来考察序列 $\{y(1),\cdots,y(T),y(T+1)\}$ 的符号.

注意到, (5.1.4) 及 (H8) 蕴含了 $y(T)y(T+1) \geqslant 0$. 于是, 序列 (5.5.29) 的变号次数恰好等于序列

$$\{Q_0(\lambda_{T,i}^+), Q_1(\lambda_{T,i}^+), \cdots, Q_{T-1}(\lambda_{T,i}^+)\}$$

的变号次数.

令 $\hat{w}(\lambda)$ 为序列 $\{Q_0(\lambda), Q_1(\lambda), \cdots, Q_{T-1}(\lambda)\}$ 的变号次数. 运用与引理 5.5.6 类似的证明方法可得, 对于任意的 $i \in \{2,\cdots,(T-1)^+\}$,

$$\lim_{\lambda \to \lambda_{T-1,i-1}^+ +0} \hat{w}(\lambda) = i-1, \quad \lim_{\lambda \to \lambda_{T-1,i}^+ -0} \hat{w}(\lambda) = i-1. \tag{5.5.30}$$

此外, 对 $i \in \{2, \cdots, (T-1)^+\}$, 由引理 5.5.5 可知, $\lambda^+_{T-1,i-1} < \lambda^+_{T,i} < \lambda^+_{T-1,i}$. 结合 (5.5.30) 以及 $\hat{w}(\lambda)$ 为 $(0,\infty)$ 的增函数这一事实可知

$$\hat{w}(\lambda^+_{T,i}) = \hat{w}\left(\frac{\lambda^+_{T-1,i-1} + \lambda^+_{T-1,i}}{2}\right) = i - 1,$$

因此

$$w(\lambda^+_{T,i}) = \hat{w}(\lambda^+_{T,i}) = i - 1.$$

对于 $i = 1$, 由于 $Q_j(0) > 0$, $j \in \{0, 1, \cdots, T-1\}$, 所以 $\lim\limits_{\lambda \to 0+0} \hat{w}(\lambda) = 0$. 这结合 $0 < \lambda^+_{T,1} < \lambda^+_{T-1,1}$ 以及 $\lim\limits_{\lambda \to \lambda^+_{T-1,1} - 0} \hat{w}(\lambda) = 0$, 可得

$$w(\lambda^+_{T,1}) = \hat{w}(\lambda^+_{T,1}) = 0.$$

如果 $T^+ = (T-1)^+$, 那么结论已经成立! 如果 $T^+ = (T-1)^+ + 1$, 运用同样的方法, 可得

$$w(\lambda^+_{T,T^+}) = \hat{w}(\lambda^+_{T,T^+}) = T^+ - 1.$$

最后, 运用上述方法, 不难推知 $\psi^-_{T,i}$ 的变号次数恰为 $i - 1$. □

类似地, 可以证明当 $q(t) \equiv 0$ 并且 $\alpha^2 + \gamma^2 = 0$ 时, 仍然可以获得相应的谱结果. 此处, 我们仅给出最后的结果, 不再证明, 具体的证明可见文献 [67].

定理 5.5.2 假设 (H7)—(H9) 成立. 如果 $q(t) \equiv 0$ 并且 $\alpha^2 + \gamma^2 = 0$, 那么
(a) (5.1.1), (5.1.4) 恰有 T 个实的特征值满足如下不等式:

$$\lambda^-_{T,T^-} < \lambda^-_{T,T^- - 1} < \cdots < \lambda^-_{T,1} \leqslant 0 \leqslant \lambda^+_{T,1} < \lambda^+_{T,2} < \cdots < \lambda^+_{T,T^+};$$

(b) 对 $\nu \in \{+, -\}$, 相应于特征值 $\lambda^\nu_{T,k}$ 的每一个特征函数 $\psi^\nu_{T,k}$ 恰好变号 $k - 1$ 次.

(c) 当 $\sum\limits_{t=1}^{T} r(t) > 0$ 时, $\lambda^-_{T,1} < 0 = \lambda^+_{T,1}$; 当 $\sum\limits_{t=1}^{T} r(t) < 0$ 时, $\lambda^-_{T,1} = 0 < \lambda^+_{T,1}$; 当 $\sum\limits_{t=1}^{T} r(t) = 0$ 时, $\lambda^-_{T,1} = 0 = \lambda^+_{T,1}$.

5.6 二阶左定线性离散周期特征值问题的特征值

本节在左定情形下考虑离散周期特征值问题 (5.1.1), (5.4.1) 和反周期特征值问题 (5.1.1), (5.4.2) 特征值的存在性以及分布情况. 本节内容节选自文献 [61]. 为此, 本节总假定条件 (H4) 以及如下条件成立:

(H10) $q : [0, T-1]_{\mathbb{Z}} \to (-\infty, 0]$ 并且 q 在 $[0, T-1]_{\mathbb{Z}}$ 上不恒为零;

5.6 二阶左定线性离散周期特征值问题的特征值

(H11) $r : [0, T-1]_{\mathbb{Z}} \to \mathbb{R}$ 满足 $r(t) \neq 0$ 并且在 $[0, T-1]_{\mathbb{Z}}$ 上改变符号, 即存在 $[0, T-1]_{\mathbb{Z}}$ 的一个子集 $\mathbb{T}^+$, 使得

$$r(t) > 0, \quad t \in \mathbb{T}^+; \quad r(t) < 0, \quad t \in [0, T-1]_{\mathbb{Z}} \setminus \mathbb{T}^+.$$

令 n 表示集合 $\mathbb{T}^+$ 中元素的个数. 则集合 $[0, T-1]_{\mathbb{Z}} \setminus \mathbb{T}^+$ 中元素的个数为 $T-n$.

5.6.1 预备知识

设 $\varphi(t, \lambda)$ 是初值问题

$$\Delta[p(t-1)\Delta\varphi(t-1)] + \lambda r(t)\varphi(t) = 0, \quad t \in [1, T]_{\mathbb{Z}}, \tag{5.6.1}$$

$$\varphi(-1, \lambda) = 0, \quad \Delta\varphi(-1, \lambda) = 1 \tag{5.6.2}$$

的解.

设 $\psi(t, \lambda)$ 是初值问题

$$\Delta[p(t-1)\Delta\psi(t-1)] + \lambda r(t)\psi(t) = 0, \quad t \in [1, T]_{\mathbb{Z}}, \tag{5.6.3}$$

$$\psi(-1, \lambda) = 1, \quad \Delta\psi(-1, \lambda) = 0 \tag{5.6.4}$$

的解.

容易验证 $\psi(t, \lambda)$ 和 $\varphi(t, \lambda)$ 构成 (5.1.1) 的基础解系. 在 (5.6.3) 两端同乘以 $\varphi(t, \lambda)$, 同时在 (5.6.1) 两端同乘以 $\psi(t, \lambda)$, 再从 $t = 1$ 到 $t = T$ 求和, 最后相减可得

$$\psi(T, \lambda)\Delta\varphi(T-1, \lambda) - \varphi(T, \lambda)\Delta\psi(T-1, \lambda) = 1. \tag{5.6.5}$$

设 (5.1.1) 的通解为 $y(t, \lambda) = c_1\psi(t, \lambda) + c_2\varphi(t, \lambda)$, 由 (5.4.1), 有

$$\begin{cases} c_1(\psi(-1, \lambda) - \psi(T-1, \lambda)) + c_2(\varphi(-1, \lambda) - \varphi(T-1, \lambda)) = 0, \\ c_1(\Delta\psi(-1, \lambda) - \Delta\psi(T-1, \lambda)) + c_2(\Delta\varphi(-1, \lambda) - \Delta\varphi(T-1, \lambda)) = 0. \end{cases}$$

要使 $y(t, \lambda)$ 是 (5.1.1), (5.4.1) 的非平凡解当且仅当

$$\begin{vmatrix} 1 - \psi(T-1, \lambda) & -\varphi(T-1, \lambda) \\ -\Delta\psi(T-1, \lambda) & 1 - \Delta\varphi(T-1, \lambda) \end{vmatrix} = 0,$$

从而, 借助于 (5.6.5), 可以推出

$$F(\lambda) = \psi(T-1, \lambda) + \Delta\varphi(T-1, \lambda) - 2 = 0. \tag{5.6.6}$$

同时, 由 (5.4.2), 有

$$\begin{cases} c_1(\psi(-1,\lambda)+\psi(T-1,\lambda))+c_2(\varphi(-1,\lambda)+\varphi(T-1,\lambda))=0, \\ c_1(\Delta\psi(-1,\lambda)+\Delta\psi(T-1,\lambda))+c_2(\Delta\varphi(-1,\lambda)+\Delta\varphi(T-1,\lambda))=0. \end{cases}$$

要使 $y(t,\lambda)$ 是 (5.4.1), (5.4.2) 的非平凡解当且仅当

$$\begin{vmatrix} 1+\psi(T-1,\lambda) & \varphi(T-1,\lambda) \\ \Delta\psi(T-1,\lambda) & 1+\Delta\varphi(T-1,\lambda) \end{vmatrix}=0,$$

从而, 借助于 (5.6.5), 可以推出

$$G(\lambda)=\psi(T-1,\lambda)+\Delta\varphi(T-1,\lambda)+2=0. \tag{5.6.7}$$

下面, 本节考虑 $F(\lambda)$ 和 $G(\lambda)$ 的零点分布. 以下, 若 λ 是 $F(\lambda)$ 或者 $G(\lambda)$ 的重零点, 则我们视其为两个零点. 为此, 本节给出下面的两个重要引理, 它们是定理 5.5.1 的直接推论.

引理 5.6.1 设 $\lambda=\mu_{i,\nu}$ ($i\in\{1,2,\cdots,T-1\}$, $\nu\in\{+,-\}$) 是线性特征值问题

$$\Delta[p(t-1)\Delta y(t-1)]+[\lambda r(t)+q(t)]y(t)=0, \quad t\in[0,T-1]_\mathbb{Z}, \tag{5.6.8}$$

$$y(-1)=y(T-1)=0 \tag{5.6.9}$$

的特征值, 且对应于 $\mu_{i,\nu}$ 的特征函数 $\varphi_{i,\nu}$ 恰有 $i-1$ 个简单节点, 具体地, 这 $T-1$ 个特征值满足

$$\mu_{T-n,-}<\mu_{T-n-1,-}<\cdots<\mu_{1,-}<0<\mu_{1,+}<\cdots<\mu_{n-1,+}, \quad r(T-1)>0;$$

或者

$$\mu_{T-n-1,-}<\cdots<\mu_{1,-}<0<\mu_{1,+}<\cdots<\mu_{n-1,+}<\mu_{n,+}, \quad r(T-1)<0.$$

引理 5.6.2 设 $\lambda=\eta_{i,\nu}$ ($i=1,2,\cdots,T$) 是线性特征值问题

$$\Delta[p(t-1)\Delta y(t-1)]+[\lambda r(t)+q(t)]y(t)=0, \quad t\in[0,T-1]_\mathbb{Z}, \tag{5.6.10}$$

$$\Delta y(-1)=\Delta y(T-1)=0 \tag{5.6.11}$$

的特征值, 且 $\eta_{i,\nu}$ 所对应的特征函数恰有 $i-1$ 个简单节点. 同时, 这 T 个特征值满足

$$\eta_{T-n,-}<\cdots<\eta_{1,-}\leqslant 0\leqslant \eta_{1,+}<\cdots<\eta_{n,+}.$$

5.6 二阶左定线性离散周期特征值问题的特征值

基于引理 5.6.1 和引理 5.6.2, 本节将讨论函数 F 和 G 在 $\mu_{i,\nu}$ 和 $\eta_{i,\nu}$ 处的符号.

引理 5.6.3 设 (H4), (H10) 和 (H11) 成立.
(i) 若 i 是一个奇数, 则 $F(\mu_{i,\nu}) < 0$;
(ii) 若 i 是一个偶数, 则 $F(\mu_{i,\nu}) \geqslant 0$.

证明 显然
$$\varphi(T-1, \mu_{i,\nu}) = 0.$$

所以等式 (5.6.5) 变为
$$\psi(T-1, \mu_{i,\nu})\varphi(T, \mu_{i,\nu}) = 1. \tag{5.6.12}$$

于是, 由 (5.6.6) 可得
$$F(\mu_{i,\nu}) = \varphi(T, \mu_{i,\nu}) - 2 + \frac{1}{\varphi(T, \mu_{i,\nu})}$$
$$= \frac{(\varphi(T, \mu_{i,\nu}) - 1)^2}{\varphi(T, \mu_{i,\nu})}.$$

因此,
$$F(\mu_{i,\nu}) > 0, \quad \varphi(T, \mu_{i,\nu}) > 0 \text{ 且 } \varphi(T, \mu_{i,\nu}) \neq 1;$$
$$F(\mu_{i,\nu}) = 0, \quad \varphi(T, \mu_{i,\nu}) = 1;$$
$$F(\mu_{i,\nu}) < 0, \quad \varphi(T, \mu_{i,\nu}) < 0.$$

由于 $\Delta\varphi(0, \mu_{i,\nu}) = 1$ 且 $\varphi(T-1, \mu_{i,\nu}) = \varphi(0, \mu_{i,\nu}) = 0$, 所以 $\varphi(T, \mu_{i,\nu})$ 的正负主要依赖于 $\varphi(t, \mu_{i,\nu})$ 在 $[-1, T-1)$ 的零点个数是偶数还是奇数. 因此, 当 i 是偶数时, $F(\mu_{i,\nu}) \geqslant 0$, 进一步, $\mu_{i,\nu}$ 可能是特征方程 (5.6.6) 的根; 当 i 是奇数时, $F(\mu_{i,\nu}) < 0$, 自然地, $\mu_{i,\nu}$ 不会是 (5.6.6) 的根. □

引理 5.6.4 假设 (H4), (H10) 和 (H11) 成立.
(i) 若 i 是一个奇数, 则 $F(\eta_{i,\nu}) \geqslant 0$;
(ii) 若 i 是一个偶数, 则 $F(\eta_{i,\nu}) < 0$.

证明 显然,
$$\Delta\psi(T-1, \eta_{i,\nu}) = 0.$$

因此, 等式 (5.6.5) 等价于
$$\psi(T-1, \eta_{i,\nu})\Delta\varphi(T-1, \eta_{i,\nu}) = 1, \tag{5.6.13}$$

进一步, 由 (5.6.6), 得
$$F(\eta_{i,\nu}) = \psi(T-1, \eta_{i,\nu}) - 2 + \frac{1}{\psi(T-1, \eta_{i,\nu})}$$
$$= \frac{(\psi(T-1, \eta_{i,\nu}) - 1)^2}{\psi(T-1, \eta_{i,\nu})}.$$

由上式, 不难推知如下结果:

$$F(\eta_{i,\nu}) > 0, \qquad \psi(T-1, \eta_{i,\nu}) > 0 \text{ 且 } \psi(T-1, \eta_{i,\nu}) \neq 1;$$
$$F(\eta_{i,\nu}) = 0, \qquad \psi(T-1, \eta_{i,\nu}) = 1;$$
$$F(\eta_{i,\nu}) < 0, \qquad \psi(T-1, \eta_{i,\nu}) < 0.$$

由于 $\psi(0, \eta_{i,\nu}) = 1$, 所以 $\psi(t, \eta_{i,\nu})$ 在 $[0, T)$ 的零点数目是偶数还是奇数主要依赖于 i 是奇数还是偶数. 又因为 $\Delta\psi(T-1, \eta_{i,\nu}) = \Delta\psi(0, \eta_{i,\nu}) = 0$, 所以 $\psi(T-1, \eta_{i,\nu})$ 是正的还是负的依赖于 $\psi(t, \eta_{i,\nu})$ 在 $[0, T)$ 上有偶数个零点还是奇数个零点.

综上可知, 当 i 是奇数时, $F(\eta_{i,\nu}) \geqslant 0$, 从而, $\eta_{i,\nu}$ 可能是特征方程 (5.6.6) 的根; 当 i 是偶数时, $F(\eta_{i,\nu}) < 0$, 进一步, $\eta_{i,\nu}$ 不是 (5.6.6) 的根. □

类似于引理 5.6.3 和引理 5.6.4, 可以获得函数 G 在 $\mu_{i,k}$ 和 $\eta_{i,k}$ 处的符号.

引理 5.6.5 设 (H4), (H10) 和 (H11) 成立.
(i) 若 i 是一个奇数, 则 $G(\mu_{i,\nu}) \leqslant 0$;
(ii) 若 i 是一个偶数, 则 $G(\mu_{i,\nu}) > 0$.

引理 5.6.6 设 (H4), (H10) 和 (H11) 成立.
(i) 若 i 是一个奇数, 则 $G(\eta_{i,\nu}) > 0$;
(ii) 若 i 是一个偶数, 则 $G(\eta_{i,\nu}) \leqslant 0$.

由引理 5.6.3—引理 5.6.6, 可得如下四个关于 $F(\lambda)$ 以及 $G(\lambda)$ 零点结果的引理成立.

引理 5.6.7 设 (H4), (H10) 和 (H11) 成立. 则 $F(\lambda)$ 在 $(\mu_{1,-}, \mu_{1,+})$ 中恰有两个零点, 在 $(\mu_{1,+}, \infty)$ 中恰有 $n-1$ 个正的零点, 在 $(-\infty, \mu_{1,-})$ 恰有 $T-n-1$ 个负的零点.

证明 由 (5.6.1)—(5.6.4), 不难看出 $\psi(T, 0) = \Delta\varphi(T, 0) = 1$, 这蕴含了

$$F(0) = 0.$$

结合引理 5.6.3 可知, $F(\lambda)$ 在 $(\mu_{1,-}, \mu_{1,+})$ 中至少有两个零点 $\lambda_{1,+} \geqslant 0 \geqslant \lambda_{1,-}$.

不失一般性, 假定 $r(T) > 0$. 将分两种情形进行证明.

情形 1 T 是一个偶数.

情形 1.1 n 是一个偶数, 则 $n-1$ 是一个奇数, 而 $T-n$ 是一个偶数. 由引理 5.6.3, 可以得到如下结论:

(i) $F(\lambda)$ 在 $(\mu_{2i-1,+}, \mu_{2i+1,+})$ $\left(i = 1, 2, \cdots, \dfrac{n-2}{2}\right)$ 中至少有两个零点 $\lambda_{2i,+}$, $\lambda_{2i+1,+}$ 满足 $\lambda_{2i,+} \leqslant \mu_{2i,+} \leqslant \lambda_{2i+1,+}$.

(ii) $F(\lambda)$ 在 $(\mu_{2j+1,-}, \mu_{2j-1,-})$ $\left(j = 1, 2, \cdots, \dfrac{T-n-2}{2}\right)$ 中至少有两个零点 $\lambda_{2j+1,-}$, $\lambda_{2j,-}$ 满足 $\lambda_{2j+1,-} \leqslant \mu_{2j,-} \leqslant \lambda_{2j,-}$.

5.6 二阶左定线性离散周期特征值问题的特征值

(iii) $F(\lambda)$ 在区间 $[\mu_{T-n,-}, \mu_{T-n-1,-})$ 中至少有一个零点 $\lambda_{T-n,-}$.

下面将证明存在常数 $\lambda_{n,+} > \mu_{n-1,+}$ 使得 $F(\lambda_{n,+}) = 0$. 事实上, 由 (5.6.1)—(5.6.4), 有

$$F(\lambda) = (-1)^T \frac{r(1)r(2)\cdots r(T)}{p(1)p(2)\cdots p(T)} \lambda^T + Q_{T-1}(\lambda)$$
$$= (-1)^n \frac{|r(1)||r(2)|\cdots |r(T)|}{p(1)p(2)\cdots p(T)} \lambda^T + Q_{T-1}(\lambda), \tag{5.6.14}$$

这里 $Q_{T-1}(\lambda)$ 是 λ 的 $T-1$ 次多项式. 不难看出, 当 $\lambda \to +\infty$ 时, $F(\lambda) \to +\infty$. 结合 $F(\mu_{n-1,+}) < 0$ 可知至少存在常数 $\lambda_{n,+} > \mu_{n-1,+}$ 使得 $F(\lambda_{n,+}) = 0$.

由于 $F(\lambda)$ 至多有 T 个实零点, 所以在此情形下, $F(\lambda)$ 恰有 T 个实零点, 这些零点可以排成如下形式:

$\mu_{T-n,-} \leqslant \lambda_{T-n,-} < \mu_{T-n-1,-} < \lambda_{T-n-1,-} \leqslant \mu_{T-n-2,-} \leqslant \lambda_{T-n-2,-} < \cdots < \mu_{3,-}$
$< \lambda_{3,-} \leqslant \mu_{2,-} \leqslant \lambda_{2,-} < \mu_{1,-} < \lambda_{1,-} \leqslant 0 \leqslant \lambda_{1,+} < \mu_{1,+} < \lambda_{2,+} \leqslant \mu_{2,+} \leqslant \lambda_{3,+} < \mu_{3,+}$
$< \cdots < \mu_{n-3,+} < \lambda_{n-2,+} \leqslant \mu_{n-2,+} \leqslant \lambda_{n-1,+} < \mu_{n-1,+} < \lambda_{n,+}.$

情形 1.2 n 是一个奇数, 则 $n-1$ 是一个偶数, $T-n$ 是一个奇数. 由引理 5.6.3, 可得如下结论:

(i) $F(\lambda)$ 在 $(\mu_{2i-1,+}, \mu_{2i+1,+})$ $\left(i = 1, 2, \cdots, \frac{n-3}{2}\right)$ 中至少有两个零点 $\lambda_{2i,+} \leqslant \mu_{2i,+} \leqslant \lambda_{2i+1,+}$;

(ii) $F(\lambda)$ 在 $(\mu_{2j+1,-}, \mu_{2j-1,-})$ $\left(j = 1, 2, \cdots, \frac{T-n-1}{2}\right)$ 中至少有两个零点 $\lambda_{2j+1,-} \leqslant \mu_{2j,-} \leqslant \lambda_{2j,-}$;

(iii) $F(\lambda)$ 在 $(\mu_{n-2,+}, \mu_{n-1,+}]$ 中至少有一个零点 $\lambda_{n-1,+}$.

于是, 由 (5.6.14), 当 $\lambda \to +\infty$ 时, $F(\lambda) \to -\infty$. 结合 $F(\mu_{n-1,+}) \geqslant 0$ 的事实可知 $F(\lambda)$ 在 $[\mu_{n-2,+}, \infty)$ 中至少有两个零点 $\lambda_{n-1,+} \leqslant \mu_{n-1,+} \leqslant \lambda_{n,+}$. 进一步, 由于 $F(\lambda)$ 至多有 T 个实零点, 所以 $F(\lambda)$ 恰有 T 个零点, 它们可以被排成如下形式:

$\mu_{T-n,-} < \lambda_{T-n,-} \leqslant \mu_{T-n-1,-} \leqslant \lambda_{T-n-1,-} < \mu_{T-n-2,-} < \cdots < \mu_{3,-} < \lambda_{3,-}$
$\leqslant \mu_{2,-} \leqslant \lambda_{2,-} < \mu_{1,-} < \lambda_{1,-} \leqslant 0 \leqslant \lambda_{1,+} < \mu_{1,+} < \lambda_{2,+} \leqslant \mu_{2,+} \leqslant \lambda_{3,+} < \mu_{3,+}$
$< \cdots < \mu_{n-4,+} < \lambda_{n-3,+} \leqslant \mu_{n-3,+} \leqslant \lambda_{n-2,+} \leqslant \mu_{n-2,+} < \lambda_{n-1,+} \leqslant \mu_{n-1,+} \leqslant \lambda_{n,+}.$

情形 2 T 是一个奇数.

情形 2.1 n 是一个偶数. 则 $n-1$ 是一个奇数, $T-n$ 也是一个奇数. 类似于

情形 1, 可知 $F(\lambda)$ 恰有如下 T 个实零点.

$$\mu_{T-n,-} < \lambda_{T-n,-} \leqslant \mu_{T-n-1,-} \leqslant \lambda_{T-n-1,-} < \mu_{T-n-2,-} < \cdots < \mu_{3,-} < \lambda_{3,-}$$
$$\leqslant \mu_{2,-} \leqslant \lambda_{2,-} < \mu_{1,-} < \lambda_{1,-} \leqslant 0 \leqslant \lambda_{1,+} < \mu_{1,+} < \lambda_{2,+} \leqslant \mu_{2,+} \leqslant \lambda_{3,+} < \mu_{3,+}$$
$$< \cdots < \mu_{n-3,+} < \lambda_{n-2,+} \leqslant \mu_{n-2,+} \leqslant \lambda_{n-1,+} < \mu_{n-1,+} < \lambda_{n,+}.$$

情形 2.2　n 是一个奇数. 则 $n-1$ 是一个偶数, $T-n$ 也是一个偶数. 类似于情形 1, 可知 $F(\lambda)$ 恰有如下 T 个实零点.

$$\mu_{T-n,-} \leqslant \lambda_{T-n,-} < \mu_{T-n-1,-} < \lambda_{T-n-1,-} \leqslant \mu_{T-n-2,-} \leqslant \lambda_{T-n-2,-}$$
$$< \cdots < \mu_{3,-} < \lambda_{3,-} \leqslant \mu_{2,-} \leqslant \lambda_{2,-} < \mu_{1,-} < \lambda_{1,-} \leqslant 0 \leqslant \lambda_{1,+} < \mu_{1,+}$$
$$< \lambda_{2,+} \leqslant \mu_{2,+} \leqslant \lambda_{3,+} \leqslant \mu_{3,+} < \cdots \mu_{n-4,+} < \lambda_{n-3,+} \leqslant \mu_{n-3,+} \leqslant \lambda_{n-2,+}$$
$$< \mu_{n-2,+} < \lambda_{n-1,+} \leqslant \mu_{n-1,+} \leqslant \lambda_{n,+}. \qquad \square$$

引理 5.6.8　设 (H4), (H10) 和 (H11) 成立. 则 $G(\lambda)$ 在 $(\mu_{2,-}, 0)$ 中恰有两个零点; 在 $(0, \mu_{2,+})$ 中恰有两个零点, 在 $(\mu_{2,+}, \infty)$ 中恰有 $n-2$ 个正的零点, 在 $(-\infty, \mu_{2,-})$ 恰有 $T-n-2$ 个负的零点.

证明　由 (5.6.1)—(5.6.4), 不难看出 $\psi(T,0) = 1$, $\Delta\varphi(T,0) = -1$, 这蕴含了

$$G(0) = 4 > 0.$$

结合引理 5.6.5 可知, $G(\lambda)$ 在 $(\mu_{2,-}, 0)$ 和 $(0, \mu_{2,+})$ 中至少各有两个零点 $\tilde{\lambda}_{1,+} \leqslant \mu_{1,+} \leqslant \tilde{\lambda}_{2,+} \in (0, \mu_{2,+})$, 以及 $\tilde{\lambda}_{2,-} \leqslant \mu_{1,-} \leqslant \tilde{\lambda}_{1,-} \in (\mu_{2,-}, 0)$.

不失一般性, 假定 $r(T) > 0$. 将分两种情形进行证明.

情形 1　T 是一个偶数.

情形 1.1　n 是一个偶数, 则 $n-1$ 是一个奇数, 而 $T-n$ 是一个偶数. 由引理 5.6.5, 可以得到如下结论:

(i) $G(\lambda)$ 在 $(\mu_{2(i-1),+}, \mu_{2i,+})$ $\left(i = 2, \cdots, \dfrac{n-2}{2}\right)$ 中至少有两个零点 $\tilde{\lambda}_{2i-1,+}$, $\tilde{\lambda}_{2i,+}$ 满足 $\tilde{\lambda}_{2i-1,+} \leqslant \mu_{2i-1,+} \leqslant \tilde{\lambda}_{2i,+}$;

(ii) $G(\lambda)$ 在 $(\mu_{2j,-}, \mu_{2(j-1),-})$ $\left(j = 2, \cdots, \dfrac{T-n}{2}\right)$ 中至少有两个零点 $\tilde{\lambda}_{2j,-}$, $\tilde{\lambda}_{2(j-1),-}$ 满足 $\tilde{\lambda}_{2j,-} \leqslant \mu_{2j-1,-} \leqslant \tilde{\lambda}_{2j-1,-}$;

(iii) 由 (5.6.1)—(5.6.4), 有

$$G(\lambda) = (-1)^T \frac{r(1)r(2)\cdots r(T)}{p(1)p(2)\cdots p(T)} \lambda^T + K_{T-1}(\lambda)$$
$$= (-1)^n \frac{|r(1)||r(2)|\cdots |r(T)|}{p(1)p(2)\cdots p(T)} \lambda^T + K_{T-1}(\lambda), \qquad (5.6.15)$$

这里 $K_{T-1}(\lambda)$ 是 λ 的 $T-1$ 次多项式. 不难看出, 当 $\lambda \to +\infty$ 时, $G(\lambda) \to +\infty$. 结合 $G(\mu_{n-2,+}) > 0$ 与 $G(\mu_{n-1,+}) \leqslant 0$ 的事实可知, 至少存在 $G(\lambda)$ 的两个零点 $\tilde{\lambda}_{n-1,+}$ 和 $\tilde{\lambda}_{n,+}$ 满足: $\mu_{n-2,+} < \tilde{\lambda}_{n-1,+} \leqslant \mu_{n-1,+} \leqslant \tilde{\lambda}_{n,+}$.

由于 $G(\lambda)$ 至多有 T 个实零点, 所以在此情形下, $G(\lambda)$ 恰有 T 个实零点, 这些零点可以排成如下形式:

$$\mu_{T-n,-} < \tilde{\lambda}_{T-n,-} \leqslant \mu_{T-n-1,-} \leqslant \tilde{\lambda}_{T-n-1,-} < \mu_{T-n-2,-} < \cdots$$
$$< \mu_{2,-} < \tilde{\lambda}_{2,-} \leqslant \mu_{1,-} \leqslant \tilde{\lambda}_{1,-} < 0 < \tilde{\lambda}_{1,+} \leqslant \mu_{1,+} \leqslant \tilde{\lambda}_{2,+} < \mu_{2,+}$$
$$< \cdots < \mu_{n-2,+} < \tilde{\lambda}_{n-1,+} \leqslant \mu_{n-1,+} \leqslant \tilde{\lambda}_{n,+}.$$

情形 1.2 n 是一个奇数, 则 $n-1$ 是一个偶数, $T-n$ 是一个奇数. 由引理 5.6.5, 可得如下结论:

(i) $G(\lambda)$ 在 $(\mu_{2(i-1),+}, \mu_{2i,+})$ $\left(i = 2, \cdots, \dfrac{n-1}{2}\right)$ 中至少有两个零点 $\tilde{\lambda}_{2i-1,+} \leqslant \mu_{2i-1,+} \leqslant \tilde{\lambda}_{2i,+}$;

(ii) $G(\lambda)$ 在 $(\mu_{2j,-}, \mu_{2(j-1),-})$ $\left(j = 2, \cdots, \dfrac{T-n-1}{2}\right)$ 中至少有两个零点 $\tilde{\lambda}_{2j,-} \leqslant \mu_{2j-1,-} \leqslant \tilde{\lambda}_{2j-1,-}$;

(iii) $G(\lambda)$ 在 $[\mu_{T-n,-}, \mu_{T-n-1,-})$ 中至少有一个零点 $\tilde{\lambda}_{T-n,-}$.

于是, 由 (5.6.15), 当 $\lambda \to +\infty$ 时, $G(\lambda) \to -\infty$. 结合 $G(\mu_{n-1,+}) \geqslant 0$ 的事实可知 $G(\lambda)$ 在 $(\mu_{n-1,+}, \infty)$ 中至少有一个零点 $\tilde{\lambda}_{n,+} > \mu_{n-1,+}$. 进一步, 由于 $G(\lambda)$ 至多有 T 个实零点, 所以 $G(\lambda)$ 恰有 T 个零点, 它们可以被排成如下形式:

$$\mu_{T-n,-} \leqslant \tilde{\lambda}_{T-n,-} < \mu_{T-n-1,-} < \tilde{\lambda}_{T-n-1,-} \leqslant \mu_{T-n-2,-} \leqslant \tilde{\lambda}_{T-n-2,-}$$
$$< \mu_{T-n-3,-} < \cdots < \mu_{2,-} < \tilde{\lambda}_{2,-} \leqslant \mu_{1,-} \leqslant \tilde{\lambda}_{1,-} < 0 < \tilde{\lambda}_{1,+} \leqslant \mu_{1,+} \leqslant \tilde{\lambda}_{2,+}$$
$$< \mu_{2,+} < \cdots < \mu_{n-3,+} < \tilde{\lambda}_{n-2,+} \leqslant \mu_{n-2,+} \leqslant \tilde{\lambda}_{n-1,+} < \mu_{n-1,+} < \tilde{\lambda}_{n,+}.$$

情形 2 T 是一个奇数.

情形 2.1 n 是一个偶数. 则 $n-1$ 是一个奇数, $T-n$ 也是一个奇数. 类似于情形 1, 可知 $G(\lambda)$ 恰有如下 T 个实零点.

$$\mu_{T-n,-} \leqslant \tilde{\lambda}_{T-n,-} < \mu_{T-n-1,-} < \tilde{\lambda}_{T-n-1,-} \leqslant \mu_{T-n-2,-} \leqslant \tilde{\lambda}_{T-n-2,-}$$
$$< \mu_{T-n-3,-} < \cdots < \mu_{2,-} < \tilde{\lambda}_{2,-} \leqslant \mu_{1,-} \leqslant \tilde{\lambda}_{1,-} < 0 < \tilde{\lambda}_{1,+} \leqslant \mu_{1,+} \leqslant \tilde{\lambda}_{2,+}$$
$$< \mu_{2,+} < \cdots < \mu_{n-2,+} < \tilde{\lambda}_{n-1,+} \leqslant \mu_{n-1,+} \leqslant \tilde{\lambda}_{n,+}.$$

情形 2.2 n 是一个奇数. 则 $n-1$ 是一个偶数, $T-n$ 也是一个偶数. 类似于情形 1, 可知 $G(\lambda)$ 恰有如下 T 个实零点.

$$\mu_{T-n,-} < \tilde{\lambda}_{T-n,-} \leqslant \mu_{T-n-1,-} \leqslant \tilde{\lambda}_{T-n-1,-} < \mu_{T-n-2,-} < \cdots$$
$$< \mu_{2,-} < \tilde{\lambda}_{2,-} \leqslant \mu_{1,-} \leqslant \tilde{\lambda}_{1,-} < 0 < \tilde{\lambda}_{1,+} \leqslant \mu_{1,+} \leqslant \tilde{\lambda}_{2,+} < \mu_{2,+}$$
$$< \cdots < \mu_{n-3,+} < \tilde{\lambda}_{n-2,+} \leqslant \mu_{n-2,+} \leqslant \tilde{\lambda}_{n-1,+} < \mu_{n-1,+} < \tilde{\lambda}_{n,+}. \qquad \square$$

类似于引理 5.6.7 和引理 5.6.8 的证明可得.

引理 5.6.9 设 (H4), (H10) 和 (H11) 成立. 则 $F(\lambda)$ 在 $(\eta_{2,-}, \eta_{2,+})$ 中恰有两个零点, 在 $(\eta_{2,+}, \infty)$ 上恰有 $n-1$ 个正的零点, 在 $(-\infty, \eta_{2,-})$ 中恰有 $T-n-1$ 个负的零点.

引理 5.6.10 设 (H4), (H10) 和 (H11) 成立. 则 $G(\lambda)$ 在 $(\eta_{1,-}, \eta_{1,+})$ 中恰有两个零点, 在 $(\eta_{1,+}, \infty)$ 上恰有 $n-1$ 个正的零点, 在 $(-\infty, \eta_{1,-})$ 中恰有 $T-n-1$ 个负的零点.

5.6.2 主要结果

基于引理 5.6.7—引理 5.6.10, 可得特征值问题 (5.1.1), (5.4.1) 和 (5.1.1), (5.4.2) 特征值的存在性和交错性结果. 为此, 首先回顾 $F(\lambda)$ 和 $G(\lambda)$ 的表达式

$$F(\lambda) = \psi(T, \lambda) + \Delta\varphi(T, \lambda) - 2, \tag{5.6.16}$$

$$G(\lambda) = \psi(T, \lambda) + \Delta\varphi(T, \lambda) + 2. \tag{5.6.17}$$

若 $\lambda = \lambda_{k,\nu}$, 则 $F(\lambda_{k,\nu}) = 0$, 从而 $\psi(T, \lambda_{k,\nu}) + \Delta\varphi(T, \lambda_{k,\nu}) = 2$, 由此可得 $G(\lambda_{k,\nu}) = 4 > 0$.

若 $\lambda = \tilde{\lambda}_{k,\nu}$, 则 $G(\tilde{\lambda}_{k,\nu}) = 0$, 从而 $\psi(T, \lambda_{k,\nu}) + \Delta\varphi(T, \lambda_{k,\nu}) = -2$, 由此可得 $F(\tilde{\lambda}_{k,\nu}) = -4 < 0$.

由引理 5.6.3 和引理 5.6.5 的证明不难看出:

引理 5.6.11 设 $\lambda_{1,-} < \lambda_{1,+}$. 若 $\lambda \in (\lambda_{1,-}, \lambda_{1,+})$, 则 $F(\lambda) > 0$.

引理 5.6.12 若 T 和 n 均为偶数, 则下列结论成立:

(i) 当 $\lambda \in (\lambda_{2i-1,+}, \lambda_{2i,+})$, $i = 1, 2, \cdots, \dfrac{n}{2}$ 时, $F(\lambda) < 0$;

(ii) 若 $\lambda_{2i,+} < \lambda_{2i+1,+}$, 则当 $\lambda \in (\lambda_{2i,+}, \lambda_{2i+1,+})$, $i = 1, 2, \cdots, \dfrac{n-2}{2}$ 或者 $\lambda > \lambda_{n,+}$ 时, $F(\lambda) > 0$;

(iii) 当 $\lambda \in (\lambda_{2i,-}, \lambda_{2i-1,-})$, $i = 1, 2, \cdots, \dfrac{T-n}{2}$ 时, $F(\lambda) < 0$;

(iv) 若 $\lambda_{2i+1,-} < \lambda_{2i,-}$, 则当 $\lambda \in (\lambda_{2i+1,-}, \lambda_{2i,-})$, $i = 1, 2, \cdots, \dfrac{T-n-2}{2}$ 或者 $\lambda < \lambda_{T-n,-}$ 时, $F(\lambda) > 0$.

引理 5.6.13 若 T 为偶数, n 为奇数, 则下列结论成立:

5.6 二阶左定线性离散周期特征值问题的特征值

(i) 当 $\lambda \in (\lambda_{2i-1,+}, \lambda_{2i,+})$, $i = 1, 2, \cdots, \dfrac{n-1}{2}$ 或 $\lambda > \lambda_{n,+}$ 时, $F(\lambda) < 0$;

(ii) 若 $\lambda_{2i,+} < \lambda_{2i+1,+}$, 则当 $\lambda \in (\lambda_{2i,+}, \lambda_{2i+1,+})$, $i = 1, 2, \cdots, \dfrac{n-1}{2}$ 时, $F(\lambda) > 0$;

(iii) 当 $\lambda \in (\lambda_{2i,-}, \lambda_{2i-1,-})$, $i = 1, 2, \cdots, \dfrac{T-n-1}{2}$ 或 $\lambda < \lambda_{T-n,-}$ 时, $F(\lambda) < 0$;

(iv) 若 $\lambda_{2i+1,-} < \lambda_{2i,-}$, 则当 $\lambda \in (\lambda_{2i+1,-}, \lambda_{2i,-})$, $i = 1, 2, \cdots, \dfrac{T-n-1}{2}$ 时, $F(\lambda) > 0$.

引理 5.6.14 若 T 为奇数, n 为偶数, 则下列结论成立:

(i) 当 $\lambda \in (\lambda_{2i-1,+}, \lambda_{2i,+})$, $i = 1, 2, \cdots, \dfrac{n}{2}$ 时, $F(\lambda) < 0$;

(ii) 若 $\lambda_{2i,+} < \lambda_{2i+1,+}$, 则当 $\lambda \in (\lambda_{2i,+}, \lambda_{2i+1,+})$, $i = 1, 2, \cdots, \dfrac{n-2}{2}$ 或者 $\lambda > \lambda_{n,+}$ 时, $F(\lambda) > 0$;

(iii) 当 $\lambda \in (\lambda_{2i,-}, \lambda_{2i-1,-})$, $i = 1, 2, \cdots, \dfrac{T-n-1}{2}$ 或 $\lambda < \lambda_{T-n,-}$ 时, $F(\lambda) < 0$;

(iv) 若 $\lambda_{2i+1,-} < \lambda_{2i,-}$, 则当 $\lambda \in (\lambda_{2i+1,-}, \lambda_{2i,-})$, $i = 1, 2, \cdots, \dfrac{T-n-1}{2}$ 时, $F(\lambda) > 0$.

引理 5.6.15 若 T 为奇数, n 为奇数, 则下列结论成立:

(i) 当 $\lambda \in (\lambda_{2i-1,+}, \lambda_{2i,+})$, $i = 1, 2, \cdots, \dfrac{n}{2}$ 或者 $\lambda > \lambda_{n,+}$ 时, $F(\lambda) < 0$;

(ii) 若 $\lambda_{2i,+} < \lambda_{2i+1,+}$, 则当 $\lambda \in (\lambda_{2i,+}, \lambda_{2i+1,+})$, $i = 1, 2, \cdots, \dfrac{n-2}{2}$ 时, $F(\lambda) > 0$;

(iii) 当 $\lambda \in (\lambda_{2i,-}, \lambda_{2i-1,-})$, $i = 1, 2, \cdots, \dfrac{T-n-1}{2}$ 时, $F(\lambda) < 0$;

(iv) 若 $\lambda_{2i+1,-} < \lambda_{2i,-}$, 则当 $\lambda \in (\lambda_{2i+1,-}, \lambda_{2i,-})$, $i = 1, 2, \cdots, \dfrac{T-n-1}{2}$ 或 $\lambda < \lambda_{T-n,-}$ 时, $F(\lambda) > 0$.

定理 5.6.1 若 T 和 n 均为偶数, 则 $\lambda_{k,\nu}$, $\tilde{\lambda}_{k,\nu}$, $\mu_{k,\nu}$ 和 $\eta_{k,\nu}$ 满足如下关系:

$$\lambda_{T-n,-} < \tilde{\lambda}_{T-n,-} \leqslant \min\{\mu_{T-n-1,-}, \eta_{T-n,-}\} \leqslant \max\{\mu_{T-n-1,-}, \eta_{T-n,-}\}$$
$$\leqslant \tilde{\lambda}_{T-n-1,-} < \lambda_{T-n-1,-} < \cdots < \lambda_{3,-} \leqslant \min\{\mu_{2,-}, \eta_{3,-}\} \leqslant \max\{\mu_{2,-}, \eta_{3,-}\}$$
$$\leqslant \lambda_{2,-} < \tilde{\lambda}_{2,-} \leqslant \min\{\mu_{1,-}, \eta_{2,-}\} \leqslant \max\{\mu_{1,-}, \eta_{2,-}\} \leqslant \tilde{\lambda}_{1,-} < \lambda_{1,-} \leqslant \eta_{1,-} \leqslant 0$$
$$\leqslant \eta_{1,+} \leqslant \lambda_{1,+} < \tilde{\lambda}_{1,+} \leqslant \min\{\mu_{1,+}, \eta_{2,+}\} \leqslant \max\{\mu_{1,+}, \eta_{2,+}\} \leqslant \tilde{\lambda}_{2,+} < \lambda_{2,+}$$
$$\leqslant \min\{\mu_{2,+}, \eta_{3,+}\} \leqslant \max\{\mu_{2,+}, \eta_{3,+}\} \leqslant \lambda_{3,+} < \cdots < \lambda_{n-1,+} < \tilde{\lambda}_{n-1,+}$$
$$\leqslant \min\{\mu_{n-1,+}, \eta_{n,+}\} \leqslant \max\{\mu_{n-1,+}, \eta_{n,+}\} \leqslant \tilde{\lambda}_{n,+} < \lambda_{n,+}.$$

此外, 若 $r(T-1) > 0$, 则 $\mu_{T-n,-} \leqslant \lambda_{T-n,-}$; 若 $r(T-1) < 0$, 则 $\lambda_{n,+} \leqslant \mu_{n,+}$.

证明 只需证明当 k 是奇数时, $|\lambda_{k,+}| < |\tilde{\lambda}_{k,+}|$, 当 k 是偶数时, $|\lambda_{k,+}| > |\tilde{\lambda}_{k,+}|$. 首先, 证明

$$\lambda_{1,+} < \tilde{\lambda}_{1,+}. \tag{5.6.18}$$

反设 $\lambda_{1,+} \geqslant \tilde{\lambda}_{1,+}$. 若 $\lambda_{1,+} = \tilde{\lambda}_{1,+}$, 则 $F(\tilde{\lambda}_{1,+}) = 0$, 这与 $F(\tilde{\lambda}_{1,+}) = -4 < 0$ 矛盾. 故 $\lambda_{1,+} > \tilde{\lambda}_{1,+}$.

若 $\lambda_{1,+} = 0$, 显然不成立, 这与 $\tilde{\lambda}_{1,+} > 0$ 矛盾; 若 $\lambda_{1,+} > 0$, 则由引理 5.6.11, $F(\tilde{\lambda}_{1,+}) > 0$, 这与 $F(\tilde{\lambda}_{1,+}) = -4 < 0$ 矛盾. 综上, (5.6.18) 成立.

其次, 对于 $k > 1$ 的情形, 应用引理 5.6.12 即可证明. □

类似地, 应用引理 5.6.13—引理 5.6.15 可以得到如下三个有关特征值大小关系的交错性结果.

定理 5.6.2 若 T 是奇数, n 是偶数, 则 $\lambda_{k,\nu}$, $\tilde{\lambda}_{k,\nu}$, $\mu_{k,\nu}$ 和 $\eta_{k,\nu}$ 满足如下关系:

$$\tilde{\lambda}_{T-n,-} < \lambda_{T-n,-} \leqslant \min\{\mu_{T-n-1,-}, \eta_{T-n,-}\} \leqslant \max\{\mu_{T-n-1,-}, \eta_{T-n,-}\}$$
$$\leqslant \lambda_{T-n-1,-} < \tilde{\lambda}_{T-n-1,-} < \cdots < \lambda_{3,-} \leqslant \min\{\mu_{2,-}, \eta_{3,-}\} \leqslant \max\{\mu_{2,-}, \eta_{3,-}\} \leqslant \lambda_{2,-}$$
$$< \tilde{\lambda}_{2,-} \leqslant \min\{\mu_{1,-}, \eta_{2,-}\} \leqslant \max\{\mu_{1,-}, \eta_{2,-}\} \leqslant \tilde{\lambda}_{1,-} < \lambda_{1,-} \leqslant \eta_{1,-} \leqslant 0 \leqslant \eta_{1,+}$$
$$\leqslant \lambda_{1,+} < \tilde{\lambda}_{1,+} \leqslant \min\{\mu_{1,+}, \eta_{2,+}\} \leqslant \max\{\mu_{1,+}, \eta_{2,+}\} \leqslant \tilde{\lambda}_{2,+} < \lambda_{2,+}$$
$$\leqslant \min\{\mu_{2,+}, \eta_{3,+}\} \leqslant \max\{\mu_{2,+}, \eta_{3,+}\} \leqslant \lambda_{3,+} < \cdots < \tilde{\lambda}_{n-1,+} < \lambda_{n-1,+}$$
$$\leqslant \min\{\mu_{n-1,+}, \eta_{n,+}\} \leqslant \max\{\mu_{n-1,+}, \eta_{n,+}\} \leqslant \lambda_{n,+} < \tilde{\lambda}_{n,+}.$$

此外, 若 $r(T-1) > 0$, 则 $\mu_{T-n,-} \leqslant \tilde{\lambda}_{T-n,-}$; 若 $r(T-1) < 0$, 则 $\tilde{\lambda}_{n,+} \leqslant \mu_{n,+}$.

定理 5.6.3 若 T 是偶数, n 是奇数, 则 $\lambda_{k,\nu}$, $\tilde{\lambda}_{k,\nu}$, $\mu_{k,\nu}$ 和 $\eta_{k,\nu}$ 满足如下关系:

$$\tilde{\lambda}_{T-n,-} < \lambda_{T-n,-} \leqslant \min\{\mu_{T-n-1,-}, \eta_{T-n,-}\} \leqslant \max\{\mu_{T-n-1,-}, \eta_{T-n,-}\}$$
$$\leqslant \lambda_{T-n-1,-} < \tilde{\lambda}_{T-n-1,-} < \cdots < \lambda_{3,-} \leqslant \min\{\mu_{2,-}, \eta_{3,-}\} \leqslant \max\{\mu_{2,-}, \eta_{3,-}\} \leqslant \lambda_{2,-}$$
$$< \tilde{\lambda}_{2,-} \leqslant \min\{\mu_{1,-}, \eta_{2,-}\} \leqslant \max\{\mu_{1,-}, \eta_{2,-}\} \leqslant \tilde{\lambda}_{1,-} < \lambda_{1,-} \leqslant \eta_{1,-} \leqslant 0 \leqslant \eta_{1,+}$$
$$\leqslant \lambda_{1,+} < \tilde{\lambda}_{1,+} \leqslant \min\{\mu_{1,+}, \eta_{2,+}\} \leqslant \max\{\mu_{1,+}, \eta_{2,+}\} \leqslant \tilde{\lambda}_{2,+} < \lambda_{2,+}$$
$$\leqslant \min\{\mu_{2,+}, \eta_{3,+}\} \leqslant \max\{\mu_{2,+}, \eta_{3,+}\} \leqslant \lambda_{3,+} < \cdots < \lambda_{n-1,+} < \tilde{\lambda}_{n-1,+}$$
$$\leqslant \min\{\mu_{n-1,+}, \eta_{n,+}\} \leqslant \max\{\mu_{n-1,+}, \eta_{n,+}\} \leqslant \tilde{\lambda}_{n,+} < \lambda_{n,+}.$$

此外, 若 $r(T-1) > 0$, 则 $\mu_{T-n,-} \leqslant \tilde{\lambda}_{T-n,-}$; 若 $r(T-1) < 0$, 则 $\lambda_{n,+} \leqslant \mu_{n,+}$.

定理 5.6.4 若 T 是偶数, n 是偶数, 则 $\lambda_{k,\nu}$, $\tilde{\lambda}_{k,\nu}$, $\mu_{k,\nu}$ 和 $\eta_{k,\nu}$ 满足如下关系:

$$\lambda_{T-n,-} < \tilde{\lambda}_{T-n,-} \leqslant \min\{\mu_{T-n-1,-}, \eta_{T-n,-}\} \leqslant \max\{\mu_{T-n-1,-}, \eta_{T-n,-}\}$$
$$\leqslant \tilde{\lambda}_{T-n-1,-} < \lambda_{T-n-1,-} < \cdots < \lambda_{3,-} \leqslant \min\{\mu_{2,-}, \eta_{3,-}\} \leqslant \max\{\mu_{2,-}, \eta_{3,-}\} \leqslant \lambda_{2,-}$$
$$< \tilde{\lambda}_{2,-} \leqslant \min\{\mu_{1,-}, \eta_{2,-}\} \leqslant \max\{\mu_{1,-}, \eta_{2,-}\} \leqslant \tilde{\lambda}_{1,-} < \lambda_{1,-} \leqslant \eta_{1,-} \leqslant 0 \leqslant \eta_{1,+}$$
$$\leqslant \lambda_{1,+} < \tilde{\lambda}_{1,+} \leqslant \min\{\mu_{1,+}, \eta_{2,+}\} \leqslant \max\{\mu_{1,+}, \eta_{2,+}\} \leqslant \tilde{\lambda}_{2,+} < \lambda_{2,+}$$
$$\leqslant \min\{\mu_{2,+}, \eta_{3,+}\} \leqslant \max\{\mu_{2,+}, \eta_{3,+}\} \leqslant \lambda_{3,+} < \cdots < \tilde{\lambda}_{n-1,+} < \lambda_{n-1,+}$$
$$\leqslant \min\{\mu_{n-1,+}, \eta_{n,+}\} \leqslant \max\{\mu_{n-1,+}, \eta_{n,+}\} \leqslant \lambda_{n,+} < \tilde{\lambda}_{n,+}.$$

5.6 二阶左定线性离散周期特征值问题的特征值

此外, 若 $r(T-1) > 0$, 则 $\mu_{T-n,-} \leqslant \lambda_{T-n,-}$; 若 $r(T-1) < 0$, 则 $\tilde{\lambda}_{n,+} \leqslant \mu_{n,+}$.

在定理 5.6.1—定理 5.6.4 中, 特征值 $\lambda_{1,-}$ 和 $\lambda_{1,+}$ 并不满足严格不等式. 在本节的最后, 我们将给出严格区分问题 (5.1.1), (5.4.1) 的特征值 $\lambda_{1,-}$ 和 $\lambda_{1,+}$ 的充分条件.

定理 5.6.5 设 (H4), (H10) 和 (H11) 成立. 若 $q(t) \equiv 0, t \in [0, T-1]_{\mathbb{Z}}$, 则

(i) 当 $\sum\limits_{t=1}^{T} r(t) > 0$ 时, $\lambda_{1,-} < 0 = \lambda_{1,+}$;

(ii) 当 $\sum\limits_{t=1}^{T} r(t) < 0$ 时, $\lambda_{1,-} = 0 < \lambda_{1,+}$;

(iii) 当 $\sum\limits_{t=1}^{T} r(t) = 0$ 时, $\lambda_{1,-} = 0 = \lambda_{1,+}$.

证明 首先, 我们宣称

$$\psi(n,\lambda) = R_{n-1}(\lambda) - \lambda \sum_{s=1}^{n-1} r(s) \sum_{t=s}^{n-1} \frac{1}{p(t)} + 1, \qquad n \in \{2, 3, \cdots\}, \tag{5.6.19}$$

其中, $R_{n-1}(\lambda)$ 满足: 当 $1 \leqslant n \leqslant 2$ 时, $R_{n-1}(\lambda) = 0$; 当 $n > 2$ 时, $R_{n-1}(\lambda)$ 是 λ 的最低次数为 2 的 $n-1$ 次多项式.

我们将使用数学归纳法证明 (5.6.19).

第一步 取 $n = 2$. 则由 (5.6.3), (5.6.4) 可得

$$\psi(2,\lambda) = -\lambda \frac{r(1)}{p(1)} + 1,$$

这蕴含了 (5.6.19) 成立.

若取 $n = 3$. 则由 (5.1.1) 可得

$$\psi(3,\lambda) = \frac{r(1)r(2)\lambda^2}{p(1)p(2)} - \lambda \sum_{s=1}^{2} r(s) \sum_{t=s}^{2} \frac{1}{p(t)} + 1.$$

第二步 设当 $3 < n \leqslant k$ 时, (5.6.19) 成立. 则由 (5.6.3), (5.6.4) 可知

$$\begin{aligned}
\psi&(k+1,\lambda) \\
&= \left(1 + \frac{p(k-1)}{p(k)} - \lambda \frac{r(k)}{p(k)}\right) \psi(k,\lambda) - \frac{p(k-1)}{p(k)} \psi(k-1,\lambda) \\
&= \left(1 + \frac{p(k-1)}{p(k)} - \lambda \frac{r(k)}{p(k)}\right) \left(R_{k-1}(\lambda) - \lambda \sum_{s=1}^{k-1} r(s) \sum_{t=s}^{k-1} \frac{1}{p(t)} + 1\right) \\
&\quad - \frac{p(k-1)}{p(k)} \left(R_{k-2}(\lambda) - \lambda \sum_{s=1}^{k-2} r(s) \sum_{t=s}^{k-2} \frac{1}{p(t)} + 1\right)
\end{aligned}$$

$$=R_k(\lambda) - \lambda\left(1+\frac{p(k-1)}{p(k)}\right)\sum_{s=1}^{k-1}r(s)\sum_{t=s}^{k-1}\frac{1}{p(t)}$$
$$-\lambda\frac{r(k)}{p(k)}+\lambda\frac{p(k-1)}{p(k)}\sum_{s=1}^{k-2}r(s)\sum_{t=s}^{k-2}\frac{1}{p(t)}+1$$
$$=R_k(\lambda)-\lambda\sum_{s=1}^{k}r(s)\sum_{t=s}^{k}\frac{1}{p(t)}+1.$$

因此, (5.6.19) 成立.

其次, 我们宣称

$$\Delta\varphi(n,\lambda)=P_n(\lambda)-\lambda\sum_{s=1}^{n}\frac{r(s)}{p(n)}\left(1+\frac{p(0)}{p(1)}+\cdots+\frac{p(0)}{p(s-1)}\right)+\frac{p(0)}{p(n)}, \quad (5.6.20)$$

这里, $P_n(\lambda)$ 满足: 当 $n \leqslant 2$ 时, $P_n(\lambda) = 0$; 当 $n \geqslant 2$ 时, $P_n(\lambda)$ 表示 λ 的最低次数为 2 的 n 次多项式.

同样, 使用数学归纳法证明 (5.6.20) 成立.

第一步 取 $n = 2$. 则由 (5.6.1), (5.6.2) 可知

$$\Delta\varphi(2,\lambda)=\frac{r(1)r(2)\lambda^2}{p(1)p(2)}-\frac{\lambda r(1)}{p(2)}-\frac{\lambda r(2)}{p(2)}\left(1+\frac{p(0)}{p(1)}\right)+\frac{p(0)}{p(2)},$$

显然, 上式满足 (5.6.20).

第二步 假设当 $2 < n \leqslant k$ 时, (5.6.20) 成立. 则

$$\Delta\varphi(k+1,\lambda)$$
$$=-\frac{\lambda r(k+1)\varphi(k+1,\lambda)}{p(k+1)}+\frac{p(k)}{p(k+1)}\Delta\varphi(k,\lambda)$$
$$=-\frac{\lambda r(k+1)\varphi(k+1,\lambda)}{p(k+1)}+P_{k-1}(\lambda)$$
$$-\lambda\sum_{s=1}^{k}\frac{r(s)}{p(k+1)}\left(1+\frac{p(0)}{p(1)}+\cdots+\frac{p(0)}{p(s-1)}\right)+\frac{p(0)}{p(k+1)}.$$

又因为

$$\varphi(k+1,\lambda)=\varphi(k,\lambda)+\Delta\varphi(k,\lambda)$$
$$=\tilde{P}_{k-1}(\lambda)+1+p(0)\left(\frac{1}{p(1)}+\cdots+\frac{1}{p(k-1)}\right)$$
$$+P_k(\lambda)-\lambda\sum_{s=1}^{k}\frac{r(s)}{p(k)}\left(1+\frac{p(0)}{p(1)}+\cdots+\frac{p(0)}{p(s-1)}\right)+\frac{p(0)}{p(k+1)},$$

这里, $\tilde{P}_{k-1}(\lambda)$ 是 λ 的 $k-1$ 次多项式.

由此, 不难推出

$$\Delta\varphi(k+1,\lambda) = P_{k+1}(\lambda) - \frac{\lambda r(k+1)}{p(k+1)} - \frac{\lambda r(k+1)p(0)}{p(k+1)}\left(\frac{1}{p(1)}+\cdots+\frac{1}{p(k)}\right)$$

$$- \lambda \sum_{s=1}^{k} \frac{r(s)}{p(k+1)}\left(1+\frac{p(0)}{p(1)}+\cdots+\frac{p(0)}{p(s-1)}\right) + \frac{p(0)}{p(k+1)}$$

$$= P_{k+1}(\lambda) - \lambda \sum_{s=1}^{k+1} \frac{r(s)}{p(k+1)}\left(1+\frac{p(0)}{p(1)}+\cdots+\frac{p(0)}{p(s-1)}\right) + \frac{p(0)}{p(k+1)}.$$

所以, (5.6.20) 成立.

由 (5.6.19), (5.6.20), 可以看出

$$F(\lambda) = K_T(\lambda) - \lambda \sum_{t=1}^{T} \frac{1}{p(t)} \sum_{t=1}^{T} r(t), \tag{5.6.21}$$

这里, $K_T(\lambda)$ 是 λ 的最低次数不低于 2 的 T 次多项式. 由 (5.6.21), 不难得到

$$F'(0) = -\sum_{t=1}^{T} \frac{1}{p(t)} \sum_{t=1}^{T} r(t).$$

因此, 当 $\sum\limits_{t=1}^{T} r(t) > 0$ 时, $F'(0) < 0$, 所以, (i) 成立; 当 $\sum\limits_{t=1}^{T} r(t) < 0$ 时, $F'(0) > 0$, 从而, (ii) 成立; 当 $\sum\limits_{t=1}^{T} r(t) = 0$ 时, $F'(0) = 0$, 于是, (iii) 成立. □

定理 5.6.6 假设 (H4), (H10) 和 (H11) 成立. 若 $q(t) \not\equiv 0$, 则 $\lambda_{1,-} < 0 < \lambda_{1,+}$.

证明 只需证明当 $\lambda = 0$ 时, $F(\lambda) = \psi(T,\lambda) + \Delta\varphi(T,\lambda) - 2 > 0$. 分两步进行证明.

第一步 $\psi(T,0) > 1$.

首先, 我们宣称 $\Delta\psi(k) \geqslant 0, k \in \{0,1,\cdots,T\}$. 反设存在

$$k_0 = \min\{k|\Delta\psi(k) < 0\}.$$

则 $\Delta\psi(k_0) < 0$. 另一方面, 由 (5.1.1) 可得

$$\psi(k_0+1) = \left(1+\frac{p(k_0-1)+q(k_0)}{p(k_0)}\right)\psi(k_0) - \frac{p(k_0-1)}{p(k_0)}\psi(k_0-1)$$

$$\geqslant \left(1+\frac{p(k_0-1)+q(k_0)}{p(k_0)}\right)\psi(k_0) - \frac{p(k_0-1)}{p(k_0)}\psi(k_0)$$

$$= \left(1+\frac{q(k_0)}{p(k_0)}\right)\psi(k_0),$$

由于 $q(k_0) \geqslant 0$ 且 $q(t) \not\equiv 0$, 这结合 $p(k_0) > 0$ 可知, $\Delta \psi(k_0) \geqslant 0$, 矛盾.

下证 $\psi(T,0) > 1$. 由于 $q(k_0) \geqslant 0$ 且 $q(t) \not\equiv 0$, 这结合 $\Delta \psi(k) \geqslant 0$ 以及方程 (5.1.1) 可知, 至少存在一点 $k_* \in \{1,2,\cdots,T\}$ 使得 $\Delta \psi(k_*) > 0$. 进一步, 由 $\psi(0,0) = 1$ 可知, $\psi(T,0) > 1$.

第二步 $\Delta \varphi(T,0) \geqslant 1$. 事实上, 由 (5.1.1), $\varphi(0,0) = 0$ 以及 $\Delta \varphi(0,0) = 1$ 可知,

$$\Delta \varphi(1,0) = \frac{p(0)}{p(1)} \Delta \varphi(0,0) + \frac{q(1)}{p(1)} \varphi(1,0) \geqslant \frac{p(0)}{p(1)}.$$

由此, 不难得到

$$\Delta \varphi(2,0) = \frac{p(1)}{p(2)} \Delta \varphi(1,0) + \frac{q(2)}{p(2)} \varphi(2,0) \geqslant \frac{p(0)}{p(2)}.$$

类似地, 经过有限步计算可得

$$\Delta \varphi(T,0) \geqslant \frac{p(0)}{p(T)}.$$

又因为 $p(0) = p(T)$, 所以 $\Delta \varphi(T,0) \geqslant 1$.

综合第一步和第二步可知, $F(0) > 0$. 所以, $\lambda_{1,-} < 0 < \lambda_{1,+}$. □

第6章 二阶差分方程 Dirichlet 问题的 Fučík 谱及其应用

6.1 引言

设 $u^+(x) = \max\{u(x), 0\}$, $u^-(x) = \max\{-u(x), 0\}$. 20 世纪 70 年代, Fučík 对常微分方程边值问题

$$u''(x) + \lambda u^+(x) - \mu u^-(x) = 0, \quad x \in (0,1), \tag{6.1.1}$$

$$u(0) = u(1) = 0 \tag{6.1.2}$$

的谱进行了研究[68, 69], 得到如下定理.

定理 6.1.1 对任意 $(\lambda, \mu) \in \mathbb{R}^2$, 问题 (6.1.1), (6.1.2) 有非平凡解当且仅当 (λ, μ) 满足:

(i) 当 $k \geqslant 1$ 是奇数时, 或者

$$\frac{k+1}{2}\frac{1}{\sqrt{\lambda}} + \frac{k-1}{2}\frac{1}{\sqrt{\mu}} = 1,$$

或者

$$\frac{k-1}{2}\frac{1}{\sqrt{\lambda}} + \frac{k+1}{2}\frac{1}{\sqrt{\mu}} = 1;$$

(ii) 当 $k \geqslant 2$ 是偶数时,

$$\frac{k}{2}\frac{1}{\sqrt{\lambda}} + \frac{k}{2}\frac{1}{\sqrt{\mu}} = 1.$$

集合 $\{(\lambda, \mu) |$ 问题 (6.1.1), (6.1.2) 有非平凡解$\}$ 被称为问题 (6.1.1), (6.1.2) 的 Fučík 谱. 由于 Fučík 谱在具有跳跃非线性项的微分方程边值问题中的广泛应用[19,62,69-71], 在过去的三十多年里, 对常微分方程两点边值问题 Fučík 谱的研究已有了大量的结果[72-74].

设 $T \in \mathbb{N}$ 且 $T > 5$. 对函数 $u : [1, T]_{\mathbb{Z}} \to \mathbb{R}$, 定义 $u^+, u^- : [1, T]_{\mathbb{Z}} \to \mathbb{R}$ 为 $u^+(t) = \max\{u(t), 0\}$, $u^-(t) = \max\{-u(t), 0\}$. 考虑问题

$$\Delta^2 u(t-1) + \lambda u^+(t) - \mu u^-(t) = 0, \quad t \in [1, T]_{\mathbb{Z}}, \tag{6.1.3}$$

$$u(0) = u(T+1) = 0. \tag{6.1.4}$$

称使问题 (6.1.3), (6.1.4) 有非平凡解的数对 (λ, μ) 的集合 Σ 为问题 (6.1.3), (6.1.4) 的 Fučík 谱.

当然, 很自然地就会想到, 对离散的问题 (6.1.3), (6.1.4) 的谱是不是也有与定理 6.1.1 相似的结果. 1999 年, Espinoza[75] 证明了离散 Dirichlet 边值问题的 Fučík 谱包含一条连续曲线, 该曲线严格单调减且关于直线 $\lambda = \mu$ 对称. 但是, Espinoza 没有得到 Fučík 谱的结构. 由于问题 (6.1.3), (6.1.4) 的谱不明确, 这严重制约着对具有跳跃非线性项的微分方程边值问题的数值求解. 我们将在这一章主要研究离散问题 (6.1.3), (6.1.4) 的 Fučík 谱 Σ 的结构.

以下, 对任意 $r \in (0, \infty)$, 记 $[r]$ 为 r 的整数部分.

6.2 匹配延拓与可行初始相位

引理 6.2.1 对固定的 $\lambda, \mu \in \mathbb{R}$, 初值问题

$$\Delta^2 u(t-1) + \lambda u^+(t) - \mu u^-(t) = 0, \quad t \in \mathbb{N}^*, \tag{6.2.1}$$

$$u(0) = 0, \quad u(1) = 1 \tag{6.2.2}$$

有唯一解 $w_+ : \mathbb{N} \to \mathbb{R}$.

证明 方程 (6.2.1) 可以等价地转化为

$$u(t+1) = 2u(t) - u(t-1) - \lambda u^+(t) + \mu u^-(t), \quad t \in \mathbb{N}^*, \tag{6.2.3}$$

它可以迭代出唯一解 $w_+ : \mathbb{N} \to \mathbb{R}$. □

引理 6.2.2 设 $w_+(t)$ 是边值问题 (6.1.3), (6.1.4) 的非平凡解, 且对某个 $t_0 \in [1, T]_{\mathbb{Z}}$, 有 $w_+(t_0) = 0$. 则

$$w_+(t_0 - 1)w_+(t_0 + 1) < 0.$$

证明 可以由 (6.2.3) 直接推导得出. □

引理 6.2.3 设 $\lambda, \mu \in \mathbb{R}$ 为固定的实数, $w_+(t, \lambda, \mu)$ 是 (6.2.1), (6.2.2) 的唯一解. 则 (λ, μ) 是 (6.1.3), (6.1.4) 的特征值当且仅当

$$w_+(T+1, \lambda, \mu) = 0. \tag{6.2.4}$$

为获得满足 (6.2.4) 的 (λ, μ), 先考察线性初值问题

$$\Delta^2 u(t-1) + \lambda u(t) = 0, \quad t \in \mathbb{N}^*, \tag{6.2.5}$$

6.2 匹配延拓与可行初始相位

$$u(0) = 0, \quad u(1) = 1. \tag{6.2.6}$$

二阶差分方程 (6.2.5) 的特征方程是

$$r^2 + (\lambda - 2)r + 1 = 0,$$

故

$$r = \frac{2 - \lambda \pm \sqrt{(\lambda - 2)^2 - 4}}{2}.$$

如果 $|\lambda - 2| \geqslant 2$, 运用与例 5.1.1 和例 5.1.2 类似的办法可以证明 (6.2.5), (6.2.6) 只有零解.

如果 $|\lambda - 2| < 2$, 可令

$$2 - \lambda = 2\cos\theta. \tag{6.2.7}$$

则

$$r = \cos\theta \pm i\sin\theta = e^{\pm i\theta}.$$

因此 (6.2.5) 的通解是

$$u(t) = A\cos\theta t + B\sin\theta t.$$

由初始条件 (6.2.6), 可得 $u(0) = A = 0$ 及 $B = \dfrac{1}{\sin\theta}$. 则可得

$$u(t) = \frac{1}{\sin\theta}\sin\theta t, \quad t \in \mathbb{N}. \tag{6.2.8}$$

由例 5.1.1 可得如下特征值结果.

引理 6.2.4 问题

$$\Delta^2 u(t-1) + \lambda u(t) = 0, \quad t \in [1, T]_{\mathbb{Z}}, \tag{6.2.9}$$

$$u(0) = 0, \quad u(T+1) = 0 \tag{6.2.10}$$

的第一个特征值是

$$\lambda_1 = 2 - 2\cos\frac{\pi}{T+1}, \tag{6.2.11}$$

λ_1 是简单特征值且对应于 λ_1 的特征函数是

$$\varphi_1 = \sin\frac{\pi}{T+1}t, \quad t \in [1, T]_{\mathbb{Z}}. \tag{6.2.12}$$

引理 6.2.5 (i) 直线 $\{\lambda_1\} \times \mathbb{R}$ 和 $\mathbb{R} \times \{\lambda_1\}$ 包含在 Σ 中.

(ii) Σ 关于直线 $\lambda = \mu$ 是对称的.

证明 (i) 由 (6.2.11) 和 (6.2.12) 中关于 λ_1 和 φ_1 的定义可知, 对任意的 $\mu \in \mathbb{R}$,

$$\Delta^2 \varphi_1(t-1) + \lambda_1(\varphi_1^+)(t) - \mu(\varphi_1^-)(t) = 0, \quad t \in [1,T]_{\mathbb{Z}}, \qquad (6.2.13)$$
$$\varphi_1(0) = \varphi_1(T+1) = 0.$$

这表明 $\{\lambda_1\} \times \mathbb{R} \in \Sigma$, 同理可得 $\mathbb{R} \times \{\lambda_1\} \in \Sigma$.

(ii) 设 $(\bar{\lambda}, \bar{\mu}) \in \Sigma$, y 是相应的特征函数. 则

$$\Delta^2 y(t-1) + \bar{\lambda} y^+(t) - \bar{\mu} y^-(t) = 0, \quad t \in [1,T]_{\mathbb{Z}}, \qquad (6.2.14)$$
$$y(0) = y(T+1) = 0.$$

设 $z(t) = -y(t)$, $t \in [0, T+1]_{\mathbb{Z}}$. 则有

$$\Delta^2 z(t-1) + \bar{\mu} z^+(t) - \bar{\lambda} z^-(t) = 0, \quad t \in [1,T]_{\mathbb{Z}}, \qquad (6.2.15)$$
$$z(0) = z(T+1) = 0.$$

这意味着 $(\bar{\mu}, \bar{\lambda}) \in \Sigma$. □

为了构造 (6.2.1), (6.2.2) 的非平凡解, 将如 (6.2.8) 所定义的函数 u 延拓为定义在实数区间 $[0, \infty)$ 上的函数

$$\tilde{u}(x) = \frac{1}{\sin \theta} \sin \theta x, \quad x \in [0, \infty). \qquad (6.2.16)$$

设 β_1 是 $\tilde{u}$ 的第一个正零点, 即 $\beta_1 = \min\{\beta | \tilde{u}(\beta) = 0, \beta > 0\}$, 则有

$$\tilde{u}(\beta_1) = 0, \quad \tilde{u}(x) > 0, \quad x \in (0, \beta_1), \qquad (6.2.17)$$

$$\tilde{u}(x) = B_1 \sin \frac{\pi}{\beta_1} x, \qquad (6.2.18)$$

其中 $B_1 := \left(\sin \dfrac{\pi}{\beta_1}\right)^{-1}$. 由 (6.2.18) 和 (6.2.7), 可得

$$\lambda = 2 - 2\cos \frac{\pi}{\beta_1}, \qquad (6.2.19)$$

即

$$\beta_1 = \frac{\pi}{\arccos \dfrac{2-\lambda}{2}}. \qquad (6.2.20)$$

6.2 匹配延拓与可行初始相位

进一步, $\tilde{u}(x)$ 满足

$$\begin{cases} \Delta^2 \tilde{u}(t-1) + \lambda \tilde{u}(t) = 0, & t \in \{1, 2, \cdots, [\beta_1]\}, \\ \tilde{u}(0) = 0, \quad \tilde{u}(\beta_1) = 0, \\ \tilde{u}(t) > 0, \quad t \in \{1, \cdots, [\beta_1 - 1]\}, \\ \begin{cases} \tilde{u}([\beta_1]) > 0, & \beta_1 > [\beta_1], \\ \tilde{u}([\beta_1]) = 0, & \beta_1 = [\beta_1], \end{cases} \\ \tilde{u}([\beta_1]+1) < 0. \end{cases} \tag{6.2.21}$$

引理 6.2.6 设

$$\tilde{\Sigma} = \Sigma \setminus \left((\{\lambda_1\} \times \mathbb{R}) \cup (\mathbb{R} \times \{\lambda_1\}) \right). \tag{6.2.22}$$

则 $(\lambda, \mu) \in \tilde{\Sigma}$ 蕴含

$$2 - 2\cos\frac{\pi}{T} < \lambda < 4, \quad 2 - 2\cos\frac{\pi}{T} < \mu < 4. \tag{6.2.23}$$

证明 由 (6.2.11) 和 (6.2.19), 可得 $(\lambda, \mu) \in \tilde{\Sigma}$ 当且仅当对应于 (λ, μ) 的特征函数在区间 $(1, T)$ 最少有一个简单节点. 这就意味着

$$1 < \beta_1 < T,$$

即

$$2 - 2\cos\frac{\pi}{T} < \lambda < 4.$$

同理, 可得 $2 - 2\cos\frac{\pi}{T} < \mu < 4$. □

接下来, 本节总假定 (λ, μ) 满足

(H) $2 - 2\cos\frac{\pi}{T} < \lambda < 4, \ 2 - 2\cos\frac{\pi}{T} < \mu < 4.$

考察由 (6.2.2), (6.2.3) 导出的序列 $\{u(t, \lambda, \mu)\}$, 令 β_1 是 $\tilde{u}$ 的第一个正零点 ($\tilde{u}$ 定义见 (6.2.18)). 由 (6.2.3) 可得

$$u([\beta_1]+1) = 2u([\beta_1]) - u([\beta_1]-1) - \lambda u([\beta_1]), \tag{6.2.24}$$

这蕴含 $u([\beta_1]+1)$ 可以由 $u([\beta_1])$, $u([\beta_1]-1)$ 和 λ 唯一确定, 且与 μ 无关.

设 $v(t)$ 是初值问题

$$\Delta^2 v(t-1) + \mu v(t) = 0, \quad t \in \{[\beta_1]+1, [\beta_1]+2, \cdots\}, \tag{6.2.25}$$

$$v([\beta_1]) = u([\beta_1]), \quad v([\beta_1]+1) = u([\beta_1]+1) \tag{6.2.26}$$

的唯一解. 通过获得 $\tilde{u}$ 和 β_1 的相同方法, 可得如下引理.

引理 6.2.7 设 (H) 成立. 若 $b \in \mathbb{R}$ 满足

$$\mu = 2 - 2\cos\frac{\pi}{b}, \tag{6.2.27}$$

则 $1 < b < T$.

证明 由 (6.2.27) 和条件 (H) 可得

$$2 - 2\cos\frac{\pi}{T} < 2 - 2\cos\frac{\pi}{b} < 4, \tag{6.2.28}$$

所以有

$$\cos\frac{\pi}{T} > \cos\frac{\pi}{b} > \cos\frac{\pi}{1}, \tag{6.2.29}$$

故 $1 < b < T$. □

引理 6.2.8 设 (H) 成立. 则 (6.2.25), (6.2.26) 具有形如

$$v(t) = B_2 \sin\frac{\pi(t - \alpha_2)}{b} \tag{6.2.30}$$

的解, 其中 α_2 是方程组

$$\begin{cases} B_1 \sin\frac{\pi}{\beta_1}([\beta_1]) = B_2 \sin\frac{\pi([\beta_1] - \alpha)}{b}, \\ B_1 \sin\frac{\pi}{\beta_1}([\beta_1] + 1) = B_2 \sin\frac{\pi([\beta_1] + 1 - \alpha)}{b} \end{cases} \tag{6.2.31}$$

的唯一解. 进一步, 如果 $\beta_1 > [\beta_1]$, 则 $\alpha_2 \in ([\beta_1], [\beta_1] + 1)$; 如果 $\beta_1 = [\beta_1]$, 则 $\alpha_2 = \beta_1$. 这里, B_2 是小于零的常数且满足

$$\begin{aligned} &B_2 \sin\frac{\pi([\beta_1 + 1] - \alpha_2)}{b} \\ &= 2B_1 \sin\frac{\pi([\beta_1])}{\beta_1} - B_1 \sin\frac{\pi([\beta_1 - 1])}{\beta_1} - \lambda B_1 \sin\frac{\pi([\beta_1])}{\beta_1}. \end{aligned} \tag{6.2.32}$$

证明 与获得 (6.2.18) 的相同的方法, 可获得 (6.2.30).

如果 $\beta_1 > [\beta_1]$, 定义函数 $F: [[\beta_1], [\beta_1] + 1] \to \mathbb{R}$,

$$F(\alpha) = \sin\frac{\pi}{\beta_1}([\beta_1]) \sin\frac{\pi([\beta_1 + 1] - \alpha)}{b} - \sin\frac{\pi([\beta_1] - \alpha)}{b} \sin\frac{\pi}{\beta_1}([\beta_1 + 1]). \tag{6.2.33}$$

可以验证

$$F([\beta_1 + 1]) = -\sin\frac{\pi([\beta_1] - [\beta_1 + 1])}{b} \sin\frac{\pi}{\beta_1}([\beta_1 + 1]) < 0,$$

6.2 匹配延拓与可行初始相位

$$F([\beta_1]) = \sin\frac{\pi}{\beta_1}([\beta_1]) \sin\frac{\pi([\beta_1+1]-[\beta_1])}{b} > 0.$$

进一步, 对于 $\alpha \in ([\beta_1], [\beta_1+1])$,

$$\frac{\partial F}{\partial \alpha}(\alpha) = -\frac{\pi}{b}\sin\frac{\pi}{\beta_1}([\beta_1])\cos\frac{\pi([\beta_1+1]-\alpha)}{b}$$
$$+ \frac{\pi}{b}\cos\frac{\pi([\beta_1]-\alpha)}{b}\sin\frac{\pi}{\beta_1}([\beta_1+1]) < 0$$

(由引理 6.2.7 可得 $b > 1$). 故存在唯一的 $\alpha_2 \in ([\beta_1], [\beta_1+1])$, 使得 $F(\alpha_2) = 0$.

如果 $\beta_1 = [\beta_1]$, 则 $v(\beta_1) = 0$. 这与 (6.2.3) 结合可得

$$v(\beta_1+1) = -v(\beta_1-1), \tag{6.2.34}$$

所以

$$B_2 \sin\frac{\pi(\beta_1+1-\alpha_2)}{b} = -B_2 \sin\frac{\pi(\beta_1-1-\alpha_2)}{b}, \tag{6.2.35}$$

故可得 $\alpha_2 = \beta_1$.

最后由 (6.2.3) 和 $v([\beta_1]+1) = u([\beta_1]+1)$ 可得 B_2 满足 (6.2.32). $\square$

对于任意的 $x \in \mathbb{R}$, 设

$$\tilde{v}(x) := B_2 \sin\frac{\pi(x-\alpha_2)}{b}, \tag{6.2.36}$$

这是 (6.2.30) 中定义的函数 $v : (\mathbb{N} \cap [[\beta_1-1], \infty)) \to \mathbb{R}$ 在 $[[\beta_1-1], \infty)$ 上的延拓.

记

$$\beta_2 := \alpha_2 + b. \tag{6.2.37}$$

则 $\tilde{v}$ 满足

$$\begin{cases} \Delta^2 \tilde{v}(t-1) + \mu \tilde{v}(t) = 0, \quad t \in \{[\beta_1+1], \cdots, [\beta_2]\}, \\ \tilde{v}([\beta_1]) = \tilde{u}([\beta_1]), \quad \tilde{v}([\beta_1+1]) = \tilde{u}([\beta_1+1]), \\ \tilde{v}(\beta_2) = 0, \\ \tilde{v}(t) < 0, \quad t \in \{[\beta_1+1], \cdots, [\beta_2-1]\}, \\ \begin{cases} \tilde{v}([\beta_2]) < 0, & \beta_2 > [\beta_2], \\ \tilde{v}([\beta_2]) = 0, & \beta_2 = [\beta_2], \end{cases} \\ \tilde{v}([\beta_2]+1) > 0. \end{cases} \tag{6.2.38}$$

定义 6.2.1 称由引理 6.2.8 定义的 α_2 是函数族 $\sin\dfrac{\pi(x-\alpha)}{b}$ 可行初始相位 (feasible initial phase). 如果 α_2 是函数族 $\sin\dfrac{\pi(x-\alpha)}{b}$ 的可行初始相位, 则称 $\tilde{v}(x)$

$$\tilde{v}(x) := B_2 \sin\frac{\pi(t-\alpha_2)}{b}, \quad t \in [[\beta_1], [\beta_1+1]] \tag{6.2.39}$$

是 $\tilde{u}(x)$ ($x \in [0, [\beta_1+1]]$) (定义见 (6.2.16)) 的**匹配延拓** (matching continuation).

注 6.2.1 在 $x \in [[\beta_1], [\beta_1+1]]$ 时, 一般情况下 $\tilde{v}(x) \not\equiv \tilde{u}(x)$. 但是 $t \in \{[\beta_1], [\beta_1+1]\}$ 时, $\tilde{v}(t) \equiv \tilde{u}(t)$.

显然, 我们可以通过重复上述步骤进行唯一 "延拓", 得到定义在 $\mathbb{N}$ 上的函数 $\tilde{u}(t)$. 此外, 这个序列与引理 6.2.1 中的 $w_+(t)$ 是重合的.

设 $\alpha_1 := 0$, 由 (6.2.20) 中 β_1 的定义有

$$\beta_1 = \frac{\pi}{\arccos\frac{2-\lambda}{2}}, \qquad (6.2.40)$$

并且如果 $\beta_1 = [\beta_1]$, 则 $\alpha_2 = \beta_1$, 其中 α_2 是

$$\sin\frac{\pi}{\beta_1}(\beta_1)\sin\frac{\pi([\beta_1]+1-\alpha)}{b} - \sin\frac{\pi([\beta_1]-\alpha)}{b}\sin\frac{\pi([\beta_1]+1)}{\beta_1} = 0 \qquad (6.2.41)$$

的唯一解. 定义

$$\beta_2 := \alpha_2 + b, \qquad (6.2.42)$$

其中, b 满足

$$b = \frac{\pi}{\arccos\frac{2-\mu}{2}}. \qquad (6.2.43)$$

重复上述过程, 则当 $\beta_{k-1} = [\beta_{k-1}]$ 时, 可取 $\alpha_k = \beta_{k-1}$, α_k 是

$$F_k(\alpha) = 0 \qquad (6.2.44)$$

的唯一解, 其中

$$F_k(\alpha) = \sin\frac{\pi([\beta_{k-1}]-\alpha_{k-1})}{\beta_{k-1}-\alpha_{k-1}}\sin\frac{\pi([\beta_{k-1}+1]-\alpha)}{\beta_k-\alpha_k}$$
$$- \sin\frac{\pi([\beta_{k-1}]-\alpha)}{\beta_k-\alpha_k}\sin\frac{\pi([\beta_{k-1}+1]-\alpha_{k-1})}{\beta_{k-1}-\alpha_{k-1}}. \qquad (6.2.45)$$

令

$$\beta_k = \begin{cases} \alpha_k + \beta_1, & k \text{ 是奇数}, \\ \alpha_k + b, & k \text{ 是偶数}. \end{cases} \qquad (6.2.46)$$

定义

$$B_1 = \arcsin\frac{\pi}{\beta_1},$$

$$B_k \sin\frac{\pi([\beta_{k-1}]+1-\alpha_k)}{\beta_k-\alpha_k}$$
$$= 2B_{k-1}\sin\frac{\pi([\beta_{k-1}])}{\beta_{k-1}-\alpha_{k-1}} - B_{k-1}\sin\frac{\pi([\beta_{k-1}]-1)}{\beta_{k-1}-\alpha_{k-1}} - \nu B_{k-1}\sin\frac{\pi([\beta_{k-1}])}{\beta_{k-1}-\alpha_{k-1}},$$

其中, ν 满足
$$\nu = \begin{cases} \mu, & k \text{ 是奇数}, \\ \lambda, & k \text{ 是偶数}. \end{cases}$$

可以验证
$$F_k([\beta_{k-1}]) > 0, \quad F_k([\beta_{k-1}+1]) < 0;$$
$$\frac{\partial F_k}{\partial \alpha}(\alpha) = -\frac{\pi}{\beta_k - \alpha_k} \sin \frac{\pi([\beta_{k-1}] - \alpha_{k-1})}{\beta_{k-1} - \alpha_{k-1}} \cos \frac{\pi([\beta_{k-1}+1] - \alpha)}{\beta_k - \alpha_k}$$
$$+ \frac{\pi}{\beta_k - \alpha_k} \cos \frac{\pi([\beta_{k-1}] - \alpha)}{\beta_k - \alpha_k} \sin \frac{\pi([\beta_{k-1}+1] - \alpha_{k-1})}{\beta_{k-1} - \alpha_{k-1}}$$
$$< 0, \quad \alpha_k \in [[\beta_{k-1}], [\beta_{k-1}+1]].$$

故存在唯一的 $\alpha_k \in ([\beta_{k-1}], [\beta_{k-1}+1])$, 使得 (6.2.44) 成立.

总之, 可以定义函数
$$\Gamma_k(x) := B_k \sin \frac{\pi(x - \alpha_k)}{\beta_k - \alpha_k}, \quad x \in [[\beta_{k-1}], [\beta_k+1]],$$

这里, Γ_k 可以理解为 Γ_{k-1} 的**匹配延拓**. 其中, α_k 是 Γ_k 在 $[[\beta_{k-1}], [\beta_k+1]]$ 的左零点, β_k 是 Γ_k 在 $[[\beta_{k-1}], [\beta_k+1]]$ 上的右零点.

另一方面, 由于初值问题
$$\Delta^2 u(t-1) + \mu u(t) = 0, \quad t \in [1, T]_{\mathbb{Z}},$$
$$u(0) = 0, \quad u(1) = -1$$

有唯一解 $w_-(t, \lambda, \mu)$. 则可类似定义 δ_k, 使得在 $[[\delta_{k-1}], [\delta_k+1]]$ 上唯一定义 k 次分割 $\hat{\Gamma}_k$. 同时, 运用匹配延拓方法定义可行初相位 γ_k. 相应地, 可在 $[[\delta_{k-1}], [\delta_k+1]]$ 上获得 $\hat{\Gamma}_k$ 左零点 γ_k 和右零点 δ_k.

6.3 离散问题的 Fučík 谱

定理 6.3.1 $(\lambda, \mu) \in \mathbb{R}^2$ 是 (6.1.3), (6.1.4) 的特征值当且仅当 (λ, μ) 满足:

(i) 如果 $k \geqslant 2$ 是偶数, 则
$$\frac{k}{2} \frac{\pi}{\arccos \frac{2-\lambda}{2}} + \frac{k}{2} \frac{\pi}{\arccos \frac{2-\mu}{2}} + \sum_{j=1}^{k-1}(\alpha_{j+1} - \beta_j) = T+1.$$

(ii) 如果 $k \geqslant 1$ 是奇数, 则或者
$$\frac{k+1}{2} \frac{\pi}{\arccos \frac{2-\lambda}{2}} + \frac{k-1}{2} \frac{\pi}{\arccos \frac{2-\mu}{2}} + \sum_{j=1}^{k-1}(\alpha_{j+1} - \beta_j) = T+1$$

或者
$$\frac{k-1}{2}\frac{\pi}{\arccos\frac{2-\lambda}{2}} + \frac{k+1}{2}\frac{\pi}{\arccos\frac{2-\mu}{2}} + \sum_{j=1}^{k-1}(\gamma_{j+1}-\delta_j) = T+1.$$

证明 (i) 若 $k \geqslant 1$ 为偶数.

$$\Gamma_m := \begin{cases} \left\{\left(x, B_1 \sin\frac{\pi}{\beta_1}(x-\alpha_m)\right) \middle| x=[\alpha_m],\cdots,[\beta_m+1]\right\}, \\ \qquad m=2j-1,\ j\in\left\{1,2,\cdots,\frac{k}{2}\right\}, \\ \left\{\left(x, B_2 \sin\frac{\pi}{b}(x-\alpha_m)\right) \middle| x=[\alpha_m],\cdots,[\beta_m+1]\right\}, \\ \qquad m=2j,\ j\in\left\{1,2,\cdots,\frac{k-2}{2}\right\}, \\ \left\{\left(x, B_2 \sin\frac{\pi}{b}(x-\alpha_m)\right) \middle| x=[\alpha_m],\cdots,[\beta_m]\right\}, \quad m=k, \end{cases} \quad (6.3.1)$$

其中
$$\beta_1 = \frac{\pi}{\arccos((2-\lambda)/2)}, \quad b = \frac{\pi}{\arccos((2-\mu)/2)}. \quad (6.3.2)$$

从而, (6.1.3), (6.1.4) 的非平凡解可以通过匹配延拓方法延拓为 $\Gamma_1, \Gamma_2, \cdots, \Gamma_k$. 进一步,

$$T+1 = \frac{k}{2}\frac{\pi}{\arccos((2-\lambda)/2)} + \frac{k}{2}\frac{\pi}{\arccos((2-\mu)/2)} + \sum_{j=1}^{k-1}(\alpha_{j+1}-\beta_j).$$

(ii) k 是奇数时可以类似地证明. □

例 6.3.1 通过运用 Mathematica 5.0 从数值上验证定理 6.3.1.

取 $k=2$, $T=3$.

取 $\beta_1 = 2.2$, 则 $\lambda \approx 1.7153703202231987$.

取 $b = 1.8198598$, 则 $\mu \approx 2.3097214213167683$.

通过关系式
$$\sin\frac{\pi}{\beta_1}([\beta_1])\sin\frac{\pi([\beta_1+1]-\alpha)}{b} = \sin\frac{\pi([\beta_1]-\alpha)}{b}\sin\frac{\pi}{\beta_1}([\beta_1+1]),$$

可得
$$\alpha_2 \approx 2.1801402269418726.$$

因为
$$2.2 + 1.8198598 + (2.1801402269418726 - 2.2) \approx 4,$$

6.3 离散问题的 Fučík 谱

所以, 可以认为 $(1.7153703202231987, 2.3097214213167683)$ 是

$$\Delta^2 u(t-1) + \lambda u^+(t) - \mu u^-(t) = 0, \quad t \in \{1, 2, 3\}$$
$$u(0) = u(4) = 0$$

的一组特征值. 进一步, 因为

$$u(t+1) = 2u(t) - u(t-1) - 1.7153703202231987\, u^+(t)$$
$$+ 2.309739789282126\, u^-(t),$$
$$u(0) = 0, \quad u(1) = 1,$$

所以

$$u(4) \approx -4.6600427960896695 \times 10^{-8} \approx 0.$$

这意味着定理 6.3.1 成立. □

6.3.1 α_2 的一些性质

性质 6.3.1 如果 $\lambda = \mu$, $\beta_i = [\beta_i]$, 则 $\beta_j = \alpha_{j+1}$, $j = 1, 2, \cdots$.

证明 事实上, 如果 $\lambda = \mu$, $\beta_i = [\beta_i]$, 则

$$\beta_1 = b = \frac{\pi}{\arccos((2-\lambda)/2)},$$

从而, $\alpha_m, \beta_m \in \mathbb{N}^*$. □

性质 6.3.2 设 (H) 成立. 若存在 $\lambda \in \mathbb{R}$ 使得

$$\beta_1 = [\beta_1] + \frac{1}{2},$$

则对任意 $\mu > 1$, 有

$$\alpha_2 = [\beta_1] + \frac{1}{2}.$$

证明 由 $\beta_1 = [\beta_1] + \frac{1}{2}$, 可得

$$\sin \frac{\pi [\beta_1]}{\beta_1} = -\sin \frac{\pi ([\beta_1]+1)}{\beta_1},$$

结合 $F(\alpha_2) = 0$, 蕴含

$$\sin \frac{\pi ([\beta_1] - \alpha_2)}{\beta_2 - \alpha_2} = -\sin \frac{\pi ([\beta_1] + 1 - \alpha_2)}{\beta_2 - \alpha_2},$$

相应地,
$$\sin\frac{\pi([\beta_1]-\alpha_2)}{\beta_2-\alpha_2}+\sin\frac{\pi([\beta_1]+1-\alpha_2)}{\beta_2-\alpha_2}$$
$$=2\sin\frac{\pi\left([\beta_1]+\frac{1}{2}-\alpha_2\right)}{\beta_2-\alpha_2}\cos\frac{\pi/2}{\beta_2-\alpha_2}=0.$$

由 (H), 可得 $\beta_2-\alpha_2>1$. 可得 $[\beta_1]+\frac{1}{2}-\alpha_2=0$. □

性质 6.3.3 设 (H) 成立. 则

(i) $\beta_1>[\beta_1]+\frac{1}{2}$ 蕴含 $[\beta_1]+\frac{1}{2}<\alpha_2<\beta_1$;

(ii) $\beta_1<[\beta_1]+\frac{1}{2}$ 蕴含 $[\beta_1]+\frac{1}{2}>\alpha_2>\beta_1$.

证明 (i) 由 F 的定义 (见 (6.2.33)), 可得

$$F(\beta_1)=\sin\frac{\pi}{\beta_1}([\beta_1])\sin\frac{\pi([\beta_1+1]-\beta_1)}{b}-\sin\frac{\pi([\beta_1]-\beta_1)}{b}\sin\frac{\pi}{\beta_1}([\beta_1+1]). \quad (6.3.3)$$

因为 $\beta_1>[\beta_1]+\frac{1}{2}$, 可得

$$\sin\left(\frac{\pi}{\beta_1}[\beta_1]\right)>-\sin\left(\frac{\pi}{\beta_1}[\beta_1+1]\right), \quad (6.3.4)$$

结合 (6.3.3) 及 $[\beta_1+1]-\beta_1<\beta_1-[\beta_1]$ 可得

$$F(\beta_1)\leqslant\sin\frac{\pi}{\beta_1}([\beta_1])\left[\sin\frac{\pi([\beta_1+1]-\beta_1)}{b}+\sin\frac{\pi([\beta_1]-\beta_1)}{b}\right]<0. \quad (6.3.5)$$

所以
$$F(\beta_1)<F(\alpha_2)=0.$$

由在 $([\beta_1],[\beta_1]+1)$ 上 F 是单调减的, 可得 $\beta_1>\alpha_2$.

另一方面, 由 (6.2.33) 可得

$$F\left([\beta_1]+\frac{1}{2}\right)=\sin\frac{\pi}{\beta_1}([\beta_1])\sin\frac{\pi}{2b}+\sin\frac{\pi}{2b}\sin\frac{\pi}{\beta_1}([\beta_1+1]). \quad (6.3.6)$$

结合 $[\beta_1+1]-\beta_1<\beta_1-[\beta_1]$, 可得出 $F\left([\beta_1]+\frac{1}{2}\right)>0$. 所以 $[\beta_1]+\frac{1}{2}<\alpha_2$.

(ii) 由 $\beta_1<[\beta_1]+\frac{1}{2}$ 可得

$$\sin\left(\frac{\pi}{\beta_1}[\beta_1]\right)<-\sin\left(\frac{\pi}{\beta_1}[\beta_1+1]\right), \quad (6.3.7)$$

6.3 离散问题的 Fučík 谱

结合 (6.3.3) 以及 $[\beta_1+1]-\beta_1 > \beta_1-[\beta_1]$, 可得

$$F(\beta_1) \geqslant \sin\left(\frac{\pi}{\beta_1}[\beta_1]\right)\left[\sin\frac{\pi([\beta_1+1]-\beta_1)}{b}+\sin\frac{\pi([\beta_1]-\beta_1)}{b}\right]>0,$$

由于 F 在 $([\beta_1],[\beta_1]+1)$ 上是单调减的, 可得 $\beta_1 < \alpha_2$.

最后, 运用 (6.3.6) 及 $[\beta_1+1]-\beta_1 > \beta_1-[\beta_1]$ 可得

$$F\left([\beta_1]+\frac{1}{2}\right) < F(\alpha_2)=0,$$

这蕴含 $[\beta_1]+\frac{1}{2} > \alpha_2$. □

6.3.2 $\Sigma \times \mathcal{S}_2^+$ 的性质

定义 6.3.1 对 $k\in\mathbb{N}$ 且 $\nu\in\{+,-\}$, 以 S_k^ν 记满足下述条件的函数 $u:[0,T+1]_\mathbb{Z}\to\mathbb{R}$ 的集合.

(1) u 在 $[1,T]_\mathbb{Z}$ 上只有简单节点;

(2) u 在 $[1,T]_\mathbb{Z}$ 上恰有 $k-1$ 个简单节点;

(3) $\nu u(1) > 0$.

记

$$\mathcal{S}_2^+ = \mathbb{R}^2 \times S_2^+.$$

引理 6.3.1 如果 u 是 (6.1.3), (6.1.4) 的非平凡解, 则对某个 $k\in\mathbb{N}$ 和 $\nu\in\{+,-\}$, 有 $u\in S_k^\nu$.

下面主要讨论集合 $\Sigma\cap\mathrm{Proj}_{\mathbb{R}^2}\mathcal{S}_2^+$ 的性质.

设 (H) 成立, 定义函数 $G:(1,T)\times([\beta_1],[\beta_1]+1)\to\mathbb{R}$ 为

$$G(b,\alpha)=\sin\left(\frac{\pi}{\beta_1}[\beta_1]\right)\sin\frac{\pi([\beta_1+1]-\alpha)}{b}-\sin\frac{\pi([\beta_1]-\alpha)}{b}\sin\frac{\pi}{\beta_1}([\beta_1+1]). \quad (6.3.8)$$

由引理 6.2.7, 对每一个 $b\in\left(\dfrac{\pi}{\arccos\dfrac{2-\mu}{2}},T\right)$, 存在唯一的 $\alpha_2(b)\in([\beta_1],[\beta_1]+1)$ 使得

$$G(b,\alpha_2(b))=0. \quad (6.3.9)$$

引理 6.3.2 设 (H) 成立. 则

(i) $\alpha_2(b)$ 在 $\left(\dfrac{\pi}{\arccos\dfrac{2-\mu}{2}},T\right)$ 上是连续的;

(ii) $\left|\dfrac{\mathrm{d}\alpha_2}{\mathrm{d}b}\right| < \dfrac{1}{b}$.

证明 (i) 不难验证: $G(b,\alpha)$ 是连续的且

$$\dfrac{\partial G}{\partial \alpha} = -\dfrac{\pi}{b}\sin\left(\dfrac{\pi}{\beta_1}[\beta_1]\right)\cos\dfrac{\pi([\beta_1+1]-\alpha)}{b}$$
$$+ \dfrac{\pi}{b}\cos\dfrac{\pi([\beta_1]-\alpha)}{b}\sin\left(\dfrac{\pi}{\beta_1}[\beta_1+1]\right). \tag{6.3.10}$$

结合 $\alpha \in ([\beta_1],[\beta_1+1])$ 以及 $b>1$ 可得, $\dfrac{\partial G}{\partial \alpha_2}<0$. 所以, 由隐函数定理可得 $\alpha_2(b)$ 在 $\left(\dfrac{\pi}{\arccos\dfrac{2-\mu}{2}},T\right)$ 上是连续的.

(ii) 由 (6.3.8),

$$\dfrac{\partial G}{\partial b} = -\dfrac{\pi([\beta_1+1]-\alpha)}{b^2}\sin\left(\dfrac{\pi}{\beta_1}[\beta_1]\right)\cos\dfrac{\pi([\beta_1+1]-\alpha)}{b}$$
$$+ \dfrac{\pi([\beta_1]-\alpha)}{b^2}\cos\dfrac{\pi([\beta_1]-\alpha)}{b}\sin\left(\dfrac{\pi}{\beta_1}[\beta_1+1]\right). \tag{6.3.11}$$

记

$$A(b,\alpha_2) = \sin\left(\dfrac{\pi}{\beta_1}[\beta_1]\right)\cos\dfrac{\pi([\beta_1+1]-\alpha_2)}{b},$$
$$B(b,\alpha_2) = \cos\dfrac{\pi([\beta_1]-\alpha_2)}{b}\sin\left(\dfrac{\pi}{\beta_1}[\beta_1+1]\right).$$

则

$$A(b,\alpha_2)>0,\quad B(b,\alpha_2)<0.$$

因为 $\max\left\{\dfrac{\pi([\beta_1+1]-\alpha_2)}{b^2}, \dfrac{\pi(-[\beta_1]+\alpha_2)}{b^2}\right\} \leqslant \dfrac{\pi}{b^2}$, 所以,

$$\left|\dfrac{\mathrm{d}\alpha_2}{\mathrm{d}b}(b,\alpha_2)\right| = \left|-\dfrac{\dfrac{\partial G(b,\alpha_2)}{\partial b}}{\dfrac{\partial G(b,\alpha_2)}{\partial \alpha_2}}\right|$$

$$= \left|-\dfrac{-\dfrac{\pi([\beta_1+1]-\alpha_2)}{b^2}A(b,\alpha_2) + \dfrac{\pi([\beta_1]-\alpha_2)}{b^2}B(b,\alpha_2)}{-\dfrac{\pi}{b}A(b,\alpha_2) + \dfrac{\pi}{b}B(b,\alpha_2)}\right|$$

$$= \left|\dfrac{\dfrac{\pi([\beta_1+1]-\alpha_2)}{b^2}A(b,\alpha_2) + \dfrac{\pi([\beta_1]-\alpha_2)}{b^2}(-B(b,\alpha_2))}{-\dfrac{\pi}{b}A(b,\alpha_2) - \dfrac{\pi}{b}(-B(b,\alpha_2))}\right|$$

6.3 离散问题的 Fučík 谱

$$< \left| \frac{\frac{\pi([\beta_1+1]-\alpha_2)}{b^2}A(b,\alpha_2) - \frac{\pi([\beta_1]-\alpha_2)}{b^2}(-B(b,\alpha_2))}{-\frac{\pi}{b}A(b,\alpha_2) - \frac{\pi}{b}(-B(b,\alpha_2))} \right|$$

$$= \left| \frac{\frac{\pi([\beta_1+1]-\alpha_2)}{b^2}A(b,\alpha_2) + \frac{\pi(-[\beta_1]+\alpha_2)}{b^2}(-B(b,\alpha_2))}{-\frac{\pi}{b}A(b,\alpha_2) - \frac{\pi}{b}(-B(b,\alpha_2))} \right|$$

$$\leqslant \frac{1}{b}. \qquad \Box$$

定理 6.3.2 设 (H) 成立. 则对每一个 $\mu \in \left(2-2\cos\frac{\pi}{T}, 4\right)$, 至多存在一个 $\lambda \in \left(2-2\cos\frac{\pi}{T}, 4\right)$, 使得

$$\frac{\pi}{\arccos\frac{2-\lambda}{2}} + \frac{\pi}{\arccos\frac{2-\mu}{2}} + (\alpha_2 - \beta_1) = T+1. \tag{6.3.12}$$

证明 令

$$g(b) := b + (\alpha_2(b) - \beta_1).$$

则由引理 6.3.2,

$$g'(b) = 1 + \alpha_2'(b) > 1 - \frac{1}{b} > 0.$$

于是, g 关于 b 是严格增的, 这意味着函数

$$\hat{g}(\mu) := \frac{\pi}{\arccos\frac{2-\mu}{2}} + \left(\alpha_2\left(\frac{\pi}{\arccos\frac{2-\mu}{2}}\right) - \beta_1\right)$$

关于 μ 是严格减的且是连续的. 故函数

$$\lambda = 2 - 2\cos\left(\frac{\pi}{T+1-\hat{g}(\mu)}\right)$$

关于 μ 是严格减的且是连续的. $\qquad \Box$

注 6.3.1 设 λ_2 是 (6.2.9), (6.2.10) 的第二个特征值, 则 $(\lambda_2, \lambda_2) \in \Sigma \cap \text{Proj}_{\mathbb{R}^2}\mathcal{S}_2^+$. 因为

$$\left\{\frac{\pi}{\arccos\frac{2-\mu}{2}} \,\middle|\, \mu \in \left(2-2\cos\frac{\pi}{T}, 4\right)\right\} = (1, T),$$

所以存在开区间 $I \subset \left(2-2\cos\frac{\pi}{T}, 4\right)$ 使得

$$\left\{\frac{\pi}{\arccos\frac{2-\mu}{2}} \,\middle|\, \mu \in I\right\} = (2, T-1).$$

定理 6.3.3 对每一个 $\mu \in I$, 存在唯一的 $\lambda \in \left(2 - 2\cos\dfrac{\pi}{T}, 4\right)$, 使得 (6.3.12) 成立.

证明 由 $-1 \leqslant \alpha_2 - \beta_1 < 1$, 可得

$$1 < \frac{\pi}{\arccos\dfrac{2-\mu}{2}} + \left(\alpha_2\left(\frac{\pi}{\arccos\dfrac{2-\mu}{2}}\right) - \beta_1\right) < T, \quad \mu \in I,$$

这蕴含

$$T > (T+1) - \left\{\frac{\pi}{\arccos\dfrac{2-\mu}{2}} + \left(\alpha_2\left(\frac{\pi}{\arccos\dfrac{2-\mu}{2}}\right) - \beta_1\right)\right\} > 1, \quad \mu \in I.$$

结合

$$\left\{\frac{\pi}{\arccos\dfrac{2-\lambda}{2}} \middle| \lambda \in \left(2 - 2\cos\dfrac{\pi}{T}, 4\right)\right\} = (1, T)$$

可知, 对每一个 $\mu \in I$, (6.3.12) 至少有一个解. 唯一性可由定理 6.3.2 获得. □

6.4 Fučík 谱在非线性问题中的应用

本节考察非线性问题

$$\Delta^2 u(t-1) + \lambda_1 u(t) + g(t, u(t)) = f(t), \quad t \in [1, T]_{\mathbb{Z}}, \tag{6.4.1}$$

$$u(0) = u(T+1) = 0 \tag{6.4.2}$$

解的存在性, 其中 $\lambda_1 = 2 - 2\cos\dfrac{\pi}{T+1}$ 为 (6.2.9), (6.2.10) 的特征值, $\varphi_1 = \sin\dfrac{\pi t}{T+1}$ 为 λ_1 所对应的特征函数, g, f 满足:

(A1) $f : [1, T]_{\mathbb{Z}} \to \mathbb{R}$;

(A2) $g : [1, T]_{\mathbb{Z}} \times \mathbb{R} \to \mathbb{R}$ 连续, 并且存在函数 $p : [1, T]_{\mathbb{Z}} \to \mathbb{R}$ 以及常数 $q \in \mathbb{R}$, $q > 0$ 使得

$$|g(t, s)| \leqslant p(t) + q|s|, \quad \forall s \in \mathbb{R}, \ t \in [1, T]_{\mathbb{Z}}; \tag{6.4.3}$$

(A3) 存在函数 $a, A : [1, T]_{\mathbb{Z}} \to \mathbb{R}$ 以及常数 $r, R \in \mathbb{R}$, $r < 0 < R$ 使得

$$g(t, s) \geqslant A(t), \quad t \in [1, T]_{\mathbb{Z}}, \ s \geqslant R;$$

$$g(t, s) \leqslant a(t), \quad t \in [1, T]_{\mathbb{Z}}, \ s \leqslant r.$$

6.4 Fučík 谱在非线性问题中的应用

由 (A3) 可得
$$\liminf_{s\to\pm\infty} \frac{g(t,s)}{s} \geqslant 0, \quad t \in [1,T]_{\mathbb{Z}}. \tag{6.4.4}$$

记
$$g_{+\infty}(t) = \liminf_{s\to+\infty} g(t,s), \quad g^{-\infty}(t) = \limsup_{s\to-\infty} g(t,s).$$

引理 6.4.1 (Sturm 比较定理 [2,定理6.5]) 问题
$$\Delta^2 y(t-1) + r(t)y(t) = 0, \quad t \in [1,T]_{\mathbb{Z}} \tag{6.4.5}$$

的两个线性无关的解不可能有相同的零点, 其中 $r: [1,T]_{\mathbb{Z}} \to \mathbb{R}$. 如果 (6.4.5) 有一个非平凡解有零点 t_1 和节点 $t_2 > t_1$, 则另一个解在 (t_1, t_2) 中有一个节点. 如果 (6.4.5) 的一个非平凡解有节点 t_1 和 t_2, 满足 $t_1 < t_2$, 则 (6.4.5) 的任意其他与之线性无关的解在 $[t_1, t_2]$ 中有一个节点.

定义 6.4.1 设 $r: [1,T]_{\mathbb{Z}} \to \mathbb{R}$. 如果差分方程 (6.4.5) 在 $[1,T]_{\mathbb{Z}}$ 上至多只有一个节点, 则称 (6.4.5) 在 $[1,T]_{\mathbb{Z}}$ 上是非共轭的.

引理 6.4.2 ([2], 定理 8.12) 设 $r_1(t) > r_2(t)$ 于 $[1,T]_{\mathbb{Z}}$. 如果 $\Delta^2 y(t-1) + r_1(t)y(t) = 0$ 在 $[0, T+1]_{\mathbb{Z}}$ 上是非共轭的, 则 $\Delta^2 y(t-1) + r_2(t)y(t) = 0$ 在 $[0, T+1]_{\mathbb{Z}}$ 上也是非共轭的.

定义集合
$$D = \{u : [1,T]_{\mathbb{Z}} \to \mathbb{R}\}.$$

则 D 在内积
$$\langle u, v \rangle_D = \sum_{t=1}^{T} u(t)v(t), \quad u, v \in D$$

之下构成 Hilbert 空间, 在范数
$$\|u\|_D = \langle u, u \rangle^{1/2}, \quad u \in D$$

之下构成 Banach 空间.

定义集合
$$D^* = \{u : [0, T+1]_{\mathbb{Z}} \to \mathbb{R}, u(0) = u(T+1) = 0\}.$$

则 D^* 在内积
$$\langle u, v \rangle_{D^*} = \sum_{t=1}^{T} u(t)v(t), \quad u, v \in D^*$$

之下构成 Hilbert 空间, 在范数
$$\|u\|_{D^*} = \langle u, u \rangle^{1/2}, \quad u \in D^*$$

之下构成 Banach 空间.

对 $u \in D$, 定义映射 $j : D \to D^*$ 如下

$$j(u(1), u(2), \cdots, u(T)) = (0, u(1), u(2), \cdots, u(T), 0).$$

则 j 是一个自然同构. 显然,

$$\langle ju, jv \rangle_D = \langle u, v \rangle_{D^*}, \quad u, v \in D.$$

以下用 $\langle u, v \rangle$ 和 $\|u\|$ 分别表示 D (或 D^*) 中的内积和范数.

对于任意 $u \in D^*$, 由定理 5.2.2, u 的 Fourier 展式为

$$u(t) = \sum_{j=1}^{T} a_j \sin \frac{j\pi t}{T+1}.$$

记 $u(t) = u^0(t) + \tilde{u}(t)$, 其中

$$u^0(t) = a_1 \sin \frac{\pi t}{T+1}, \quad \tilde{u}(t) = \sum_{j=2}^{T} a_j \sin \frac{j\pi t}{T+1}.$$

引理 6.4.3 设对 $\forall n \in \mathbb{N}$, 有 $\chi_n(t) \geqslant 0, t \in [1, T]_\mathbb{Z}$, 并且对任意 $t \in [1, T]_\mathbb{Z}$, 当 $n \to \infty$ 时 $\chi_n(t) \to 0$. 则存在常数 $\rho > 0$, 使得对任意的 $u \in D^*$, 当 n 充分大时, 有

$$\sum_{t=1}^{T} [\Delta^2 u(t-1) + \lambda_1 u(t) + \chi_n(t) u(t)] (u^0(t) - \tilde{u}(t)) \geqslant \rho \|\tilde{u}\|^2. \tag{6.4.6}$$

证明

$$\sum_{t=1}^{T} [\Delta^2 u(t-1) + \lambda_1 u(t) + \chi_n(t) u(t)](u^0(t) - \tilde{u}(t))$$

$$= \sum_{t=1}^{T} \chi_n(t) u(t) u^0(t) + \sum_{t=1}^{T} [\Delta^2 u(t-1) + \lambda_1 u(t) + \chi_n(t) u(t)][-\tilde{u}(t)]$$

$$+ \sum_{t=1}^{T} [\Delta^2 u(t-1) + \lambda_1 u(t)] u^0(t)$$

$$= \sum_{t=1}^{T} \chi_n(t) (u^0(t))^2 + \sum_{t=1}^{T} [(\Delta \tilde{u}(t))^2 - \lambda_1 (\tilde{u}(t))^2 - \chi_n(t) (\tilde{u}(t))^2]$$

$$\geqslant \sum_{t=1}^{T} [(\Delta \tilde{u}(t))^2 - \lambda_1 (\tilde{u}(t))^2 - \chi_n(t) (\tilde{u}(t))^2]$$

6.4 Fučík 谱在非线性问题中的应用

$$= \sum_{t=1}^{T}[-\Delta^2 \tilde{u}(t-1)u(t) - \lambda_1(\tilde{u}(t))^2 - \chi_n(t)(\tilde{u}(t))^2]$$

$$= \sum_{t=1}^{T}(\lambda_2 - \lambda_1 - \chi_n(t))(\tilde{u}(t))^2. \tag{6.4.7}$$

所以, 当 n 充分大时, 存在 $\rho > 0$, 使得

$$\lambda_2 - \lambda_1 - \chi_n(t) \geqslant \rho. \tag{6.4.8}$$

从而, (6.4.6) 成立. □

假设 (C1) 设 $\chi_+, \chi_- \in D$ 使得存在两个点 $(\lambda_\diamond, \mu_\diamond) \in \Sigma \cap \mathrm{Proj}_{\mathbb{R}^2} \mathcal{S}_1^\pm$ 和 $(\lambda^\diamond, \mu^\diamond) \in \Sigma \cap \mathrm{Proj}_{\mathbb{R}^2} \mathcal{S}_2^\pm$ 满足

$$\lambda_\diamond \leqslant \chi_+(t), \quad \mu_\diamond \leqslant \chi_-(t), \quad \forall t \in [1, T]_{\mathbb{Z}}, \tag{6.4.9}$$

严格不等式 $\lambda_\diamond < \chi_+(t), \mu_\diamond < \chi_-(t)$ 对某个 $t \in [1, T]_{\mathbb{Z}}$ 成立.

$$\lambda^\diamond \geqslant \chi_+(t), \quad \mu^\diamond \geqslant \chi_-(t), \quad \forall t \in [1, T]_{\mathbb{Z}}, \tag{6.4.10}$$

严格不等式 $\lambda^\diamond > \chi(t)+, \mu^\diamond > \chi_-(t)$ 对某个 $t \in [1, T]_{\mathbb{Z}} \setminus \{\hat{\tau}\}$ 成立, 其中 $\hat{\tau}$ 是 ψ_2 在 $[0, T+1]_{\mathbb{Z}}$ 上的唯一节点. 这里, $\psi_2(t)$ 满足

$$\Delta^2 \psi_2(t-1) + \lambda^\diamond \psi_2^+(t) - \mu^\diamond \psi_2^-(t) = 0, \quad t \in [1, T]_{\mathbb{Z}}. \tag{6.4.11}$$

$$\psi_2(0) = \psi_2(T+1) = 0 \tag{6.4.12}$$

满足 $\psi_2(1) > 0$.

定理 6.4.1 设 (A1)—(A3) 成立. 若存在 $(\lambda^*, \mu^*) \in \Sigma \cap \mathrm{Proj}_{\mathbb{R}^2} \mathcal{S}_2^+$ 使得

$$\limsup_{s \to +\infty} \frac{g(t,s)}{s} \leqslant \lambda^* - \lambda_1, \tag{6.4.13}$$

$$\limsup_{s \to -\infty} \frac{g(t,s)}{s} \leqslant \mu^* - \lambda_1, \tag{6.4.14}$$

并且对某个 $t \in [1, T]_{\mathbb{Z}} \setminus \{\hat{\tau}\}$, 不等式 (6.4.13), (6.4.14) 严格成立, 则当

$$\sum_{t=1}^{T} g_{-\infty}(t) \sin \frac{\pi t}{T+1} < \sum_{t=1}^{T} f(t) \sin \frac{\pi t}{T+1} < \sum_{t=1}^{T} g_{+\infty}(t) \sin \frac{k\pi t}{T+1} \tag{6.4.15}$$

时, 问题 (6.4.1), (6.4.2) 至少有一个解.

注 6.4.1 考察非线性边值问题

$$\Delta^2 u(t-1) + \lambda_1 u(t) + g(u(t)) = f(t), \quad t \in [1,3]_{\mathbb{Z}},$$
$$u(0) = u(4) = 0, \tag{6.4.16}$$

其中, $f : [1,3]_{\mathbb{Z}} \to \mathbb{R}$ 为一给定函数,

$$g(s) = \begin{cases} 1.1s, & s \geqslant 0, \\ 1.7s, & s < 0. \end{cases} \tag{6.4.17}$$

显然, f 和 g 满足 (A1)—(A3). 由例 6.3.1 可知, (6.4.13) 和 (6.4.14) 成立. 又因为 $g_{-\infty} = -\infty$, $g_{+\infty} = +\infty$, 则 (6.4.15) 也满足.

引理 6.4.4 设 (C1) 成立. 则 Dirichlet 边值问题

$$\Delta^2 u(t-1) + \chi_+ u^+(t) - \chi_- u^-(t) = 0, \quad t \in [1,T]_{\mathbb{Z}}, \tag{6.4.18}$$

$$u(0) = u(T+1) = 0 \tag{6.4.19}$$

只有平凡解.

证明 反设 (6.4.18), (6.4.19) 有非平凡解 u 满足

$$u(1) > 0. \tag{6.4.20}$$

我们宣称 u 在 $[0, T+1]_{\mathbb{Z}}$ 上的节点个数为 1 或 0.

反设 u 在 $[0, T+1]_{\mathbb{Z}}$ 上的节点个数大于 1, 设 $t_1, t_2 \in [1,T]_{\mathbb{Z}}$ 是 u 的前两个节点满足 $t_1 < t_2$.

下面分三种情形证明

情形 1 $t_1 < \hat{\tau}$. 在此情形下, 我们宣称

$$\Delta^2 \psi(t-1) + \lambda^\circ \psi(t) = 0 \tag{6.4.21}$$

在 $[0, t_1]$ 上是非共轭的.

反设存在 (6.4.21) 的解 ψ^*, 与 ψ_2 线性无关, 且在 $[0, t_1]$ 中有两个相邻的节点, 由引理 6.4.1, 则 ψ_2 在 $(0, t_1]$ 中有一个节点, 这是不可能的. 所以 (6.4.21) 是非共轭的.

因此, 由引理 6.4.2,

$$\Delta^2 \psi(t-1) + \chi_+ \psi(t) = 0 \tag{6.4.22}$$

在 $[0, t_1]$ 上是非共轭的, 而这与 t_1 是 u 的节点相矛盾.

情形 2 $t_1 > \hat{\tau}$. 此时, 可用与情形 1 类似的方法证明, 故省略之.

6.4 Fučík 谱在非线性问题中的应用

情形 3 $t_1 = \hat{\tau}$.

(1) $t_1 = \hat{\tau}$ 且 $\psi_2(\hat{\tau}) = 0$, 在此情形下, 容易验证

$$\Delta^2 \psi(t-1) - \mu^\diamond \psi(t) = 0$$

在 $[\hat{\tau}, t_2]$ 上是非共轭的. 由引理 6.4.2,

$$\Delta^2 v(t-1) - \chi_-(t)v(t) = 0, \quad t \in \{\hat{\tau}, \cdots, t_2 - 1\} \qquad (6.4.23)$$

在 $[\hat{\tau}, t_2]$ 上是非共轭的, 所以 u 在 $[\hat{\tau}, t_2]$ 上不可能有两个节点. 矛盾!

(2) $t_1 = \hat{\tau}$ 且 $\psi_2(\hat{\tau}) < 0$, 注意到 (6.4.23) 的通解具有如下形式

$$v(t) = c_1 \sin(\theta t + c_2), \quad t \in \{\hat{\tau}, \cdots, t_2\}, \qquad (6.4.24)$$

其中, θ 满足

$$\theta := \arccos \frac{2-\mu^\diamond}{2}, \quad \mu^\diamond \in (0, 4). \qquad (6.4.25)$$

以 $d(\mu^\diamond)$ 记 $\sin(\theta t + c_2)$ 的两个相邻零点之间的距离. 则

$$d(\mu^\diamond) = \frac{\pi}{\theta}, \qquad (6.4.26)$$

$$(T+1) - \hat{\tau} < d(\mu^\diamond) < (T+1) - (\hat{\tau} - 1). \qquad (6.4.27)$$

联立 (6.4.24) 和 (6.4.27), 并结合节点的定义可知, $v(t)$ 在 $[\hat{\tau}-1, t_2]$ 上至多有一个节点, 这意味着 (6.4.23) 在 $[\hat{\tau}-1, t_2]$ 上是非共轭的.

结合引理 6.4.2 可得

$$\Delta^2 v(t-1) - \chi_-(t)v(t) = 0, \quad t \in \{\hat{\tau}, \cdots, t_2 - 1\}$$

在 $[\hat{\tau}-1, t_2]$ 上是非共轭的, 所以, u 不可能在 $[\hat{\tau}-1, t_2]$ 上有两个节点. 矛盾!

综上所述, u 在 $[1, T]_\mathbb{Z}$ 上至多有一个节点.

如果 u 在 $[1, T]_\mathbb{Z}$ 上的节点个数为 0, 则

$$u(t) > 0, \quad t \in [1, T]_\mathbb{Z}.$$

在 (6.4.18) 式的两侧同乘以 $\psi_2(t)$, 在 (6.4.11) 式两侧同乘 $u(t)$, 两式相减, 从 $t = 1$ 到 $t = T$ 求和, 可得

$$0 = \sum_{t=1}^{T} [\chi_+(t)u(t)\psi_2(t) - \lambda^\diamond u(t)\psi_2(t)] = \sum_{t=1}^{T} (\chi_+(t) - \lambda_\diamond)u(t)\psi_2(t) > 0.$$

矛盾!

如果 u 在 $[1,T]_{\mathbb{Z}}$ 有唯一零点 τ_u. 由引理 6.4.2 和与情形 1 类似的讨论方法可得

$$\tau_u = \hat{\tau}. \tag{6.4.28}$$

则有

$$\Delta^2 u(t-1) + \chi_+(t) u^+(t) = 0, \quad t \in \{1, \cdots, \hat{\tau}-1\}, \tag{6.4.29}$$

$$\Delta^2 u(t-1) - \chi_-(t) u^-(t) = 0, \quad t \in \{\hat{\tau}, \cdots, T+1\}. \tag{6.4.30}$$

另一方面, 因为

$$\Delta^2 \psi_2(t-1) + \lambda^\circ \psi_2^+(t) = 0, \quad t \in \{1, \cdots, \hat{\tau}-1\}, \tag{6.4.31}$$

$$\Delta^2 \psi_2(t-1) - \mu^\circ \psi_2^-(t) = 0, \quad t \in \{\hat{\tau}, \cdots, T+1\}, \tag{6.4.32}$$

所以

$$\begin{aligned} 0 &= \sum_{t=1}^{\hat{\tau}-1} [\chi_+(t) u^+(t) \psi_2^+(t) - \lambda^\circ u^+(t) \psi_2^+(t)] \\ &\quad + \sum_{t=\hat{\tau}}^{T} [\chi_-(t) u^-(t) \psi_2^-(t) - \mu^\circ u^-(t) \psi_2^-(t)] \\ &< 0. \end{aligned}$$

矛盾!

综上所述, $u(t) = 0$ 于 $[1,T]_{\mathbb{Z}}$. □

定理 6.4.1 的证明 取 $\delta < \min\{\lambda^\circ - \lambda_1, \mu^\circ - \lambda_1\}$, 定义同伦族问题

$$\Delta^2 u(t-1) + \lambda_1 u(t) + (1-r)\delta u(t) + rg(t, u(t)) = rf(t), \quad r \in [0,1], \tag{6.4.33}$$

$$u(0) = u(T+1) = 0. \tag{6.4.34}$$

下证存在 $R > 0$, 使得 (6.4.33), (6.4.34) 的任何解 u 都不满足 $\|u\| = R$. 可以证明存在两个正常数 q_1 和 q_2 使得

$$g(t,s) = \gamma(t,s) s + h(t,s), \quad t \in [1,T]_{\mathbb{Z}}, \ s \in \mathbb{R}, \tag{6.4.35}$$

其中, $0 \leqslant \gamma(t,s) \leqslant q_1$, $|h(t,s)| \leqslant q_2$ 对于 $\forall s \in \mathbb{R}, t \in [1,T]_{\mathbb{Z}}$ 成立.

定义 $g^*(t,s) = g(t,s) - \hat{g}(t,s)$, 其中

$$\hat{g}(t,s) = \begin{cases} \min\{g(t,s), 1\}, & s \geqslant 1, \\ \min\{g(t,s), -1\}, & s < -1. \end{cases}$$

6.4 Fučík 谱在非线性问题中的应用

令

$$\gamma(t,s) = \begin{cases} \dfrac{g^*(t,s)}{s}, & |s| \geqslant 1, \\ g*\left(t, \dfrac{s}{|s|}\right)s, & 0 < |s| < 1, \\ 0, & s = 0. \end{cases} \quad (6.4.36)$$

反设存在序列 $\{(r_n, u_n)\} \subseteq [0,1] \times D^*$ 且 $\|u_n\| \to \infty$, 使得

$$\Delta^2 u_n(t-1) + \lambda_1 u_n(t) + (1-r_n)\delta u_n(t) + r_n g(t, u_n(t)) = r_n f(t), \quad r_n \in [0,1], \quad (6.4.37)$$

$$u_n(0) = u_n(T+1) = 0. \quad (6.4.38)$$

令

$$\chi_n(t) = (1-r_n)\delta + r_n\gamma(t, u_n(t)).$$

则可假设在 D^* 中 $\chi_n \to \chi$ (若需要可选取子列), 进一步, 由 (6.4.8), (6.4.13), (6.4.14), (6.4.35) 可知 $t \in [1,T]_\mathbb{Z}$ 时 $\chi(t) \geqslant 0$, 且

$$\chi(t) \leqslant \lambda^\circ - \lambda_1, \quad t \in \{s \in \mathbb{T} | \psi_2(s) > 0\},$$

$$\chi(t) \leqslant \mu^\circ - \lambda_1, \quad t \in \{s \in \mathbb{T} | \psi_2(s) < 0\},$$

不等式在某个 $t_0 \in [1,T]_\mathbb{Z} \setminus \{\hat{\tau}\}$ 上严格成立. 于是, 类似于文献 [72] 中定理 1.5 与定理 1.9 的证明方法, 即可得矛盾. 从而定理结论成立. $\square$

注 6.4.2 定理 6.4.1 部分改进了 Rodriguez[76] 的非线性项不跳跃时的主要结果.

第7章 非共振和共振情形下的非线性差分方程边值问题的可解性

7.1 引言

本章分别在非共振情形和共振情形下讨论半线性差分方程边值问题解的存在性.

对于非共振情形下半线性椭圆方程 Dirichlet 问题可解性的研究可以追溯到 1949 年的工作[77]. 设 $\Omega \subset \mathbb{R}^n$ 是一个有光滑边界的区域. Dolph 考虑问题

$$\begin{cases} \mathcal{L}u(x) + g(x,u(x)) = h(x), & x \in \Omega, \\ u = 0, & x \in \partial\Omega \end{cases} \quad \left(\mathcal{L}u = \frac{\partial^2 u}{\partial x_1^2} + \cdots + \frac{\partial^2 u}{\partial x_n^2}\right), \quad (7.1.1)$$

并建立如下结果.

定理 7.1.1 记 λ_k 为椭圆算子 $\mathcal{L}$ 在 Dirichlet 边值条件下的第 k 个特征值. 如果存在自然数 k 及正数 $\varepsilon > 0$, 使得

$$\lambda_k + \varepsilon \leqslant g'(x,s) \leqslant \lambda_{k+1} - \varepsilon, \quad s \in \mathbb{R}, \quad (7.1.2)$$

则 (7.1.1) 存在唯一解.

特征值 λ_n 有时也称为共振点. 于是, (7.1.2) 是非线性项的增长一致离开共振点的条件. 参见文献 [78] 及其所附文献. 而更弱的条件

$$\begin{cases} \lambda_k \leqslant \dfrac{g(x,s)}{s} \leqslant \lambda_{k+1}, & s \in \mathbb{R}, \\ \text{meas}\left\{s \in \Omega : \dfrac{g(x,s)}{s} - \lambda_k > 0\right\} > 0, \\ \text{meas}\left\{s \in \Omega : \dfrac{g(x,s)}{s} - \lambda_{k+1} < 0\right\} > 0 \end{cases} \quad (7.1.3)$$

是非线性项的增长非一致离开共振点的条件. Mawhin 和 Ward[79] 在 (7.1.3) 型条件下研究半线性微分方程可解性.

对于共振情形下半线性椭圆方程 Dirichlet 问题可解性的研究, 起始于 1970 年 Landesman 和 Lazer[80] 的工作. Landesman 和 Lazer 考虑问题

$$\begin{cases} \mathcal{L}u(x) + \lambda_1 u(x) + g(x,u(x)) = h(x), & x \in \Omega, \\ u(x) = 0, & x \in \partial\Omega, \end{cases} \quad (7.1.4)$$

并在 g 有界且满足著名的 Landesman-Lazer 条件

$$\int_\Omega g^{-\infty}(x)\varphi_1 dx < \int_\Omega h\varphi_1 dx < \int_\Omega g_{+\infty}(x)\varphi_1 dx \tag{7.1.5}$$

下获得了存在性结果, 其中 φ_1 为 $\mathcal{L}$ 在 Dirichlet 边值条件下的主特征值所对应的正特征函数.

Ambrosetti 和 Mancini[81] 在条件

$$\lambda_{k-1} + \varepsilon \leqslant \frac{g(x,s)}{s} \leqslant \lambda_{k+1} - \varepsilon \tag{7.1.6}$$

下研究问题

$$\begin{cases} \mathcal{L}u(x) + \lambda_k u(x) + g(x, u(x)) = h(x), & x \in \Omega, \\ u(x) = 0, & x \in \partial\Omega \end{cases} \tag{7.1.7}$$

解的存在性和多解性. 而 Iannacci 和 Nkashama[82] 在更弱的条件

$$\begin{cases} \lambda_{k-1} \leqslant \dfrac{g(x,s)}{s} \leqslant \lambda_{k+1}, & s \in \mathbb{R}, \\ \text{meas}\left\{s \in \Omega : \dfrac{g(x,s)}{s} - \lambda_{k-1} > 0\right\} > 0, \\ \text{meas}\left\{s \in \Omega : \dfrac{g(x,s)}{s} - \lambda_{k+1} < 0\right\} > 0 \end{cases} \tag{7.1.8}$$

下研究半线性微分方程边值问题的可解性. 与非共振情形类似, 称 (7.1.6) 为非线性项的增长一致离开共振点 λ_{k-1} 和 λ_{k+1} 的条件; 而称 (7.1.8) 为非线性项的增长非一致离开共振点 λ_{k-1} 和 λ_{k+1} 的条件.

7.2 节和 7.3 节分别在非线性项的增长一致离开共振点及非线性项的增长非一致离开共振点的情形下, 讨论半线性差分方程边值非共振问题的可解性. 7.4 节和 7.5 节分别在非线性项的增长一致离开共振点及非线性项的增长非一致离开共振点的情形下讨论半线性差分方程边值共振问题的可解性. 7.6 节主要研究非自伴差分方程边值共振问题的可解性.

由于差分方程与微分方程固有的差异, 特别是在分别利用 (7.1.3) 和 (7.1.8) 型条件处理离散问题时, 会面临许多新的困难.

7.2 非线性项的增长一致离开特征值的非共振问题

对于

$$x'' + \text{grad}G(x) = p(t), \tag{7.2.1}$$

其中, $p \in C(\mathbb{R}, \mathbb{R}^n)$, $p(t) = p(t + 2\pi)$, $G \in C^2(\mathbb{R}^n, \mathbb{R})$.

若存在正整数 N 和 μ_N, μ_{N+1} 满足

$$N^2 < \mu_N \leqslant \mu_{N+1} < (N+1)^2, \tag{7.2.2}$$

$$\mu_N I \leqslant \frac{\partial^2 G(a)}{\partial x_i x_j} \leqslant \mu_{N+1} I, \quad \forall\, a \in \mathbb{R}^n, \tag{7.2.3}$$

其中, I 是 $n \times n$ 恒同矩阵, 则 (7.2.1) 至少存在一个以 2π 为周期的解.

Lazer, Landesman 和 Meyers[83] 建立了如下 min-max 定理.

引理 7.2.1 设 X 和 Y 是实 Banach 空间 H 的两个闭子空间, 且 X 是有限维的, 满足 $H = X \oplus Y$ (X 和 Y 不一定直交). 设 $f: H \to \mathbb{R}$ 是一个泛函. 假设 ∇f 和 $D^2 f$ 分别表示 f 的梯度和 Hessian 矩阵. 假设存在两个正常数 m_1 和 m_2, 对任意的 $u \in H, h \in X, k \in Y$ 满足

$$(D^2 f(u)h, h) \leqslant -m_1 \|h\|^2,$$

$$(D^2 f(u)k, k) \geqslant m_2 \|k\|^2.$$

则 f 有唯一临界点, 即存在唯一的 $v \in H$ 使得 $\nabla f(v) = 0$. 进一步, f 的此临界点满足

$$f(v) = \max_{x \in X} \min_{y \in Y} f(x + y).$$

现在考察形如

$$I(u) = \frac{1}{2}(Au, u) - \varphi(u) \tag{7.2.4}$$

的泛函, 其中

$A: D(A) \subset H \to H$ 是一个有界自伴算子.

$\varphi: H \to \mathbb{R}$ 为一个泛函, φ 的 Gâteaux 导数 $F = \nabla \varphi$ 为定义在 H 上的有界连续算子.

注意: $u_0 \in H$ 是 I 的一个临界点的充要条件为 u_0 是 I 的 Euler-Lagrange 方程

$$Au = F(u)$$

的一个解.

对于 A 和 F, 假定

(H1) $F: H \to H$ 是一个以泛函 $\varphi: H \to \mathbb{R}$ 为位势的位势算子, 且存在有界自伴算子 B_1 和 B_2, 使得对任意 $u, v \in H$, 有

$$(B_1(u-v), u-v) \leqslant (F(u) - F(v), u-v) \leqslant (B_2(u-v), u-v).$$

7.2 非线性项的增长一致离开特征值的非共振问题

(H2) 投影算子 $Q: H \to X, R: H \to Y$ 满足

$$Q(D(A)) \subset D(A), \quad R(D(A)) \subset D(A),$$

且存在常数 $\nu > 0$, 使

$$((A - B_1)u, u) \leqslant -\nu\|u\|^2, \quad u \in X \cap D(A),$$

$$((A - B_2)u, u) \geqslant \nu\|u\|^2, \quad u \in Y \cap D(A).$$

进一步, 设

$$S(u + v) := u - v.$$

引理 7.2.2 ([78, Theorem 3]) 设 $A : D(A) \subset H \to H$ 是一个自共轭算子, $F : H \to H$ 是泛函 $\varphi : H \to \mathbb{R}$ 的位势算子. 若 A, F 满足 (H1) 和 (H2), 则方程 $A(u) = F(u)$ 有唯一解 $u_0 : \|u_0\| \leqslant \dfrac{2}{\nu}\|F(0)\| \cdot \|S\|$, 且 u_0 是泛函 (7.2.4) 的鞍点, 即

$$I(u_0) = \max_{x \in X} \min_{y \in Y} I(x + y) = \min_{y \in Y} \max_{x \in X} I(x + y).$$

设

$$\mathbb{T} = \{1, \cdots, T\}, \quad \mathbb{T}^* = \{0, 1, \cdots, T, T+1\};$$

$$\mathcal{D} = \{(u(1), \cdots, u(T)) : u(j) \in \mathbb{R}, \ j \in \mathbb{T}\};$$

$$\mathcal{D}^* = \{(u(0), u(1), \cdots, u(T), u(T+1)) : u(0) = u(T), \ u(1) = u(T+1)\}.$$

记

$$H = \mathcal{D}^n = \mathcal{D} \times \cdots \times \mathcal{D}.$$

记 $\mathrm{LS}(\mathbb{R}^n)$ 为 $\mathbb{R}^n$ 上的 $n \times n$ 对称阵全体.

设 $f(\cdot, \cdot) : \mathbb{T} \times \mathbb{R}^n \to \mathbb{R}^n$.

(C^*) 假设对于固定的 $t \in \mathbb{T}$, $f(t, \xi)$ 关于 ξ 连续,

引理 7.2.3 若存在函数 $a_j(\cdot) \in \mathcal{D}, j \in \{1, \cdots, n\}$ 及常数 $b > 0$, 使 f 满足

$$|f_j(t, \xi)| \leqslant a_j(t) + b \sum_{k=1}^{n} |\xi_k|, \quad t \in \mathbb{T}, \ j \in \{1, \cdots, n\}.$$

则由

$$F(u)(t) \triangleq f(t, u(t)), \quad u \in H$$

定义的算子 F 是将 H 映到 H 的有界连续算子.

如果 $f : \mathbb{T} \times \mathbb{R}^n \to \mathbb{R}^n$ 满足 (C^*), 且

(H3) 存在一个函数 $G : \mathbb{T} \times \mathbb{R}^n \to \mathbb{R}$, 使

$$f_j(t,\xi) = \frac{\partial}{\partial \xi_j} G(t,\xi), \quad j \in \{1,\cdots,n\}, \ t \in \mathbb{T}.$$

则称 f 满足位势 Carathéodory 条件.

假定 $f(t,\xi)$ 满足下列条件:

(H1.1) $f : \mathbb{T} \times \mathbb{R}^n \to \mathbb{R}^n$ 满足 (C^*);

(H1.2) 存在两个可交换矩阵 $b_1, b_2 \in \mathrm{LS}(\mathbb{R}^n)$, 使

$$(b_1(\xi - \eta), \xi - \eta)_n \leqslant (f(t,\xi) - f(t,\eta), \xi - \eta)_n \leqslant (b_2(\xi - \eta), \xi - \eta)_n,$$

$\forall \xi, \eta \in \mathbb{R}^n$ 及 $t \in \mathbb{T}$, 其中 $(\cdot,\cdot)_n$ 表示 $\mathbb{R}^n$ 中的内积.

在假设 (H1.1) 及 (H1.2) 下, 不难验证, f 的 Nemytskij 算子 $F : L^2(\mathbb{T}, \mathbb{R}^n) \to L^2(\mathbb{T}, \mathbb{R}^n)$ 连续且有界.

对任意 $b \in \mathrm{LS}(\mathbb{R}^n)$, 定义算子 $B : H \to H$,

$$(Bu)(t) = bu(t), \quad \forall u \in H, \quad t \in \mathbb{T},$$

则称 B 为由 b 生成的常乘算子. 显然

$$\sigma(B) = \sigma_P(B) = \sigma(b),$$

其中, $\sigma(\cdot)$ 表示谱, 而 $\sigma_P(B)$ 表示 B 的点谱.

设 $\lambda_1^{(j)} \leqslant \lambda_2^{(j)} \leqslant \cdots \leqslant \lambda_n^{(j)}$ 分别为 $b_j (j=1,2)$ 的特征值, 且每个特征值出现其重数次. 则有如下简单事实.

命题 7.2.1 如果 $b_j \in \mathrm{LS}(\mathbb{R}^n)$, $j = 1,2$ 且

$$(b_1 \boldsymbol{\xi}, \boldsymbol{\xi})_n \leqslant (b_2 \boldsymbol{\xi}, \boldsymbol{\xi})_n, \quad \forall \boldsymbol{\xi} \in \mathbb{R}^n,$$

则 $\lambda_k^{(1)} \leqslant \lambda_k^{(2)}, k = 1, \cdots, n$.

现在考察方程

$$Au = f(t,u), \quad t \in \mathbb{T}, \tag{7.2.5}$$

这里 $A : D(A) \subset H \to H$ 是一自伴算子且满足:

(H2.1) $B_j \ (j=1,2)$ 与 A 可交换;

(H2.2) $\bigcup_{k=1}^{n} [\lambda_k^{(1)}, \lambda_k^{(2)}] \bigcap \sigma(A) = \varnothing$.

定理 7.2.1 假设 (H1.1), (H1.2), (H2.1), (H2.2) 均成立, 则方程 (7.2.5) 有唯一解.

7.2 非线性项的增长一致离开特征值的非共振问题

证明 设 $\{e_k^j : k = 1, \cdots, n\}$ ($j = 1, 2$) 为由 b_j 的特征向量构成的 $\mathbb{R}^n$ 的两组正交基, 则 b_j 有谱分解

$$b_j \boldsymbol{\xi} = \sum_{k=1}^{n} \lambda_k^{(j)} (e_k^j, \boldsymbol{\xi}) e_k^j, \quad \boldsymbol{\xi} \in \mathbb{R}^n.$$

设 ε 是充分小的正数, 使得 $\{\lambda_k^{(2)} + \varepsilon : k = 1, \cdots, n\}$ 和 $\{\lambda_k^{(1)} - \varepsilon : k = 1, \cdots, n\}$ 逐点不同且满足

$$\bigcup_{k=1}^{n} [\lambda_k^{(1)} - \varepsilon, \lambda_k^{(2)} + \varepsilon] \cap \sigma(A) = \varnothing.$$

记

$$b_{1,\varepsilon} = \sum_{k=1}^{n} (\lambda_k^{(1)} - \varepsilon)(e_k^1, \cdot)_n e_k^1,$$

$$b_{2,\varepsilon} = \sum_{k=1}^{n} (\lambda_k^{(2)} + \varepsilon)(e_k^2, \cdot)_n e_k^2,$$

则当以 $b_{j,\varepsilon}$ 代替 b_j 后 (H2.2) 及 (H1.2) 仍然成立. 由此可知, 可以不失一般性地假设 b_j 的特征值 $\lambda_k^{(j)}$ 是逐点不同的.

记 $M_k^j = \ker(B_j - \lambda_k^{(j)} I)$. 设 Q_k^j 为 H 到 M_k^j 上的直交投影. 不难看出 Q_k^j 是由投影 $q_k^j : \mathbb{R}^n \to \mathbb{R} e_k^j$ (实际上是一个对称阵) 生成的常乘算子. 故

$$B_j = \sum_{k=1}^{n} \lambda_k^{(j)} Q_k^j.$$

由于 b_1 和 b_2 可交换, 故

$$b_2(b_1 e_k^2) = b_1(b_2 e_k^2) = b_1(\lambda_k^{(2)} e_k^2) = \lambda_k^{(2)} (b_1 e_k^2).$$

可见存在 $\lambda_k' \in \{\lambda_k^{(1)} | k = 1, \cdots, n\}$, 使

$$b_1 e_k^2 = \lambda_k' e_k^2,$$

即存在 $k' \in \{1, \cdots, n\}$, 使 $\lambda_{k'}^{(1)} = \lambda_k'$, $e_{k'}^1 = e_k^2$. 因 b_j 的特征值逐点不同, 故存在 $\{1, \cdots, n\}$ 的一个重排, 使 $Q_k^1 = Q_{k'}^2$. 不妨设

$$Q_k^1 = Q_k^2, \quad k = 1, \cdots, n. \tag{7.2.6}$$

因为 A 为自伴算子, 故 A 有右连续谱族 $\{E_\lambda | \lambda \in \mathbb{R}\}$ 且 A 可谱分解为

$$A = \int_{-\infty}^{+\infty} \lambda dE_\lambda.$$

对任意 $\alpha,\beta \in \rho(A), \alpha < \beta$ ($\rho(\cdot)$ 表示正则集),记

$$E(\alpha,\beta) = \int_\alpha^\beta dE_\lambda.$$

由于 B_j 与 A 可交换, Q_k^j 与 $E_\lambda(\lambda \in \mathbb{R})$ 也可交换. 从而自伴算子 $A - B_j$ 有谱分解

$$A - B_j = \sum_{k=1}^n \int_{-\infty}^{+\infty} (\lambda - \lambda_k^{(j)}) dE_\lambda \circ Q_k^j. \tag{7.2.7}$$

定义算子 $Q_j(j=1,2)$ 如下:

$$Q_1 = \sum_{k=1}^n E(-\infty, \lambda_k^{(1)}) \circ Q_k^1,$$

$$Q_2 = \sum_{k=1}^n E(\lambda_k^{(2)}, +\infty) \circ Q_k^2,$$

并设

$$X = Q_1(H), \quad Y = Q_2(H),$$

有

$$E(-\infty, \lambda_k^{(1)}) = \mathrm{Id} - E(\lambda_k^{(2)}, +\infty).$$

由 (7.2.6) 可知

$$Q_2 = \mathrm{Id} - Q_1$$

及

$$H = X \oplus Y.$$

进一步,记

$$\gamma = \mathrm{dist}\left(\bigcup_{k=1}^n [\lambda_k^{(1)}, \lambda_k^{(2)}], \sigma(A)\right) > 0,$$

则由 (7.2.7) 可知

$$((A-B_1)u, u) \leqslant -\gamma \|u\|^2, \quad u \in X \cap D(A),$$

$$((A-B_2)u, u) \geqslant \gamma \|u\|^2, \quad u \in Y \cap D(A).$$

事实上,设

$$v = Q_1 u = \sum_{k=1}^n E(-\infty, \lambda_k^{(1)}) Q_k^1 u, \quad \omega = \sum_{k=1}^n E(\lambda_k^{(2)}, +\infty) Q_k^2 u,$$

则
$$(A-B_1)v = \sum_{k=1}^{n}\int_{-\infty}^{+\infty}(\lambda-\lambda_k^{(1)})dE_\lambda \circ Q_k^1\left(\sum_{m=1}^{n}E(-\infty,\lambda_m^{(1)})Q_m^1 u\right)$$
$$= \sum_{k=1}^{n}\int_{-\infty}^{\lambda_k^{(1)}}(\lambda-\lambda_k^{(1)})dE_\lambda \circ Q_k^1 u.$$

因 $\lambda \leqslant \lambda_k^{(1)}, |\lambda-\lambda_k^{(1)}| \geqslant \gamma$, 可知 $\lambda - \lambda_k^{(1)} \leqslant -\gamma$, 从而

$$((A-B_1)v,v) = \sum_{k=1}^{n}\int_{-\infty}^{\lambda_k^{(1)}}(\lambda-\lambda_k^{(1)})d\|E_\lambda Q_k^1 u\|^2$$
$$\leqslant -\gamma\sum_{k=1}^{n}\int_{-\infty}^{\lambda_k^{(1)}}d\|E_\lambda Q_k^1 u\|^2 = -\gamma\|v\|^2.$$

同理,
$$((A-B_2)\omega,\omega) \geqslant \gamma\|\omega\|^2.$$

设 $F: H \to H$ 为 f 的 Nemytskij 算子, 则因 f 满足位势 Carathéodory 条件及 (H1.2), 故 f 是位势算子且满足

$$(B_1(u-v),u-v) \leqslant (F(u)-F(v),u-v) \leqslant (B_2(u-v),u-v), \quad \forall u,v \in H.$$

于是, 引理 7.2.1 的全部条件均满足, 从而可得方程 (7.2.5) 有唯一解, 且该解为泛函

$$J(x,y) = I(x+y) : H \to \mathbb{R}, \quad x \in X, y \in Y,$$
$$I(u) = \frac{1}{2}(Au,u) - G(t,u), \quad u \in H, t \in \mathbb{T}$$

的一个鞍点. □

7.3 非线性项的增长非一致离开特征值的非共振问题

本节研究半线性差分方程 Dirichlet 边值问题解的存在性. 为了简单又不失本质, 本节只讨论如下单个方程的情形

$$-\Delta^2(u(t-1)) = \lambda f(t,u(t)) + h(t), \quad t \in \mathbb{T}, \tag{7.3.1}$$
$$u(0) = u(T+1) = 0.$$

由于线性特征值问题

$$-\Delta^2(u(t-1)) = \lambda u(t), \quad t \in \mathbb{T}, \tag{7.3.2}$$
$$u(0) = u(T+1) = 0$$

有 T 个简单特征值 $\lambda_1, \cdots, \lambda_T$, 它们所对应的特征函数分别为 $\varphi_1, \cdots, \varphi_T$, 且对固定的 $j \in \mathbb{T}$,

$$\sum_{t=1}^{T} \varphi_j^2(t) = 1.$$

一致性非共振条件 (7.2.3) 现在可以化归为

$$\lambda_N + \sigma \leqslant \frac{\partial f}{\partial u} \leqslant \lambda_{N+1} - \sigma,$$

其中 $\sigma > 0$ 为一个常数.

对 $\phi, \psi \in \mathcal{D}$, 记

$$\langle \phi, \psi \rangle = \sum_{k=1}^{T} \phi(k)\psi(k).$$

则 $\mathcal{D}$ 在范数 $\|\phi\| = \left(\sum\limits_{k=1}^{T} \phi^2(k) \right)^{1/2}$ 之下构成 Banach 空间.

定理 7.3.1 假设

$$\alpha(t) \leqslant \lim_{|u|\to\infty} \inf u^{-1} f(t, u) \leqslant \lim_{|u|\to\infty} \sup u^{-1} f(t, u) \leqslant \beta(t), \quad t \in \mathbb{T},$$

其中 $\alpha, \beta \in \mathcal{D}$ 满足

$$\lambda_N \leqslant \alpha(t) \leqslant \beta(t) \leqslant \lambda_{N+1}, \quad t \in \mathbb{T} \tag{7.3.3}$$

且存在 $\tau_*, \tau^* \in \mathbb{T}$, 使得

$$\varphi_N(\tau_*) \neq 0, \quad \lambda_N < \alpha(\tau_*); \tag{7.3.4}$$

$$\varphi_N(\tau^*) \neq 0, \quad \beta(\tau^*) < \lambda_{N+1}. \tag{7.3.5}$$

则问题 (7.3.1) 至少有一个解.

引理 7.3.1 设 $p \in \mathcal{D}$ 及 $\lambda_N \leqslant p(t) \leqslant \lambda_{N+1}$, 并且存在 $\tau_*, \tau^* \in \mathbb{T}$, 使得

$$\varphi_N(\tau_*) \neq 0, \quad \lambda_N < p(\tau_*); \tag{7.3.6}$$

$$\varphi_N(\tau^*) \neq 0, \quad p(\tau^*) < \lambda_{N+1}. \tag{7.3.7}$$

则问题

$$\begin{aligned} -\Delta^2(u(t-1)) &= p(t)u(t), \quad t \in \mathbb{T}, \\ u(0) &= u(T+1) = 0 \end{aligned} \tag{7.3.8}$$

只有零解.

7.3 非线性项的增长非一致离开特征值的非共振问题

证明 记
$$\mathcal{D}_0 := \{(u(0), u(1), \cdots, u(T), u(T+1)) \mid u(0) = u(T+1) = 0\}.$$

定义 $\mathcal{D}_0$ 上的双线性型
$$A[u, v] = \sum_{k=1}^{T} \Delta u(k) \Delta v(k) - \sum_{k=1}^{T} p(k) u(k) v(k), \quad u, v \in \mathcal{D}_0.$$

则 A 是对称的, 并且 "(7.3.8) 只有零解" 当且仅当 "$A[u, \phi] = 0$ 对任意 $\phi \in \mathcal{D}_0$ 成立蕴含 $u = 0$".

记
$$X_1 = \text{span}\{\varphi_1, \cdots, \varphi_N\}, \quad X_2 = \text{span}\{\varphi_{N+1}, \cdots, \varphi_T\}.$$

则
$$\mathcal{D}_0 = X_1 \oplus X_2.$$

对于 $x_1 \in X_1$ 和 $x_2 \in X_2$, 有
$$x_1 = \sum_{k=1}^{N} a_k \varphi_k, \quad x_2 = \sum_{k=N+1}^{T} a_k \varphi_k.$$

进而
$$\begin{aligned}
A[x_1, x_1] &= \sum_{k=1}^{T} \Delta x_1(k) \Delta x_1(k) - \sum_{k=1}^{T} p(k) x_1(k) x_1(k) \\
&= \sum_{k=1}^{N} a_k^2 \lambda_k - \sum_{k=1}^{N} p(k) x_1(k) x_1(k) \\
&\leqslant \sum_{k=1}^{N} a_k^2 \lambda_k - \lambda_N \sum_{k=1}^{N} x_1(k) x_1(k) \\
&= \sum_{k=1}^{N} (\lambda_k - \lambda_N) a_k^2 \leqslant 0.
\end{aligned}$$

可见, 如果 $A[x_1, x_1] = 0$, 则必有 $a_1 = a_2 = \cdots = a_{N-1} = 0$ 并且 $x_1 = a_N \varphi_N$, 进而
$$\begin{aligned}
0 = A[x_1, x_1] &= \sum_{t=1}^{T} \Delta(a_N \varphi_N(t)) \Delta(a_N \varphi_N(t)) - \sum_{t=1}^{T} p(t) x_1(t) x_1(t) \\
&= a_N^2 \lambda_N - a_N^2 \sum_{t=1}^{T} p(t) \varphi_N^2(t) \\
&= \sum_{t=1}^{T} a_N^2 [\lambda_N - p(t)] \varphi_N^2(t),
\end{aligned}$$

结合 (7.3.6) 推得 $a_N = 0$. 因此

$$A[x_1, x_1] < 0, \quad \forall\, x_1 \in X_1: x_1 \neq 0. \tag{7.3.9}$$

同理可推得

$$A[x_2, x_2] > 0, \quad \forall\, x_2 \in X_2: x_2 \neq 0. \tag{7.3.10}$$

我们宣称: 如果 $A[u, \phi] = 0$ 对任意 $\phi \in \mathcal{D}_0$ 成立, 则 $u = 0$.

事实上, 若

$$u = u_1 + u_2,$$

其中 $u_1 \in X_1, u_2 \in X_2$, 则

$$\begin{aligned} 0 = A[u, u_1 - u_2] &= A[u_1 + u_2, u_1 - u_2] \\ &= A[u_1, u_1] - A[u_1, u_2] + A[u_2, u_1] - A[u_2, u_2] \\ &= A[u_1, u_1] - A[u_2, u_2], \end{aligned}$$

于是 $u_1 = 0, u_2 = 0$. □

引理 7.3.2 设 α, β 满足引理 7.3.1. 则存在数 $\varepsilon > 0$ 和 $\delta > 0$ 使得对任何满足

$$\alpha(t) - \varepsilon \leqslant p(t) \leqslant \beta(t) + \varepsilon$$

的 $p \in \mathcal{D}$ 及任意 $u \in \mathcal{D}_0$ 有

$$\|Lu - pu\|_0 \geqslant \delta \|u\|_0,$$

其中 $\|u\|_0 := \max\{|u(t)|: t \in \mathbb{T}\}$.

证明 反设不真. 则存在 $\{u_k\} \subset \mathcal{D}_0$ 及 $\{p_k\} \subset \mathcal{D}$ 满足 $\|u_k\|_0 = 1$,

$$\alpha(t) - \frac{1}{k} \leqslant p_k(t) \leqslant \beta(t) + \frac{1}{k}, \quad k \in \mathbb{N}$$

和

$$\|Lu_k - p_k u_k\|_0 < k^{-1}.$$

记 $v_k = Lu_k - p_k u_k$, 则当 $k \to \infty$ 时, 有 $v_k \to 0$. 于是, 对 L 的预解集中的每个 λ,

$$u_k = (L - \lambda I)^{-1}[(p_k - \lambda)u_k + v_k], \quad k \in \mathbb{N}. \tag{7.3.11}$$

现在, 序列 $\{u_k\}$ 和 $(p_k - \lambda)u_k + v_k$ 在 $\mathcal{D}_0$ 中有界. 进而, 如果有必要通过选择子列, 可以假定

$$u_k \to u \text{ 于 } \mathcal{D}_0; \quad p_k \to p \text{ 于 } \mathcal{D},$$

7.3 非线性项的增长非一致离开特征值的非共振问题

$$\|u\|_0 = 1, \quad \lambda_N \leqslant \alpha(t) \leqslant p(t) \leqslant \beta(t) \leqslant \lambda_{N+1}, \quad t \in \mathbb{T}. \tag{7.3.12}$$

利用 (7.3.11),可推得

$$u = (L - \lambda I)^{-1}[(p - \lambda)u]. \tag{7.3.13}$$

从而 $u \in \mathcal{D}_0$, $\|u\|_0 = 1$, 且

$$Lu - pu = 0.$$

这与引理 7.3.1 的结论相矛盾! □

设 X 和 Z 是实 Banach 空间. $\mathcal{L}: \mathrm{dom}\mathcal{L} \subset X \to Z$ 是一个 0-指标的线性 Fredholm 映射, $\mathcal{K}_\mathcal{L}(X, Z)$ 表示从 X 映到 Z 的线性 $\mathcal{L}$-全连续映射的集合.

引理 7.3.3 ([79], Lemma 2.3) 假设存在一个凸集 $\mathfrak{A}$ 及常数 $\delta > 0$, 使对任意 $A \in \mathfrak{A}$ 及任意 $u \in \mathrm{dom}\mathcal{L}$, 均有

$$\|\mathcal{L}u - \lambda Au\|_0 \geqslant \delta\|u\|_0. \tag{7.3.14}$$

则对任意的使算子 $F: X \to Z$,

$$F(u) = \mathcal{G}(u)u$$

成为 $\mathcal{L}$-全连续映射的算子 $\mathcal{G}: X \to \mathfrak{A}$ 及任意满足

$$|\mathcal{H}(u)|_Z \leqslant \kappa|u|_X + \gamma, \quad u \in X, \quad \kappa \in [0, \delta) \text{ 为常数} \tag{7.3.15}$$

的 $\mathcal{L}$-全连续映射的算子 $\mathcal{H}: X \to Z$ 方程

$$\mathcal{L}u = \mathcal{G}(u)u + \mathcal{H}(u)$$

至少有一个解.

定理 7.3.1 的证明 记

$$g(t, s) = \begin{cases} \dfrac{f(t, s)}{s}, & s \neq 0, \\ 0, & s = 0. \end{cases}$$

假设 ε 为引理 7.3.2 中所存在的正数 ε. 则存在 $r > 0$, 使得

$$\alpha(t) - \varepsilon \leqslant g(t, s) \leqslant \beta(t) + \varepsilon, \quad t \in \mathbb{T}, \ s \geqslant r.$$

令

$$g_1(t,s) = \begin{cases} g(t,s), & |s| \geqslant r, \\ g(t,r)\dfrac{u}{r} + \left(1 - \dfrac{u}{r}\right)\alpha(t), & 0 \leqslant s < r, \\ g(t,-r)\dfrac{u}{r} + \left(1 + \dfrac{u}{r}\right)\alpha(t), & -r \leqslant s < 0. \end{cases}$$

$$b(t,u) = f(t,u) - g_1(t,u)u.$$

若定义

$$\mathcal{G}(u)(t) = g_1(t,u), \quad u \in \mathcal{D}, \quad t \in \mathbb{T},$$

$$\mathcal{H}(u)(t) = b(t,u(t)), \quad u \in \mathcal{D}, \quad t \in \mathbb{T},$$

$$\mathcal{L}u(t) = -\Delta^2(u(t-1)), \quad u \in \mathcal{D}_0,$$

则 $\mathcal{L}$ 是 0-指标的 Fredholm 算子且其右逆是紧的. 令 $\mathfrak{A}$ 为线性算子 $A : \mathcal{D} \to \mathcal{D}$

$$(Au)(t) = p(t)u(t), \quad t \in \mathbb{T}$$

的集合, 其中 $p \in \mathcal{D}$ 满足

$$\alpha(t) - \varepsilon \leqslant p(t) \leqslant \beta(t) + \varepsilon, \quad t \in \mathbb{T}.$$

不难验证, $\mathfrak{A}$ 是 $\mathcal{D}$ 中的一个凸集, 且其上的任何一个线性算子均是 $\mathcal{L}$-全连续的.

有了前面的准备工作, 利用引理 7.3.3, 不难推出定理 7.3.1 的结论. □

7.4 非线性项的增长一致离开特征值的共振问题

设 $a, b \in \mathbb{N}$, $\mathbb{T} := \{a+1, \cdots, b+1\}$. Rodriguez[76] 研究了如下的非线性离散边值问题

$$\Delta[p(t-1)\Delta y(t-1)] + q(t)y(t) + \lambda_k y(t) = \hat{f}(y(t)), \quad t \in \mathbb{T}, \quad (7.4.1)$$

$$a_{11}y(a) + a_{12}\Delta y(a) = 0, \quad a_{21}y(b+1) + a_{22}\Delta y(b+1) = 0, \quad (7.4.2)$$

其中 $p(t)$, $q(t)$ 定义在 $\mathbb{T} := \{a+1, \cdots, b+1\}$ 上且 $p(t) > 0$ 于 $\mathbb{T}$, $a_{11}, a_{12}, a_{21}, a_{22}$ 满足 $a_{11}^2 + a_{12}^2 > 0$ 及 $a_{21}^2 + a_{22}^2 > 0$, $\hat{f} : \mathbb{R} \to \mathbb{R}$ 连续, λ_k 是相应线性问题

$$\Delta[p(t-1)\Delta y(t-1)] + q(t)y(t) + \lambda y(t) = 0, \quad t \in \mathbb{T}, \quad (7.4.3)$$

$$a_{11}y(a) + a_{12}\Delta y(a) = 0, \quad a_{21}y(b+1) + a_{22}\Delta y(b+1) = 0 \quad (7.4.4)$$

的一个特征值.

Rodriguez[76] 获得了如下结果.

7.4 非线性项的增长一致离开特征值的共振问题

定理 7.4.1 设

(A1) $\hat{f}: \mathbb{R} \to \mathbb{R}$ 连续且有界;

(A2) 存在 $\beta > 0$, 使得

$$s\hat{f}(s) > 0, \qquad |s| \geqslant \beta.$$

则边值问题 (7.4.1), (7.4.2) 存在一个解.

由文献 [2] 我们知道, 线性问题 (7.4.3), (7.4.4) 的每一个特征值都是实数且对应的特征子空间均是一维的. 此外, 设 (λ_k, u) 是线性问题 (7.4.3), (7.4.4) 一个解, 则对于任一给定的函数 $\bar{h}: \mathbb{T} \to \mathbb{R}$, 如下的非齐次线性边值问题

$$\Delta[p(t-1)\Delta y(t-1)] + q(t)y(t) + \lambda_k y(t) = \bar{h}(t), \quad t \in \mathbb{T}, \tag{7.4.5}$$

$$a_{11}y(a) + a_{12}\Delta y(a) = 0, \quad a_{21}y(b+1) + a_{22}\Delta y(b+1) = 0 \tag{7.4.6}$$

有一个解当且仅当

$$\sum_{t=a+1}^{b+1} \bar{h}(t)u(t) = 0. \tag{7.4.7}$$

受上述结果启发, 我们自然考虑如下问题:

$$\Delta[p(t-1)\Delta y(t-1)] + q(t)y(t) + \lambda_k y(t) = f(t, y(t)) + \tau u(t) + \bar{h}(t), \quad t \in \mathbb{T}, \tag{7.4.8}$$

$$a_{11}y(a) + a_{12}\Delta y(a) = 0, \quad a_{21}y(b+1) + a_{22}\Delta y(b+1) = 0 \tag{7.4.9}$$

解的存在性.

我们将用到如下一些条件:

(H1)(次线性增长条件) $f: \mathbb{T} \times \mathbb{R} \to \mathbb{R}$ 连续, 且存在 $\alpha \in [0, 1)$, $A, B \in (0, \infty)$, 使得

$$|f(t,s)| \leqslant A|s|^\alpha + B, \qquad s \in \mathbb{R}, t \in \mathbb{T}; \tag{7.4.10}$$

(H2) 存在 $\beta > 0$, 使得

$$sf(t,s) > 0, \quad \forall\, t \in \{a+1, \cdots, b+1\} \text{ 及 } |s| > \beta \tag{7.4.11}$$

或

$$sf(t,s) < 0, \quad \forall\, t \in \{a+1, \cdots, b+1\} \text{ 及 } |s| > \beta; \tag{7.4.12}$$

(H3) $\bar{h}: \mathbb{T} \to \mathbb{R}$ 满足

$$\sum_{t=a+1}^{b+1} \bar{h}(t)u(t) = 0; \tag{7.4.13}$$

(H4) $f: \mathbb{T} \times \mathbb{R} \to \mathbb{R}$ 连续且对 $t \in \mathbb{T}$ 一致地有

$$\lim_{|s| \to \infty} f(t, s) = 0.$$

本节用到的主要工具是如下的紧向量场方程的解集连通性[26].

定理 7.4.2 ([26, 定理 0]) 设 $\mathcal{C}$ 是 Banach 空间 Z 中的一个有界闭凸集, $T: [\alpha, \beta] \times \mathcal{C} \to \mathcal{C}$ ($\alpha < \beta$) 是一个连续紧映射. 则集合

$$S_{\alpha, \beta} = \{(\rho, x) \in [\alpha, \beta] \times \mathcal{C} \mid T(\rho, x) = x\}$$

包含一条连接 $\{\alpha\} \times \mathcal{C}$ 与 $\{\beta\} \times \mathcal{C}$ 的连通分支.

我们将利用如下 Lyapunov-Schmidt 过程.

设

$$X := \{\psi \mid \psi: \{a, \cdots, b+2\} \to \mathbb{R}, \psi \text{ 满足 } (7.4.2)\}.$$

对于 $\psi \in X$, 令

$$\|\psi\|_X := \sup\{|\psi(t)| : t \in \{a, \cdots, b+2\}\}.$$

设

$$Y := \{\varphi \mid \varphi: \{a+1, \cdots, b+1\} \to \mathbb{R}\}.$$

对于 $\varphi \in Y$, 令

$$\|\varphi\|_Y := \sup\{|\varphi(t)| : t \in \{a+1, \cdots, b+1\}\}.$$

容易验证 X 和 Y 分别在如上定义的范数下都是有限维的 Banach 空间. 记特征值 λ_k 所对应的特征函数为 u, 并假定它满足

$$\sum_{t=a+1}^{b+1} (u(t))^2 = 1. \tag{7.4.14}$$

定义算子 $L: X \to Y$ 为

$$(L\psi)(t) = \Delta[p(t-1)\Delta\psi(t-1)] + q(t)\psi(t) + \lambda_k \psi(t), \quad t \in \mathbb{T}.$$

定义 $F: X \to Y$ 为

$$(F\psi)(t) = f(t, \psi(t)), \quad t \in \mathbb{T}.$$

容易验证 $F: X \to Y$ 是连续算子. 显然 (7.4.8), (7.4.9) 等价于

$$Lx = F(x) + \tau u + \bar{h}. \tag{7.4.15}$$

7.4 非线性项的增长一致离开特征值的共振问题

定义算子 $P: X \to X$ 为

$$(Px)(t) = u(t) \sum_{s=a+1}^{b+1} x(s)u(s), \quad t \in \mathbb{T}. \tag{7.4.16}$$

引理 7.4.1 P 是一个投影算子且 $\text{Im}(P) = \text{Ker}(L)$.

定义算子 $E: Y \to Y$ 为

$$(Ey)(t) = y(t) - u(t) \sum_{s=a+1}^{b+1} y(s)u(s), \quad t \in \mathbb{T}.$$

引理 7.4.2 E 是一个投影算子且 $\text{Im}(E) = \text{Im}(L)$.

记 I 为恒同算子, 则有

$$X = X_P \oplus X_{I-P}, \quad Y = Y_{I-E} \oplus Y_E,$$

这里 X_P, X_{I-P}, Y_{I-E} 及 Y_E 分别为 $P, I-P, I-E$ 和 E 的像.

显然, 算子 L 在 X_{I-P} 上的限制是一个从 X_{I-P} 到 Y_E 上的双射. 定义算子 $M: Y_E \to X_{I-P}$

$$M := (L|_{X_{I-P}})^{-1}.$$

由 $\text{Ker}(L) = \text{span}\{u\}$ 可以看出: 对每一个 $x \in X$ 有唯一分解

$$x = \rho u + v,$$

其中 $\rho \in \mathbb{R}, v \in X_{I-P}$. 对于 $h \in Y$, 同样有唯一分解

$$h = \tau u + \bar{h},$$

其中 $\tau \in \mathbb{R}, \bar{h} \in Y_E$.

引理 7.4.3 (7.4.8), (7.4.9) 等价于系统

$$v = ME[\bar{h} + F(\rho u + v)], \tag{7.4.17}$$

$$\sum_{s=a+1}^{b+1} u(s) f(s, \rho u(s) + v(s)) = \tau. \tag{7.4.18}$$

引理 7.4.4 设 (H1) 成立. 则存在正常数 $\tilde{C}$ 及 C^*, 使得若 (ρ, v) 为 (7.4.17) 的解且 $|\rho| \geqslant \tilde{C}$, 则

$$\|v\|_X \leqslant C^*(|\rho| \|u\|_X)^\alpha. \tag{7.4.19}$$

证明 由 (7.4.17) 可得

$$\begin{aligned}
||v||_X &= ||M||_{Y_E \to X_{I-P}} ||E||_{Y \to Y_E} [||\bar{h}||_Y + A(|\rho| \, ||u||_Y + ||v||_Y)^\alpha + B] \\
&\leqslant ||M||_{Y_E \to X_{I-P}} ||E||_{Y \to Y_E} [||\bar{h}||_Y + A(|\rho| \, ||u||_X + ||v||_X)^\alpha + B] \\
&= ||M||_{Y_E \to X_{I-P}} ||E||_{Y \to Y_E} \left[||\bar{h}||_Y + A(|\rho| \, ||u||_X)^\alpha \left(1 + \frac{||v||_X}{|\rho| \, ||u||_X}\right)^\alpha + B \right] \\
&\leqslant ||M||_{Y_E \to X_{I-P}} ||E||_{Y \to Y_E} \left[||\bar{h}||_Y + A(|\rho| \, ||u||_X)^\alpha \left(1 + \frac{\alpha ||v||_X}{|\rho| \, ||u||_X}\right) + B \right] \\
&= ||M||_{Y_E \to X_{I-P}} ||E||_{Y \to Y_E} \left[||\bar{h}||_Y \right. \\
&\quad \left. + A(|\rho| \, ||u||_X)^\alpha \left(1 + \frac{\alpha}{(|\rho| \, ||u||_X)^{1-\alpha}} \frac{||v||_X}{(|\rho| \, ||u||_X)^\alpha}\right) + B \right],
\end{aligned}$$

进而有

$$\frac{||v||_X}{(|\rho| \, ||u||_X)^\alpha} \leqslant \frac{C_0}{(|\rho| \, ||u||_X)^\alpha} + C_1 + \frac{\alpha C_1}{(|\rho| \, ||u||_X)^{1-\alpha}} \frac{||v||_X}{(|\rho| \, ||u||_X)^\alpha},$$

其中

$$C_0 = ||M||_{Y_E \to X_{I-P}} ||E||_{Y \to Y_E} (||\bar{h}||_Y + B), \quad C_1 = A ||M||_{Y_E \to X_{I-P}} ||E||_{Y \to Y_E}.$$

若令

$$|\rho| \geqslant \frac{(2\alpha C_1)^{\frac{1}{1-\alpha}}}{||u||_X} =: \tilde{C}, \tag{7.4.20}$$

则

$$\frac{||v||_X}{(|\rho| \, ||u||_X)^\alpha} \leqslant \frac{2C_0}{(\tilde{C} ||u||_X)^\alpha} + 2C_1 =: C^*. \qquad \square$$

令

$$A^+ = \{t \mid t \in \{a+1, \cdots, b+1\} \text{ 使得 } u(t) > 0\},$$
$$A^- = \{t \mid t \in \{a+1, \cdots, b+1\} \text{ 使得 } u(t) < 0\}.$$

易见

$$A^+ \cup A^- \neq \varnothing, \quad \min\{|u(t)| \mid t \in A^+ \cup A^-\} > 0. \tag{7.4.21}$$

结合 (7.4.19) 与 (7.4.21) 可得以下引理.

引理 7.4.5 设 (H1) 成立. 则存在正常数 $\tilde{C}$ 及 Γ, 使得若 (ρ, v) 为 (7.4.17) 的解且 $|\rho| \geqslant \tilde{C}$, 则

$$||v||_X \leqslant \Gamma \left(|\rho| \min\{|u(t)| \mid t \in A^+ \cup A^-\}\right)^\alpha.$$

7.4 非线性项的增长一致离开特征值的共振问题

由引理 7.4.5, 可选取常数 ρ_0, 使得

$$\rho_0 > \max\{\tilde{C},\ \Gamma(\rho_0 \min\{|u(t)|\,|\,t \in A^+ \cup A^-\})^\alpha\}. \tag{7.4.22}$$

令

$$W := \{v \in X_{I-P}\,|\,v = ME[\bar{h} + F(\rho u + v)],\ \text{且}\ |\rho| \leqslant \rho_0\}. \tag{7.4.23}$$

则对于 $\rho \geqslant \rho_0$ 有

$$\rho u(t) + v(t) \geqslant \beta, \quad \forall\, t \in A^+,\ v \in W, \tag{7.4.24}$$

$$\rho u(t) + v(t) \leqslant -\beta, \quad \forall\, t \in A^-,\ v \in W; \tag{7.4.25}$$

对于 $\rho \leqslant -\rho_0$ 有

$$\rho u(t) + v(t) \leqslant -\beta, \quad \forall\, t \in A^+,\ v \in W, \tag{7.4.26}$$

$$\rho u(t) + v(t) \geqslant \beta, \quad \forall\, t \in A^-,\ v \in W. \tag{7.4.27}$$

定理 7.4.3 假设 (H1)—(H3) 成立. 则在 $\mathbb{R}$ 中存在一个非空有界集合 $\Lambda_{\bar{h}}$, 使得问题 (7.4.8), (7.4.9) 有一个解当且仅当 $\tau \in \Lambda_{\bar{h}}$. 进一步, $\Lambda_{\bar{h}}$ 包含 $\tau = 0$ 且有非空内部.

证明 首先处理条件 (H2) 中 (7.4.11) 成立时的情形.
由 (7.4.11) 和 (7.4.23)—(7.4.27) 可知, 对于 $\rho \geqslant \rho_0$, 有

$$f(t, \rho u(t) + v(t)) > 0, \quad \forall\, t \in A^+,\ v \in W, \tag{7.4.28}$$

$$f(t, \rho u(t) + v(t)) < 0, \quad \forall\, t \in A^-,\ v \in W; \tag{7.4.29}$$

对于 $\rho \leqslant -\rho_0$ 有

$$f(t, \rho u(t) + v(t)) < 0, \quad \forall\, t \in A^+,\ v \in W, \tag{7.4.30}$$

$$f(t, \rho u(t) + v(t)) > 0, \quad \forall\, t \in A^-,\ v \in W. \tag{7.4.31}$$

因此当 $\rho \geqslant \rho_0$ 时

$$u(t)f(t, \rho u(t) + v(t)) > 0, \quad \forall\, t \in A^+ \cup A^-,\ v \in W; \tag{7.4.32}$$

当 $\rho \leqslant -\rho_0$ 时

$$u(t)f(t, \rho u(t) + v(t)) < 0, \quad \forall\, t \in A^+ \cup A^-,\ v \in W. \tag{7.4.33}$$

令

$$\mathcal{C} := \{v \in X_{I-P}\,|\,\|v\|_X \leqslant \rho_0\}. \tag{7.4.34}$$

定义算子 $T_\rho : X_{I-P} \to X_{I-P}$ 为

$$T_\rho := MQ[F(\rho u + v) + \bar{h}]. \tag{7.4.35}$$

容易验证 $T_\rho : X_{I-P} \to X_{I-P}$ 全连续. 又由 (7.4.22) 可得当 $\rho \in [-\rho_0, \rho_0]$ 时,

$$T_\rho(\mathcal{C}) \subseteq \mathcal{C}. \tag{7.4.36}$$

由引理 7.4.3, 问题 (7.4.8), (7.4.9) 等价于如下方程

$$\Phi(s, v) = \tau, \quad (s, v) \in S_{\bar{h}}, \tag{7.4.37}$$

其中

$$S_{\bar{h}} := \{(\rho, v) \in \mathbb{R} \times X_{I-P} \mid v = ME[\bar{h} + F(\rho u + v)]\}, \tag{7.4.38}$$

$$\Phi(\rho, v) := \sum_{s=a+1}^{b+1} u(s) f(s, \rho u(s) + v(s)). \tag{7.4.39}$$

此时相应于定理 7.4.3 中的 $\Lambda_{\bar{h}}$ 可由 $\Lambda_{\bar{h}} = \Phi(S_{\bar{h}})$ 给出.

现在从 (7.4.32), (7.4.33) 及 $A^+ \cup A^- \neq \varnothing$ (见 (7.4.21)) 的事实可以推出: 对任意的 $v \in W$,

$$\sum_{s=a+1}^{b+1} u(s) f(s, \rho_0 u(s) + v(s)) > 0, \quad \sum_{s=a+1}^{b+1} u(s) f(s, -\rho_0 u(s) + v(s)) < 0. \tag{7.4.40}$$

从而

$$\Phi(-\rho_0, v) < 0 < \Phi(\rho_0, v), \quad \forall\, v \in W. \tag{7.4.41}$$

根据定理 7.4.2, $S_{\bar{h}} \subset \mathbb{R} \times \bar{B}_{\rho_0}$ 包含一条连接 $\{-\rho_0\} \times \mathcal{C}$ 和 $\{\rho_0\} \times \mathcal{C}$ 的连通分支 $\zeta_{-\rho_0, \rho_0}$, 这一事实结合 (7.4.41) 可得 $\Lambda_{\bar{h}}$ 包含 $\tau = 0$ 且有非空内部.

对条件 (H2) 中 (7.4.12) 成立时的情形, 可用类似的方法证明. □

下面给出一个多解性的结果.

定理 7.4.4 设 (H2), (H3), (H4) 成立, 且 $\bar{h} \in X_{I-P}$. 令 $\Lambda_{\bar{h}}$ 如定理 7.4.3 所述, 则存在内部非空的集合 $\Lambda_{\bar{h}}^* \subset \Lambda_{\bar{h}} \setminus \{0\}$, 使得当 $\tau \in \Lambda_{\bar{h}}^*$ 时, 问题 (7.4.8), (7.4.9) 至少存在两个解.

证明 我们只处理条件 (H2) 中 (7.4.11) 成立时的情形. (7.4.12) 成立时的情形可类似得证.

显然, 条件 (H4) 蕴含 (H1). 由此利用定理 7.4.3 的结论可推得: 存在 $\rho_0 > 0$ (见 (7.4.22)), 使得

$$\Phi(\rho_0, v) > 0, \quad \forall\, v \in W. \tag{7.4.42}$$

7.4 非线性项的增长一致离开特征值的共振问题

令
$$\beta := \min\{\Phi(\rho_0, v) \mid v \in W\}, \tag{7.4.43}$$

则 $\beta > 0$.

下面证明: 对任意的 $\tau \in (0, \beta)$, 问题 (7.4.8), (7.4.9) 至少存在两个解.

令
$$S_{\bar{h}} := \{(\rho, v) \in \mathbb{R} \times X_{I-P} \mid v = ME[\bar{h} + F(\rho u + v)]\}, \tag{7.4.44}$$
$$\tilde{W} := \{v \in X_{I-P} \mid (\rho, v) \in S_{\bar{h}}\}. \tag{7.4.45}$$

由 (H4) 可得存在一个常数 $M_0 > 0$, 使得
$$\|v\|_\infty \leqslant M_0, \quad \forall v \in W. \tag{7.4.46}$$

结合 (7.4.46) 和 (7.4.27) 并利用类似于推导 (7.4.32) 的方法可得, 存在 $\rho^* > \rho_0$, 使当 $\rho \geqslant \rho^*$ 时, 有
$$u(t)f(t, \rho u(t) + v(t)) > 0, \quad \forall t \in A^+ \cup A^-, \ v \in \tilde{W}; \tag{7.4.47}$$

当 $\rho \leqslant -\rho^*$ 时, 有
$$u(t)f(t, \rho u(t) + v(t)) < 0, \quad \forall t \in A^+ \cup A^-, \ v \in \tilde{W}. \tag{7.4.48}$$

令
$$\mathcal{C}^* := \{v \in X_{I-P} \mid \|v\|_X \leqslant M_0\}. \tag{7.4.49}$$

从 (H4), (7.4.46)—(7.4.48) 及 (7.4.21) 可得, 对于 $v \in \tilde{W}$ 一致地有
$$\lim_{|\rho| \to \infty} \sum_{s=a+1}^{b+1} u(s)f(s, \rho u(s) + v(s)) = 0, \tag{7.4.50}$$

亦即
$$\lim_{|\rho| \to \infty} \Phi(\rho, v) = 0, \quad \text{对 } v \in \tilde{W} \text{ 一致成立}. \tag{7.4.51}$$

由此, 根据定理 7.4.2 可得: 存在 $r : r > \rho^* > \rho_0 > 0$, 使得 $S_{\bar{h}}$ 包含一条连接 $\{-r\} \times \mathcal{C}^*$ 和 $\{r\} \times \mathcal{C}^*$ 的连通分支 $\zeta_{-r,r}$, 并且
$$\begin{aligned} &\max\{|\Phi(\rho, v)| \mid \rho = \pm r, (\rho, v) \in \zeta_{-r,r}\} \\ &\leqslant \max\{|\Phi(\rho, v)| \mid (\rho, v) \in \{-r, r\} \times \tilde{W}\} \\ &\leqslant \frac{\tau}{2}. \end{aligned} \tag{7.4.52}$$

由 $\zeta_{-r,r}$ 的连通性可知, 在 $\zeta_{-r,r}(\subset S_{\bar{h}})$ 中存在 (ρ_3,v_3) 和 (ρ_4,v_4), 使得
$$\Phi(\rho_3,v_3)=\tau,\quad \Phi(\rho_4,v_4)=\tau, \tag{7.4.53}$$
其中 $\rho_3\in(-r,\rho_0)$, $\rho_4\in(\rho_0,r)$. 根据如上事实即可得 $\rho_3 u+v_3$ 和 $\rho_4 u+v_4$ 是问题 (7.4.8), (7.4.9) 的两个不同的解. □

7.5 非线性项的增长非一致离开特征值的共振问题

本节考虑非线性项的增长非一致离开特征值的非线性二阶差分方程周期边值问题的可解性.

7.5.1 主要结果

考虑非线性二阶差分方程周期边值共振问题
$$\begin{cases} \Delta^2 u(t-1)+\lambda_k a(t)u(t)+g(t,u(t))=h(t),\quad t\in\mathbb{T}:=\{1,\cdots,T\},\\ u(0)=u(T),\quad u(1)=u(T+1), \end{cases} \tag{7.5.1}$$
其中 $g:\mathbb{Z}\times\mathbb{R}\to\mathbb{R}$ 是连续函数, 且关于第一个变元是 T-周期的, $a,h:\mathbb{Z}\to\mathbb{R}$ 都是 T-周期函数, $a>0$, λ_k 是线性特征值问题
$$\begin{aligned} \Delta^2 u(t-1)+\lambda a(t)u(t)=0,\quad t\in\mathbb{T},\\ u(0)=u(T),\quad u(1)=u(T+1) \end{aligned} \tag{7.5.2}$$
的特征值.

在文献 [82] 中, Iannacci 和 Nkashama 研究了二阶常微分方程 Dirichlet 边值问题, 得到了解的存在性结果. 本节的讨论按照文献 [82] 的论证过程展开. 然而在后面将会看到, 离散情形与连续情形相比, 存在巨大的差别.

由文献 [63] 可以知道, 线性特征值问题 (7.5.2) 的特征值可以排列如下:
$$\begin{aligned} \lambda_0<\lambda_1\leqslant\lambda_2<\cdots<\lambda_{T-2}\leqslant\lambda_{T-1},\quad T\text{ 是奇数},\\ \lambda_0<\lambda_1\leqslant\lambda_2<\cdots\leqslant\lambda_{T-2}<\lambda_{T-1},\quad T\text{ 是偶数}. \end{aligned} \tag{7.5.3}$$

对 $k\in\{1,2,\cdots,N\}$, 设 λ_k 对应的特征空间是 M_k. 若 $\dim M_k=1$, 记 $M_k=\text{span}\{\varphi_k\}$, 这里 φ_k 是 λ_k 所对应的特征函数; 若 $\dim M_k=2$, 记 $M_k=\text{span}\{\psi_k,\varphi_k\}$, 这里 ψ_k 和 φ_k 是对应于 λ_k 的两个线性无关的特征函数.

定理 7.5.1 设 $h,a:\mathbb{Z}\to\mathbb{R}$ 是 T-周期函数且 $a(\cdot)>0$, $g:\mathbb{Z}\times\mathbb{R}\to\mathbb{R}$ 是一个连续函数且关于第一个变元是 T-周期的. 若存在 $r^*<0<R^*$ 及 T-周期函数 $A,\hat{a}:\mathbb{Z}\to\mathbb{R}$, 使得对任意的 $t\in\mathbb{Z}$ 和 $u\in\mathbb{R}$,
$$g(t,u)\geqslant A(t),\quad \forall u\geqslant R^*, \tag{7.5.4}$$

7.5 非线性项的增长非一致离开特征值的共振问题

$$g(t, u) \leqslant \hat{a}(t), \quad \forall u \leqslant r^*. \tag{7.5.5}$$

设对某个固定的 $1 \leqslant k \leqslant N-1$, λ_{k+1} 是问题 (7.5.2) 的 2 重特征值. 假设对任意的 $\varepsilon > 0$, 存在常数 $R = R(\varepsilon) > 0$ 和函数 $b : \mathbb{T} \to \mathbb{R}$ 使得

$$|g(t,u)| \leqslant (\Gamma(t) + \varepsilon)a(t)|u| + b(t), \quad \forall\, t \in \mathbb{T},\ |u| \geqslant R, \tag{7.5.6}$$

其中 $\Gamma : \mathbb{T} \to \mathbb{R}$ 满足

$$0 \leqslant \Gamma(t) \leqslant \lambda_{k+1} - \lambda_k, \quad t \in \mathbb{T}. \tag{7.5.7}$$

假设对 $[1, T]$ 上的至少 $l_k + 1$ 个点, 成立

$$\Gamma(t) < \lambda_{k+1} - \lambda_k, \tag{7.5.8}$$

这里 l_k 是 M_{k+1} 中的函数在 $[1, T]$ 上的节点的个数的最大值.

则当

$$\sum_{t=1}^{T} h(t)v(t) < \sum_{v(t)>0} g_+(t)v(t) + \sum_{v(t)<0} g_-(t)v(t) \tag{7.5.9}$$

时, (7.5.1) 存在一个解, 这里 $v(t) \in M_k \setminus \{0\}$,

$$g_+(t) = \liminf_{u \to +\infty} g(t,u), \quad g_-(t) = \limsup_{u \to -\infty} g(t,u).$$

引理 7.5.1[2] 设 φ 和 ψ 是 (7.5.2) 的两个线性无关解, 则在 $[1, T]$ 上, φ 和 ψ 具有不同的零点. 如果 t_1 是 φ 在 $[1, T]$ 上的一个零点, $t_2 > t_1$ 是 φ 在 $[1, T]$ 上的节点, 则 ψ 在 $(t_1, t_2]$ 上有一个节点. 如果 t_1 和 $t_2 > t_1$ 是 φ 在 $[1, T]$ 上的节点, 则 ψ 在 $[t_1, t_2]$ 上有一个节点.

注 7.5.1 我们对定理 7.5.1 中 l_k 作一说明. 若 λ_{k+1} 的重数是 2, 则对任意的 $u, v \in M_{k+1}$, u 和 v 在 $[1, T]$ 上的节点的个数至多相差 1. 事实上, 当 u 和 v 线性相关时, 它们在 $[1, T]$ 上的节点的个数相等; 当 u 和 v 线性无关时, 由引理 7.5.1 可以得到, 它们在 $[1, T]$ 上的节点的个数相差 1. 定理 7.5.1 中的 l_k 是这两个数的最大值.

定理 7.5.2 设 $h, a : \mathbb{Z} \to \mathbb{R}$ 是 T- 周期函数且 $a(\cdot) > 0$, $g : \mathbb{Z} \times \mathbb{R} \to \mathbb{R}$ 是一个连续函数且关于第一个变元是 T- 周期的, 满足: 存在 $r^* < 0 < R^*$ 及 T- 周期函数 $A, \hat{a} : \mathbb{Z} \to \mathbb{R}$, 使对任意 $t \in \mathbb{Z}$ 和 $u \in \mathbb{R}$,

$$g(t, u) \geqslant A(t), \quad \forall u \geqslant R^*, \tag{7.5.10}$$

$$g(t, u) \leqslant \hat{a}(t), \quad \forall u \leqslant r^*. \tag{7.5.11}$$

若对某个 $k: 1 \leqslant k \leqslant N-1$, λ_{k+1} 是问题 (7.5.2) 的简单特征值. 假设对任意的 $\varepsilon > 0$, 存在常数 $R = R(\varepsilon) > 0$ 和函数 $b: \{1, \cdots, T\} \to \mathbb{R}$ 使得

$$|g(t,u)| \leqslant (\Gamma(t)+\varepsilon)a(t)|u| + b(t) \tag{7.5.12}$$

对任意的 $t \in \mathbb{T}$ 和满足 $|u| \geqslant R$ 的 $u \in \mathbb{R}$ 成立, 其中 $\Gamma: \mathbb{T} \to \mathbb{R}$ 满足

$$0 \leqslant \Gamma(t) \leqslant \lambda_{k+1} - \lambda_k, \qquad t \in \mathbb{T} \tag{7.5.13}$$

且

$$\Gamma(\tau) < \lambda_{k+1} - \lambda_k \quad \text{对某个 } \tau \in \mathbb{T} \setminus M \text{成立}, \tag{7.5.14}$$

这里 $M = \{s|\, s \text{ 是 } \varphi_{k+1} \text{ 在 } [1,T] \text{ 上的节点}\}$. 则当

$$\sum_{t=1}^{T} h(t)v(t) < \sum_{v(t)>0} g_+(t)v(t) + \sum_{v(t)<0} g_-(t)v(t) \tag{7.5.15}$$

时, (7.5.1) 存在一个解, 这里 $v(t) \in M_k \setminus \{0\}$.

7.5.2 预备知识

令

$$D := \{u: \mathbb{Z} \to \mathbb{R} \mid u(t) = u(T+t)\}.$$

则 D 在内积

$$\langle u, v \rangle = \sum_{t=1}^{T} a(t)u(t)v(t)$$

下是一个 Hilbert 空间, 其范数为

$$\|u\| := \sqrt{\langle u, u \rangle} = \left(\sum_{t=1}^{T} a(t)u(t)u(t)\right)^{1/2}.$$

于是, 当 $\dim M_k = 2$ 时,

$$\langle \psi_k, \varphi_k \rangle = 0;$$
$$\langle \psi_j, \psi_k \rangle = 0, \quad j \neq k, j,k = 1,2,\cdots,N;$$
$$\langle \varphi_j, \varphi_k \rangle = 0, \quad j \neq k, j,k = 1,2,\cdots,N.$$

假设

$$\|\psi_k\| = 1 = \|\varphi_k\|.$$

7.5 非线性项的增长非一致离开特征值的共振问题

定义线性算子 $L: D \to D$,

$$(Lu)(t) := -\Delta^2 u(t-1), \quad t \in \mathbb{T};$$
$$(Lu)(0) := (Lu)(T);$$
$$(Lu)(1) := (Lu)(T+1).$$

引理 7.5.2 若 $u, w \in D$, 则

$$\sum_{k=1}^{T} w(k)\Delta^2 u(k-1) = -\sum_{k=1}^{T} \Delta u(k)\Delta w(k).$$

证明 因为 $\Delta u(0) = \Delta u(T), w(1) = w(T+1)$, 所以有

$$\sum_{k=1}^{T} w(k)\Delta^2 u(k-1)$$
$$= \sum_{j=0}^{T-1} w(j+1)\Delta^2 u(j) \quad (\text{可令 } j = k-1)$$
$$= \sum_{j=0}^{T-1} w(j+1)(\Delta u(j+1) - \Delta u(j))$$
$$= \sum_{j=0}^{T-1} \Delta u(j+1)w(j+1) - \sum_{j=0}^{T-1} \Delta u(j)w(j+1)$$
$$= \sum_{l=1}^{T} \Delta u(l)w(l) - \sum_{j=0}^{T-1} \Delta u(j)w(j+1) \quad (\text{可令 } l = j+1)$$
$$= \left[\Delta u(T)w(T) + \sum_{l=1}^{T-1} \Delta u(l)w(l)\right] - \left[\Delta u(0)w(1) + \sum_{j=1}^{T-1} \Delta u(j)w(j+1)\right]$$
$$= [\Delta u(T)w(T) - \Delta u(0)w(1)] + \sum_{l=1}^{T-1} \Delta u(l)[w(l) - w(l+1)]$$
$$= [\Delta u(T)w(T) - \Delta u(T)w(T+1)] - \sum_{l=1}^{T-1} \Delta u(l)\Delta w(l)$$
$$= -\Delta u(T)\Delta w(T) - \sum_{l=1}^{T-1} \Delta u(l)\Delta w(l)$$
$$= -\sum_{l=1}^{T} \Delta u(l)\Delta w(l). \qquad \square$$

引理 7.5.3 设 λ_{k+1} ($k \in \{1, \cdots, N-1\}$) 是问题 (7.5.2) 的 2 重特征值. 设函

数 $\Gamma : \mathbb{T} \to \mathbb{R}$ 满足
$$0 \leqslant \Gamma(t) \leqslant \lambda_{k+1} - \lambda_k, \qquad t \in \mathbb{T}$$
且对 $[1,T]$ 上的至少 $l_k + 1$ 个点, 成立
$$\Gamma(t) < \lambda_{k+1} - \lambda_k, \tag{7.5.16}$$
这里 l_k 是 M_{k+1} 中的函数在 $[1,T]$ 上的节点的个数的最大值. 则存在一个常数 $\delta = \delta(\Gamma) > 0$, 使得对任意的 $u \in D$, 成立
$$\sum_{t=1}^{T} [\Delta^2 u(t-1) + \lambda_k a(t) u(t) + \Gamma(t) a(t) u(t)][\bar{u}(t) + u^0(t) - \tilde{u}(t)] \geqslant \delta \|u^\perp\|^2,$$
其中
$$\bar{u}(t) = a_0 + \sum_{i=1}^{k-1} [a_i \varphi_i(t) + b_i \psi_i(t)];$$
$$u^0(t) = a_k \varphi_k(t) + b_k \psi_k(t);$$
$$\tilde{u}(t) = \sum_{i=k+1}^{N} [a_i \varphi_i(t) + b_i \psi_i(t)].$$

证明 以下证明中, 不妨设对任意的 $i \in \{1, \cdots, N-1\}, \lambda_i$ 都是 2 重的. 则对任意的 $u \in D$, u 又可以展开成如下 Fourier 展式 (事实上, 如果其中有简单特征值 λ_i, 则以下展开式中 ψ_i 的系数 b_i 取 0)
$$u(t) = a_0 + \sum_{i=1}^{N} [a_i \varphi_i(t) + b_i \psi_i(t)]. \tag{7.5.17}$$
记
$$u(t) = \bar{u}(t) + u^0(t) + \tilde{u}(t), \qquad u^\perp(t) = u(t) - u^0(t).$$
这样
$$\Delta^2 u(t-1) = -\sum_{i=1}^{N} a(t) [a_i \lambda_i \psi_i(t) + b_i \lambda_i \varphi_i(t)]. \tag{7.5.18}$$
进而, 利用 $\bar{u}, u^0$ 和 $\tilde{u}$ 在 D 中的正交性, 有
$$\sum_{t=1}^{T} [\Delta^2 u(t-1) + \lambda_k a(t) u(t) + \Gamma(t) a(t) u(t)][\bar{u}(t) + u^0(t) - \tilde{u}(t)]$$
$$= \sum_{t=1}^{T} [\Delta^2 \bar{u}(t-1) + \lambda_k a(t) \bar{u}(t)] \bar{u}(t) + \sum_{t=1}^{T} \Gamma(t) a(t) [\bar{u}(t) + u^0(t)]^2$$

7.5 非线性项的增长非一致离开特征值的共振问题

$$+ \sum_{t=1}^{T}[\Delta^2 \tilde{u}(t-1) + \lambda_k a(t)\tilde{u}(t) + \Gamma(t)a(t)\tilde{u}(t)][-\tilde{u}(t)]$$

$$+ \sum_{t=1}^{T}[\Delta^2 u^0(t-1) + \lambda_k a(t)u^0(t)]u^0(t)$$

$$= \sum_{t=1}^{T}[-(\Delta \bar{u}(t))^2 + \lambda_k a(t)\bar{u}^2(t)] + \sum_{t=1}^{T}\Gamma(t)a(t)[\bar{u}(t) + u^0(t)]^2$$

$$+ \sum_{t=1}^{T}[(\Delta \tilde{u}(t))^2 - \lambda_k a(t)\tilde{u}^2(t) - \Gamma(t)a(t)\tilde{u}^2(t)]$$

$$\geqslant (\lambda_k - \lambda_{k-1})\sum_{t=1}^{T} a(t)\bar{u}^2(t) + \sum_{t=1}^{T}[\Delta \tilde{u}(t)]^2 - \sum_{t=1}^{T}(\lambda_k a(t) + \Gamma(t)a(t))\tilde{u}^2(t).$$

令

$$\Lambda(\bar{u}) = (\lambda_k - \lambda_{k-1})\sum_{t=1}^{T} a(t)\bar{u}^2(t). \tag{7.5.19}$$

则

$$\Lambda(\bar{u}) \geqslant \delta_1 \|\bar{u}\|^2,$$

其中 δ_1 是一个比 $\lambda_k - \lambda_{k-1}$ 小的正常数.

令

$$\Lambda_\Gamma(\tilde{u}) = \sum_{t=1}^{T}[\Delta \tilde{u}(t)]^2 - \sum_{t=1}^{T}(\lambda_k a(t) + \Gamma(t)a(t))\tilde{u}^2(t). \tag{7.5.20}$$

我们宣称 $\Lambda_\Gamma(\tilde{u}) \geqslant 0$ 且只有当 $\tilde{u} = A\psi_{k+1} + B\varphi_{k+1}, A, B \in \mathbb{R}$ 时, 等号才成立.

事实上, 由引理 7.5.2, (7.5.7) 可得

$$\Lambda_\Gamma(\tilde{u}) = \sum_{t=1}^{T}[\Delta \tilde{u}(t)]^2 - \sum_{t=1}^{T}(\lambda_k a(t) + \Gamma(t)a(t))\tilde{u}^2(t)$$

$$= -\sum_{t=1}^{T} \tilde{u}(t)\Delta^2 \tilde{u}(t-1) - \sum_{t=1}^{T}(\lambda_k a(t) + \Gamma(t)a(t))\tilde{u}^2(t)$$

$$= \sum_{t=1}^{T}\sum_{i=k+1}^{N}[a_i\psi_i(t) + b_i\varphi_i(t)]\sum_{i=k+1}^{N}\lambda_i a(t)[a_i\psi_i(t) + b_i\varphi_i(t)]$$

$$- \sum_{t=1}^{T}(\lambda_k a(t) + \Gamma(t)a(t))\left(\sum_{i=k+1}^{N}[a_i\psi_i(t) + b_i\varphi_i(t)]\right)^2$$

$$\geqslant \sum_{t=1}^{T}\sum_{i=k+1}^{N}[a_i\psi_i(t) + b_i\varphi_i(t)]\sum_{j=k+1}^{N}\lambda_j a(t)[a_j\psi_j(t) + b_j\varphi_j(t)]$$

$$-\sum_{t=1}^{T}\lambda_{k+1}a(t)\left(\sum_{i=k+1}^{N}[a_i\psi_i(t)+b_i\varphi_i(t)]\right)\left(\sum_{j=k+1}^{N}[a_j\psi_j(t)+b_j\varphi_j(t)]\right)$$

$$=\sum_{i=k+1}^{N}\sum_{j=k+1}^{N}a_ia_j\lambda_j\sum_{t=1}^{T}a(t)\psi_i(t)\psi_j(t)+\sum_{i=k+1}^{N}\sum_{j=k+1}^{N}b_ib_j\lambda_j\sum_{t=1}^{T}a(t)\varphi_i(t)\varphi_j(t)$$

$$-\sum_{i=k+1}^{N}\sum_{j=k+1}^{N}a_ia_j\lambda_{k+1}\sum_{t=1}^{T}a(t)\psi_i(t)\psi_j(t)$$

$$-\sum_{i=k+1}^{N}\sum_{j=k+1}^{N}b_ib_j\lambda_{k+1}\sum_{t=1}^{T}a(t)\varphi_i(t)\varphi_j(t)$$

$$=\sum_{j=k+1}^{N}a_j^2(\lambda_j-\lambda_{k+1})+\sum_{j=k+1}^{N}b_j^2(\lambda_j-\lambda_{k+1})$$

$$=\sum_{j=k+1}^{N}(a_j^2+b_j^2)(\lambda_j-\lambda_{k+1})$$

$$\geqslant 0.$$

显然, 由 $\Lambda_\Gamma(\tilde{u})=0$ 结合上面的表达式可知 $a_{k+2}=\cdots=a_N=b_{k+2}=\cdots=b_N=0$, 相应地, 有 $\tilde{u}(t)=A\psi_{k+1}(t)+B\varphi_{k+1}(t)$ 对某个 $A,B\in\mathbb{R}$ 成立.

以下证明: $\Lambda_\Gamma(\tilde{u})=0$ 蕴含 $\tilde{u}=0$. 反设 $\tilde{u}\neq 0$, 则由 $\tilde{u}\in M_{k+1}$ 可知, $\tilde{u}\neq 0$ 在 $[1,T]$ 上至多有 l_k 个节点. 从而, 结合条件 (7.5.16) 可得

$$\Lambda_\Gamma(\tilde{u})=\sum_{t=1}^{T}\left(\lambda_{k+1}a(t)-\lambda_k a(t)-\Gamma(t)a(t)\right)[\tilde{u}(t)]^2$$
$$=\sum_{\tilde{u}\neq 0}\left(\lambda_{k+1}a(t)-\lambda_k a(t)-\Gamma(t)a(t)\right)[\tilde{u}(t)]^2$$
$$>0,\tag{7.5.21}$$

出现矛盾. 这样就有 $\tilde{u}=0$.

以下证明存在一个常数 $\delta_2=\delta_2(\Gamma)>0$ 使得

$$\Lambda_\Gamma(\tilde{u})\geqslant\delta_2\|\tilde{u}\|^2.\tag{7.5.22}$$

反设上述结论不成立. 则可以找到序列 $\{\tilde{u}_n\}\subset D$ 及 $\tilde{u}\in D$, 使得 $\{\tilde{u}_n\}$ 的一个子序列, 不妨仍记为 $\{\tilde{u}_n\}$, 满足

$$0\leqslant\Lambda_\Gamma(\tilde{u}_n)\leqslant 1/n,\qquad\|\tilde{u}_n\|=1,\tag{7.5.23}$$

且

7.5 非线性项的增长非一致离开特征值的共振问题

$$\|\tilde{u}_n - \tilde{u}\| \to 0, \quad n \to \infty. \tag{7.5.24}$$

由 (7.5.24) 可得

$$\left|\sum_{t=1}^{T}[\Delta\tilde{u}_n(t)]^2 - \sum_{t=1}^{T}[\Delta\tilde{u}(t)]^2\right|$$

$$= \left|\sum_{t=1}^{T}[\tilde{u}_n(t+1) - \tilde{u}_n(t)]^2 - \sum_{t=1}^{T}[\tilde{u}(t+1) - \tilde{u}(t)]^2\right|$$

$$\leqslant \sum_{t=1}^{T}\left|\tilde{u}_n^2(t+1) - \tilde{u}^2(t+1)\right| + \sum_{t=1}^{T}\left|\tilde{u}_n^2(t) - \tilde{u}^2(t)\right|$$

$$+ 2\sum_{t=1}^{T}\left(|\tilde{u}_n(t)||\tilde{u}_n(t+1) - \tilde{u}(t+1)| + |\tilde{u}(t+1)||\tilde{u}_n(t) - \tilde{u}(t)|\right)$$

$$\to 0.$$

进而由 (7.5.20), (7.5.23) 和 (7.5.24) 可以得到: 当 $n \to \infty$ 时,

$$\sum_{t=1}^{T}[\Delta\tilde{u}_n(t)]^2 \to \sum_{t=1}^{T}(\lambda_k a(t) + \Gamma(t)a(t))[\tilde{u}(t)]^2, \tag{7.5.25}$$

从而

$$\sum_{t=1}^{T}[\Delta\tilde{u}(t)]^2 \leqslant \sum_{t=1}^{T}(\lambda_k a(t) + \Gamma(t)a(t))[\tilde{u}(t)]^2,$$

即

$$\Lambda_\Gamma(\tilde{u}) \leqslant 0.$$

由前面的证明可知, $\tilde{u} = 0$, 这与 (7.5.23) 的第二个等式矛盾.

令 $\delta = \min\{\delta_1, \delta_2\} > 0$. 则由 $\|u^\perp\|^2 = \|\tilde{u}\|^2 + \|\bar{u}\|^2$ 引理得证. □

引理 7.5.4 设 $\delta > 0$ 是引理 7.5.3 中与 Γ 有关的常数. 设 $\varepsilon > 0$. 则对任意的 $p: \mathbb{T} \to \mathbb{R}$, 如果对任意的 $u \in D$, 成立

$$0 \leqslant p(t) \leqslant \Gamma(t) + \varepsilon, \tag{7.5.26}$$

那么

$$\sum_{t=1}^{T}[\Delta^2 u(t-1) + \lambda_k a(t)u(t) + p(t)a(t)u(t)][\bar{u}(t) + u^0(t) - \tilde{u}(t)] \geqslant (\delta - \varepsilon)\|u^\perp\|^2.$$

证明 利用引理 7.5.3 证明过程中的计算, 结合 (7.5.26), 可以得到

$$\sum_{t=1}^{T}[\Delta^2 u(t-1) + \lambda_k a(t)u(t) + p(t)a(t)u(t)][\bar{u}(t) + u^0(t) - \tilde{u}(t)]$$

$$= \sum_{t=1}^{T} [\Delta^2 \bar{u}(t-1) + \lambda_k a(t)\bar{u}(t)]\bar{u}(t) + \sum_{t=1}^{T} p(t)a(t)[\bar{u}(t) + u^0(t)]^2$$

$$+ \sum_{t=1}^{T} [\Delta^2 \tilde{u}(t-1) + \lambda_k a(t)\tilde{u}(t) + p(t)a(t)\tilde{u}(t)](-\tilde{u}(t))$$

$$+ \sum_{t=1}^{T} [\Delta^2 u^0(t-1) + \lambda_k a(t) u^0(t)]u^0(t)$$

$$\geqslant \sum_{t=1}^{T} [(\Delta \tilde{u}(t))^2 - (\lambda_k a(t) + p(t)a(t))(\tilde{u}(t))^2] + \sum_{t=1}^{T} [-(\Delta \bar{u}(t))^2 + \lambda_k a(t)(\bar{u}(t))^2]$$

$$\geqslant \sum_{t=1}^{T} [(\Delta \tilde{u}(t))^2 - (\lambda_k a(t) + \Gamma(t)a(t))(\tilde{u}(t))^2] - \sum_{t=1}^{T} \varepsilon a(t)(\tilde{u}(t))^2$$

$$+ \sum_{t=1}^{T} [-(\Delta \bar{u}(t))^2 + \lambda_k a(t)(\bar{u}(t))^2]$$

$$\geqslant \delta \|u^\perp\|^2 - \varepsilon \|\tilde{u}\|^2. \tag{7.5.27}$$

这样, 利用 (7.5.17), (7.5.18), 关系式 $\tilde{u}(t) = \sum_{i=k+1}^{N} [a_i \varphi_i(t) + b_i \psi_i(t)]$ 和引理 7.5.2, 可以得到

$$\Lambda_p(\tilde{u}) \geqslant (\delta - \varepsilon)\|u^\perp\|^2. \qquad \square$$

引理 7.5.5 设 λ_{k+1} ($k \in \{1, \cdots, N-1\}$) 是问题 (7.5.2) 的简单特征值. 设函数 $\Gamma: \mathbb{T} \to \mathbb{R}$ 满足

$$0 \leqslant \Gamma(t) \leqslant \lambda_{k+1} - \lambda_k, \qquad t \in \mathbb{T}$$

且

$$\Gamma(\tau) < \lambda_{k+1} - \lambda_k \quad \text{对某个 } \tau \in \mathbb{T} \setminus M \text{ 成立}, \tag{7.5.28}$$

这里 $M = \{s|\, s \text{ 是 } \varphi_{k+1} \text{ 在 } [1,T] \text{ 上的节点}\}$. 则存在一个常数 $\delta = \delta(\Gamma) > 0$, 使得对任意的 $u \in D$, 成立

$$\sum_{t=1}^{T} [\Delta^2 u(t-1) + \lambda_k a(t)u(t) + \Gamma(t)a(t)u(t)][\bar{u}(t) + u^0(t) - \tilde{u}(t)] \geqslant \delta \|u^\perp\|^2.$$

证明 以下证明中, 不妨设对任意的 $i \in \{1, \cdots, N-1\} \setminus \{k+1\}, \lambda_i$ 都是 2 重的. 则对任意的 $u \in D$, u 又可以展开成如下 Fourier 展式 (注意下面的展开式中 $b_{k+1} = 0$)

$$u(t) = a_0 + \sum_{i=1}^{N} [a_i \varphi_i(t) + b_i \psi_i(t)]. \tag{7.5.29}$$

7.5 非线性项的增长非一致离开特征值的共振问题

记

$$u(t) = \bar{u}(t) + u^0(t) + \tilde{u}(t), \qquad u^\perp(t) = u(t) - u^0(t),$$

其中

$$\bar{u}(t) = a_0 + \sum_{i=1}^{k-1}[a_i\varphi_i(t) + b_i\psi_i(t)];$$

$$u^0(t) = a_k\varphi_k(t) + b_k\psi_k(t);$$

$$\tilde{u}(t) = \sum_{i=k+1}^{N}[a_i\varphi_i(t) + b_i\psi_i(t)].$$

这样

$$\Delta^2 u(t-1) = -\sum_{i=1}^{N} a(t)[a_i\lambda_i\varphi_i(t) + b_i\lambda_i\psi_i(t)]. \tag{7.5.30}$$

由 $\bar{u}, u^0$ 和 $\tilde{u}$ 在 D 中的正交性, 类似于引理 7.5.3 的证明, 有

$$\sum_{t=1}^{T}[\Delta^2 u(t-1) + \lambda_k a(t)u(t) + \Gamma(t)a(t)u(t)][\bar{u}(t) + u^0(t) - \tilde{u}(t)]$$

$$= \sum_{t=1}^{T}[\Delta^2\bar{u}(t-1) + \lambda_k a(t)\bar{u}(t)]\bar{u}(t) + \sum_{t=1}^{T}\Gamma(t)a(t)[\bar{u}(t) + u^0(t)]^2$$

$$+ \sum_{t=1}^{T}[\Delta^2\tilde{u}(t-1) + \lambda_k a(t)\tilde{u}(t) + \Gamma(t)a(t)\tilde{u}(t)][-\tilde{u}(t)]$$

$$+ \sum_{t=1}^{T}[\Delta^2 u^0(t-1) + \lambda_k a(t)u^0(t)]u^0(t)$$

$$\geqslant (\lambda_k - \lambda_{k-1})\sum_{t=1}^{T} a(t)\bar{u}^2(t) + \sum_{t=1}^{T}[\Delta\tilde{u}(t)]^2 - \sum_{t=1}^{T}(\lambda_k a(t) + \Gamma(t)a(t))\tilde{u}^2(t).$$

令

$$\Lambda(\bar{u}) = (\lambda_k - \lambda_{k-1})\sum_{t=1}^{T} a(t)\bar{u}^2(t). \tag{7.5.31}$$

则

$$\Lambda(\bar{u}) \geqslant \delta_1\|\bar{u}\|^2,$$

其中 δ_1 是一个比 $\lambda_k - \lambda_{k-1}$ 小的正常数.

令

$$\Lambda_\Gamma(\tilde{u}) = \sum_{t=1}^{T}[\Delta\tilde{u}(t)]^2 - \sum_{t=1}^{T}(\lambda_k a(t) + \Gamma(t)a(t))\tilde{u}^2(t). \tag{7.5.32}$$

我们宣称 $\Lambda_\Gamma(\tilde{u}) \geqslant 0$ 且只有当 $\tilde{u} = A\psi_{k+1} + B\varphi_{k+1}$, $A, B \in \mathbb{R}$ 是常数时等号才成立.

事实上, 类似于引理 7.5.3 的证明, 此时可得

$$\Lambda_\Gamma(\tilde{u}) = \sum_{t=1}^{T}[\Delta\tilde{u}(t)]^2 - \sum_{t=1}^{T}(\lambda_k a(t) + \Gamma(t)a(t))\tilde{u}^2(t)$$

$$= \sum_{j=k+1}^{N}(a_j^2 + b_j^2)(\lambda_j - \lambda_{k+1})$$

$$\geqslant 0.$$

显然, 由 $\Lambda_\Gamma(\tilde{u}) = 0$ 结合上面的表达式可知 $a_{k+2} = \cdots = a_N = b_{k+2} = \cdots = b_N = 0$, 相应地, 有 $\tilde{u}(t) = A\varphi_{k+1}(t)$ 对某个 $A \in \mathbb{R}$ 成立 (注意到 λ_{k+1} 是简单特征值, 相应地, $\tilde{u} \in M_{k+1}$).

以下证明: $\Lambda_\Gamma(\tilde{u}) = 0$ 蕴含 $\tilde{u} = 0$. 由于

$$0 = \Lambda_\Gamma(\tilde{u}) = A^2 \sum_{t=1}^{T}(\lambda_{k+1} - \lambda_k - \Gamma(t))a(t)\varphi_{k+1}^2(t), \tag{7.5.33}$$

所以, 由假设条件, $A = 0$, 进而有 $\tilde{u} = 0$.

可以类似引理 7.5.3 的证明得到: 存在一个常数 $\delta_2 = \delta_2(\Gamma) > 0$, 使得

$$\Lambda_\Gamma(\tilde{u}) \geqslant \delta_2 \|\tilde{u}\|^2. \tag{7.5.34}$$

取 $\delta = \min\{\delta_1, \delta_2\} > 0$, 则由 $\|u^\perp\|^2 = \|\tilde{u}\|^2 + \|\bar{u}\|^2$ 引理得证. □

引理 7.5.6 设 Γ 是引理 7.5.5 中的函数, $\delta > 0$ 是引理 7.5.5 中与 Γ 有关的常数. 设 $\varepsilon > 0$. 则对任意的 $p: \mathbb{T} \to \mathbb{R}$, 如果对任意的 $u \in D$, 成立

$$0 \leqslant p(t) \leqslant \Gamma(t) + \varepsilon, \tag{7.5.35}$$

那么

$$\sum_{t=1}^{T}[\Delta^2 u(t-1) + \lambda_k a(t)u(t) + p(t)a(t)u(t)][\bar{u}(t) + u^0(t) - \tilde{u}(t)] \geqslant (\delta - \varepsilon)\|u^\perp\|^2.$$

证明 利用引理 7.5.5 证明过程中的计算, 类似于引理 7.5.4 便可以得到结论.
□

7.5.3 主要结果的证明

引理 7.5.7 若 g 满足: 存在 $r < 0 < R$, 使得

$$g(t, x) \geqslant A(t), \quad \forall x \geqslant R, \tag{7.5.36}$$

7.5 非线性项的增长非一致离开特征值的共振问题

$$g(t, x) \leqslant \hat{a}(t), \quad \forall x \leqslant r, \tag{7.5.37}$$

则可对 g 作分解如下:

$$g(t, x) = q(t, x) + e(t, x), \tag{7.5.38}$$

其中 $0 \leqslant xq(t, x)$, $|e(t, x)| \leqslant \sigma(t)$. 这里 $\sigma(\cdot)$ 是一个给定函数.

证明 定义函数 $\hat{g}$ 如下:

$$\hat{g}(t, u) = \begin{cases} \inf\{g(t, u), 1\}, & u \geqslant 1, \\ \sup\{g(t, u), -1\}, & u \leqslant -1. \end{cases}$$

定义函数 $\hat{q}$ 如下:

$$\hat{q}(t, u) = g(t, u) - \hat{g}(t, u), \quad |u| \geqslant 1.$$

构造函数 q:

$$q(t, u) = \begin{cases} \hat{q}(t, u), & |u| \geqslant 1, \\ u\hat{q}(t, u/|u|), & 0 < |u| < 1, \\ 0, & u = 0. \end{cases}$$

则 $uq(t, u) \geqslant 0$. 取 $\bar{R} = \max\{1, R, -r\}$. 令 $e = g - q$. 取

$$\sigma(t) = M_0 + \max\{|A(t)|, |\hat{a}(t)|, 1\}, \quad M_0 := \sup\{|g(t, u(t))| : |u(t)| \leqslant \bar{R}, t \in \mathbb{T}\}.$$

则

$$|e(t, u)| \leqslant \sigma(t). \qquad \square$$

引理 7.5.8 设 g 满足引理 7.5.7 中的条件. 如果 g 还满足: 对任意的 $t \in \mathbb{T}$ 和满足 $|u| \geqslant R$ 的 $u \in \mathbb{R}$,

$$|g(t, u)| \leqslant \alpha(t)|u| + \beta(t), \tag{7.5.39}$$

那么引理 7.6.7 中的 q 还满足

$$|q(t, u)| \leqslant \alpha(t)|u| + \beta(t) - 1 \tag{7.5.40}$$

对任意的 $t \in \mathbb{T}$ 和满足 $|u| \geqslant \max\{1, R\}$ 的 $u \in \mathbb{R}$.

证明 取 $u \in \mathbb{R}$ 满足 $|u| > 1$, 则

$$\hat{g}(t, u) = \begin{cases} g(t, u), & u \geqslant 1, \text{且 } g(t, u) \leqslant 1, \\ 1, & u \geqslant 1, \text{且 } g(t, u) \geqslant 1, \\ g(t, u), & u \leqslant -1, \text{且 } g(t, u) \geqslant -1, \\ -1, & u \leqslant -1, \text{且 } g(t, u) \leqslant -1. \end{cases}$$

从而

$$q(t,u) = \begin{cases} 0, & u \geqslant 1, \text{且 } g(t,u) \leqslant 1, \\ g(t,u) - 1, & u \geqslant 1, \text{且 } g(t,u) \geqslant 1, \\ 0, & u \leqslant -1, \text{且 } g(t,u) \geqslant -1, \\ g(t,u) + 1, & u \leqslant -1, \text{且 } g(t,u) \leqslant -1. \end{cases}$$

这样, 由条件 (7.5.39), 可推得

$$0 \leqslant q(t,u) \leqslant \alpha(t)u + \beta(t) - 1, \quad u \geqslant \max\{R,1\},$$
$$0 \geqslant q(t,u) \geqslant \alpha(t)u - \beta(t) + 1, \quad u \leqslant -\max\{R,1\}.$$

即

$$|q(t,u)| \leqslant \alpha(t)|u| + \beta(t) - 1$$

对任意的 $t \in \mathbb{T}$ 和满足 $|u| \geqslant \max\{1,R\}$ 的 $u \in \mathbb{R}$. □

定理 7.5.1 的证明 设 $\delta > 0$ 是引理 7.5.3 中与 Γ 有关的常数. 则由假设 (7.5.6), 存在常数 $R(\delta) > 0$ 和函数 $b : \mathbb{T} \to \mathbb{R}$, 使得对任意的 $t \in \mathbb{T}$ 和满足 $|u| \geqslant R$ 的 $u \in \mathbb{R}$, 成立

$$|g(t,u)| \leqslant (\Gamma(t) + (\delta/4))a(t)|u| + b(t). \tag{7.5.41}$$

这样, (7.5.1) 等价于

$$\begin{cases} \Delta^2 u(t-1) + \lambda_k a(t)u(t) + q(t,u(t)) + e(t,u(t)) = h(t), \\ u(0) = u(T),\ u(1) = u(T+1), \end{cases} \tag{7.5.42}$$

其中 q 与 e 满足引理 7.5.7 中的条件. 由引理 7.5.8 可知, 对任意的 $t \in \mathbb{T}$ 和 $u \in \mathbb{R}$, 当 $|u| \geqslant \max\{1,R\}$ 时, 有

$$|q(t,u)| \leqslant (\Gamma(t) + (\delta/4))a(t)|u| + b(t) + 1.$$

取 $\bar{R} > \max\{1,R\}$, 使得

$$(b(t)+1)/|u| < \frac{\delta}{4}a(t)$$

对任意的 $t \in \mathbb{T}$ 和满足 $|u| \geqslant \bar{R}$ 的 $u \in \mathbb{R}$ 成立. 同时,

$$0 \leqslant u^{-1}q(t,u) \leqslant (\Gamma(t) + (\delta/2))a(t), \quad t \in \mathbb{T},\ |u| \geqslant \bar{R}.$$

令函数 $\gamma : \mathbb{T} \times \mathbb{R} \to \mathbb{R}$ 如下

$$\gamma(t,u) = \begin{cases} u^{-1}q(t,u), & |u| \geqslant \bar{R}, \\ \bar{R}^{-1}q(t,\bar{R})(u/\bar{R}) + (1 - u/\bar{R})\Gamma(t)a(t), & 0 \leqslant u \leqslant \bar{R}, \\ \bar{R}^{-1}q(t,-\bar{R})(u/\bar{R}) + (1 + u/\bar{R})\Gamma(t)a(t), & -\bar{R} \leqslant u \leqslant 0. \end{cases}$$

7.5 非线性项的增长非一致离开特征值的共振问题

则有
$$0 \leqslant \gamma(t,u) \leqslant (\Gamma(t)+\delta/2)a(t), \quad t \in \mathbb{T}, u \in \mathbb{R}. \tag{7.5.43}$$

定义 $f: \mathbb{T} \times \mathbb{R} \to \mathbb{R}$ 如下
$$f(t,u) = e(t,u) + q(t,u) - \gamma(t,u)u. \tag{7.5.44}$$

则
$$|f(t,u)| \leqslant \nu(t), \quad t \in \mathbb{T},$$

其中 $\nu: \mathbb{T} \to \mathbb{R}$ 是某个函数.

这样, (7.5.1) 等价于
$$\begin{cases} \Delta^2 u(t-1) + \lambda_k a(t)u(t) + \gamma(t,u(t))u(t) + f(t,u(t)) = h(t), \\ u(0) = u(T), \quad u(1) = u(T+1). \end{cases} \tag{7.5.45}$$

为证明问题 (7.5.1) 在 D 中至少存在一个解, 由 Leray-Schauder 延拓定理, 只需证明同伦族方程
$$\begin{cases} \Delta^2 u(t-1) + \lambda_k a(t)u(t) + (1-\eta)\kappa a(t)u(t) + \eta\gamma(t,u(t))u(t) \\ \quad + \eta f(t,u(t)) = \eta h(t), \quad t \in \mathbb{T}, \\ u(0) = u(T), \quad u(1) = u(T+1) \end{cases} \tag{7.5.46}$$

(其中 $\eta \in [0,1)$, $\kappa \in (0, \lambda_{k+1} - \lambda_k)$ 满足 $\kappa < \delta/2$) 的所有可能解 u 在 D 中有与 $\eta \in [0,1)$ 及 u 无关的先验界. 由 (7.5.43) 注意到
$$0 \leqslant (1-\eta)\kappa a(t) + \eta\gamma(t,u) \leqslant (\Gamma(t) + \delta/2)a(t), \quad t \in \mathbb{T}, u \in \mathbb{R}. \tag{7.5.47}$$

显然, 对 $\eta = 0$, (7.5.46) 只有平凡解. 现在如果有 $u \in D$ 是 (7.5.46) 对应于某个 $\eta \in (0,1)$ 的解, 利用引理 7.5.4 和 Cauchy 不等式, 有

$$\begin{aligned} 0 = &\sum_{t=1}^{T}(\bar{u}(t) + u^0(t) - \tilde{u}(t))\big(\Delta^2 u(t-1) + \lambda_k a(t)u(t) + [(1-\eta)\kappa a(t) \\ &+ \eta\gamma(t,u(t))]u(t)\big) + \sum_{t=1}^{T}(\bar{u}(t) + u^0(t) - \tilde{u}(t))\big(\eta f(t,u(t)) - \eta h(t)\big) \\ \geqslant &(\delta/2)\|u^\perp\|^2 - \zeta(\|\bar{u}\| + \|\tilde{u}\| + \|u^0\|)(\|\nu\| + \|h\|), \end{aligned}$$

这里 $\zeta = \left(\dfrac{\sqrt{T}}{\min_{t \in \mathbb{T}} \sqrt{a(t)}}\right)^2$. 进而可以推出

$$0 \geqslant (\delta/2)\|u^\perp\|^2 - \beta(\|u^\perp\| + \|u^0\|), \tag{7.5.48}$$

其中 $\beta > 0$ 仅与 a, ν 和 h 有关 (与 u 或 η 无关). 取 $\alpha = \beta\delta^{-1}$, 可以得到

$$\|u^\perp\| \leqslant \alpha + (\alpha^2 + 2\alpha\|u^0\|)^{1/2}. \tag{7.5.49}$$

我们宣称: 存在 $\rho > 0$, 与 u 和 η 无关, 使得对 (7.5.46) 的任意一个可能解 u, 成立

$$\|u\| < \rho. \tag{7.5.50}$$

反设上述结论不真. 则存在 $\{(\eta_n, u_n)\} \subset (0,1) \times D$, 满足 $\|u_n\| \geqslant n$ 和对所有的 $n \in \mathbb{N}$,

$$\begin{cases} \Delta^2 u_n(t-1) + \lambda_k a(t) u_n(t) + (1-\eta_n)\kappa a(t) u_n(t) + \eta_n g(t, u_n(t)) = \eta_n h(t), & t \in \mathbb{T}, \\ u_n(0) = u_n(T), \quad u_n(1) = u_n(T+1). \end{cases} \tag{7.5.51}$$

由 (7.5.49) 可知

$$\|u_n^0\| \to \infty, \qquad \|u_n^\perp\|(\|u_n^0\|)^{-1} \to 0.$$

令 $v_n = (u_n/\|u_n\|)$, 我们有

$$\begin{cases} \Delta^2 v_n(t-1) + \lambda_k a(t) v_n(t) + \kappa a(t) v_n(t) \\ = \eta_n(h(t)/\|u_n\|) + \eta_n \kappa a(t) v_n(t) - \eta_n(g(t, u_n(t))/\|u_n\|), & t \in \mathbb{T}, \\ v_n(0) = v_n(T), \; v_n(1) = v_n(T+1). \end{cases} \tag{7.5.52}$$

定义算子 $A : D \to D$ 如下

$$\begin{aligned} & (Aw)(t) := \Delta^2 w(t-1) + \lambda_k a(t) w(t) + \kappa a(t) w(t), \quad t \in \mathbb{T}, \\ & (Aw)(0) := (Aw)(T), \quad (Aw)(1) := (Aw)(T+1). \end{aligned} \tag{7.5.53}$$

则由 D 是有限维的可知 $A^{-1} : D \to D$ 是全连续算子, 即 (7.5.52) 等价于算子方程

$$v_n(t) = A^{-1}[\eta_n(h(\cdot)/\|u_n\|) + \eta_n \kappa a(\cdot) v_n(\cdot) - \eta_n(g(\cdot, u_n(\cdot))/\|u_n\|)](t), \quad t \in \mathbb{T}. \tag{7.5.54}$$

由 (7.5.41) 不难得到 $\{(g(\cdot, u_n(\cdot))/\|u_n\|\}$ 有界. 再利用 (7.5.54), 可以假设 (可以取一个子列, 不妨仍记为 v_n) $v_n \to v$ 于 $(D, \|\cdot\|)$, $\|v\| = 1$ 且 $v(0) = v(T), v(1) = v(T+1)$.

另一方面, 利用 (7.5.49), 可以立即得到

$$\|v_n^\perp\| \to 0, \qquad n \to \infty. \tag{7.5.55}$$

这样就有 $v(t) = a_k \varphi_k(t) + b_k \psi_k(t), t \in \widehat{\mathbb{T}}$.

记 $v_n = v_n^0 + v_n^\perp$. 不妨设

$$v_n^0 \to v^* \qquad \text{于 } D. \tag{7.5.56}$$

7.5 非线性项的增长非一致离开特征值的共振问题

令

$$I_+ = \{t \in \mathbb{T} : v^*(t) > 0\}, \qquad I_- = \{t \in \mathbb{T} : v^*(t) < 0\}.$$

由于 $u(t) \not\equiv 0$ 于 $\mathbb{T}$, $I_+ \neq \varnothing$ 或 $I_- \neq \varnothing$. 我们宣称

$$\lim_{n\to\infty} u_n(t) = +\infty, \quad \forall\, t \in I_+; \tag{7.5.57}$$

$$\lim_{n\to\infty} u_n(t) = -\infty, \quad \forall\, t \in I_-. \tag{7.5.58}$$

假设 $I_+ \neq \varnothing$. 当 $t \in I_+$ 时, 由 (7.5.56) 可得

$$\|v_n^0 - v^*\|_\infty := \max\{|v_n^0(t) - v^*(t)| \mid t \in \mathbb{T}\} \to 0, \qquad n \to \infty. \tag{7.5.59}$$

即当 n 充分大时,

$$v_n^0(t) \geqslant \frac{1}{2} v^*(t) > 0, \qquad \forall\, t \in I_+. \tag{7.5.60}$$

另一方面, 由 (7.5.60) 和 $\|u_n\| \geqslant \|u_n^0\|$ 可知, 存在 $\bar{N} > 0$, 使得当 $n > \bar{N}$ 且 $t \in I_+$ 时,

$$u_n(t) = u_n^0(t) + u_n^\perp(t) = \|u_n\|\left(v_n^0(t) + \frac{u_n^\perp(t)}{\|u_n\|}\right) \geqslant \frac{1}{2}\|u_n\| v_n^0(t). \tag{7.5.61}$$

再结合 (7.5.60) 可得, 当 $n \geqslant \bar{N}$ 时,

$$u_n(t) \geqslant \frac{1}{4} \|u_n\| v^*(t), \qquad t \in I_+. \tag{7.5.62}$$

即 (7.5.57) 成立.

现在回到 (7.5.51). 在 $(D, \|\cdot\|)$ 中, (7.5.51) 两边分别与 v_n^0 取内积. 注意到 $\eta_n \in (0,1)$ 结合假设条件 (7.5.9), 可以推出, 对充分大的 n,

$$0 \leqslant \eta_n^{-1}(1-\eta_n)\tau \|v_n^0\|^2 \|u_n\| = \sum_{t=1}^T [h(t) - g(t, u_n(t))] v_n^0(t). \tag{7.5.63}$$

从而

$$\sum_{t=1}^T h(t) v^*(t) \geqslant \sum_{v(t)>0} g_+(t) v^*(t) + \sum_{v(t)<0} g_-(t) v^*(t).$$

这是一个矛盾! □

定理 7.5.2 的证明 与定理 7.5.1 的证明类似, 把证明过程中对引理 7.5.4 的运用改换成引理对引理 7.5.6 的运用, 定理 7.5.2 便可以得到证明. □

7.6　非自伴二阶离散 Dirichlet 共振型问题

本节讨论了共振型非自伴二阶离散 Dirichlet 问题

$$\mathcal{L}u(j) = \nu_1 u(j) + g(u(j)) - e(j), \quad j \in \mathbb{T},$$
$$u(0) = u(T+1) = 0 \tag{7.6.1}$$

的可解性, 这里 $T > 2$ 是一个整数, $\mathbb{T} = \{1, 2, \cdots, T\}$,

$$\mathcal{L}u(j) = \begin{cases} -\Delta^2 u(j-1) + b(j)\Delta u(j) + a_0(j)u(j), & j \in \mathbb{T}, \\ 0, & j \in \{0, T+1\}, \end{cases}$$

$b, e : \mathbb{T} \to \mathbb{R}$, $a_0 : \mathbb{T} \to [0, \infty)$, ν_1 是线性特征值问题

$$\mathcal{L}u(j) = \nu u(j), \quad j \in \mathbb{T},$$
$$u(0) = u(T+1) = 0 \tag{7.6.2}$$

的主特征值. 相应的连续情形的版本, 参见文献 [84].

首先给出一些本节要用到的记号. 令

$$\mathbb{T}^* = \mathbb{T} \cup \{0, T+1\},$$
$$\mathcal{D} := \{(u(0), u(1), \cdots, u(T+1)) \mid u(j) \in \mathbb{R}, \ j \in \mathbb{T}, \ u(0) = u(T+1) = 0\}.$$

记

$$|u|_0 := \max\{|u(j)| : j \in \mathbb{T}\},$$
$$\langle u, v \rangle = \sum_{j=1}^{T} v(j)u(j), \quad u, v \in \mathcal{D},$$

它们分别表示 $\mathcal{D}$ 中的范数和内积.

容易验证

$$-\Delta^2 u(j-1) + b(j)\Delta u(j) + a_0(j)u(j) = [b(j)-1]u(j+1) + [2-b(j)+a_0(j)]u(j) - u(j-1).$$

若 $b(j) = 1$, $j \in \mathbb{T}$, 则

$$-\Delta^2 u(j-1) + b(j)\Delta u(j) + a_0(j)u(j) = [1+a_0(j)]u(j) - u(j-1) \tag{7.6.3}$$

不再是一个二阶差分算子. 因此本节总假定:

(H0) $m(j) > 0$ 于 $\mathbb{T}$;

7.6 非自伴二阶离散 Dirichlet 共振型问题

(H1) $b(j) < 1$ 于 $\mathbb{T}$;

(H2) $a_0(j) \geqslant 0$ 于 $\mathbb{T}$.

首先介绍一些预备知识.

令 $\gamma > 0$ 是一个常数. 首先建立问题

$$-\Delta^2 u(j-1) + b(j)\Delta u(j) + a_0(j)u(j) + \gamma m(j)u(j) = e(j), \quad j \in \mathbb{T}, \\ u(0) = u(T+1) = 0 \tag{7.6.4}$$

的强极大值原理. 为此, 我们需要研究该问题的 Green 函数的正性.

令

$$h(j) = \prod_{k=0}^{j-1}(1 - b(k)). \tag{7.6.5}$$

由 (H1), 有

$$h(j) > 0, \quad j \in \mathbb{T}. \tag{7.6.6}$$

对 (7.6.4) 中方程两边同时乘以 $h(j)$, 由文献 [2] 第 231 页中类似的方法可知: (7.6.4) 等价于问题

$$-[\Delta(p(j-1)\Delta u(j-1)) + q(j)u(j)] + \gamma h(j)m(j)u(j) = h(j)e(j), \quad j \in \mathbb{T}, \\ u(0) = u(T+1) = 0, \tag{7.6.7}$$

其中

$$p(j) = (1 - b(j))\prod_{k=0}^{j-1}(1 - b(k)) = \prod_{k=0}^{j}(1 - b(k)), \tag{7.6.8}$$

$$q(j) = -a_0(j)\prod_{k=0}^{j-1}(1 - b(k)). \tag{7.6.9}$$

注意到, 算子

$$\mathcal{L}u(j) := -[\Delta(p(j-1)\Delta u(j-1)) + q(j)u(j)], \quad u \in \mathcal{D}$$

是一个二阶自伴差分算子. 关于线性特征值问题

$$-[\Delta(p(j-1)\Delta u(j-1)) + q(j)u(j)] = \lambda h(j)m(j)u(j), \quad j \in \mathbb{T}, \\ u(0) = u(T+1) = 0 \tag{7.6.10}$$

的谱结构, 参见文献 [2] 及其参考文献.

作为文献 [2, Theorem 7.2] 的一个直接的推论, 我们可得如下结论.

引理 7.6.1 假设 (H0) 和 (H1) 成立. 则

(i) 边值问题 (7.6.10) 是自伴的;

(ii) 线性特征值问题 (7.6.10) 的所有的特征值 λ_j, $j \in \mathbb{T}$ 是实的、简单的, 并且

$$\lambda_1 < \lambda_2 < \cdots < \lambda_T;$$

(iii) 不同特征值 λ_n, λ_k 所对应的特征函数 $y_n(j)$, $y_k(j)$ 关于权函数 $h(j)m(j)$ 直交, 即

$$\langle hmy_n, y_k \rangle = \sum_{j=1}^{T} h(j)m(j)y_n(j)y_k(j) = 0.$$

引理 7.6.2 假设 (H1) 成立. 则 λ_1 所对应的特征函数 $y_1(j)$ 满足:

$$y_1(j) > 0, \quad j \in \mathbb{T}.$$

证明 由于

$$\lambda_1 = \inf \left\{ \sum_{j=1}^{T+1} p(j-1)[\Delta u(j-1)]^2 - \sum_{j=1}^{T} q(j)u^2(j) : \sum_{j=1}^{T} h(j)m(j)u^2(j) = 1, \ u \in \mathcal{D} \right\},$$

并且

$$\lambda_1 = \frac{\sum_{j=1}^{T+1} p(j-1)[\Delta y_1(j-1)]^2 - \sum_{j=1}^{T} q(j)y_1^2(j)}{\sum_{j=1}^{T} h(j)m(j)y_1^2(j)}. \tag{7.6.11}$$

令 $z(j) = |y_1(j)|$. 则

$$z(j) \geqslant 0, \quad z(j) \not\equiv 0, \quad j \in \mathbb{T},$$

并且

$$\lambda_1 = \frac{\sum_{j=1}^{T+1} p(j-1)[\Delta z(j-1)]^2 - \sum_{j=1}^{T} q(j)z^2(j)}{\sum_{j=1}^{T} h(j)m(j)z^2(j)}.$$

由于 λ_1 是简单特征值, 可得 $y_1(j) = z(j), j \in \mathbb{T}$, 从而

$$y_1(j) \geqslant 0, \quad y_1(j) \not\equiv 0, \quad j \in \mathbb{T}.$$

反设存在 $j_0 \in \{2, \cdots, T-1\}$ 使得 $y_1(j_0) = 0$. 则在 (7.6.11) 中取 $j = j_0$, 可得

$$y_1(j_0 - 1) > 0, \quad y_1(j_0 + 1) > 0.$$

7.6 非自伴二阶离散 Dirichlet 共振型问题

然而, 这和 $\Delta(p(j_0-1)\Delta y_1(j_0-1)) = 0$ 矛盾. □

由 (H2) 和 (7.6.9), 可断定 $q(j) \leqslant 0$ 于 $\mathbb{T}$. 再由 (7.6.11) 可得下面结论.

引理 7.6.3 假设 (H0)—(H2) 成立. 则

$$\lambda_1 > 0.$$

引理 7.6.4 假设 (H0) 和 (H1) 成立. 令 $\gamma \in \mathbb{R}$ 且 $\gamma > -\lambda_1$. 令 w 是初值问题

$$\begin{aligned}&-[\Delta(p(j-1)\Delta u(j-1)) + q(j)u(j)] + \gamma h(j)m(j)u(j) = 0, \quad j \in \mathbb{T},\\&u(0) = 0, \quad u(1) = 0\end{aligned} \tag{7.6.12}$$

的唯一解. 则 $w(j) > 0$, $j \in (\mathbb{T} \cup \{T+1\})$.

证明 容易验证 (7.6.12) 中的方程等价于

$$p(j)u(j+1) = [p(j) + p(j-1) - q(j) + \gamma h(j)m(j)]u(j) - p(j-1)u(j-1). \tag{7.6.13}$$

直接应用文献 [59], 定理 4.3.5 可得引理 7.6.4. □

引理 7.6.5 假设 (H0) 和 (H1) 成立. 令 $\gamma \in \mathbb{R}$ 且 $\gamma > -\lambda_1$. 则方程 (7.6.12) 在 $\mathbb{T}^*$ 上非共轭.

证明 由引理 7.6.3 和文献 [2], 练习 6.14, P. 275 直接可得该引理的结论. □

根据文献 [2] 的 Theorem 6.8 可知: 问题 (7.6.12) 中方程的 Dirichlet 问题的 Green 函数 G 满足

$$G(j,s) > 0, \quad 1 \leqslant j, s \leqslant T.$$

引理 7.6.6 假设 (H0) 和 (H1) 成立. 令 $\gamma \in \mathbb{R}$ 且 $\gamma > -\lambda_1$. 则非自伴问题

$$\begin{aligned}&-\Delta^2 u(j-1) + b(j)\Delta u(j) + a_0(j)u(j) + \gamma m(j)u(j) = 0, \quad j \in \mathbb{T},\\&u(0) = u(T+1) = 0\end{aligned} \tag{7.6.14}$$

的 Green 函数 K 满足

$$K(j,s) = G(j,s)h(s) > 0, \quad 1 \leqslant t, s \leqslant T. \tag{7.6.15}$$

证明 容易验证 u 是问题 (7.6.4) 的解当且仅当 u 是问题

$$\begin{aligned}&-h(j)\Delta^2 u(j-1) + h(j)b(j)\Delta u(j) + a_0(j)h(j)u(j) + \gamma m(j)h(j)u(j)\\&= h(j)e(j), \ j \in \mathbb{T},\\&u(0) = u(T+1) = 0\end{aligned} \tag{7.6.16}$$

的解, 并且 (7.6.16) 等价于问题

$$-[\Delta(p(j-1)\Delta u(j-1)) + q(j)u(j)] + \gamma h(j)m(j)u(j) = h(j)e(j), \quad j \in \mathbb{T},$$
$$u(0) = u(T+1) = 0. \tag{7.6.17}$$

由于 (7.6.17) 的解 u 满足

$$u(j) = \sum_{s=1}^{T} G(j,s)[h(s)e(s)],$$

因此, (7.6.16) 的解 u 满足

$$u(j) = \sum_{s=1}^{T} [G(j,s)h(s)]e(s).$$

从而, (7.6.15) 成立. □

在引理 7.6.6 中, 令 $m(j) \equiv 1, j \in \mathbb{T}$. 则 $(\mathcal{L}+\gamma)^{-1}: \mathcal{D} \to \mathcal{D}$ 强正. 从而, 由 Krein-Rutman 定理可得下述结论.

引理 7.6.7 假设 (H0)—(H2) 成立. 令 $u \in \mathcal{D}$, γ 为常数并且 $\gamma > -\lambda_1$. 若 $(\mathcal{L}+\gamma)u(j) \geqslant 0$ 于 $\mathbb{T}$, 则 $u(j) \geqslant 0$ 于 $\mathbb{T}$. 进一步, 若 $u \not\equiv 0$ 于 $\mathbb{T}$, 则对所有的 $j \in \mathbb{T}$, $u(j) > 0$.

引理 7.6.8 令 ν_1 是 $\mathcal{L}$ 的主特征值. 给定 $c < \nu_1$, 则存在 $d, d > \nu_1$, 使得若 $r: \mathbb{T} \to \mathbb{R}$ 满足

$$c \leqslant r(j) \leqslant d, \quad j \in \mathbb{T}$$

和问题

$$\mathcal{L}u(j) = r(j)u(j), \quad j \in \mathbb{T},$$
$$u(0) = u(T+1) = 0, \tag{7.6.18}$$

且 $u(j) \not\equiv 0$ 于 $\mathbb{T}$ 的解. 则对所有的 $j \in \mathbb{T}$, 要么 $u(j) > 0$, 要么 $u(j) < 0$.

证明 首先我们注意到若 $r: \mathbb{T} \to \mathbb{R}$ 且 $u \in \mathcal{D}$ 是问题 (7.6.18) 的解, 且满足 $u(j) \geqslant 0$ 且 $u(j) \not\equiv 0, j \in \mathbb{T}$, 则 $u(j) > 0, j \in \mathbb{T}$.

事实上, 若 γ 充分大使得 $\gamma + r(j) > 0, j \in \mathbb{T}$, 则在 $\mathbb{T}$ 上, $(\mathcal{L}+\gamma)u \geqslant 0$, 从而由引理 7.6.7 可得此结论. 类似地讨论可知, 若 u 是 (7.6.18) 的解满足 $u(j) \leqslant 0$ 且 $u(j) \not\equiv 0, j \in \mathbb{T}$, 则 $u(j) < 0, j \in \mathbb{T}$.

若引理的断言是错误的, 则一定存在一个序列 $\{r_m(j)\}$,

$$c \leqslant r_m(j) \leqslant \nu_1 + \frac{1}{m}, \quad j \in \mathbb{T} \tag{7.6.19}$$

7.6 非自伴二阶离散 Dirichlet 共振型问题

及相应的序列 $\{u_m\} \subset \mathcal{D}$, $u_m \not\equiv 0$ 于 $\mathbb{T}$, 满足

$$\begin{aligned}\mathcal{L}u_m(j) &= r_m(j)u_m(j), \quad j \in \mathbb{T}, \\ u_m(0) &= u_m(T+1) = 0,\end{aligned} \quad (7.6.20)$$

并且存在 $j_{m,0} \in (\mathbb{T} \setminus \{1, T\})$, 使得 $u_m(j_{m,0}) = 0$. 对所有的 m, 不妨假定

$$|u_m|_0 = 1. \quad (7.6.21)$$

如果需要, 通过选取适当的子列, 可得存在 u_0, 使得 $\{u_m\}$ 收敛到 u_0 于 $\mathcal{D}$, 并且

$$|u_0|_0 = 1. \quad (7.6.22)$$

进一步, 存在 $j_* \in (\mathbb{T} \setminus \{1, T\})$ 并且 $u_0(j_*) = 0$.

事实上, 根据 (7.6.20), 反设对所有的 $j \in \mathbb{T}$, 要么 $u_0(j) > 0$, 要么 $u_0(j) < 0$. 无论是上述情形的哪一种, 一定在 $\mathcal{D}$ 中存在一个 u_0 的邻域, 使得在这个邻域中的 $u \in \mathcal{D}$, 要么 $u(j) > 0$ 对所有的 $j \in \mathbb{T}$ 成立, 要么 $u(j) < 0$ 对所有的 $j \in \mathbb{T}$ 成立. 对于充分大的 m, u_m 一定在此邻域内, 这是一个矛盾.

因为序列 $\{r_m\}$ 有界, 如果需要, 通过选取适当的子列, 可得存在 r, 使得 $r_m \to r$. 对任意的 $m \geqslant k$, 由 (7.6.19) 可知 $c \leqslant r_m(j) \leqslant \nu_1 + (1/k)$, $j \in \mathbb{T}$, 并且由于 k 是任意的, 从而

$$c \leqslant r(j) \leqslant \nu_1, \quad j \in \mathbb{T}. \quad (7.6.23)$$

令 $\phi : \mathbb{T}^* \to \mathbb{R}$ 并且满足 $\phi(0) = \phi(T+1) = 0$. 由于

$$\begin{aligned}&\sum_{j=1}^{T} \phi(j)r_m(j)u_m(j) - \sum_{j=1}^{T} \phi(j)r(j)u_0(j) \\ &= \sum_{j=1}^{T} \phi(j)r_m(j)(u_m(j) - u_0(j)) + \sum_{j=1}^{T} \phi(j)u_0(j)(r_m(j) - r(j)),\end{aligned}$$

从而

$$\lim_{m \to \infty} \sum_{j=1}^{T} \phi(j)r_m(j)u_m(j) = \sum_{j=1}^{T} \phi(j)r(j)u_0(j).$$

进一步, 对任意的 $u \in \mathcal{D}$,

$$\lim_{m \to \infty} \langle \phi, \mathcal{L}u_m \rangle = \lim_{m \to \infty} \langle \mathcal{L}^*\phi, u_m \rangle = \langle \mathcal{L}^*\phi, u_0 \rangle = \langle \phi, \mathcal{L}u_0 \rangle.$$

结合 (7.6.20) 可知

$$\langle \phi, \mathcal{L}u_0 \rangle = \lim_{m \to \infty} \langle \phi, \mathcal{L}u_m \rangle = \lim_{m \to \infty} \langle \phi, r_m u_m \rangle = \langle \phi, r u_0 \rangle.$$

由于 ϕ 是任意的，因此可得

$$\begin{aligned}\mathcal{L}u_0(j) &= r(j)u_0(j), \quad j \in \mathbb{T}, \\ u_0(0) &= u_0(T+1) = 0.\end{aligned} \quad (7.6.24)$$

由主特征值 ν_1 的性质可知，一定存在光滑函数 θ，使得

$$\begin{aligned}\mathcal{L}\theta(j) &= \nu_1\theta(j), \quad j \in \mathbb{T}, \\ \theta(0) &= \theta(T+1) = 0, \\ \theta(j) &> 0, \quad j \in \mathbb{T}.\end{aligned} \quad (7.6.25)$$

由于 $|u_0|_0 = 1$, $u_0 \not\equiv 0$, 如果需要，用 $-u_0$ 代替 u_0. 假设存在某个 $j^\diamond \in \mathbb{T}$, 使得 $u_0(j^\diamond) > 0$. 由于当 $k > 0$ 充分小时，对于所有的 $j \in \mathbb{T}$, $\theta(j) - ku_0(j) > 0$. 若 $\bar{k}$ 是所有满足此条件的 k 的上确界，则对所有的 $j \in \mathbb{T}$, $0 < \bar{k} < \infty$ 并且 $\theta(j) - \bar{k}u_0(j) \geqslant 0$.

若 $v = \theta - \bar{k}u_0$, 则存在 $j^* \in \mathbb{T}$, 使得 $v(j^*) = 0$. 对于相反的情形，则一定存在 $k_1 > \bar{k}$, 使得对所有的 $j \in \mathbb{T}$, $\theta(j) - k_1 u_0(j) > 0$, 这和 $\bar{k}$ 的定义矛盾. 令 $\gamma > 0$ 充分大，使得 $\gamma + r(j) > 0$, $j \in \mathbb{T}$. 由 (7.6.24), (7.6.25) 可知

$$\begin{aligned}(\mathcal{L}+\gamma)v(j) &= (r(j)+\gamma)v(j) + (\nu_1 - r(j))\theta(j) \geqslant 0, \quad j \in \mathbb{T}, \\ v(0) &= v(T+1) = 0.\end{aligned}$$

由 $v \geqslant 0$ 于 $\mathbb{T}$ 并且存在 $j^* \in \mathbb{T}$ 使得 $v(j^*) = 0$. 根据引理 7.6.7 可知，对所有的 $j \in \mathbb{T}$, $v(j) = 0$. 因此，$\theta \equiv \bar{k}u_0$. 从而存在 $j_* \in (\mathbb{T} \setminus \{1, T\})$ 使得 $u_0(j_*) = 0$, 这是一个矛盾. 这就证明了引理 7.6.8. □

对任意 $c < \nu_1$, 记

$$d^*(c) := \sup\{d : c \leqslant r(j) \leqslant d \Rightarrow (7.6.18) \text{ 的任何非平凡解要么正于要么负于 } \mathbb{T}\}.$$

定理 7.6.1 假设 (H0)—(H2) 成立. 令 $d_0 : d_0 > \nu_1$ 表示当 $c < \nu_1$ 时，$d^*(c)$ 的上确界. 令 Θ^* 为 $\mathcal{L}^*$ 对应于主特征值 ν_1 的特征函数，满足 Θ^* 在 $\mathbb{T}$ 上严格正. 令 $g : \mathbb{R} \to \mathbb{R}$ 为连续函数，满足存在常数 $r_0 : r_0 > 0$, $b_0 : 0 < b_0 < d_0 - \nu_1$, 使得当 $|\xi| \geqslant r_0$ 时，$\dfrac{g(\xi)}{\xi} \leqslant b_0$. 令 $\underline{g}(+\infty) = \liminf\limits_{\xi \to +\infty} g(\xi)$, $\overline{g}(-\infty) = \limsup\limits_{\xi \to -\infty} g(\xi)$. 若 $h \in \mathcal{D}$ 并且

$$\overline{g}(-\infty)\sum_{j=1}^{T}\Theta^*(j) < \sum_{j=1}^{T}\Theta^*(j)h(j) < \underline{g}(+\infty)\sum_{j=1}^{T}\Theta^*(j), \quad (7.6.26)$$

则 (7.6.1) 至少存在一个解. 若 $\lim_{\xi \to +\infty} g(\xi) = g(+\infty)$ 和 $\lim_{\xi \to -\infty} g(\xi) = g(-\infty)$ 存在或者等于无穷，并且对于所有的 $\xi \in \mathbb{R}$, $g(-\infty) < g(\xi) < g(+\infty)$, 则 (7.6.26) 是 (7.6.1) 可解的充分必要条件.

7.6 非自伴二阶离散 Dirichlet 共振型问题

证明 由 d_0 的定义可知, 存在常数 c_1, d_1 且满足 $c_1 < \nu_1, \nu_1 + b_0 < d_1$. 若 $r \in \mathcal{D}$ 满足 $c_1 \leqslant r(j) \leqslant d_1, j \in \mathbb{T}$, 则问题

$$\mathcal{L}u = ru, \quad j \in \mathbb{T}, \quad u(0) = u(T+1) = 0$$

的任意非平凡解 u 在 $\mathbb{T}$ 上要么是严格正的, 要么是严格负的.

假设 (7.6.26) 成立, 则当 $|\xi|$ 很大并且 ξ 为正时, $g(\xi) > \dfrac{\langle \Theta^*, h \rangle}{\langle \Theta^*, 1 \rangle}$, 当 $|\xi|$ 很大并且 ξ 为负时, $g(\xi) < \dfrac{\langle \Theta^*, h \rangle}{\langle \Theta^*, 1 \rangle}$. 由此以及定理的假设条件, 我们推断存在一个常数 $\rho_1, \rho_1 \geqslant r_0$, 满足

$$c_1 \leqslant \nu_1 + \frac{g(\xi)}{\xi} \leqslant d_1, \quad |\xi| \geqslant \rho_1.$$

令 k 为正的常数, 满足 $\nu_1 + k \leqslant d_1$, 并且 $\nu_1 + k$ 不是问题

$$\mathcal{L}u = \nu u \quad \text{于} \ \mathbb{T}, \quad u(0) = u(T+1) = 0 \tag{7.6.27}$$

的特征值.

对任意的 $s \in [0, 1]$, 考虑问题

$$\mathcal{L}u = (\nu_1 + sk)u + (1-s)g(u) - h \quad \text{于} \ \mathbb{T}, \quad u(0) = u(T+1) = 0. \tag{7.6.28}$$

我们声称存在一个不依赖于 s 的数 M_1, 使得若 u 是问题 (7.6.28) 的解, 则

$$|u|_0 \leqslant M_1. \tag{7.6.29}$$

作为这一结果证明的第一步, 令 $\psi : \mathbb{R} \to \mathbb{R}$ 满足 $0 \leqslant \psi(\xi) \leqslant 1$, $\rho_1 \leqslant |\xi| \leqslant 2\rho_1$, $\psi(\xi) = 0, |\xi| \geqslant 2\rho_1, \psi(\xi) = 1, |\xi| \leqslant \rho_1$, 并且记

$$g_1(\xi) = (1 - \psi(\xi))g(\xi),$$
$$g_2(\xi) = g(\xi) - g_1(\xi).$$

据此, 若定义当 $\xi = 0$ 时, $(g_1(\xi))/\xi = 0$, 则

$$c_1 \leqslant \nu_1 + \frac{g_1(\xi)}{\xi} \leqslant d_1, \quad \xi \in \mathbb{R},$$

并且存在常数 M_3, 使得对所有的 ξ, $|g_2(\xi)| \leqslant M_3$.

若不存在常数 M_1, 使得对 $s \in [0, 1]$, 问题 (7.6.28) 的解 u 满足 (7.6.29), 则存在数列 $\{s_n\} \subset [0, 1]$ 以及函数列 $\{u_m\}$, 使得 u_m 是 $s = s_m$ 时 (7.6.28) 的解, 并且

$$|u_m|_0 \to \infty, \quad m \to \infty.$$

若

$$v_m = \frac{u_m}{|u_m|_0}, \qquad m \in \mathbb{N},$$

则

$$\mathcal{L}v_m = r_m v_m - h_m, \qquad v_m(0) = v_m(T+1) = 0, \qquad (7.6.30)$$

其中

$$r_m(j) = s_m(\nu_1 + k) + (1 - s_m)\left(\nu_1 + \frac{g_1(u_m(j))}{u_m(j)}\right),$$
$$h_m(j) = [h(j) - (1 - s_m)g_2(u_m(j))]/|u_m|_0.$$

因此, 对任意 $j \in \mathbb{T}$, 可知

$$c_1 \leqslant r_m(j) \leqslant d_1. \qquad (7.6.31)$$

由于 (7.6.28) 中方程的右端项有界, 因此假设 $\{v_m\}$ 收敛于函数 v_0, 并且 $\{r_m\}$ 收敛于函数 r, 且满足

$$c_1 \leqslant r(j) \leqslant d_1, \qquad j \in \mathbb{T}. \qquad (7.6.32)$$

令 $\psi \in \mathcal{D}$. 由于

$$\langle \mathcal{L}v_m, \psi \rangle = \langle r_m v_m, \psi \rangle - \langle h_m, \psi \rangle,$$

并且 $\langle h_m, \psi \rangle \to 0$ 当 $m \to \infty$, 类似于引理 7.6.8 的证明过程, 可得

$$\mathcal{L}v_0 = rv_0, \qquad v_0(0) = v_0(T+1) = 0.$$

由于 $|v_0|_0 = |v_m|_0 = 1$, 由 (7.6.32) 以及 c_1, d_1 的选择可知, 在 $\mathbb{T}$ 上, 要么 v_0 严格正, 要么严格负. 由于

$$\frac{u_m}{|u_m|_0} \to v_0, \qquad m \to \infty,$$

则下面两条中有一条成立:

(i) 存在整数 m_0 使得 u_m 是严格正的于 $\mathbb{T}$ 并且对所有的 $j \in \mathbb{T}$, $\lim_{m \to \infty} u_m(j) = +\infty$;

(ii) 存在整数 m_0 使得 u_m 是严格正的于 $\mathbb{T}$ 并且对所有的 $j \in \mathbb{T}$, $\lim_{m \to \infty} u_m(j) = -\infty$.

我们仅考虑上述两条中的第一条, 因为第二条可以用完全类似的方法处理. 假设 (i) 成立. 由于 $k > 0$, 根据 (7.6.26) 易得

$$\langle \Theta^*, h \rangle \leqslant \langle \liminf_{m \to \infty}(s_m k u_m + (1 - s_m)g(u_m)), \Theta^* \rangle. \qquad (7.6.33)$$

在 (7.6.28) 中取 $s = s_m, u = u_m$，并且方程两边同时乘以 Θ^*，可得

$$\nu_1 \langle \Theta^*, u_m \rangle = \langle \mathcal{L}^* \Theta^*, u_m \rangle = \langle \Theta^*, \mathcal{L} u_m \rangle$$
$$= \langle \Theta^*, \nu_1 u_m \rangle + \langle (s_m k u_m + (1-s_m) g(u_m)), \Theta^* \rangle - \langle h, \Theta^* \rangle.$$

因此

$$\langle (s_m k u_m + (1-s_m) g(u_m)), \Theta^* \rangle = \langle h, \Theta^* \rangle, \quad m \in \mathbb{N}.$$

由于当 $m \geqslant m_0$ 时，$u_m(j) > 0, j \in \mathbb{T}$，由 (7.6.26) 可知 $s_m k u_m + (1-s_m) g(u_m)$ 在 $\mathbb{T}$ 上下方有界，且不依赖于 m 和 j. 因此，由 Fatou 引理可知

$$\langle \liminf_{m \to \infty} (s_m k u_m + (1-s_m) g(u_m)), \Theta^* \rangle$$
$$= \liminf_{m \to \infty} \langle s_m k u_m + (1-s_m) g(u_m), \Theta^* \rangle$$
$$= \langle h, \Theta^* \rangle,$$

这与 (7.6.33) 矛盾. 因此，存在不依赖于 s 的 M_1 使得若 u 是问题 (7.6.28) 的解，则 (7.6.29) 成立.

对 $u \in \mathcal{D}, s \in [0,1]$，定义 $N(u,s)$ 为下述问题的唯一解 w，

$$\mathcal{L} w = (\nu_1 + sk) u + (1-s) g(u) - h \quad \text{于 } \mathbb{T}, \quad w(0) = w(T+1) = 0,$$

则 $N : \mathcal{D} \times [0,1] \to \mathcal{D}$ 为紧的，连续同伦. 若 $R > M_2$，则根据已证得的结果，当 $|u|_0 = R$ 且 $0 \leqslant s \leqslant 1$ 时，$u \neq N(u,s)$. 若记 $B_R = \{u \in \mathcal{D} : |u|_0 < R\}$，$I$ 是恒同映射，则对 $s \in [0,1]$，拓扑度 $\deg(I - N(\cdot,s), B_R, 0)$ 是有定义的. 并且根据拓扑度的同伦不变性，对 $s \in [0,1]$，$\deg(I - N(\cdot,s), B_R, 0)$ 为常数.

选择恰当的 k，使得线性 Fredholm 映射 $T = I - (\nu_1 + k) \mathcal{L}^{-1}$ 是可逆的. 由于 $u - N(u,1) = u - \mathcal{L}^{-1}((\nu_1 + k)u - h)$，因此 $\deg(I - N(\cdot,1), B_R, 0)$ 等于 $u - N(u,1)$ 在它的唯一零点 $u_0 \in B_R$ 处的不动点指数，并且其数值等于 ± 1. 由 $\deg(I - N(\cdot,0), B_R, 0) \neq 0$，则 $u - N(u,0)$ 在 B_R 中至少有一个解，从而 (7.6.1) 是可解的.

条件 (7.6.26) 是解存在的必要条件. 若 g 满足增长性条件，$\lim_{s \to \pm\infty} g(\xi) = g(\pm\infty)$ 存在或者等于无穷，并且对所有的 ξ，$g(-\infty) < g(\xi) < g(\infty)$，则条件 (7.6.26) 也是充分的. 稍作修改，可以用与 Landesman 和 Lazer 在文献 [83] 中使用的相同的方式来证明. 我们可得，若 u 是 (7.6.1) 的解，则

$$\nu_1 \langle u, \Theta^* \rangle = \langle u, \mathcal{L}^* \Theta^* \rangle = \langle \mathcal{L} u, \Theta^* \rangle = \nu_1 \langle u, \Theta^* \rangle + \langle g(u) - h, \Theta^* \rangle.$$

因此

$$\langle g(u), \Theta^* \rangle = \langle h, \Theta^* \rangle.$$

由 Θ^* 的正性可得

$$g(-\infty)\langle\Theta^*,1\rangle < \langle h,\Theta^*\rangle < g(\infty)\langle\Theta^*,1\rangle,$$

即 (7.6.26) 成立. □

第8章 非线性差分方程边值问题解集的全局结构

本章拟运用全局分歧理论讨论非线性差分方程边值问题解集的全局结构. 8.1 节简介分歧理论, 主要包括 Rabinowitz 全局分歧定理、Dancer 全局分歧定理、指数跳跃原理、区间分歧定理及无界连通分支的存在性结果. 8.2 节讨论带不定权的线性二阶差分方程周期边值问题主特征值的性质以及相应的非线性问题正解集的全局结构. 8.3 节利用 Dancer 分歧定理讨论一类带非线性边界条件的非线性二阶差分方程正解集的全局结构. 在 8.4 节中, 利用全局分歧理论研究带奇异 ϕ-Laplace 的拟线性二阶差分方程 Dirichlet 问题的解集结构.

8.1 分歧理论简介

8.1.1 Gelfand 公式 Krein-Rutman 定理

设 $(E, \|\cdot\|)$ 是复数域 $\mathbb{C}$ 上的一个 Banach 空间. 记 $L(E)$ 为有界线性算子 $T: E \to E$ 的全体在范数

$$\|T\| = \sup\{\|Tx\| \mid \|x\| = 1\}$$

下所构成的 Banach 空间, $I: E \to E$ 为恒同映射. 则称集合

$$\sigma(T) = \{\lambda \in \mathbb{C} \mid \lambda I - T: E \to E \text{存在有界逆}\}$$

为 T 的谱. 集合

$$\rho(T) = \mathbb{C} \setminus \sigma(T)$$

称为 T 的预解集, 而

$$r(T) = \sup\{|\lambda| \mid \lambda \in \rho(T)\}$$

称为 T 的谱半径.

定理 8.1.1 设 $T \in L(E)$. 则

(i) $\sigma(T) \neq \varnothing$;

(ii) (Gelfand 公式) $r(T) = \lim_{n \to \infty} \|T^n\|^{1/n}$.

设 $(E_0, \|\cdot\|)$ 是实数域 $\mathbb{R}$ 上的 Banach 空间. 若 B 是 E_0 上的有界线性算子, 则定义 B 的谱半径为 B 在 E_0 的复化空间上的自然延拓算子的谱半径, 且仍记为 $r(B)$.

下面介绍一类特殊的有界连续线性算子——正算子的概念和性质. 主要内容取自文献 [14, 26].

设 $(E, \|\cdot\|)$ 是一个 Banach 空间, $K \subset X$ 是一个锥, $T \in L(E)$. 若 $TK \subset K$, 则称 T 为正算子.

若 $K \subset X$ 是一个体锥, 且 $T(K \setminus \{0\}) \subseteq \mathrm{int}\, K$, 则称 T 为强正算子.

关于谱半径, 有如下重要结果.

定理 8.1.2 (Krein-Rutman 定理) 设 E 是一个 Banach 空间, $K \subset X$ 是一个锥满足
$$\overline{K \setminus K} = E.$$
设 $T \in L(E)$ 是一个紧的正算子, 并且 $r(T) > 0$. 则 $r(T)$ 是 T 的具有正特征函数的正特征值.

定理 8.1.3 设 E 是一个 Banach 空间, $K \subset E$ 是一个锥且满足 $\mathrm{int}\, K \neq \varnothing$. 设 $T \in L(E)$ 是一个紧的强正算子. 则

(a) $r(T) > 0$, $r(T)$ 是 T 的一个具有正特征函数 $v \in \mathrm{int}\, K$ 的简单特征值, 并且 T 再没有其他正特征值.

(b) 对于任何满足 $\lambda \neq r(T)$ 的特征值 λ, 有
$$|\lambda| < r(T).$$

(c) 对任何 $y > 0$, 当 $\lambda > r(T)$ 时, 方程 $\lambda x - Tx = y$ 有唯一解 $x \in \mathrm{int}\, K$; 当 $\lambda \leqslant r(T)$, 方程 $\lambda x - Tx = y$ 在 K 中无解.

(d) 对任何 $y > 0$, 方程 $r(T)x - Tx = -y$ 在 K 中无解.

(e) 若 $S \in L(X)$ 并且 $Sx \geqslant Tx$ 于 K, 则 $r(S) \geqslant r(T)$. 进一步, 若 $Sx \gg Tx$ 对一切 $x \succ 0$ 成立, 则 $r(S) > r(T)$.

8.1.2 分歧理论基础

本小节的主要内容选自文献 [85, 86].

设 X, Y 为两个 Banach 空间. 考察方程
$$F(\lambda, u) = 0, \tag{8.1.1}$$
其中 $F: \mathbb{R} \times X \to Y$ 为一个依赖于实参数 λ 的映射. 本节总假定 $F \in C^2(\mathbb{R} \times X, Y)$ 并且
$$F(\lambda, 0) = 0, \quad \lambda \in \mathbb{R}. \tag{8.1.2}$$
若 (8.1.2) 成立, 则对任意 $\lambda \in \mathbb{R}$, (8.1.1) 总有平凡解 $u = 0$. 记
$$\mathcal{S} = \{(\lambda, u) \in \mathbb{R} \times X \mid u \neq 0,\ F(\lambda, u) = 0\}.$$

则称 $\mathcal{S}$ 为 (8.1.1) 的非平凡解的集合.

若存在一个序列 $\{(\lambda_n, u_n) \in \mathbb{R} \times X\}$ 满足

(i) $u_n \neq 0$;

(ii) $F(\lambda_n, u_n) = 0$;

(iii) $(\lambda_n, u_n) \to (\lambda^*, 0)$.

则称 $(\lambda^*, 0)$ 为 (8.1.1) 的一个*分歧点*.

定理 8.1.4 (必要条件) 若 $(\lambda^*, 0)$ 为 (8.1.1) 一个分歧点, 则 F 对 u 在 $(\lambda^*, 0)$ 点的 Fréchet 导数 $F_u(\lambda^*, 0) : X \to Y$ 不可逆.

若 $X = Y$,
$$F(\lambda, u) = \lambda u - G(u),$$
则 $F_u(\lambda^*, 0) = \lambda^* I - G'(0)$. 此时定理 8.1.4 变成如下定理.

定理 8.1.5 (必要条件) 若 $(\lambda^*, 0)$ 为方程 $\lambda u - G(u) = 0$ 的一个分歧点, 则 λ^* 属于 $G'(0)$ 的谱 $\sigma(G'(0))$.

现在, 一个有趣的问题是: 附加什么条件才能使得满足 $F_u(\lambda^*, 0)$ 不可逆的 $(\lambda*, 0)$ 的确为 $F(\lambda, u) = 0$ 的分歧点?

定理 8.1.6 (指数跳跃原理) 若 X 是一个 Banach 空间, Ω 是 $\mathbb{R} \times X$ 中的一个开集. 设 $F(\lambda, u) = u - h(\lambda, u)$, $(\lambda, u) \in \Omega$, 其中 $h : \mathbb{R} \times \Omega \to X$ 全连续, 且满足
$$h(\lambda, 0) = 0, \quad \forall (\lambda, 0) \in \Omega,$$
$$(\lambda_0, 0) \in \Omega.$$

假设存在 $\varepsilon_0 > 0$, 使当 $\lambda \in (\lambda_0 - \varepsilon_0, \lambda_0 + \varepsilon_0)$, $\varepsilon \in (0, \varepsilon_0)$ 时, $F(\lambda, \cdot)$ 在 0 点的 Leray-Schauder 指数
$$i_\lambda(0) := \deg[F(\lambda, \cdot), B(0, \varepsilon), 0]$$
有定义. 若
$$i_{\lambda_0 + \varepsilon}(0) \neq i_{\lambda_0 - \varepsilon}(0), \quad \forall \varepsilon \in (0, \varepsilon_0),$$
则 $(\lambda_0, 0)$ 为 $u = h(\lambda, u)$ 的一个分歧点.

设 E 为 Banach 空间, $A \in L(E)$ 为一个全连续算子. 若 $\lambda \in \mathbb{C}$ 使得
$$\lambda u - Au = 0$$
在 E 中有非平凡解, 则称 λ 为 A 的一个*特征值*; 称每个这样的非平凡解为 A 的一个*特征向量*. 若 $\mu \in \mathbb{C}$ 使得
$$u - \mu A u = 0$$
在 E 中有非平凡解, 则称 μ 为 A 的一个*本征值*.

λ 为算子 A 的非零特征值 $\Leftrightarrow \mu := \dfrac{1}{\lambda}$ 为 A 的本征值.

设 $X = Y$, 并考虑方程

$$x = \mu(Lx + Nx), \qquad \mu \in \mathbb{R}, x \in X. \tag{8.1.3}$$

为陈述产生分歧的充分条件, 假定:

(H1) 算子 $L : X \to X$ 为线性紧算子.

(H2) 非线性算子 $N : U(0) \subset X \to X$ 全连续, 并且

$$\frac{\|Nx\|}{\|x\|} \to 0, \qquad x \to 0.$$

(H3) μ_0 为 L 在 X 中的本征值, 且其代数重数 $\chi(\mu_0)$ 为奇数. 其中

$$\chi(\mu_0) = \dim\left\{ \cup_{m=1}^{\infty} \ker((I - \mu_0 L)^m) \right\}.$$

定理 8.1.7 (Krasnoselskii, 1956) 假设 (H1)—(H3) 成立. 则 $(\mu_0, 0)$ 为 (8.1.3) 的一个分歧点.

定理 8.1.7 是一个局部结果. 下面介绍几个全局分歧定理.

定理 8.1.8[87] 设 (H1)—(H3) 成立. 设 $C(\mu_0)$ 为 (8.1.3) 的非平凡解集的闭包中包含点 $(\mu_0, 0)$ 的连通分支. 则下列两种情形之一出现:

(i) $C(\mu_0)$ 无界;

(ii) $C(\mu_0)$ 还连接 $(\bar{\mu}, 0)$, 而 $\bar{\mu}$ 为不同于 μ_0 的本征值.

对于正算子而言, 在一些自然的假设下, 可以证明: 对于最小正本征值的情形, 抉择 (ii) 不会出现. 为此, 设

$$S_+ = \{(\mu, x) \in \mathbb{R} \times X \mid (\mu, x) \text{ 为 } (8.1.3) \text{ 的解}, \mu > 0, x > 0\}.$$

定理 8.1.9[88] 设 (H1), (H2) 成立. 假设

(H1$_+$) 实 Banach 空间有一个锥 K 满足 $X = K - K$, 并且 $(L + N)(K) \subset K$;

(H2$_+$) L 的谱半径 $r(T) > 0$, 令 $\mu_0 = r(L)^{-1}$.

则 $(\mu_0, 0)$ 为 (8.1.3) 的一个分歧点, 并且 S_+ 的闭包中包含一个通过 $(\mu_0, 0)$ 的无界连通分支 $C_+(\mu_0)$.

进一步, 若假定

(H3$_+$) $L(K \setminus \{0\}) \subset K^0$.

则 $(\mu, x) \in C_+(\mu_0)$ 及 $\mu \neq \mu_0$ 蕴涵 $x > 0$ 和 $\mu > 0$.

对于非线性项具有更一般形式的方程

$$x = \mu Lx + H(\mu, x), \qquad \mu \in \mathbb{R}, x \in X, \tag{8.1.4}$$

8.1 分歧理论简介

也有类似于定理 8.1.8 的结果.

定理 8.1.10 (Rabinowitz 全局分歧定理) 设 (H1), (H3) 成立. 假设 (H4) $H : \mathbb{R} \times X \to X$ 全连续, 并且

$$\lim_{x \to 0} \frac{\|H(\mu, x)\|}{\|x\|} = 0$$

在 λ 的任何有界区间上一致成立.

记 $C(\mu_0)$ 为 (8.1.4) 的非平凡解集的闭包中包含点 $(\mu_0, 0)$ 的连通分支. 则下列两种情形之一出现:

(i) $C(\mu_0)$ 无界;

(ii) $C(\mu_0)$ 还连接 $(\bar{\mu}, 0)$, 而 $\bar{\mu}$ 为不同于 μ_0 的本征值.

在定理 8.1.7、定理 8.1.8 和定理 8.1.10 中, 条件 (H3) (即本征值的代数重数为奇数) 是一个重要条件. 并且的确存在这样的例子: 本征值 μ_0 的代数重数为偶数, 而 $(\mu_0, 0)$ 不是分歧点. 然而对于一类特殊的算子 —— 变分算子, 其任何本征值 μ_0 所对应的点 $(\mu_0, 0)$ 均为分歧点.

设 X 是一个 Hilbert 空间, $G \in C^1(X, X)$. 若存在泛函 $g : X \to \mathbb{R}$ 使得 $G = \nabla g(u)$, 则称 G 是一个**变分算子**.

定理 8.1.11 (Krasnoselskii 位势分歧定理) 设 X 是一个 Hilbert 空间. 假设 $G \in C^1(X, X)$ 是一个变分算子并且全连续. 则对算子 $A = G'(0)$ 的每一个特征值 $\bar{\lambda}$, $(\bar{\lambda}, 0)$ 均为方程

$$\lambda u - G(u) = 0$$

的分歧点.

8.1.3 无界连通分支

本节主要讨论含参数非线性微分方程的解集中无界连通分支的存在性.

我们首先介绍 Kuratowski 给出的一些概念和术语. 详见文献 [89].

设 M 是一个度量空间. 设 $\{C_n \mid n = 1, 2, \cdots\}$ 是 M 的一族子集. 则 $\{C_n\}$ 的**上极限** $\mathcal{D}$ 定义为

$$\mathcal{D} := \overline{\lim} C_n = \{x \in M \mid 存在 \{n_i\} \subset \mathbb{N} \text{ 及 } x_{n_i} \in C_{n_i}, \text{ 使得 } x_{n_i} \to x\}.$$

集合 M 的一个**连通分支**是指 M 的一个极大连通子集.

对于常数 $\rho, \beta \in (0, \infty)$, 记

$$B_\rho := \{u \in X \mid \|u\| \leqslant \rho\},$$

$$\Omega_{\beta, \rho} := ([0, \infty) \times X) \setminus \{(\eta, u) \in [\beta, \infty) \times X \mid \|u\| \leqslant \rho\}.$$

现在, 假设 $\{\mathcal{C}_n\}$ 为 $\mathbb{R} \times X$ 中的一族连通子集合. 如下结果涉及 $\overline{\lim} \mathcal{C}_n$ 中具有给定形状的无界连通分支的存在性.

定理 8.1.12 ([90, Lemma 2.4], [91, Lemma 2.2]) 假设

(i) 存在 $z_n \in \mathcal{C}_n, n = 1, 2, \cdots$ 及 $z^* \in X$, 使得 $z_n \to z^*$;

(ii) $\lim\limits_{n \to \infty} r_n = \infty$, 其中 $r_n = \sup\{\|x\| : x \in \mathcal{C}_n\}$;

(iii) 对任意 $R > 0$, 集合 $\left(\bigcup_{n=1}^{\infty} \mathcal{C}_n\right) \cap B_R$ 是 X 中的相对紧集, 其中

$$B_R = \{x \in X \mid \|x\| \leqslant R\}.$$

则 $\mathcal{D}$ 中存在一个无界连通分支 $\mathcal{C}$ 满足 $z^* \in \mathcal{C}$.

定理 8.1.13 (闭连集性) 设 $\mathcal{O}$ 是 Banach 空间 E 的一个有界开子集. 假设 $F : \mathbb{R} \times E \to E$ 是一个全连续算子. 进一步, 假设对 $\lambda = \lambda_0$, 有

$$\deg(I - F(\lambda_0, \cdot), \mathcal{O}, 0) \neq 0.$$

设

$$\mathcal{S}^+ = \{(\lambda, u) \in [\lambda_0, \infty) \times E : u = F(\lambda, u)\},$$
$$\mathcal{S}^- = \{(\lambda, u) \in (-\infty, \lambda_0] \times E : u = F(\lambda, u)\}.$$

则存在闭连集 $C^+ \subset \mathcal{S}^+, C^- \subset \mathcal{S}^-$, 使得

(1) $C^\nu \cap (\{\lambda_0\} \times \mathcal{O}) \neq \varnothing, \nu \in \{+, -\}$;

(2) C^ν 无界或 $C^\nu \cap (\{\lambda_0\} \times E \setminus \overline{\mathcal{O}}) \neq \varnothing$.

定理 8.1.14 (全局分歧)[92] 设 E 是一个 Banach 空间. 假设 $F : \mathbb{R} \times E \to E$ 是一个全连续算子,

$$F(\lambda, 0) = 0, \quad \lambda \in \mathbb{R}. \tag{8.1.5}$$

假设存在常数 $a, b : a < b$, 使得 $(a, 0)$ 和 $(b, 0)$ 不是方程

$$u - F(\lambda, u) = 0 \tag{8.1.6}$$

的分歧点. 进一步, 假设

$$\deg(I - F(a, \cdot), B_r(0), 0) \neq 0, \ \deg(I - F(b, \cdot), B_r(0), 0) \neq 0,$$

其中 $B_r(0) = \{u \in E : \|u\| < r\}$, 并且 r 充分小使得 $B_r(0)$ 内仅含有 (8.1.6) 在 $\lambda \in \{a, b\}$ 时的平凡解. 设

$$\mathcal{S} = \overline{\{(\lambda, u) : (\lambda, u) \text{ 是 } (8.1.5) \text{ 的非平凡解}\}} \cup ([a, b] \times \{0\}).$$

则存在 $\mathcal{S}$ 的连通分支 $\mathcal{C}, \mathcal{C}$ 连接 $[a, b] \times \{0\}$ 并且下列情形之一发生:

(1) $\mathcal{C}$ 在 $\mathbb{R} \times E$ 中无界;

(2) $\mathcal{C} \cap \big((\mathbb{R} \setminus [a,b]) \times \{0\} \big) \neq \varnothing$.

定理 8.1.15 (全局渐近分歧)[92] 设 E 是一个 Banach 空间. 假设 $F : \mathbb{R} \times E \to E$ 是一个全连续算子,

$$F(\lambda, 0) = 0, \quad \lambda \in \mathbb{R}. \tag{8.1.7}$$

假设存在常数 $a, b : a < b$, 使得方程

$$u - F(\lambda, u) = 0$$

在 $\lambda \in \{a, b\}$ 时的解集是有界的, 即存在常数 $M > 0$ 使得

$$F(a, u) \neq u, \quad F(b, u) \neq u, \quad \forall u \in E : \|u\| \geqslant M.$$

假设

$$\deg(I - F(a, \cdot), B_R(0), 0) \neq 0, \ \deg(I - F(b, \cdot), B_R(0), 0) \neq 0, \quad R > M,$$

其中 $B_R(0) = \{u \in E : \|u\| < R\}$. 设

$$\mathcal{S} = \overline{\{(\lambda, u) : (\lambda, u) \text{是 (8.1.7) 的非平凡解}\} \cup ([a, b] \times \{0\})}.$$

则存在 $\mathcal{S}$ 的连通分支 $\mathcal{C}$, 满足 $\mathcal{C}$ 在 $[a, b] \times E$ 中无界, 并且下列情形之一发生:

(1) $\mathcal{C}$ 在 λ 方向无界;

(2) 存在一个区间 $[c, d]$ 满足 $[c, d] \cap (a, b) = \varnothing$, 并且 $\mathcal{C}$ 在 $[c, d] \times E$ 中从无穷分歧出来 (即 $\mathcal{C}$ 在 $[c, d] \times E$ 中无界).

8.2 带不定权的二阶周期边值问题正解的全局结构

设 $g : \mathbb{T} \to \mathbb{R}$ 是一个既取正值又取负值的函数. 本节考虑线性差分方程周期特征值问题

$$\begin{cases} -\Delta^2 u(t-1) + q(t) u(t) = \lambda g(t) u(t), & t \in \mathbb{T}, \\ u(0) = u(T), \quad u(1) = u(T+1), \end{cases} \tag{8.2.1}$$

主特征值的存在性与对应特征函数的符号, 并运用分歧理论讨论非线性离散周期边值问题

$$\begin{cases} -\Delta^2 u(t-1) + q(t) u(t) = f(t, u(t)), & t \in \mathbb{T}, \\ u(0) = u(T), \quad u(1) = u(T+1) \end{cases} \tag{8.2.2}$$

正解的存在性. 其中 $f : \mathbb{T} \times [0, \infty) \to \mathbb{R}$ 是一个连续函数.

本节总假定:

(H0) $q : \mathbb{T} \to [0, \infty)$, 且 $q(t_0) > 0$, $t_0 \in \mathbb{T}$.

(H1) $g : \mathbb{T} \to \mathbb{R}$, 且存在 $\mathbb{T}$ 的子集 $\mathbb{T}^+$, 使得 $g(t) > 0, t \in \mathbb{T}^+$, $g(t) < 0, t \in \mathbb{T}\backslash\mathbb{T}^+$. 令 n 表示集合 $\mathbb{T}^+$ 中元素的个数, 那么 $T - n$ 表示集合 $\mathbb{T}\backslash\mathbb{T}^+$ 中元素的个数.

定义差分算子 L_0 为

$$L_0 u(t) = -\Delta^2 u(t-1) + q(t)u(t), \qquad u \in \mathcal{D}, \ t \in \mathbb{T}, \qquad (8.2.3)$$

其中

$$\mathcal{D} = \{(u(0), u(1), \cdots, u(T), u(T+1)) : u(0) = u(T), \ u(1) = u(T+1)\}.$$

定义线性算子 $T_0 : \mathcal{D} \to \mathcal{D}$ 为

$$T_0 u(t) = \begin{cases} -\Delta^2 u(t-1) + q(t)u(t) - \lambda g(t)u(t), & t \in \mathbb{T}, \\ T_0 u(T), & t = 0, \\ T_0 u(1), & t = T+1. \end{cases} \qquad (8.2.4)$$

那么显然 $T_0 : \mathcal{D} \to \mathcal{D}$ 是一个同胚映射, 进一步地, $T_0 : \mathcal{D} \to \mathcal{D}$ 是一个自伴算子, 且它的谱只包含实的特征值.

定义 $\mathcal{D}$ 的范数与内积分别为

$$\|v\|^2 = \sum_{t=1}^{T} v^2(t), \qquad v = (v(0), v(1), \cdots, v(T), v(T+1)) \in \mathcal{D}$$

和

$$\langle u, v \rangle = \sum_{t=1}^{T} v(t) u(t), \qquad u, v \in \mathcal{D}.$$

对于 $v \in \mathcal{D}$, 由引理 7.5.2, 可知

$$\langle -\Delta^2 v(t-1), v(t) \rangle = \langle \Delta v(t), \Delta v(t) \rangle.$$

因此, 可以定义泛函

$$Q_\lambda(v) = \langle \Delta v(t), \Delta v(t) \rangle + \langle q(t)v(t), v(t) \rangle - \lambda \sum_{t=1}^{T} g(t) v^2(t).$$

下面我们研究问题 (8.2.1) 的主特征值, 为此需要下列引理.

引理 8.2.1　如果 (H0), (H1) 成立, 假设存在问题 (8.2.1) 的一个对应于特征值 λ 的非负特征函数, 那么 $Q_\lambda(v) \geqslant 0$, 对任意的 $v \in \mathcal{D}$.

8.2 带不定权的二阶周期边值问题正解的全局结构

证明 假设 u 是对应于特征值 λ 的非负特征函数,那么 u 是问题

$$\begin{cases} -\Delta^2 u(t-1) + q(t)u(t) - \lambda g(t)u(t) + ku(t) = ru(t), & t \in \mathbb{T}, \\ u(0) = u(T), \quad u(1) = u(T+1) \end{cases} \tag{8.2.5}$$

对应于特征值 $r = k$ 的非负特征函数. 令

$$T_0 u(t) = -\Delta^2 u(t-1) + q(t)u(t) - \lambda g(t)u(t), \quad u \in \mathcal{D},$$

且 $T_k u(t) := (T_0 u)(t) + ku(t)$. 如果 k 足够大,那么 $T_k^{-1} : \mathcal{D} \to \mathcal{D}$ 是强正的.

显然,r 和 ψ 是 T_k 的特征值和特征函数,当且仅当 $\mu = r - k$ 和 ψ 是问题

$$\begin{cases} -\Delta^2 u(t-1) + q(t)u(t) - \lambda g(t)u(t) = \mu u(t), & t \in \mathbb{T}, \\ u(0) = u(T), \quad u(1) = u(T+1) \end{cases} \tag{8.2.6}$$

所对应的特征值和特征函数.

由于 $T_k : \mathcal{D} \to \mathcal{D}$ 是自伴算子,它的谱只包含实的特征值,

$$\eta_1 \leqslant \eta_2 \leqslant \cdots \leqslant \eta_T.$$

进一步地,由著名的 Krein-Rutman 定理 ([15, 定理 19.2]) 可得,$\eta_1 > 0$ 是简单的, 且它所对应的特征函数 ψ_1 不变号.

所以,特征值 $\mu_1 = \eta_1 - k$ 是简单的,且其对应的特征函数 ψ_1 在 $\mathbb{T}$ 上不变号. 注意到 k 和 u 分别是问题 (8.2.5) 所对应的特征值与特征函数,且 u 与 ψ_1 是不正 交的. 由于自伴算子相应于不同特征值的特征向量是彼此正交的,则 u 是 T_k 对应 于 $\eta_1(=\mu_1 + k)$ 的特征函数,因此 $\mu_1 = 0$. 由谱理论

$$\langle T_0 v, v \rangle \geqslant \mu_1 \langle v, v \rangle = 0, \quad \forall v \in \mathcal{D},$$

即 $Q_\lambda(v) \geqslant 0$ 对任意的 $v \in \mathcal{D}$. $\square$

引理 8.2.2 如果 (H0) 和 (H1) 成立,令

$$K(v) = \frac{\displaystyle\sum_{t=1}^{T}\left[|\Delta v(t)|^2 + q(t)v^2(t)\right]}{\displaystyle\sum_{t=1}^{T} g(t)v^2(t)},$$

且

$$\lambda_1^+ = \inf\left\{K(v) : v \in \mathcal{D} \text{ 且 } \sum_{t=1}^{T} g(t)v^2(t) > 0\right\}.$$

那么 $\lambda_1^+ \in (0, \infty)$.

证明 由谱理论, $\langle L_0 v, v \rangle \geqslant \gamma_1 \langle v, v \rangle$, $\forall v \in \mathcal{D}$, 其中 γ_1 是 L_0 的第一个特征值. 注意到 (H0) 意味着

$$\gamma_1 > 0.$$

从而, 若 $v \in \mathcal{D}$, $\sum_{t=1}^{T} g(t) v^2(t) > 0$, 则

$$K(v) = \frac{\langle L_0 v, v \rangle}{\sum_{t=1}^{T} g(t) v^2(t)} \geqslant \frac{\gamma_1 \langle v, v \rangle}{\sum_{t=1}^{T} g(t) v^2(t)} \geqslant \frac{\gamma_1}{\sup_{t \in \mathbb{T}} |g(t)|} > 0.$$

因此

$$\lambda_1^+ \geqslant \frac{\gamma_1}{\sup_{t \in \mathbb{T}} |g(t)|} > 0. \tag{8.2.7}$$

$\square$

引理 8.2.3 如果 $\lambda > \lambda_1^+$, 那么 λ 不是问题 (8.2.1) 具有非负特征函数的特征值.

证明 若 $\lambda > \lambda_1^+$, 则存在 $v \in \mathcal{D}$ 使得 $\sum_{t=1}^{T} g(t) v^2(t) > 0$ 且 $K(v) < \lambda$, 即

$$\frac{\sum_{t=1}^{T} [|\Delta v(t)|^2 + q(t) v^2(t)]}{\sum_{t=1}^{T} g(t) v^2(t)} < \lambda,$$

所以 $Q_\lambda(v) < 0$, 由引理 8.2.1 可得结论成立. $\square$

引理 8.2.4 如果 (H1) 成立, 且 $0 < \lambda < \lambda_1^+$. 那么存在 $a > 0$ (a 依赖于 λ) 使得

$$Q_\lambda(v) \geqslant a \|v\|^2, \quad \forall v \in \mathcal{D}.$$

证明 令 $\lambda = (1-s) \lambda_1^+$, 其中 $0 < s < 1$. 则有

$$Q_\lambda(v) \geqslant s \gamma_1 \|v\|^2.$$

事实上, 对于 $v \in \mathcal{D}$ 有

$$Q_{\lambda_1^+}(v) = \sum_{t=1}^{T} |\Delta v(t)|^2 + \sum_{t=1}^{T} q(t) v^2(t) - \sum_{t=1}^{T} \lambda_1^+ g(t) v^2(t) \geqslant 0,$$

因此

8.2 带不定权的二阶周期边值问题正解的全局结构

$$Q_\lambda(v) = \sum_{t=1}^{T} |\Delta v(t)|^2 + \sum_{t=1}^{T} q(t)v^2(t) - \sum_{t=1}^{T} \lambda g(t)v^2(t)$$

$$= \frac{\lambda}{\lambda_1^+} Q_{\lambda_1^+}(v) + \left(1 - \frac{\lambda}{\lambda_1^+}\right) \left[\sum_{t=1}^{T} |\Delta v(t)|^2 + \sum_{t=1}^{T} q(t)v^2(t)\right]$$

$$\geqslant s\gamma_1 \sum_{t=1}^{T} |v(t)|^2. \qquad \square$$

引理 8.2.5 如果 (H0), (H1) 成立, 令

$$\lambda_1^- = \sup\left\{K(v) : v \in \mathcal{D} \text{ 且 } \sum_{t=1}^{T} g(t)v^2(t) < 0\right\}.$$

那么 $\lambda_1^- \in (-\infty, 0)$.

证明 若 $v \in \mathcal{D}$, $\sum_{t=1}^{T} g(t)v^2(t) < 0$, 则

$$\langle L_0 v, v \rangle \geqslant \gamma_1 \langle v, v \rangle, \quad v \in \mathcal{D},$$

因此

$$K(v) = \frac{\langle L_0 v, v \rangle}{\sum_{t=1}^{T} g(t)v^2(t)} \leqslant \frac{\gamma_1 \langle v, v \rangle}{\sum_{t=1}^{T} g(t)v^2(t)} \leqslant -\frac{\gamma_1}{\sup_{t \in \mathbb{T}} |g(t)|} < 0.$$

从而

$$\lambda_1^- \leqslant -\frac{\gamma_1}{\sup_{t \in \mathbb{T}} |g(t)|} < 0. \qquad \square$$

引理 8.2.6 如果 $\lambda < \lambda_1^-$, 那么 λ 不是问题 (8.2.1) 的具有非负特征函数的特征值.

证明 若 $\lambda < \lambda_1^-$, 则存在 $v \in \mathcal{D}$ 使得 $\sum_{t=1}^{T} g(t)v^2(t) < 0$ 且 $K(v) > \lambda$, 即

$$\frac{\sum_{t=1}^{T}[|\Delta v(t)|^2 + q(t)v^2(t)]}{\sum_{t=1}^{T} g(t)v^2(t)} > \lambda.$$

所以 $Q_\lambda(v) < 0$, 由引理 8.2.1 的逆否命题可得结论成立. $\qquad \square$

引理 8.2.7 如果 (H1) 成立, 且 $\lambda_1^- < \lambda < 0$. 那么存在 $a > 0$ (a 依赖于 λ) 使得

$$Q_\lambda(v) \geqslant a\|v\|^2, \quad \forall v \in \mathcal{D}.$$

证明 令 $\lambda = (1-s)\lambda_1^-$，其中 $0 < s < 1$. 对于 $v \in \mathcal{D}$，有

$$Q_{\lambda_1^-}(v) = \sum_{t=1}^T |\Delta v(t)|^2 + \sum_{t=1}^T q(t)v^2(t) - \sum_{t=1}^T \lambda_1^- g(t)v^2(t) \geqslant 0,$$

因此

$$\begin{aligned}Q_\lambda(v) &= \sum_{t=1}^T |\Delta v(t)|^2 + \sum_{t=1}^T q(t)v^2(t) - \sum_{t=1}^T \lambda g(t)v^2(t) \\ &= \frac{\lambda}{\lambda_1^-} Q_{\lambda_1^-}(v) + \left(1 - \frac{\lambda}{\lambda_1^-}\right)\left[\sum_{t=1}^T |\Delta v(t)|^2 + \sum_{t=1}^T q(t)v^2(t)\right] \\ &\geqslant s\gamma_1 \sum_{t=1}^T |v(t)|^2.\end{aligned}$$
□

定理 8.2.1 如果 (H0), (H1) 成立. 那么问题 (8.2.1) 有两个主特征值 λ_1^- 和 λ_1^+，使得

(1) $\lambda_1^- < 0 < \lambda_1^+$;
(2) λ_1^- 和 λ_1^+ 的代数重数为 1;
(3) 对应于特征值 λ_1^- 和 λ_1^+ 的特征函数 φ_1^- 和 φ_1^+ 是不变号的.

证明 考虑线性特征值问题

$$\begin{cases} -\Delta^2 u(t-1) + q(t)u(t) - \lambda_1^+ g(t)u(t) = \mu u(t), & t \in \mathbb{T}, \\ u(0) = u(T), \quad u(1) = u(T+1), \end{cases} \quad (8.2.8)$$

显然 λ_1^+ 是问题 (8.2.1) 对应于特征函数 w 的特征值，当且仅当 0 是 T_0 的特征值. 相应地，0 是问题 (8.2.8) 对应于特征函数 w 的特征值. T_0 的最小特征值由

$$\begin{aligned}\alpha_1 &= \inf\left\{\sum_{t=1}^T |\Delta v(t)|^2 + \sum_{t=1}^T q(t)v^2(t) - \sum_{t=1}^T \lambda_1^+ g(t)v^2(t) : v \in \mathcal{D}\right\} \\ &= \inf\{Q_{\lambda_1^+}(v) : v \in \mathcal{D}\}\end{aligned}$$

给出，由于对于任意的 $v \in \mathcal{D}$, $Q_{\lambda_1^+}(v) \geqslant 0$，所以 $\alpha_1 \geqslant 0$. 再由 λ_1^+ 的定义，存在一个序列 $\{v_n\} \subset \mathcal{D}$，使得 $\sum_{t=1}^T g(t)v_n^2(t) = 1$ 且

$$\lim_{n\to\infty} K(v_n) = \lim_{n\to\infty}\left[\sum_{t=1}^T |\Delta v_n(t)|^2 + \sum_{t=1}^T q(t)v_n^2(t)\right] = \lambda_1^+.$$

因此

$$\lim_{n\to\infty} Q_{\lambda_1^+}(v_n) = 0,$$

8.2 带不定权的二阶周期边值问题正解的全局结构

即 $\alpha_1 \leqslant 0$. 从而 $\alpha_1 = 0$ 是问题 (8.2.8) 的最小特征值, 所以 α_1 是简单的, 且相应的特征函数可以选择为定义在 $\mathbb{T}$ 上的正函数.

用同样的办法, 可以证明 λ_1^- 的代数重数为 1, 且对应的特征函数 φ_1^- 是不变号的. □

作为应用, 我们将考虑离散的非线性问题 (8.2.2) 正解的存在性.

首先假设

(H2) $\lim\limits_{s \to 0} \dfrac{f(t,s)}{s} = g(t), t \in \mathbb{T}$.

(H3) $\lim\limits_{s \to \infty} \dfrac{f(t,s)}{s} = m(t), t \in \mathbb{T}$, 其中 $m(t) > 0, t \in \mathbb{T}$.

令 $\lambda_1(m)$ 为问题

$$\begin{cases} -\Delta^2 u(t-1) + q(t)u(t) = \lambda m(t)u(t), & t \in \mathbb{T}, \\ u(0) = u(T), \quad u(1) = u(T+1) \end{cases} \tag{8.2.9}$$

的主特征值, 且 ϕ 为 $\lambda_1(m)$ 所对应的特征函数.

定理 8.2.2 假设 (H0)—(H3) 成立. 那么

(1) 当 $\lambda_1^+ < 1 < \lambda_1(m)$ 时, 问题 (8.2.2) 至少有一个正解;

(2) 当 $\lambda_1(m) < 1 < \lambda_1^+$ 时, 问题 (8.2.2) 至少有一个正解.

证明 **第一步** 相关分歧问题.

将 f 延拓为一个定义在 $\mathbb{T} \times \mathbb{R}$ 上的连续函数 $\tilde{f}$,

$$\tilde{f}(t,s) = \begin{cases} f(t,s), & (t,s) \in \mathbb{T} \times [0,\infty), \\ -f(t,-s), & (t,s) \in \mathbb{T} \times (-\infty, 0). \end{cases}$$

显然, 对于正解, 问题 (8.2.2) 等价于用 $\tilde{f}$ 替代 f 所对应的同样的问题, 并且 $\tilde{f}(t,s)$, $t \in \mathbb{T}$ 是奇函数. 在后面的证明中, 将用 f 代替 $\tilde{f}$.

由于

$$L_0 u(t) = -\Delta^2 u(t-1) + q(t)u(t), \quad u \in \mathcal{D}, \, t \in \mathbb{T}.$$

令 $\xi, \zeta \in C(\mathbb{T} \times \mathbb{R}, \mathbb{R})$, 使得

$$f(t,u) = g(t)u + \xi(t,u), \quad f(t,u) = m(t)u + \zeta(t,u), \quad \forall t \in \mathbb{T},$$

其中

$$\lim_{u \to 0} \dfrac{\xi(t,u)}{u} = 0, \quad \lim_{u \to \infty} \dfrac{\zeta(t,u)}{u} = 0, \quad \forall t \in \mathbb{T}. \tag{8.2.10}$$

现在考虑

$$L_0 u - \lambda g(t) u = \lambda \xi(t,u) \tag{8.2.11}$$

作为由平凡解 $u \equiv 0$ 处产生的分歧问题. 方程 (8.2.11) 的解为 $(\lambda, u) \in \mathbb{R} \times \mathcal{D}$ 且满足 (8.2.11). 易见方程 (8.2.11) 的解为 $(1, u)$, 其中 u 为问题 (8.2.2) 的解.

方程 (8.2.11) 可转化为

$$u(t) = \lambda L_0^{-1}[g(\cdot)u(\cdot)](t) + \lambda L_0^{-1}[\xi(\cdot, u(\cdot))](t), \tag{8.2.12}$$

其中 $\lim\limits_{u \to 0} \dfrac{L_0^{-1}[\xi(\cdot, u(\cdot))]}{\|u\|} = 0$ 于 $\mathcal{D}$ 上. 由于

$$\|L_0^{-1}[\xi(\cdot, u(\cdot))]\| = \left[\sum_{t=1}^{T}\left(\sum_{i=1}^{T} G(i,t)\xi(i, u(i))\right)^2\right]^{\frac{1}{2}}$$
$$\leqslant C \cdot \|\xi(\cdot, u(\cdot))\|,$$

其中 $C = \sqrt{T} \max\limits_{t \in \mathbb{T}} \sum_{i=1}^{T} G(i,t)$ 且 $G(i,t)$ 由文献 [97] 的定理 2.1 给出. 记 (8.2.12) 为

$$u = \lambda \mathcal{L} u + \mathcal{H}(\lambda, u). \tag{8.2.13}$$

显然, $\mathcal{L}, \mathcal{H} : \mathbb{R} \times \mathcal{D} \to \mathcal{D}$ 是全连续的,

$$\lim_{u \to 0} \frac{\|\mathcal{H}(\lambda, u)\|}{\|u\|} = 0$$

对于任何有界集上的 λ 一致成立. 若 λ 是 L_0 的特征值, 那么它也是 $\mathcal{L}$ 的本征值.

若 $u \neq 0$, 则 $(\lambda, u) \in \mathbb{R} \times \mathcal{D}$ 是 (8.2.13) 的非平凡解. 记 $\mathcal{S}$ 为 $\mathbb{R} \times \mathcal{D}$ 中 (8.2.13) 的非平凡解 (λ, u), 且 $\lambda > 0$ 所构成的集合的闭包.

下面的证明方法受到文献 [94] 的启发.

在文献 [87] 的定理 1.3 中, 阐述了 $\mathcal{S}$ 中最大的闭的连通集 $\mathcal{C}$ 的存在性, 且使得 $(\lambda_1^+, 0) \in \mathcal{C}$ 并且下列情形之一成立:

(i) $\mathcal{C}$ 在 $\mathbb{R} \times \mathcal{D}$ 中无界;

(ii) 存在 $\mathcal{L}$ 的本征值, $\hat{\lambda} \neq \lambda_1^+$, 使得 $(\hat{\lambda}, 0) \in \mathcal{C}$.

第二步 保证 (ii) 不成立的几个性质.

宣称 1 假设 $(\tilde{\lambda}, 0) \in \mathcal{S}$, 那么 $\tilde{\lambda}$ 是 $\mathcal{L}$ 的本征值.

设 $\{(\lambda^{[k]}, u^{[k]})\}$ 是问题 (8.2.13) 的非平凡解的序列, 且满足它在 $\mathbb{R} \times \mathcal{D}$ 中收敛于 $(\tilde{\lambda}, 0)$.

对于任意的 k, 令 $v^{[k]} = \dfrac{u^{[k]}}{\|u^{[k]}\|}$, 有

$$v^{[k]} = \lambda^{[k]} \mathcal{L}(v^{[k]}) + \frac{\mathcal{H}(\lambda^{[k]}, u^{[k]})}{\|u^{[k]}\|}. \tag{8.2.14}$$

8.2 带不定权的二阶周期边值问题正解的全局结构

因为 $\{v^{[k]}\}$ 在 $\mathcal{D}$ 中有界, 且 $\mathcal{L}$ 是全连续的, 所以存在 $w \in \mathcal{D}$ 和一个子序列 $\{v^{[k]}\}$, 用同样的方式表示, 使得在 $\mathcal{D}$ 上有

$$\lim_{k \to +\infty} \mathcal{L}(v^{[k]}) = w.$$

因此, 由 (8.2.14) 可得

$$\lim_{k \to +\infty} v^{[k]} = \tilde{\lambda} w,$$

即 $w = \tilde{\lambda}\mathcal{L}(w)$ 且 $\|\tilde{\lambda}w\| = 1$, 特别地, $w \neq 0$. 从而 $\tilde{\lambda}$ 是 $\mathcal{L}$ 的本征值.

宣称 2 存在 $\varepsilon > 0$ 使得 $\mathcal{S} \subset [\varepsilon, +\infty) \times \mathcal{D}$.

反证法, 反设存在问题 (8.2.13) 的非平凡解的序列 $\{(\lambda^{[k]}, u^{[k]})\}$ 在 $\mathbb{R} \times \mathcal{D}$ 上收敛于 $(0, u) \in \mathbb{R} \times \mathcal{D}$. 由宣称 1 的证明, 令 $v^{[k]} = \dfrac{u^{[k]}}{\|u^{[k]}\|}$, 则由

$$v^{[k]} = \lambda^{[k]} \mathcal{L}(v^{[k]}) + \frac{\mathcal{H}(\lambda^{[k]}, u^{[k]})}{\|u^{[k]}\|}$$

可得, $\lim\limits_{k\to\infty} v^{[k]} = 0$ 于 $\mathcal{D}$. 这与 $\|v^{[k]}\| = 1$ 矛盾.

宣称 3 $(\lambda, u) \in \mathcal{C}$ 当且仅当 $(\lambda, -u) \in \mathcal{C}$.

由 f 的事实出发, $\mathcal{H}$ 关于第二个变元是奇的.

在后面的证明中, 记 P 为 $\mathcal{D}$ 中的正锥, 即

$$P = \{u \in \mathcal{D} : u \geqslant 0\},$$

$\mathrm{int}\, P$ 为锥的内部, ∂P 为锥的边界.

宣称 4 在 $\mathbb{R} \times \mathcal{D}$ 中存在 $(\lambda_1^+, 0)$ 的邻域 U 使得对任意的 $(\lambda, u) \in \mathcal{C} \cap U$, $(\lambda, u) = (\lambda_1^+, 0)$, 或者 $u \in \mathrm{int}\, P$, 或者 $-u \in \mathrm{int}\, P$ 成立.

由 $\varphi_1^+(t) > 0$ 对于任意的 $t \in \mathbb{T}$ 与著名的 Crandall-Rabinowitz 局部分歧定理, 参见文献 [95, 96] 可得结论成立.

宣称 5 若 $(\lambda, u) \in \mathcal{C}$, $u \in \partial P$, 且 (λ, u) 在 $\mathcal{C}$ 中是序列 $\{(\lambda^{[k]}, u^{[k]})\}$ 的极限, $u^{[k]} > 0$ 对于任意的 k. 则 $(\lambda, u) = (\lambda_1^+, 0)$.

先证 $u = 0$. 反设 $u(t) \geqslant 0$ 且 $u(t_0) > 0$ 对某个 $t_0 \in \mathbb{T}$ 成立. 则可取 $c > 0$ 使得

$$\lambda\left(g(t) + \frac{\xi(t, u)}{u}\right) + c \geqslant 1, \quad t \in \mathbb{T}.$$

因此, 可得

$$-\Delta^2 u(t-1) + q(t) u(t) + c u(t) = \left(\lambda\left(g(t) + \frac{\xi(t, u)}{u}\right) + c\right) u(t), \quad t \in \mathbb{T}.$$

因 $u>0$, 故
$$\left(\lambda\left(g(t)+\frac{\xi(t,u)}{u}\right)+c\right)u(t)\geqslant 0,\quad t\in\mathbb{T},$$
且
$$\left(\lambda\left(g(t_0)+\frac{\xi(t_0,u)}{u}\right)+c\right)u(t_0)>0.$$

记 $G(t,s)$ 为线性边值问题
$$\begin{cases}-\Delta^2 u(t-1)+q(t)u(t)+cu(t)=0,\quad t\in\mathbb{T},\\ u(0)=u(T),\quad u(1)=u(T+1)\end{cases} \tag{8.2.15}$$
的 Green 函数. 则 $G(t,s)$ 满足当 $0\leqslant t,s\leqslant T$ 时, $G(t,s)>0$, 参见文献 [97] 的定理 2.1 和定理 2.2. 所以, $u(t)>0$ 于 $\mathbb{T}$, 这与 $u\in\partial P$ 矛盾. 因此 $u=0$.

再证 $\lambda=\lambda_1^+$. 由宣称 1, λ 是 $\mathcal{L}$ 的本征值. 令 $v^{[k]}=\dfrac{u^{[k]}}{||u^{[k]}||}$ 并用与证明宣称 1 类似的办法可得, 在 $\mathcal{D}$ 中
$$\lim_{k\to\infty}\mathcal{L}(v^{[k]})=w,$$
其中 w 为问题 (8.2.1) 关于 λ 所对应的特征函数. 由 $w>0$, 可得 $\lambda=\lambda_1^+$.

宣称 6 对于任意的 $(\lambda,u)\in\mathcal{C}$, $u\in\mathrm{int}P$, 或者 $-u\in\mathrm{int}P$, 或者 $(\lambda,u)=(\lambda_1^+,0)$ 成立.

令
$$\mathcal{E}=\{(\lambda,u)\in\mathcal{C}:u\notin\mathrm{int}P,\ -u\notin\mathrm{int}P,\ (\lambda,u)\neq(\lambda_1^+,0)\}.$$
由宣称 4,
$$\mathcal{E}=\{(\lambda,u)\in(\mathcal{C}\setminus U):u\notin\mathrm{int}P,\ -u\notin\mathrm{int}P\},$$
因此 $\mathcal{E}$ 为 $\mathcal{C}$ 的一个闭子集.

下证 $\mathcal{E}$ 是 $\mathcal{C}$ 中的开集. 反设不然. 则存在 $(\lambda,u)\in\mathcal{E}$ 及 $\mathcal{C}\setminus\mathcal{E}$ 中的一个序列 $\{(\lambda^{[k]},u^{[k]})\}$ 使得 $\{(\lambda^{[k]},u^{[k]})\}$ 收敛于 (λ,u). 假设对任意的 k, $u^{[k]}\in\mathrm{int}P$. 则由宣称 5, $(\lambda,u)=(\lambda_1^+,0)$. 但这与 $(\lambda,u)\in\mathcal{E}$ 相矛盾! 因 $\mathcal{C}$ 是连通的, 又 $(\lambda_1^+,0)\in\mathcal{C}\setminus\mathcal{E}$, 故 $\mathcal{E}=\varnothing$.

由宣称 6 可得, 如果 $(\hat\lambda,0)\in\mathcal{C}$, 那么 $\hat\lambda=\lambda_1^+$. 因此, 情形 (ii) 不会发生. 进而, 只有情形 (i) 发生.

第三步 证明 $\mathcal{C}$ 连接 $(\lambda_1^+,0)$ 与 $(\lambda_1(m),\infty)$.

令 $\{(\mu^{[k]},y^{[k]})\}\subset\mathcal{C}$ 满足
$$\mu^{[k]}+||y^{[k]}||\to\infty. \tag{8.2.16}$$

8.2 带不定权的二阶周期边值问题正解的全局结构

因为 $(0,0)$ 是当 $\lambda = 0$ 时问题 (8.2.13) 的唯一解, 且 $\mathcal{C} \cap (\{0\} \times \mathcal{D}) = \varnothing$. 所以 $\mu^{[k]} > 0$ 对任意的 $k \in \mathbb{N}$ 成立.

先证存在常数 $M > 0$, 使得

$$\mu^{[k]} \in (0, M], \quad k \in \mathbb{N}. \tag{8.2.17}$$

假设 (8.2.17) 不成立. 则通过选择一个子序列并重新标记

$$\lim_{k \to \infty} \mu^{[k]} = \infty. \tag{8.2.18}$$

在方程

$$\begin{aligned} y^{[k]}(t) &= \mu^{[k]} L_0^{-1}[f(\cdot, y^{[k]}(\cdot))](t) \\ &= \mu^{[k]} \sum_{s=1}^{T} G(t,s) f(s, y^{[k]}(s)) \end{aligned} \tag{8.2.19}$$

中, 令 $v^{[k]} = \dfrac{y^{[k]}}{\|y^{[k]}\|}$, 则

$$v^{[k]}(t) = \mu^{[k]} \sum_{s=1}^{T} G(t,s) \frac{f(s, y^{[k]}(s))}{y^{[k]}(s)} v^{[k]}(s), \quad t \in \mathbb{T}.$$

由于 $\{v^{[k]}\}$ 在 $\mathcal{D}$ 中有界, 通过选择一个子序列并重新标记, 可设 $v^{[k]} \to \overline{v}$, 其中 $\overline{v} \in \mathcal{D}$ 并且 $\|\overline{v}\| = 1$.

据 (8.2.16) 和 (8.2.18) 可推得

$$\|y^{[k]}\| \in (0, \infty) \quad \text{或者} \quad \|y^{[k]}\| \to \infty. \tag{8.2.20}$$

由于

$$G(j, s) \geqslant \gamma G(s, s) \quad \text{对某个 } \gamma \in (0, 1),$$

故

$$y^{[k]}(t) \geqslant \gamma \|y^{[k]}\|, \quad t \in \mathbb{T}. \tag{8.2.21}$$

由 (H3) 和 (8.2.21), 可推得

$$\overline{v}(t) = \mu^{[k]} \sum_{s=1}^{T} G(t,s) m(s) \overline{v}(s).$$

这是不可能的. 于是, (8.2.17) 成立.

据 (8.2.17),

$$\|y^{[k]}\| \to \infty, \quad k \to \infty. \tag{8.2.22}$$

由于 $(\mu^{[k]}, y^{[k]})$ 为
$$L_0 y^{[k]} - \mu^{[k]} m(t) y^{[k]} = \mu^{[k]} \zeta(t, y^{[k]}) \tag{8.2.23}$$
的解. 令 $\bar{y}^k = \dfrac{y^{[k]}}{\|y^{[k]}\|}$. 则
$$L_0 \bar{y}^{[k]} = \mu^{[k]} m(t) \bar{y}^k + \mu^{[k]} \dfrac{\zeta(t, y^{[k]}(t))}{\|y^{[k]}\|}.$$
因为 $\{\bar{y}^{[k]}\}$ 在 $\mathcal{D}$ 中有界, 再选择一个子序列并重新标记, 可得 $\bar{y}^{[k]} \to \bar{y}$ 对于 $\bar{y} \in \mathcal{D}$, $\|\bar{y}\| = 1$. 进一步地, 由 (8.2.21), (8.2.22), 可得
$$\lim_{k \to \infty} \dfrac{\zeta(t, y^{[k]}(t))}{\|y^{[k]}\|} = \lim_{k \to \infty} \dfrac{\zeta(t, y^{[k]}(t))}{y^{[k]}(t)} \cdot \bar{y}^{[k]} = 0, \quad \forall t \in \mathbb{T}.$$
因此
$$L_0 \bar{y} = \bar{\mu} m(t) \bar{y}, \tag{8.2.24}$$
其中 $\bar{\mu} = \lim\limits_{k \to \infty} \mu^{[k]}$. 注意: 已经通过选择一个子序列并作了重新标记.

显然, $\bar{y} \in \mathcal{C}$. 再根据 Sturm-Liouville 特征值理论, $\bar{\mu} = \lambda_1(m)$. 所以 $\mathcal{C}$ 连接 $(\lambda_1^+, 0)$ 与 $(\lambda_1(m), \infty)$.

因此, $\mathcal{C}$ 在 $\mathbb{R} \times \mathcal{D}$ 中穿过超平面 $\{1\} \times \mathcal{D}$, 从而, (8.2.2) 至少有一个正解. □

注 8.2.1 考虑非线性问题
$$\begin{cases} -\Delta^2 u(t-1) + \dfrac{1}{2} u(t) = f(t, u(t)), & t \in \{1, 2, 3, 4, 5\}, \\ u(0) = u(5), \quad u(1) = u(6), \end{cases} \tag{8.2.25}$$
其中
$$f(t, s) = f^*(s) + \beta(t, s) s,$$
$$f^*(s) = \begin{cases} 0, & s = 0, \\ \dfrac{1}{8} s, & s \in (0, 1], \\ 8s - \dfrac{63}{8}, & s \in (1, \infty), \end{cases}$$
$$\beta(t, s) = \begin{cases} \dfrac{1}{4}, & t \in \{1, 2, 3, 4\}, \ s \in [0, \infty), \\ -\dfrac{1}{4}, & t = 5, \ s \in [0, 1], \\ \dfrac{1}{2} s - \dfrac{3}{4}, & t = 5, \ s \in (1, 2), \\ \dfrac{1}{4}, & t = 5, \ s \in [2, \infty). \end{cases}$$

显然
$$\lim_{s\to 0}\frac{f(t,s)}{s}=g(t), \qquad \lim_{s\to +\infty}\frac{f(t,s)}{s}=m(t),$$
且
$$g(t)=\begin{cases}\dfrac{3}{8}, & t\in\{1,2,3,4\},\\ -\dfrac{1}{8}, & t=5,\end{cases}$$
则 $m(t)=\dfrac{33}{4}$. 因此
$$\lambda_1(m)=\frac{2}{33}<1.$$
另一方面, 由 $\gamma_1=\dfrac{1}{2}$ 可得
$$\lambda_1^+\geqslant \frac{\gamma_1}{\sup\limits_{t\in\mathbb{T}}|g(t)|}=\frac{4}{3}>1.$$

因此, 定理 8.2.2(2) 满足, (8.2.25) 至少存在一个正解.

8.3 带非线性边界条件的二阶差分方程正解的全局结构

设 $\mathbb{T}:=\{1,\cdots,N\}$, $p:\{0,1,\cdots,N\}\to (0,\infty)$, q, $a:\mathbb{T}\to [0,\infty)$ 使得当 $k\in \mathbb{T}$ 时, $a(k)>0$; $\tilde{f}:\mathbb{T}\times\mathbb{R}\to\mathbb{R}$ 是连续函数. 关于带线性边界条件的二阶差分方程

$$\begin{aligned}&-\Delta[p(k-1)\Delta y(k-1)]+q(k)y(k)=\tilde{f}(k,y(k)), \quad k\in\mathbb{T},\\ &a_{11}y(0)-a_{12}\Delta y(0)=0, \; a_{21}y(N+1)+a_{22}\Delta y(N)=0\end{aligned} \qquad (8.3.1)$$

正解的存在性问题, 目前已有许多结果, 参见第 4 章. 但对带非线性边界条件的二阶差分方程正解的研究工作, 目前还比较很少. 本节将讨论离散边值问题

$$\begin{aligned}&-\Delta[p(k-1)\Delta y(k-1)]+q(k)y(k)=\lambda a(k)f(y(k)), \quad k\in\mathbb{T},\\ &-\Delta y(0)+\alpha g(y(0))=0, \quad \Delta y(N)+\beta g(y(N+1))=0\end{aligned} \qquad (8.3.2)$$

正解的全局结构. 其中 α, $\beta\geqslant 0$ 为常数, λ 为一个正参数, f,g 满足

(H1) $f\in C([0,\infty),[0,\infty))$, 使得当 $s>0$ 时 $f(s)>0$, 并且存在常数 $f_0, f_\infty\in (0,\infty)$ 和函数 $\xi, \zeta\in C([0,\infty))$ 使得

$$f(s)=f_0 s+\xi(s); \quad \xi(s)=o(|s|), \quad s\to 0^+,$$
$$f(s)=f_\infty s+\zeta(s); \quad \zeta(s)=o(|s|), \quad s\to +\infty.$$

(H2) $g \in C([0,\infty),[0,\infty))$ 使得当 $s > 0$ 时, $g(s) > 0$ 并且存在常数 $g_0, g_\infty \in (0,\infty)$ 和函数 $\varrho, \eta \in C([0,\infty))$ 使得

$$g(s) = g_0 s + \varrho(s); \quad \varrho(s) = o(|s|), \quad s \to 0^+,$$

$$g(s) = g_\infty s + \eta(s); \quad \eta(s) = o(|s|), \quad s \to +\infty.$$

令 $\hat{\mathbb{T}} := \{0, 1, \cdots, N, N+1\}$, 并且定义 $E = \{y \mid y : \hat{\mathbb{T}} \to \mathbb{R}\}$ 为由 $\hat{\mathbb{T}}$ 映到 $\mathbb{R}$ 的所有映射构成的空间. 则 E 在范数 $\|y\| = \max_{k \in \hat{\mathbb{T}}} |y(k)|$ 下构成一个 Banach 空间.

令 $P := \{y \in E \mid y(k) \geqslant 0, k \in \hat{\mathbb{T}}\}$. 则 P 为带有非空内部的正规锥, 满足 $E = \overline{P - P}$.

假定常数 λ_1^0 为如下特征值问题的第一个特征值

$$\begin{aligned} -\Delta[p(k-1)\Delta y(k-1)] + q(k)y(k) &= \lambda a(k) f_0 y(k), \quad k \in \mathbb{T}, \\ -\Delta y(0) + \alpha g_0 y(0) = 0, \quad \Delta y(N) + \beta g_0 y(N+1) &= 0. \end{aligned} \quad (8.3.3)$$

假定常数 λ_1^∞ 为如下特征值问题的第一个特征值

$$\begin{aligned} -\Delta[p(k-1)\Delta y(k-1)] + q(k)y(k) &= \lambda a(k) f_\infty y(k), \quad k \in \mathbb{T}, \\ -\Delta y(0) + \alpha g_\infty y(0) = 0, \quad \Delta y(N) + \beta g_\infty y(N+1) &= 0. \end{aligned} \quad (8.3.4)$$

众所周知, 对 $\nu \in \{0,\infty\}$, λ_1^ν 是正的、简单的, 相应的特征函数 φ_1^ν 是正的, 并且满足 $\varphi_1^\nu \in E$.

记 $\mathscr{C}$ 为集合

$$\{(\lambda, u) \in (0, \infty) \times E \mid (\lambda, u) \in \mathbb{R} \times E \text{ 是 } (8.3.2) \text{ 的正解}\}$$

在 $\mathbb{R} \times E$ 中的闭包.

定理 8.3.1 假定 (H1)—(H2) 成立. 则 $\mathscr{C}$ 中存在一个无界连通分支 $\mathcal{C} \subset (0, \infty) \times E$ 连接 $(\lambda_1^0, 0)$ 与 $(\lambda_1^\infty, \infty)$. 此外, 如果

$$\lambda_1^\infty < \lambda < \lambda_1^0 \quad \text{或} \quad \lambda_1^0 < \lambda < \lambda_1^\infty, \quad (8.3.5)$$

则 (8.3.2) 至少存在一个正解.

设 $\phi(k)$, $\psi(k)$ 分别为初值问题

$$\begin{aligned} -\Delta[p(k-1)\Delta\phi(k-1)] + q(k)\phi(k) &= 0, \quad k \in \mathbb{T}, \\ \phi(0) = 1, \quad \Delta\phi(0) &= \bar{\alpha} \end{aligned} \quad (8.3.6)$$

和

$$\begin{aligned} -\Delta[p(k-1)\Delta\psi(k-1)] + q(k)\psi(k) &= 0 \quad k \in \mathbb{T}, \\ \psi(N+1) = 1, \quad \Delta\psi(N) &= -\bar{\beta} \end{aligned} \quad (8.3.7)$$

的解, 这里 $\bar{\alpha}, \bar{\beta} \in [0, \infty)$. 易知

(i) $\phi(k) = 1 + \bar{\alpha} \sum_{s=0}^{k-1} \dfrac{p(0)}{p(s)} + \sum_{s=1}^{k-1} \left(\sum_{j=s}^{k-1} \dfrac{1}{p(j)} \right) q(s) \phi(s) > 0$, 并且 ϕ 在 $\hat{\mathbb{T}}$ 上递增;

(ii) $\psi(k) = 1 + \bar{\beta} \sum_{s=k}^{N} \dfrac{p(N)}{p(s)} + \sum_{s=k+1}^{N} \left(\sum_{j=k+1}^{N-1} \dfrac{1}{p(j)} \right) q(s) \psi(s) > 0$, 并且 ψ 在 $\hat{\mathbb{T}}$ 上递减.

引理 8.3.1[98] 假定 $h : \mathbb{T} \to \mathbb{R}$. 则线性边值问题

$$-\Delta[p(k-1)\Delta y(k-1)] + q(k)y(k) = h(k), \quad k \in \mathbb{T},$$
$$-\Delta y(0) + \bar{\alpha} y(0) = 0, \quad \Delta y(N) + \bar{\beta} y(N+1) = 0 \tag{8.3.8}$$

存在解

$$y(k) = \sum_{s=1}^{N} G(k,s) h(s), \quad k \in \hat{\mathbb{T}}, \tag{8.3.9}$$

其中

$$G(k,s) = \begin{cases} \phi(s)\psi(k), & 1 \leqslant s \leqslant k \leqslant T+1, \\ \phi(k)\psi(s), & 0 \leqslant k \leqslant s \leqslant T. \end{cases} \tag{8.3.10}$$

此外, 如果 $h(k) \geqslant 0$ 且在 $\mathbb{T}$ 上 $h \not\equiv 0$, 则在 $\hat{\mathbb{T}}$ 上 $y(k) > 0$.

设 $\omega_1, \omega_2 \in \mathbb{R}$ 为固定常数. 则线性边值问题

$$-\Delta[p(k-1)\Delta y(k-1)] + q(k) y(k) = 0, \quad k \in \mathbb{T},$$
$$-\Delta y(0) + \bar{\alpha} y(0) = \omega_1, \quad \Delta y(N) + \bar{\beta} y(N+1) = \omega_2 \tag{8.3.11}$$

存在解

$$y(k) = \dfrac{\omega_2}{(1+\bar{\beta})\phi(N+1) - \phi(N)} \phi(k) + \dfrac{\omega_1}{(1+\bar{\alpha})\psi(0) - \psi(1)} \psi(k), \quad k \in \hat{\mathbb{T}}. \tag{8.3.12}$$

由 $\phi(k), \psi(k)$ 的性质, 可得

$$y(k) > 0, \quad k \in \hat{\mathbb{T}}.$$

定义算子 $T : E \to E$

$$T[h](k) = \sum_{s=1}^{N} G(k,s) h(s), \quad k \in \hat{\mathbb{T}}.$$

则 T 是紧的、强正的.

令 $R[\omega_1, \omega_2] : \mathbb{R}^2 \to E$,

$$R[\omega_1, \omega_2](k) = \dfrac{\omega_2}{(1+\bar{\beta})\phi(N+1) - \phi(N)} \phi(k) + \dfrac{\omega_1}{(1+\bar{\alpha})\psi(0) - \psi(1)} \psi(k), \quad k \in \hat{\mathbb{T}}.$$

则 $R[\omega_1, \omega_2]$ 为 E 中的有界线性函数.

下面介绍一个抽象结果.

设 $(Y, \|\cdot\|)$ 为一个 Banach 空间. 设 K 为 Y 中的一个锥. 若非线性映射 $A: [0, \infty) \times K \to Y$ 是正的, 是指 $A([0, \infty) \times K) \subset K$.

K-全连续是指, A 是连续的且映 $[0, \infty) \times K$ 中的有界集到 Y 中的相对紧集. Y 中的正线性算子 V 为 A 的线性弱函数是指 $(\lambda, u) \in [0, \infty) \times K$ 蕴含 $A(\lambda, u) \geqslant \mu V(u)$.

设 B 为 Y 中的连续线性算子. 记 $r(B)$ 为 B 的谱半径. 定义

$$C_K(B) = \{\lambda \in [0, \infty) \mid 存在 u \in K 满足 \|u\| = 1 且 u = \lambda B u\}. \tag{8.3.13}$$

下面的引理在我们主要结果的证明中起着重要作用.

引理 8.3.2 ([99, 定理 2]) 假设

(i) K 有个非空内部且满足 $Y = \overline{K - K}$;

(ii) $A: [0, \infty) \times K \to Y$ 是 K-全连续的并且是正的, 当 $\lambda \geqslant 0$ 时 $A(\lambda, 0) = 0$, 当 $u \in K$ 时 $A(0, u) = 0$ 且

$$A(\lambda, u) = \lambda B u + F(\lambda, u),$$

其中 $B: Y \to Y$ 是强正的线性紧算子, 满足 $r(B) > 0$, $F: [0, \infty) \times K \to Y$ 满足当 $\|u\| \to 0$ 时 $\|F(\lambda, u)\| = o(\|u\|)$ 对任何有限区间上的 λ 一致成立.

则

$$D_K(A) = \{(\lambda, u) \in [0, \infty) \times K \mid u = A(\lambda, u),\ u \neq 0\} \cup \{(r(B)^{-1}, 0)\}$$

中存在一个无界连通分支 $\mathcal{C}$ 使得 $(r(B)^{-1}, 0) \in \mathcal{C}$.

此外, 如果 A 有个线性弱函数 V 且存在 $(\mu, y) \in (0, \infty) \times K$ 使得 $\|y\| = 1$ 且 $\mu V(y) \geqslant y$, 则

$$\mathcal{C} \subset D_K(A) \cap ([0, \mu] \times K).$$

定义 $T_0: E \to E$

$$T_0 h = u,$$

其中 u 表示线性边值问题

$$-\Delta[p(k-1)y(k-1)] + q(k)y(k) = h(k), \qquad k \in \mathbb{T},$$
$$-\Delta y(0) + \alpha g_0 y(0) = 0, \quad \Delta y(N) + \beta g_0 y(N+1) = 0$$

的唯一解. 考虑到 $\bar{\alpha} = \alpha g_0$, $\bar{\beta} = \beta g_0$, 易知 $T_0: E \to E$ 是线性紧映射, 且是强正的. 定义 $R_0: \mathbb{R}^2 \to E$

$$R_0[\omega_1, \omega_2] = y,$$

8.3 带非线性边界条件的二阶差分方程正解的全局结构

其中 y 表示线性边值问题

$$-\Delta[p(k-1)y(k-1)] + q(k)y(k) = 0, \quad k \in \mathbb{T},$$
$$-\Delta y(0) + \alpha g_0 y(0) = \omega_1, \quad \Delta y(N) + \beta g_0 y(N+1) = \omega_2$$

的唯一解.

于是, y 是边值问题

$$-\Delta[p(k-1)y(k-1)] + q(k)y(k) = 0, \quad k \in \mathbb{T},$$
$$-\Delta y(0) + \alpha g_0 y(0) = -\varrho(y(0)), \quad \Delta y(N) + \beta g_0 y(N+1) = -\varrho(y(N+1))$$

的解当且仅当

$$y := R_0[\tau(-\varrho(y))],$$

其中

$$R_0[\tau(-\varrho(y))](k) = \frac{-\varrho(y(N+1))\phi_0(k)}{(1+\beta g_0)\phi_0(N+1) - \phi_0(N)} + \frac{-\varrho(y(0))\psi_0(k)}{(1+\alpha g_0)\psi_0(0) - \psi_0(1)}, \quad k \in \hat{\mathbb{T}},$$

$$\tau(y(0), y(1), \cdots, y(N+1)) = (y(0), y(N+1))$$

是 $\hat{\mathbb{T}}$ 上的迹算子,又因为 $\bar{\alpha} = \alpha g_0$, $\bar{\beta} = \beta g_0$, $\phi_0(k)$ 和 $\psi_0(k)$ 满足 (8.3.6) 和 (8.3.7). 故 (8.3.2) 等价于算子方程

$$y(k) = \lambda T_0[af_0 y + \xi(y)](k) + R_0[\tau(-\varrho(y))](k), \quad k \in \hat{\mathbb{T}}. \tag{8.3.14}$$

同理, 假定 $T_\infty : E \to E$ 表示线性边值问题

$$-\Delta[p(k-1)y(k-1)] + q(k)y(k) = h(k), \quad k \in \mathbb{T},$$
$$-\Delta y(0) + \alpha g_\infty y(0) = 0, \quad \Delta y(N) + \beta g_\infty y(N+1) = 0$$

的逆算子, 则 $T_\infty : E \to E$ 是线性映射并且是强正的.

定义 $R_\infty : \mathbb{R}^2 \to E$ 是边值问题

$$-\Delta[p(k-1)y(k-1)] + q(k)y(k) = 0, \quad k \in \mathbb{T},$$
$$-\Delta y(0) + \alpha g_\infty y(0) = \omega_3, \quad \Delta y(N) + \beta g_\infty y(N+1) = \omega_4$$

的解. 则 y 是边值问题

$$-\Delta[p(k-1)y(k-1)] + q(k)y(k) = 0, \quad k \in \mathbb{T},$$
$$-\Delta y(0) + \alpha g_\infty y(0) = -\eta(y(0)), \quad \Delta y(N) + \beta g_\infty y(N+1) = -\eta(y(N+1))$$

的解当且仅当
$$y = R_\infty[\omega_3, \omega_4].$$

不难验证
$$R_\infty[\tau(-\eta(y))](k) = \frac{-\eta(y(N+1))\phi_\infty(k)}{(1+\beta g_\infty)\phi_\infty(N+1) - \phi_\infty(N)} + \frac{-\eta(y(0))\psi_\infty(k)}{(1+\alpha g_\infty)\psi_\infty(0) - \psi_\infty(1)}, \quad k \in \hat{\mathbb{T}},$$

这里当 $\bar{\alpha} = \alpha g_\infty, \bar{\beta} = \beta g_\infty$ 时 $\phi_\infty(k), \psi_\infty(k)$ 满足 (8.3.6) 和 (8.3.7). 此外, (8.3.2) 同样等价于算子方程

$$y(k) = \lambda T_\infty[af_\infty y + \zeta(y)](k) + R_\infty[\tau(-\eta(y))](k), \quad k \in \hat{\mathbb{T}}. \tag{8.3.15}$$

由 (H1) 和 (H2) 可得

$$\lim_{|s| \to 0} \frac{\xi(s)}{s} = 0, \quad \lim_{|s| \to 0} \frac{\varrho(s)}{s} = 0, \tag{8.3.16}$$

$$\lim_{|s| \to \infty} \frac{\zeta(s)}{s} = 0, \quad \lim_{|s| \to \infty} \frac{\eta(s)}{s} = 0. \tag{8.3.17}$$

假定 $\bar{\zeta}(r) = \max\{|\zeta(s)| \,|\, 0 \leqslant s \leqslant r\}, \bar{\eta}(r) = \max\{|\eta(s)| \,|\, 0 \leqslant s \leqslant r\}$. 则 $\bar{\zeta}$ 和 $\bar{\eta}$ 是不减的且满足

$$\lim_{|s| \to \infty} \frac{\bar{\zeta}(s)}{s} = \lim_{|s| \to \infty} \frac{\bar{\eta}(s)}{s} = 0.$$

考虑从平凡解 $y \equiv 0$ 发出的分歧问题

$$y = \lambda T_0[af_0 y + \xi(y)] + R_0[\tau(-\varrho(y))] =: A(\lambda, y). \tag{8.3.18}$$

定义线性算子 B
$$By(k) := T_0[af_0 y](k) \quad k \in \hat{\mathbb{T}}.$$

容易验证 $B : P \to P$ 是全连续的且在 E 中强正. 由文献 [15] 的定理 19.3, 得到 $\lambda_1^0 = [r(B)]^{-1}$. 定义 $F : [0, \infty) \times E \to E$

$$F(\lambda, y) := \lambda T_0[\xi(y)] + R_0[\tau(-\varrho(y))],$$

则由 (8.3.16) 得

$$\|F(\lambda, y)\| = o(\|y\|) \quad 对任何有界区间上的 \lambda 一致成立.$$

因而若 (λ, y) 满足 $\lambda > 0$ 是 (8.3.18) 的非平凡解, 则 $y \in \text{int} P$.

结合引理 8.3.2, 可推导出存在一个无界连通分支 $\mathcal{C}$ 包含在集合

$$\{(\lambda, y) \in [0, \infty) \times P \,|\, y = A(\lambda, y), \, y \in \text{int} P\} \cup \{(\lambda_1^0, 0)\}$$

8.3 带非线性边界条件的二阶差分方程正解的全局结构

中, 使得 $(\lambda_1^0, 0) \in \mathcal{C}$.

定理 8.3.1 的证明 显然 (8.3.18) 的任意解 (λ, y) 中 y 都是 (8.3.2) 的解. 下证 $\mathcal{C}$ 连接 $(\lambda_1^0, 0)$ 到 $(\lambda_1^\infty, \infty)$.

假定 $(\mu_n, y_n) \in \mathcal{C}$ 满足

$$|\mu_n| + \|y_n\| \to \infty, \quad n \to \infty.$$

因为 $y = 0$ 是 $(8.3.18)_{\lambda=0}$ 的唯一解, 故对任意 $n \in \mathbb{N}$ 都有 $\mu_n > 0$.

反设 y 是问题

$$-\Delta[p(k-1)\Delta y(k-1)] + q(k)y(k) = 0, \quad k \in \mathbb{T},$$
$$-\Delta y(0) + \alpha g(y(0)) = 0, \quad \Delta y(N) + \beta g(y(N+1)) = 0$$

的非平凡解, 则 y 满足线性边值问题

$$-\Delta[p(k-1)\Delta y(k-1)] + q(k)y(k) = 0, \quad k \in \mathbb{T},$$
$$-\Delta y(0) + \tilde{\alpha} y(0) = 0, \quad \Delta y(N) + \tilde{\beta} y(N+1) = 0,$$

这里 $\tilde{\alpha} = \alpha \dfrac{g(y(0))}{y(0)}$, $\tilde{\beta} = \beta \dfrac{g(y(N+1))}{y(N+1)}$. (H2) 和文献 [98] 的引理 2.2 蕴含 $y \equiv 0$. 这是一个矛盾! 于是, 当 $\lambda = 0$ 时, (8.3.18) 存在唯一的平凡解.

情形 1 $\lambda_1^\infty < \lambda < \lambda_1^0$.

在这种情况下, 证明

$$(\lambda_1^\infty, \lambda_1^0) \subseteq \{\lambda \in \mathbb{R} \mid \exists\, (\lambda, y) \in \mathcal{C}\}.$$

将证明分为两步.

第一步 证明如果存在常数 $M > 0$ 使得

$$\{\mu_n\} \subset (0, M], \tag{8.3.19}$$

则 $\mathcal{C}$ 连接 $(\lambda_1^0, 0)$ 到 $(\lambda_1^\infty, \infty)$.

由 (8.3.19) 可知, 当 $n \to \infty$ 时, $\|y_n\| \to \infty$. 将下述方程

$$y_n = \mu_n T_\infty[af_\infty y_n + \zeta(y_n)] + R_\infty[\tau(-\eta(y_n))]$$

两端除以 $\|y_n\|$ 并且令 $v_n = \dfrac{y_n}{\|y_n\|}$. 因为 $\{v_n\}$ 在 E 中有界, 故通过选择一个子序列重新排列, 仍记这个子序列为 $\{v_n\}$, 使得 $v_n \to \bar{v}$, 其中 $\bar{v} \in E : \|\bar{v}\| = 1$.

此外, 由 (8.3.17) 与 $\bar{\zeta}$ 和 $\bar{\eta}$ 是不减的事实, 有

$$\lim_{n \to \infty} \frac{|\zeta(y_n)|}{\|y_n\|} = \lim_{n \to \infty} \frac{|\eta(y_n)|}{\|y_n\|} = 0.$$

上式结合 $\lim\limits_{n\to\infty}\dfrac{|\zeta(y_n)|}{\|y_n\|}\leqslant \lim\limits_{n\to\infty}\dfrac{\bar\zeta(|y_n|)}{\|y_n\|}\leqslant \lim\limits_{n\to\infty}\dfrac{\bar\zeta(\|y_n\|)}{\|y_n\|}$ 和 $\lim\limits_{n\to\infty}\dfrac{|\eta(y_n)|}{\|y_n\|}\leqslant \lim\limits_{n\to\infty}\dfrac{\bar\eta(|y_n|)}{\|y_n\|}\leqslant$
$\lim\limits_{n\to\infty}\dfrac{\bar\eta(\|y_n\|)}{\|y_n\|}$, 可以推知
$$\bar v=\bar\mu T_\infty[af_\infty\bar v].$$

通过选取一个子序列, 不妨仍记为 $\{\mu_n\}$, 使得 $\bar\mu=\lim\limits_{n\to\infty}\mu_n$. 进而

$$-\Delta[p(k-1)\Delta\bar v(k-1)]+q(k)\bar v(k)=\bar\mu af_\infty\bar v(k),\quad k\in\mathbb{T},$$
$$-\Delta\bar v(0)+\alpha g_\infty\bar v(0)=0,\ \Delta\bar v(N)+\beta g_\infty\bar v(N+1)=0.$$

因为 $\|\bar v\|=1$, 且 $\bar v\geqslant 0$, 算子 T_∞ 的强正性质保证了在 $\hat{\mathbb{T}}$ 上 $\bar v>0$. 于是 $\mu=\lambda_1^\infty$, 并且 $\mathcal{C}$ 连接 $(\lambda_1^0,0)$ 到 $(\lambda_1^\infty,\infty)$.

第二步 证明存在常数 M 使得对所有的 $n,\mu_n\in(0,M]$.

由引理 8.3.2 可知, 仅需要证明: A 有一个线性弱函数 V 且存在 $(\mu,y)\in(0,\infty)\times P$ 使得 $\|y\|=1$ 且 $\mu V(y)\geqslant y$.

由 (H1) 和 (H2), 存在常数 $\kappa_1,\kappa_2\in(0,\infty)$ 使得

$$f(y)\geqslant \kappa_1 y,\quad 且\quad g(y)\leqslant \kappa_2 y\quad 对任意的\ y\geqslant 0. \tag{8.3.20}$$

运用与定义 T_0, R_0 类似的方法, 可定义 T^* 和 R^* 如下:

假定 $T^*:E\to E$ 表示线性边值问题

$$-\Delta[p(k-1)y(k-1)]+q(k)y(k)=h(k),\quad k\in\mathbb{T},$$
$$-\Delta y(0)+\alpha\kappa_2 y(0)=0,\ \Delta y(N)+\beta\kappa_2 y(N+1)=0$$

的逆算子. 则 T^* 是 E 映到 E 中的线性紧映射并且强正.

假定 R^* 是线性边值问题的解算子

$$-\Delta[p(k-1)y(k-1)]+q(k)y(k)=0,\quad k\in\mathbb{T},$$
$$-\Delta y(0)+\alpha\kappa_2 y(0)=\chi(y(0)),\ \Delta y(N)+\beta\kappa_2 y(N+1)=\chi(y(N+1)),$$

其中 $\chi(y)=\kappa_2 y-g(y)$. 则 $R^*:\mathbb{R}^2\to E$ 是线性有界映射, 且

$$R^*[\tau(\chi(y))](k)=\dfrac{\chi(y(N+1))\phi_*(k)}{(1+\beta\kappa_2)\phi_*(N+1)-\phi_*(N)}+\dfrac{\chi(y(0))\psi_*(k)}{(1+\alpha\kappa_2)\psi_*(0)-\psi_*(1)},\quad k\in\hat{\mathbb{T}},$$

其中 $\phi_*(k)$, $\psi_*(k)$ 满足 (8.3.6) 和 (8.3.7) 其中 $\bar\alpha=\alpha\kappa_2$, $\bar\beta=\beta\kappa_2$.

此外, 问题 (8.3.2) 能够写成算子方程

$$y(k)=\lambda T^*[af(y)](k)+R^*[\tau(\chi(y))](k),\quad k\in\hat{\mathbb{T}}. \tag{8.3.21}$$

因此
$$A(\lambda, y) = \lambda T^*[af(y)] + R^*[\tau(\chi(y))]$$
$$\geqslant \lambda T^*[a\kappa_1 y].$$

选取
$$V(y)(k) := T^*[a\kappa_1 y](k) \quad k \in \hat{\mathbb{T}}.$$

则 V 是 A 的线性弱函数. 假定 λ_1^* 为如下线性问题

$$-\Delta[p(k-1)y(k-1)] + q(k)y(k) = \lambda \kappa_1 y(k), \quad k \in \mathbb{T},$$
$$-\Delta y(0) + \alpha \kappa_2 y(0) = 0, \quad \Delta y(N) + \beta \kappa_2 y(N+1) = 0$$

的特征值, 并且 $\varphi_1^* \in P$ 是相应的特征函数. 则
$$\lambda_1^* V(\varphi_1^*) = \varphi_1^*.$$

因此从引理 8.3.2 可得
$$|\mu_n| \leqslant \lambda_1^*.$$

情形 2 $\lambda_1^0 < \lambda < \lambda_1^\infty$.

在这种情形下, 如果 $(\mu_n, y_n) \in \mathcal{C}$ 使得
$$\lim_{n\to\infty} (\mu_n + y_n) = +\infty$$

且 $\lim_{n\to\infty} \mu_n = \infty$, 则
$$(\lambda_1^0, \lambda_1^\infty) \subseteq \{\lambda \in \mathbb{R} \,|\, \exists\, (\lambda, y) \in \mathcal{C}\}.$$

此外,
$$(\{\lambda\} \times E) \cap \mathcal{C} \neq \varnothing.$$

如果存在 $M > 0$, 使得对所有的 $n \in \mathbb{N}$, $\mu_n \in (0, M]$. 应用和证明情形 1 中第一步相同的方法, 通过选取一个子序列并重新排列, 可得
$$(\mu_n, y_n) \to (\lambda_1^\infty, \infty), \quad n \to \infty.$$

则 $\mathcal{C}$ 连接 $(\lambda_1^0, 0)$ 到 $(\lambda_1^\infty, \infty)$, 进而可证得所需结果. $\square$

8.4 带奇异 ϕ-Laplace 的二阶差分方程 Dirichlet 问题的正解

令 $n > 3$ 是一个整数, $\mathbb{T} = \{2, \cdots, n-1\}$. 令
$$(f_k)_0 := \lim_{s \to 0^+} \frac{f_k(s)}{s}, \quad k \in \mathbb{T}.$$

本节将在 $f = (f_2, \cdots, f_{n-1})$ 满足下列条件之一时:

(H0) $(f_k)_0 = m_k$, $k \in \mathbb{T}$;

(H1) $(f_k)_0 = 0$, $k \in \mathbb{T}$;

(H2) $(f_k)_0 = \infty$, $k \in \mathbb{T}$.

通过运用 Rabinowitz 分歧理论, 讨论带奇异 ϕ-Laplace 的二阶差分方程 Dirichlet 边值问题

$$\begin{cases} \nabla[\phi(\Delta x_k)] + \lambda f_k(x_k) = 0, & k \in \mathbb{T}, \\ x_1 = 0 = x_n \end{cases} \tag{8.4.1}$$

正解集的全局结构, 其中 $\lambda \in \mathbb{R}$ 为参数, $f_k(k \in \mathbb{T})$ 为连续函数, 令

$$\phi : (-1, 1) \to \mathbb{R}, \quad y \mapsto \frac{y}{\sqrt{1 - y^2}}.$$

则 $\phi : (-1, 1) \to \mathbb{R}$ 为单调递增的同胚映射, 且满足 $\phi(0) = 0$ (称其为奇异的 ϕ-Laplacian).

设 $\alpha, \beta \in \mathbb{R}^n$, 若对任意的 $1 \leqslant k \leqslant n$, $\alpha_k \leqslant \beta_k$, 则记作 $\alpha \leqslant \beta$. 若 $\alpha \leqslant \beta$ 并且存在 $k_0 \in \{1, \cdots, n\}$ 使得 $\alpha_{k_0} < \beta_{k_0}$, 则记 $\alpha < \beta$. 对任意的 $x \in \mathbb{R}^n$, 记 $x^\pm = (x_1^\pm, \cdots, x_n^\pm)$, $|x|_\infty = \max\limits_{1 \leqslant k \leqslant n} |x_k|$.

令 $n \geqslant 4$ 为任意给定的整数, $x = (x_1, \cdots, x_n) \in \mathbb{R}^n$. 记

$$\Delta x = (\Delta x_1, \cdots, \Delta x_{n-1}) \in \mathbb{R}^{n-1},$$

其中

$$\Delta x_k = x_{k+1} - x_k \quad (1 \leqslant k \leqslant n-1).$$

若 $|\Delta x|_\infty < 1$, 记

$$\nabla[\phi(\Delta x)] = (\nabla[\phi(\Delta x_2)], \cdots, \nabla[\phi(\Delta x_{n-1})]) \in \mathbb{R}^{n-2},$$

其中

$$\nabla[\phi(\Delta x_k)] = \phi(\Delta x_k) - \phi(\Delta x_{k-1}).$$

在陈述主要结果之前, 先给出一个谱结果.

令

$$m = (m_2, \cdots, m_{n-1})$$

满足对任意的 $j \in \mathbb{T}$, $m_j \neq 0$. 考虑线性特征值问题

$$\begin{cases} -\nabla(\Delta x_k) = \lambda m_k x_k, & k \in \mathbb{T}, \\ x_1 = 0 = x_n, \end{cases} \tag{8.4.2}$$

8.4 带奇异 ϕ-Laplace 的二阶差分方程 Dirichlet 问题的正解

其中 $\lambda \in \mathbb{R}$ 为谱参数, 函数 m 在 $\mathbb{T}$ 上变号, 即 m 满足:

(H3) 存在子集 $\mathbb{T}_+ \subset \mathbb{T}$, 使得
$$m_k > 0, \quad k \in \mathbb{T}_+; \quad m_k < 0, \quad k \in \mathbb{T} \setminus \mathbb{T}_+.$$

令 p 为集合 $\mathbb{T}_+$ 中元素的个数, 则 $p \in \{1, \cdots, n-2\}$.

引理 8.4.1 ([100, Theorem 1]) 假设条件 (H3) 成立. 令 p 为集合 $\mathbb{T}_+$ 中元素的个数, $\nu \in \{+, -\}$. 则下述结论成立:

(a) 若 $1 \leqslant p \leqslant n-3$, 则 (8.4.2) 有 $n-2$ 个实简单特征值, 同时这 $n-2$ 个特征值满足
$$\lambda_{n-2-p,-} < \lambda_{n-3-p,-} < \cdots < \lambda_{1,-} < 0 < \lambda_{1,+} < \lambda_{2,+} < \cdots < \lambda_{p,+};$$

(b) 对应于特征值 $\lambda_{k,\nu}$ 的特征函数 $\psi_{k,\nu}$ 恰有 $k-1$ 个节点 (关于节点的定义参见 4.6.1 节).

本节的主要结果为如下定理.

定理 8.4.1 假设条件 (H0), (H4), (H5) 成立, 其中

(H4) $m = (m_2, \cdots, m_{n-1})$ 满足 $m^+ > 0$ (即存在 $j_0 \in \mathbb{T}$, 使得 $m_{j_0} > 0$),

(H5) $f = (f_2, \cdots, f_{n-1}) \in \mathbb{R}^{n-2}$ 为连续函数.

则存在 $\lambda_* \in (0, \lambda_{1,+}]$ 使得当 $\lambda \in (0, \lambda_*)$ 时, (8.4.1) 无正解存在; 当 $\lambda > \lambda_{1,+}$ 时, (8.4.1) 至少有一个正解.

证明上述定理需要以下一些预备结果.

本节的工作空间为
$$U^{n-2} = \{x \in \mathbb{R}^n : x_1 = 0 = x_n\},$$

它为 $\mathbb{R}^n$ 中的一个闭子空间, 因此 U^{n-2} 中的元素对应于 $\mathbb{R}^n$ 中的元素, 并且 U^{n-2} 按范数
$$|x|_\infty := \max_{2 \leqslant j \leqslant n-1} |x_j| \tag{8.4.3}$$

构成 Banach 空间.

定义算子 $\mathcal{K}: \mathbb{R}^{n-2} \to U^{n-2}$ 如下: $\mathcal{K}$ 将任意的函数 $v \in \mathbb{R}^{n-2}$ 映为问题
$$\nabla[\Delta w_k] + v_k = 0, \quad k \in \mathbb{T}, \quad w_1 = 0 = w_n$$

的唯一解 $w \in U^{n-2}$.

定义算子 $\mathcal{L}: \mathbb{R}^{n-2} \to U^{n-2}$ 为
$$\mathcal{L}(u) = \mathcal{K}(mu).$$

容易验证 $\mathcal{K}$ 和 $\mathcal{L}$ 为全连续算子, 且线性特征值问题 (8.4.2) 等价于算子方程
$$u = \lambda \mathcal{L}(u). \tag{8.4.4}$$

因此, 问题 (8.4.2) 的特征值正是算子 $\mathcal{L}$ 的本征值.

引理 8.4.2 令

$$h(y,z) = \begin{cases} \dfrac{\sqrt{1-|y|^2}\sqrt{1-|z|^2}[\sqrt{1-|y|^2}+\sqrt{1-|z|^2}]}{\sqrt{1-|z|^2}\sqrt{1-|y|^2}+1+zy}, & |y|<1 \text{ 且 } |z|<1, \\ 0, & |y| \geqslant 1 \text{ 或 } |z| \geqslant 1. \end{cases} \tag{8.4.5}$$

则

$$h(y,z) \leqslant 2, \tag{8.4.6}$$

且

$$\lim_{(y,z)\to(0,0)} \frac{h(y,z)-1}{\max\{|y|,|z|\}} = 0. \tag{8.4.7}$$

证明 当 $|y|<1$ 且 $|z|<1$ 时, 容易验证

$$\frac{\sqrt{1-|y|^2}\sqrt{1-|z|^2}[\sqrt{1-|y|^2}+\sqrt{1-|z|^2}]}{\sqrt{1-|z|^2}\sqrt{1-|y|^2}+1+zy}$$

$$\leqslant \frac{\sqrt{1-|y|^2}\sqrt{1-|z|^2}[\sqrt{1-|y|^2}+\sqrt{1-|z|^2}]}{\sqrt{1-|z|^2}\sqrt{1-|y|^2}}$$

$$= \sqrt{1-|y|^2} + \sqrt{1-|z|^2}$$

$$\leqslant 2.$$

另一方面, 由于

$$\sqrt{1-y^2} = 1 - y^2 + \circ(y^2), \quad y \to 0,$$

并且

$$\sqrt{1-z^2} = 1 - z^2 + \circ(z^2), \quad z \to 0.$$

于是, 由 (8.4.5) 可知

$$h(y,z) - 1 = \frac{(1-y^2+\circ(y^2))(1-z^2+\circ(z^2))\left[(1-y^2+\circ(y^2))+(1-z^2+\circ(z^2))\right]}{(1-z^2+\circ(z^2))(1-y^2+\circ(y^2))+1+zy} - 1$$

$$= \frac{(1-y^2+\circ(y^2))(1-z^2+\circ(z^2))\left[(1-y^2+\circ(y^2))+(1-z^2+\circ(z^2))\right]}{2-z^2-y^2+zy+\circ(y^2)+\circ(z^2)} - 1$$

$$= \frac{2-3y^2-3z^2+\circ(y^2)+\circ(z^2)}{2-z^2-y^2+zy+\circ(y^2)+\circ(z^2)} - 1$$

$$= \frac{2-3y^2-3z^2-[2-z^2-y^2+zy]+\circ(y^2)+\circ(z^2)}{2-z^2-y^2+zy+\circ(y^2)+\circ(z^2)}$$

$$= \frac{-2y^2-2z^2-zy+\circ(y^2)+\circ(z^2)}{2-z^2-y^2+zy+\circ(y^2)+\circ(z^2)}.$$

8.4 带奇异 ϕ-Laplace 的二阶差分方程 Dirichlet 问题的正解

因此

$$\lim_{(y,z)\to(0,0)} \frac{h(y,z)-1}{\max\{|y|,|z|\}} = 0. \qquad \square$$

引理 8.4.3

$$\nabla\left(\frac{\Delta x_k}{\sqrt{1-|\Delta x_k|^2}}\right)$$

$$= \nabla(\Delta x_k)\left[\frac{\sqrt{1-|\Delta x_{k-1}|^2}\sqrt{1-|\Delta x_k|^2}+1+\Delta x_{k-1}\Delta x_k}{\sqrt{1-|\Delta x_k|^2}\sqrt{1-|\Delta x_{k-1}|^2}\left[\sqrt{1-|\Delta x_k|^2}+\sqrt{1-|\Delta x_{k-1}|^2}\right]}\right].$$

证明 由于

$$\nabla\left(\frac{u_k}{v_k}\right) = \frac{\nabla u_k v_{k-1} - u_{k-1}\nabla v_k}{v_k v_{k-1}}, \tag{8.4.8}$$

$$\nabla\left(\sqrt{1-|\Delta x_k|^2}\right) = \frac{-\nabla(\Delta x_k)(\Delta x_k+\Delta x_{k-1})}{\sqrt{1-|\Delta x_k|^2}+\sqrt{1-|\Delta x_{k-1}|^2}}, \tag{8.4.9}$$

从而

$$\nabla\left(\frac{\Delta x_k}{\sqrt{1-|\Delta x_k|^2}}\right)$$

$$= \frac{\nabla(\Delta x_k)\sqrt{1-|\Delta x_{k-1}|^2} - \Delta x_{k-1}\nabla\left(\sqrt{1-|\Delta x_k|^2}\right)}{\sqrt{1-|\Delta x_k|^2}\sqrt{1-|\Delta x_{k-1}|^2}}$$

$$= \frac{\nabla(\Delta x_k)\sqrt{1-|\Delta x_{k-1}|^2} - \Delta x_{k-1}\dfrac{-\nabla(\Delta x_k)(\Delta x_k+\Delta x_{k-1})}{\sqrt{1-|\Delta x_k|^2}+\sqrt{1-|\Delta x_{k-1}|^2}}}{\sqrt{1-|\Delta x_k|^2}\sqrt{1-|\Delta x_{k-1}|^2}}$$

$$= \nabla(\Delta x_k)\left[\frac{\sqrt{1-|\Delta x_{k-1}|^2}+\Delta x_{k-1}\dfrac{(\Delta x_k+\Delta x_{k-1})}{\sqrt{1-|\Delta x_k|^2}+\sqrt{1-|\Delta x_{k-1}|^2}}}{\sqrt{1-|\Delta x_k|^2}\sqrt{1-|\Delta x_{k-1}|^2}}\right]$$

$$= \nabla(\Delta x_k)\left[\frac{\sqrt{1-|\Delta x_{k-1}|^2}\left(\sqrt{1-|\Delta x_k|^2}+\sqrt{1-|\Delta x_{k-1}|^2}\right)+\Delta x_{k-1}(\Delta x_k+\Delta x_{k-1})}{\sqrt{1-|\Delta x_k|^2}\sqrt{1-|\Delta x_{k-1}|^2}\left[\sqrt{1-|\Delta x_k|^2}+\sqrt{1-|\Delta x_{k-1}|^2}\right]}\right]$$

$$= \nabla(\Delta x_k)\left[\frac{\sqrt{1-|\Delta x_{k-1}|^2}\sqrt{1-|\Delta x_k|^2}+1+\Delta x_{k-1}\Delta x_k}{\sqrt{1-|\Delta x_k|^2}\sqrt{1-|\Delta x_{k-1}|^2}\left[\sqrt{1-|\Delta x_k|^2}+\sqrt{1-|\Delta x_{k-1}|^2}\right]}\right]. \qquad \square$$

定理 8.4.1 的证明 我们分三步证明定理 8.4.1.

第一步 一个等价的表示.

对任意的 $k \in \mathbb{T}$, 定义函数 $\tilde{f}_k : \mathbb{R} \to \mathbb{R}$ 如下:

$$\tilde{f}_k(s) = \begin{cases} f_k(s), & 0 \leqslant s \leqslant \dfrac{n-1}{2}, \\ 0, & s \geqslant n-1, \\ \text{线性内插}, & \dfrac{n-1}{2} < s < n-1, \\ -\tilde{f}_k(-s), & s < 0. \end{cases}$$

注意到, 当考虑问题 (8.4.1) 的正解时, 问题 (8.4.1) 等价于问题

$$\begin{cases} \nabla[\phi(\Delta x_k)] + \lambda \tilde{f}_k(x_k) = 0, & k \in \mathbb{T}, \\ x_1 = 0 = x_n. \end{cases} \tag{8.4.10}$$

此外, 对任意的 $k \in \mathbb{T}$, $\tilde{f}_k(s)$ 为奇函数. 在接下来的证明中, 将考虑问题 (8.4.10). 然而, 为方便起见, 仍用 f_k 表示修正函数 $\tilde{f}_k$.

由引理 8.4.3, 容易验证函数 $x \in U^{n-2}$ 是问题 (8.4.1) 的一个正解当且仅当 x 是问题

$$\begin{cases} -\nabla(\Delta x_k) = \lambda f_k(x_k) h(\Delta x_k, \Delta x_{k-1}), & k \in \mathbb{T}, \\ x_1 = 0 = x_n \end{cases} \tag{8.4.11}$$

的一个正解.

第二步 一个分歧结果.

由 (H0) 和 (H5), f_k 可以写成

$$f_k(s) = (m_k + l_k(s))s, \quad k \in \mathbb{T}, \ s \in \mathbb{R},$$

其中对任意的 $k \in \mathbb{T}$, $l_k : \mathbb{R} \to \mathbb{R}$ 满足

$$\lim_{s \to 0} l_k(s) = 0. \tag{8.4.12}$$

为方便起见, 令 $g(y, z) = h(y, z) - 1$, $(y, z) \in \mathbb{R}^2$. 从而, 由引理 8.4.2 可知

$$\lim_{|\Delta x|_\infty \to 0} \frac{g(\Delta x_k, \Delta x_{k-1})}{|\Delta x|_\infty} = 0, \quad k \in \mathbb{T}. \tag{8.4.13}$$

定义算子 $\mathcal{H} : \mathbb{R} \times U^{n-2} \to U^{n-2}$ 为

$$\mathcal{H}(\lambda, x) = \lambda \mathcal{K}(H(x)),$$

其中

$$H_k(x) = ((m_k + l_k(x_k))g(\Delta x_k, \Delta x_{k-1}) + l_k(x_k))x_k$$

表示 $H(x)$ 的第 k 个分量. 容易验证算子 $\mathcal{H}$ 全连续.

8.4 带奇异 ϕ-Laplace 的二阶差分方程 Dirichlet 问题的正解

由于对任意的 $k \in \mathbb{T}$, $\Delta u_k = u_{k+1} - u_k$. 则由 $|u|_\infty \to 0$, 可知

$$|\Delta u|_\infty = \max_{2 \leqslant k \leqslant n-2} |\Delta u_k| \leqslant \max_{2 \leqslant k \leqslant n-2} (|u_{k+1}| + |u_k|) \to 0.$$

这一事实结合 (8.4.12) 和 (8.4.13), 可得

$$\lim_{|u|_\infty \to 0} \frac{|\mathcal{H}(\lambda, u)|_\infty}{|u|_\infty} = 0$$

对任何有界集上的 λ 一致成立. 注意到, 对任意的 λ, $(\lambda, x) \in \mathbb{R} \times U^{n-2}$, 其中 $x_k > 0$, $k \in \mathbb{T}$, 是方程

$$x = \lambda \mathcal{L}(x) + \mathcal{H}(\lambda, x) \tag{8.4.14}$$

的一个解, 当且仅当 x 是问题 (8.4.1) 的一个正解.

设 $(\lambda, x) \in \mathbb{R} \times U^{n-2}$ 为 (8.4.14) 的一个解, 若存在 $k_0 \in \mathbb{T}$ 使得 $x_{k_0} \neq 0$, 则称 (λ, x) 为 (8.4.14) 的一个非平凡解. 记 $\mathcal{S}$ 为当 $\lambda > 0$ 时, 问题 (8.4.14) 的所有非平凡解 $(\lambda, u) \in \mathbb{R} \times U^{n-2}$ 构成的集合的闭包.

注意到

$$|\Delta x|_\infty < 1, \quad \forall \, (\lambda, x) \in \mathcal{S}, \tag{8.4.15}$$

从而

$$|x|_\infty < \frac{n-1}{2}, \quad \forall \, (\lambda, x) \in \mathcal{S}. \tag{8.4.16}$$

由文献 [87] 中的定理 1.3 可知, $\mathcal{S}$ 中包含一个极大的闭连集 $\mathcal{C}$, 它满足: $(\lambda_{1,+}, 0) \in \mathcal{C}$ 并且下面两种情形之一发生:

(i) 在 $\mathbb{R} \times U^{n-2}$ 中是无界的;

(ii) 与 $(\hat{\lambda}(m), 0)$ 相交, 其中 $\hat{\lambda}(m)$ 是 $\mathcal{L}$ 的本征值, 并且 $\hat{\lambda}(m) \neq \lambda_{1,+}$.

第三步 我们将分六步证明情形 (ii) 不发生.

宣称 1 假设 $(\hat{\lambda}, 0) \in \mathcal{S}$, 则 $\hat{\lambda}$ 是 $\mathcal{L}$ 的本征值.

令 $\{(\lambda^{[k]}, x^{[k]})\}$ 为 (8.4.14) 的非平凡解序列, 且在 $\mathbb{R} \times U^{n-2}$ 中的极限是 $(\hat{\lambda}, 0)$. 对任意的 k, 令 $v^{[k]} = \dfrac{x^{[k]}}{|x^{[k]}|_\infty}$. 则

$$v^{[k]} = \lambda^{[k]} \mathcal{L}(v^{[k]}) + \frac{\mathcal{H}(\lambda^{[k]}, x^{[k]})}{|x^{[k]}|_\infty}. \tag{8.4.17}$$

由于 $\{v^{[k]}\}$ 在 U^{n-2} 中有界且算子 $\mathcal{L}$ 全连续, 因此存在 $w \in U^{n-2}$ 以及 $\{(v^{[k]})\}$ 的一个子列, 为方便起见, 仍将此子列记为 $\{(v^{[k]})\}$, 使得

$$\lim_{k \to +\infty} \mathcal{L}(v^{[k]}) = w \quad \text{于} \ U^{n-2}.$$

结合 (8.4.17), 可得
$$\lim_{k\to+\infty} v^{[k]} = \hat\lambda w \quad \text{于 } U^{n-2}.$$

因此
$$w = \hat\lambda \mathcal{L}(w)$$

并且 $|\hat\lambda w|_\infty = 1$, 特别地 $w \neq 0$. 从而, $\hat\lambda$ 是 $\mathcal{L}$ 的本征值.

宣称 2 存在 $\varepsilon > 0$ 使得 $\mathcal{S} \subset [\varepsilon, +\infty) \times U^{n-2}$.

反设结论不成立, 则存在 (8.4.14) 的非平凡解序列 $\{\lambda^{[k]}, x^{[k]}\}$, 它在 $\mathbb{R} \times U^{n-2}$ 中的极限是 $(0, x)$. 类似于宣称 1 的证明, 令 $v^{[k]} = \dfrac{x^{[k]}}{|x^{[k]}|_\infty}$, 则
$$v^{[k]} = \lambda^{[k]} \mathcal{L}(v^{[k]}) + \frac{\mathcal{H}(\lambda^{[k]}, x^{[k]})}{|x^{[k]}|_\infty}.$$

如果需要, 选取适当的子列, 可得 $\lim\limits_{k\to\infty} v^{[k]} = 0$ 于 U^{n-2}, 这和 $|v^{[k]}|_\infty = 1$ 矛盾.

宣称 3 $(\lambda, x) \in \mathcal{C}$ 当且仅当 $(\lambda, -x) \in \mathcal{C}$.

由于 f 和 $\mathcal{H}$ 是关于第二个变元的奇函数, 因此上述宣称成立.

接下来, 记 P 为 U^{n-2} 中的正锥, 即
$$P = \{x \in U^{n-2} : x \geqslant 0\}.$$

宣称 4 在 $\mathbb{R} \times U^{n-2}$ 中存在一个 $(\lambda_{1,+}, 0)$ 的邻域 U, 使得对任意的 $(\lambda, x) \in \mathcal{C} \cap U$, 要么 $(\lambda, x) = (\lambda_{1,+}, 0)$, 要么 $x \in \text{int} P$, 要么 $-x \in \text{int} P$.

由于对任意的 $k \in \mathbb{T}$, $\varphi_{1,+}(k) > 0$, 运用 Crandall-Rabinowitz 局部分歧定理, 参见文献 [95, 96], 可知此宣称成立.

宣称 5 设 $(\lambda, x) \in \mathcal{C}, x \in \partial P$. 进一步假设序列 $\{(\lambda^{[k]}, x^{[k]})\} \subset \mathcal{C}$ 满足对任意的 $k, x^{[k]} > 0$, 且 (λ, x) 是序列 $\{(\lambda^{[k]}, x^{[k]})\}$ 在 $\mathcal{C}$ 中的极限. 则 $(\lambda, x) = (\lambda_{1,+}, 0)$.

首先证明 $x = 0$.

反设 $x > 0$. 则可以选取 $c > 0$ 使得
$$\lambda(m_k + l_k(x_k))h(\Delta x_k, \Delta x_{k-1}) + c \geqslant 1, \quad k \in \mathbb{T}.$$

因此
$$-\nabla(\Delta x_k) + c x_k = \big(\lambda(m_k + l_k(x_k))h(\Delta x_k, \Delta x_{k-1}) + c\big)x_k, \quad k \in \mathbb{T}.$$

同时若 $x \in P$, 则对任意的 $k \in \mathbb{T}$, 有
$$\big(\lambda(m_k + l_k(x_k))h(\Delta x_k, \Delta x_{k-1}) + c\big)x_k \geqslant 0,$$

8.4 带奇异 ϕ-Laplace 的二阶差分方程 Dirichlet 问题的正解

同时存在 $k_0 \in \mathbb{T}$, 使得

$$(\lambda(m_{k_0} + l_{k_0}(x_{k_0}))h(\Delta x_{k_0}, \Delta x_{k_0-1}) + c)x_{k_0} > 0.$$

令 $G(t,s)$ 为线性边值问题

$$-\nabla(\Delta x_k) + c x_k = 0, \quad x_0 = 0 = x_n \tag{8.4.18}$$

的 Green 函数. 由文献 [2] 中的定理 6.8 可知, 对任意的 $1 \leqslant t, s \leqslant n-1$, $G(t,s) > 0$. 因而, 对任意的 $k \in \mathbb{T}$, $x_k > 0$. 这与 $x \in \partial P$ 矛盾. 因此 $x = 0$.

接下来, 证明 $\lambda = \lambda_{1,+}$. 由于 $x = 0$, 因此, 由宣称 1 可知, λ 是 $\mathcal{L}$ 的本征值. 令 $v^{[k]} = \dfrac{x^{[k]}}{|x^{[k]}|_\infty}$. 则类似于宣称 1 的证明, 如果需要, 选取适当的子列, 使得

$$\lim_{k \to \infty} \mathcal{L}(v^{[k]}) = w,$$

这里的 $w \in U^{n-2}$ 并且 w 是问题 (8.4.2) 对应于 λ 的特征函数. 又因为 $w > 0$, 所以 $\lambda = \lambda_{1,+}$.

宣称 6 对任意的 $(\lambda, x) \in \mathcal{C}$, 要么 $x \in \mathrm{int}\, P$, 要么 $-x \in \mathrm{int}\, P$, 要么 $(\lambda, x) = (\lambda_{1,+}, 0)$.

定义集合 $\mathcal{E}$ 如下:

$$\mathcal{E} = \{(\lambda, x) \in \mathcal{C} : x \notin \mathrm{int}\, P,\ -x \notin \mathrm{int}\, P,\ (\lambda, x) \neq (\lambda_{1,+}, 0)\}.$$

则由宣称 4, 有

$$\mathcal{E} = \{(\lambda, x) \in (\mathcal{C} \setminus U) : x \notin \mathrm{int}\, P,\ -x \notin \mathrm{int}\, P\},$$

从而, $\mathcal{E}$ 为 $\mathcal{C}$ 的一个闭子集.

接下来, 我们证明 $\mathcal{E}$ 还是 $\mathcal{C}$ 的一个开子集. 反设不然, 则存在序列 $\{(\lambda^{[k]}, x^{[k]})\} \subset \mathcal{C} \setminus \mathcal{E}$ 以及 $(\lambda, x) \in \mathcal{E}$, 使得 $\{(\lambda^{[k]}, x^{[k]})\}$ 在 U^{n-2} 中的极限是 (λ, x). 我们不妨假定, 对任意的 k, $x^{[k]} \in \mathrm{int}\, P$, 从而由宣称 5 可知, $(\lambda, x) = (\lambda_{1,+}, 0)$, 这与 $(\lambda, x) \in \mathcal{E}$ 矛盾. 同时由于 $\mathcal{C}$ 是连通的, 以及 $(\lambda_{1,+}, 0) \in \mathcal{C} \setminus \mathcal{E}$, 我们推断 $\mathcal{E} = \varnothing$.

现在, 我们来得到定理的主要内容. 由宣称 6 可知, 若 $(\hat{\lambda}(m), 0) \in \mathcal{C}$, 则 $\hat{\lambda}(m) = \lambda_{1,+}$, 从而上述情形 (ii) 不发生. 因此, 情形 (i) 必然发生, 结合事实 (8.4.16), 可知 $\mathcal{C}$ 是一个在 λ 方向上无界的连通分支.

由宣称 2, 我们推断对任意的 $\lambda > \lambda_{1,+}$, (8.4.1) 至少有一个非平凡解. 又由宣称 3 和宣称 6 可知, 这些非平凡解中至少有一个属于 $\mathrm{int}\, P$. 因此结合上述事实, 对任意的 $\lambda > \lambda_{1,+}$, (8.4.1) 至少有一个正解.

令 Λ 为使得 (8.4.1) 至少有一个正解存在的所有正的 λ 的集合. 令

$$\lambda_* = \inf \Lambda.$$

则由宣称 2 可知 $\lambda_* > 0$. 因此, 对任意的 $\lambda \in (0, \lambda_*)$, (8.4.1) 无正解. □

以上, 考虑了当 $\lambda > 0$ 且 $(f_k)_0 = m_k, k \in \mathbb{T}$ 时, 问题 (8.4.1) 正解的存在性. 以下, 将在 $\lambda > 0$ 时, 分别讨论 $(f_k)_0 = 0$ 和 $(f_k)_0 = \infty$ 时, 问题 (8.4.1) 正解的存在性和多解性.

定理 8.4.2 假设条件 (H5) 和如下假设成立:

(H1) $\lim\limits_{s \to 0^+} \dfrac{f_k(s)}{s} = 0, k \in \mathbb{T}$.

则存在 $0 < \lambda_* \leqslant \lambda^*$, 使得当 $\lambda > \lambda^*$ 时, (8.4.1) 至少有两个正解; 当 $\lambda \in (0, \lambda_*)$ 时, (8.4.1) 无正解.

证明 (梗概) 将运用和文献 [90, 91] 中类似的方法得到主要结果. 对任意的 $j \in \mathbb{N}, k \in \mathbb{T}$, 定义函数 $f_k^{[j]} : [0, \infty) \to \mathbb{R}$ 为

$$f_k^{[j]}(s) = \begin{cases} f_k(s), & s \in \left(\dfrac{1}{j}, \infty\right), \\ j f_k\left(\dfrac{1}{j}\right) s, & s \in \left[0, \dfrac{1}{j}\right]. \end{cases} \tag{8.4.19}$$

则对任意的 $j \in \mathbb{N}, f_k^{[j]} (k \in \mathbb{T})$ 为连续函数,

$$\limsup_{j \to \infty} [f_k^{[j]}(s) - f_k(s)] = 0 \tag{8.4.20}$$

对 $s \in [0, \infty)$ 一致成立, 且

$$(f_k^{[j]})_0 = \lim_{s \to 0} \dfrac{f_k^{[j]}(s)}{s} = j f_k\left(\dfrac{1}{j}\right). \tag{8.4.21}$$

显然, 由 (H1), 可得

$$\lim_{j \to \infty} (f_k^{[j]})_0 = 0. \tag{8.4.22}$$

类似于定理 8.4.1 的证明, 可推知对任意的 $j \in \mathbb{N}$, 辅助问题

$$\begin{cases} \nabla[\phi(\Delta x_k)] + \lambda f_k^{[j]}(x_k) = 0, & k \in \mathbb{T}, \\ x_1 = 0 = x_n \end{cases} \tag{8.4.23}_j$$

的正解集中包含了一个从 $(\infty, 0)$ 发出, 连接到 (∞, ∞) 的连通分支 $\mathcal{C}^{[j]}$. 同时根据文献 [90] 中的引理 2.4 和文献 [91] 中的引理 2.2, 集合 $\limsup \mathcal{C}^{[j]}$ 中包含一个连接 $(\infty, 0)$ 和 (∞, ∞) 的正解的连通分支.

因此, 存在 $0 < \lambda_* \leqslant \lambda^*$, 使得当 $\lambda > \lambda^*$ 时, (8.4.1) 至少有两个正解; 当 $\lambda \in (0, \lambda_*)$ 时, (8.4.1) 无正解. □

定理 8.4.3 假设条件 (H5) 和如下假设成立:

(H2) $\lim\limits_{s \to 0^+} \dfrac{f_k(s)}{s} = \infty, k \in \mathbb{T}$.

则对任意的 $\lambda > 0$, (8.4.1) 至少存在一个正解.

证明 (梗概) 由 (H2), 有

$$\lim_{j \to \infty} (f_k^{[j]})_0 = \infty. \tag{8.4.24}$$

类似于定理 8.4.2 的证明, 进而, 对任意的 $j \in \mathbb{N}$, 辅助问题 $(8.4.23)_j$ 的正解集中包含了一个从 $(0, 0)$ 发出, 连接到无穷远的连通分支 $\mathcal{C}^{[j]}$. 再次运用文献 [90] 中的引理 2.4 和 [91] 中的引理 2.2, 可知集合 $\limsup \mathcal{C}^{[j]}$ 中包含一个连通分支 $\mathcal{C}$:

$$(0, 0) \in \mathcal{C} \subset \limsup_{n \to \infty} \mathcal{C}^{[j]}, \tag{8.4.25}$$

它连接了 $(0, 0)$ 到无穷大.

因此, 对任意的 $\lambda > 0$, (8.4.1) 至少存在一个正解. □

接下来, 我们讨论当 $\lambda < 0$ 时, (8.4.1) 正解的存在性和多解性. 类似于定理 8.4.1、定理 8.4.2 和定理 8.4.3 的证明, 可得以下结论. 在此, 本节直接给出主要结果, 不作证明.

定理 8.4.4 假设条件 (H0), (H4) 和 (H5) 成立. 则存在 $\lambda_* \in [\lambda_{1,-}, 0)$, 使得当 $\lambda \in (\lambda_*, 0)$ 时, (8.4.1) 无正解; 当 $\lambda < \lambda_{1,-}$ 时, (8.4.1) 至少有一个正解.

定理 8.4.5 假设条件 (H1) 和 (H5) 成立. 则存在 $\lambda_* \leqslant \lambda^* < 0$, 使得当 $\lambda < \lambda_*$ 时, (8.4.1) 至少存在两个正解; 当 $\lambda \in (\lambda^*, 0)$ 时, (8.4.1) 无正解.

定理 8.4.6 假设条件 (H2) 和 (H5) 成立. 则对任意的 $\lambda < 0$, (8.4.1) 至少存在一个正解.

8.5 评 注

1. 较为系统地论述含参算子方程分歧问题的专著有文献 [85, 92, 96, 101].

2. 关于连通分支取极限可以追溯到 Kuratowski 的在紧度量空间中的工作, 参见文献 [89, 102] 给出无界连通分支存在的代数拓扑型条件. 孙经先[103]、马如云和安玉莲[90,91] 获得无界连通分支列的上极限包含一个无界连通分支的结果. 代国伟[104] 将 ∞ 点并入通常的 Banach 空间后讨论无穷远分歧出的无界连通分支列取极限的问题.

3. 关于单边分歧定理, 我们需要作进一步说明.

设 E 在范数 $\|\cdot\|$ 下是一个实 Banach 空间. $\mathscr{E} := E \times \mathbb{R}$. 称算子 $\mathcal{G}: \mathscr{E} \to E$ 满足

假设 𝔄: 如果 $\mathcal{G}(0, \lambda) = 0$ 对 $\lambda \in \mathbb{R}$ 成立, $\mathcal{G}$ 全连续, 并且

$$\mathcal{G}(x, \lambda) = \lambda L x + H(x, \lambda),$$

其中 L 是 E 上的一个全连续线性算子, 且当 $\|x\| \to 0$ 时, $\|H(x, \lambda)\|/\|x\| \to 0$ 对任何 $\mathbb{R}$ 中的有界集合上的 λ 一致成立.

定义 $\Phi(\lambda): E \to E$

$$\Phi(\lambda)(x) = x - \mathcal{G}(x, \lambda),$$

记 $\mathfrak{L}$ 为 $\{(x, \lambda) \in \mathscr{E} : x = \mathcal{G}(x, \lambda), x \neq 0\}$ 在 $\mathscr{E}$ 中的闭包. 则 $\mathfrak{L} \cap (\{0\} \times \mathbb{R}) \subseteq \{0\} \times r(L)$ (参见文献 [87]), 其中 $r(L)$ 表示 L 的实本征值的集合. 对 $\mu \in r(L)$, 记 C_μ 为 $\mathfrak{L}$ 包含 $(0, \mu)$ 的连通分支.

现在假设 $\mu \in r(L)$ 并且 μ 的重数为 1. 假设 $v \in E \setminus \{0\}, l \in E^*$ 使得

$$v = \mu L v, \qquad l = \mu L^* l$$

(这里 L^* 为 L 的共轭算子), 并且 $l(v) = 1$. 对 $y \in (0, 1)$, 记

$$K_y = \{(u, \lambda) \in \mathscr{E} : |l(u)| > y\|u\|\},$$

$$K_y^+ = \{(u, \lambda) \in \mathscr{E} : l(u) > y\|u\|\}, \quad K_y^- = \{(u, \lambda) \in \mathscr{E} : l(u) < -y\|u\|\}.$$

由文献 [87, Lemma 1.24], 存在一个 $S > 0$ 使得

$$(\mathfrak{L} \setminus \{(\mu, 0)\}) \cap \bar{\mathscr{E}}_S(\mu) \subseteq K_y,$$

其中 $\mathscr{E}_S(\mu) = \{(u, \lambda) \in \mathscr{E} \mid \|u\| + |\lambda - \mu| < S\}$, $\bar{\mathscr{E}}_S(\mu)$ 表示 $\mathscr{E}_S(\mu)$ 的闭包.

对 $0 < \varepsilon \leqslant S$ 和 $\nu = \pm$, 记 $D_{\mu,\varepsilon}^\nu$ 为 $\{(0, \mu)\} \cup (\mathfrak{L} \cap \bar{\mathscr{E}}_\varepsilon(\mu) \cap K_y^\nu)$ 包含 $(0, \mu)$ 的分支, $C_{\mu,\varepsilon}^\nu$ 为 $\overline{C_\mu \setminus D_{\mu,\varepsilon}^{-\nu}}$ 包含 $(0, \mu)$ 的分支 (这里 $-\nu$ 按照自然的含义理解), 记 $C_{\mu,\nu}$ 为 $\bigcup_{S \geqslant \varepsilon > 0} C_{\mu,\varepsilon}^\nu$ 的闭包. 则 $C_{\mu,\nu}$ 是连通的[88], $C_\mu = C_{\mu,+} \cup C_{\mu,-}$. 据文献 [87] 的 Lemma 1.24, $C_{\mu,\nu}$ 的定义不依赖于 y.

Rabinowitz[87] 给出如下单边分歧结果: 要么 $C_{\mu,+}$ 和 $C_{\mu,-}$ 均无界, 要么

$$[C_{\mu,+} \cap C_{\mu,-}] \setminus \{(0, \mu)\} \subset r(L). \tag{8.5.1}$$

但这个结果是不正确的.

1974 年, Dancer[88] 建立了如下较弱的结果.

8.5 评 注

定理 8.5.1 ([88, Theorem 2]) 要么 $C_{\mu,+}$ 和 $C_{\mu,-}$ 均无界, 要么

$$C_{\mu,+} \cap C_{\mu,-} \neq \{(0,\mu)\}.$$

2002 年, Dancer[105] 举出了 Rabinowitz[87] 的单边分歧结果不成立的反例. 关于单边分歧的进一步讨论, 读者可参见文献 [101, 106, 107].

4. Ma 和 Thompson[108] 研究非线性特征值问题

$$u''(t) + \lambda a(t) f(u(t)) = 0, \quad u(0) = u(1) = 0$$

的节点解时, 使用了开集

$$S_k^\nu = \left\{ y \in C^1[0,1] \;\middle|\; \begin{array}{l} y(0) = u(1) = 0,\, y(t) > 0 \text{ 于 } 0 \text{ 附近} \\ y \text{ 在 } (0,1) \text{ 中有 } k-1 \text{ 个简单零点} \end{array} \right\}.$$

但在时标 (time scale) 上, 正如文献 109 第 353 页的反例所指出: 相应的 S_k^ν 可能不再是开集.

第 9 章 常微分方程边值问题的有限差分逼近

9.1 常微分方程边值问题的数值解简介

微分方程和差分方程不仅在物理、天文、生物学等领域有着广泛的应用, 而且逐渐成为经济学、信息系统、人工神经网络等新兴领域的基础理论之一. 由于实际生活和科学研究中的许多问题可归结为微分方程边值问题, 而边值问题往往很复杂, 很多情形下不能获得方程解的解析形式, 为了研究解的性质, 就需要研究其数值解的性质.

值得注意的是, 如果只考虑边值问题解的存在性, 那么有限差分法不失为最简单且避免讨论稳定性的一类重要的数值算法. 微分方程理论和差分方程理论之间有着诸多异同. 比如, 差分方程的一些解可以逼近微分方程的解. 差分方程解的存在性和唯一性与微分方程理论中解的存在性和唯一性并不一致, 即使方程的非线性项满足同样的条件, 也存在着很大的差异. 例如, 考虑边值问题

$$u'' = -u'|u'|, \quad u(0) = 1, \ u(1) = 1. \tag{9.1.1}$$

根据文献 [110, 推论 3.4], 不难证明该问题的所有可能解有先验界, 即存在常数 $R_1 > 0, R_2 > 0$, 使得

$$\|u\|_\infty \leqslant R_1, \quad \|u'\|_\infty \leqslant R_2.$$

而其相应的有限差分逼近问题

$$\begin{aligned}\frac{u_{k+1} - 2u_k + u_{k-1}}{h^2} &= -\frac{(u_k - u_{k-1})|u_k - u_{k-1}|}{h^2}, \quad k \in \{1, 2, \cdots, n-1\}, \\ u_0 &= 1, \quad u_n = 1\end{aligned} \tag{9.1.2}$$

的解可能无界, 其中 $u_k = u(t_k)$, $t_k = kh$, $k = 0, 1, 2, \cdots, n$, $h = \dfrac{1}{n}$. 令 $n = 2m$, 取 $\boldsymbol{u}^m = \{u_k^m\}$ 定义为 $u_k^m = (-1)^k$, $k = 0, 1, 2, \cdots, n$. 则不难验证 $\boldsymbol{u}^m$ 为问题 (9.1.2) 的解且当 $h \to 0$ 时,

$$\max_{k \in [0,n]_{\mathbb{Z}}} |u_k^m| = 1, \quad \max_{k \in [0,n]_{\mathbb{Z}}} \left| \frac{u_k^m - u_{k-1}^m}{h} \right| = \frac{2}{h} \to +\infty,$$

即 $\boldsymbol{u}^m$ 为问题 (9.1.2) 的解但其一阶差分无界. 令 $\boldsymbol{u} = \{u_k\}, u_k = 1$, $k = 0, 1, \cdots, n$. 显然, $\boldsymbol{u}$ 也是问题 (9.1.2) 的解但有界.

9.1 常微分方程边值问题的数值解简介

许多学者在研究非线性微分方程的有限差分逼近过程中发现相应的差分方程的解在网格步长趋于零时未必收敛于原微分方程的解, 他们把这一类不能近似逼近相应微分方程解的解称为数值无关解 (numerically irrelevant)、幽灵解 (ghost solutions) 或假解 (spurious solution), 参见 Allgower, Gaines, Gerling, Jürgens, Peitgen, Peitgen 等学者的工作. 例如, 考虑二阶非线性特征值问题

$$\begin{aligned} -u'' &= \lambda f(u), \quad \lambda \geqslant 0, \\ u(0) &= u(1) = 0 \end{aligned} \quad (9.1.3)$$

和相应的有限差分逼近问题

$$\begin{aligned} u_{k+1} - 2u_k + u_{k-1} + \lambda h^2 f(u_i) &= 0, \quad k \in [1,n]_{\mathbb{Z}}, \\ u_0 &= u_{n+1} = 0, \end{aligned} \quad (9.1.4)$$

其中 $u_k = u(t_k)$, $t_k = kh$, $k = 1, 2, \cdots, n+1$, $h = \dfrac{1}{n+1}$, $f: \mathbb{R} \to \mathbb{R}$ 为连续函数. 对问题 (9.1.3) 而言, 存在三类数值无关解, 即问题 (9.1.4) 有如下三类解与问题 (9.1.3) 的解无关: 第 I 类是从问题 (9.1.4) 解空间中孤立产生的问题 (9.1.3) 的数值无关解; 第 II 类是从容许问题 (9.1.3) 的数值相关解演化成数值无关解; 第 III 类是从问题 (9.1.3) 的数值相关解的连通分支中分叉出的数值无关解.

为了具体说明, 问题 (9.1.3) 中令 $f(s) = \begin{cases} s, & s \leqslant 0, \\ \dfrac{1}{2}\sin 2s, & 0 < s \leqslant \pi, \\ s - \pi, & s > \pi, \end{cases}$ 见图 9.1.1, 则

根据文献 [111] 知, 当 $\lambda > 0$ 充分大时, 问题 (9.1.3) 有两个解 u_1, u_2 满足 $\|u_1\|_\infty < \dfrac{\pi}{2}$, $\|u_2\|_\infty > \pi + 1$, 见图 9.1.2. 而问题 (9.1.4) 的解在网格分割区间长度 $m = 7$ 时的图像可由图 9.1.3 表示.

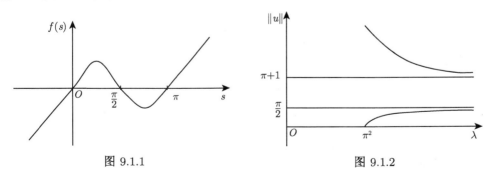

图 9.1.1　　　　　　　　　图 9.1.2

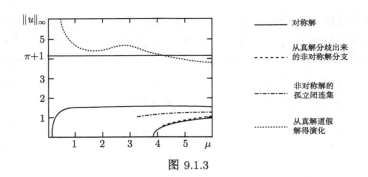

图 9.1.3

边值问题的数值解法的研究与电子计算机的应用和发展紧密相连. 目前已发展出多种多样的数值解法, 但还未彻底解决, 甚至没有统一的解法. 本章将从数值相关解和数值无关解两方面入手介绍这一领域的一些重要研究成果, 为常微分方程边值问题数值解的研究提供理论基础. 具体的数值解法介绍我们不再详细叙述, 可参看 [113, 114] 等论著.

9.2 二阶非线性边值问题数值相关解的存在性

非线性微分方程的数值相关解在什么条件下存在? 对这一类问题的研究, 1974 年, Gaines[112] 研究了二阶常微分方程 Sturm-Liouville 边值问题数值相关解的存在性, 证明了只要相应有限差分逼近问题的所有可能解有与步长无关的先验界, 则该问题的数值相关解存在. 随后, Rachůnková 和 Tisdell [115,116], Thompson 和 Tisdell[117] 等学者也获得了一些二阶常微分方程边值问题数值相关解存在的结果. 本节将详细介绍 Gaines[112] 的研究成果, 并介绍 Rachůnková 和 Tisdell[115, 116], Thompson 和 Tisdell[117] 中的研究成果.

1974 年, Gaines[112] 考虑边值问题

$$\begin{aligned} & y'' = f(t,y,y'), \\ & a_0 y(a) - a_1 y'(a) = c, \quad b_0 y(b) + b_1 y'(b) = d \end{aligned} \quad (9.2.1)$$

和其相应的有限差分逼近问题

$$\begin{aligned} & (y_{k+1} - 2y_k + y_{k-1})/h^2 = f(t_k, y_k, (y_k - y_{k-1})/h), \\ & a_0 y_0 - a_1(y_1 - y_0)/h = c, \quad b_0 y_n + b_1(y_n - y_{n-1})/h = d, \end{aligned} \quad (9.2.2)$$

其中 $h = (b-a)/n$ 为划分步长, $t_k = a + kh$, $k = 0, 1, 2, \cdots, n$, $y_k = y(t_k)$.

本节总假定:

(A1) $a_0, a_1, b_0, b_1 \geqslant 0$; $a_0 + b_0 > 0$, $a_0 + a_1 > 0$ 且 $b_0 + b_1 > 0$.

9.2 二阶非线性边值问题数值相关解的存在性

(A2) $f(t,y,y')$ 在 $[a,b]\times\mathbb{R}^2$ 上连续.

问题 (9.2.1) 及其他两点边值问题解的存在性和多解性已被广泛研究并获得了许多解的存在性理论. 本节主要讨论有限差分逼近问题 (9.2.2) 解的存在性条件以及与连续型问题 (9.2.1) 的关系.

9.2.1 解的存在性和收敛性结果

引理 9.2.1 令 $\boldsymbol{g}=\{g_k\}\in\mathbb{R}^{n+1}$. 则向量 $\boldsymbol{y}=\{y_k\}$ 为边值问题

$$\begin{aligned}
&(y_{k+1}-2y_k+y_{k-1})/h^2=g_k,\quad k=1,2,\cdots,n-1,\\
&a_0 y_0-a_1(y_1-y_0)/h=c,\\
&b_0 y_n+b_1(y_n-y_{n-1})/h=d
\end{aligned} \quad (9.2.3)$$

的解当且仅当

$$y_k=h\sum_{i=1}^{n-1}G(t_k,s_i)g_i+\phi(t_k),$$

这里 $\phi(t)=[c(b_0 b+b_1)+d(a_1-a_0 a)+t(da_0-cb_0)]/\Delta$, $\Delta=a_0 b_0(b-a)+a_0 b_1+a_1 b_0$;

$$G(t,s)=\begin{cases}-\dfrac{[b_0(b-s)+b_1][a_0(t-a)+a_1]}{\Delta}, & a\leqslant t\leqslant s\leqslant b,\\ -\dfrac{[b_0(b-t)+b_1][a_0(s-a)+a_1]}{\Delta}, & a\leqslant s\leqslant t\leqslant d.\end{cases}$$

注 9.2.1 (1) 函数 $G(t,s)$ 为边值问题

$$y''=g(t),\ t\in(a,b),\quad a_0 y(a)-a_1 y'(a)=0,\quad b_0 y(b)+b_1 y'(b)=0$$

的 Green 函数, $\phi(t)$ 是边值问题

$$y''=0,\ t\in(a,b),\quad a_0 y(a)-a_1 y'(a)=c,\quad b_0 y(b)+b_1 y'(b)=d$$

的唯一解.

(2) 问题 (9.2.1) 等价于算子方程 $\Phi y=y$, 其中

$$\Phi y=\int_a^b G(t,s)f(s,y(s),y'(s))ds+\phi(t).$$

引理 9.2.2 向量 $\boldsymbol{y}=\{y_k\}\in\mathbb{R}^{n+1}$ 为边值问题 (9.2.2) 的解当且仅当 $\boldsymbol{y}=\Phi\boldsymbol{y}$, 其中 $\Phi:\mathbb{R}^{n+1}\to\mathbb{R}^{n+1}$ 定义如下

$$\Phi(\boldsymbol{y})_k=\sum_{i=1}^{n-1}G(t_k,s_i)f\left(s_i,y_i,\frac{y_i-y_{i-1}}{h}\right)h+\phi(t_k),\quad k=0,1,2,\cdots,n. \quad (9.2.4)$$

进一步, 若 f 在 $[a,b] \times \mathbb{R}^2$ 上连续, 则 Φ 连续.

下面运用 Brouwer 不动点定理证明算子方程 (9.2.4) 存在不动点. 若问题 (9.2.2) 的解先验有界且其一阶差分与步长 h 无关, 则有限差分逼近问题 (9.2.2) 的解收敛到连续问题 (9.2.1) 的解.

引理 9.2.3 设 $\Phi: S \subset \mathbb{R}^{n+1} \to S$ 为连续映射, 其中 S 同胚于 $\mathbb{R}^{n+1}$ 中有界单位球, 则存在 $\boldsymbol{y} \in S$, 使得 $\Phi \boldsymbol{y} = \boldsymbol{y}$.

令 $n_m \to +\infty$, $m \to +\infty$, 记 $h_m = (b-a)/n_m$, $t_k^m = a + h_m k$. 设 $\boldsymbol{y}^m = \{y_k^m\}$ 为问题 (9.2.2) 的一个解, 其中 $h = h_m$, $m \geqslant m_0$. 利用线性插值法, 定义连续函数 $y^m(t)$ 满足 $y^m(t_k^m) = y_k^m$, 即

$$y^m(t) = y_k^m + (y_{k+1}^m - y_k^m) h_m^{-1}(t - t_k^m), \quad t_k^m \leqslant t \leqslant t_{k+1}^m.$$

令 $v_k^m = (y_k^m - y_{k-1}^m)/h_m$, 定义 $[a,b]$ 上的函数 $v^m(t)$ 如下:

$$v^m(t) = \begin{cases} v_k^m + (v_{k+1}^m - v_k^m) h_m^{-1}(t - t_k^m), & t_k^m \leqslant t \leqslant t_{k+1}^m, \\ v_1^m, & a \leqslant t \leqslant t_1^m. \end{cases}$$

引理 9.2.4 令 $h = h_m$, $m \geqslant m_0$. 设问题 (9.2.2) 存在解 $\boldsymbol{y}^m = \{y_k^m\}$, 若存在常数 $R \geqslant 0$ 和 $N \geqslant 0$, 使得对任意的 $m \geqslant m_0$, 有 $\max_k |y_k^m| \leqslant R$, $\max_k |v_k^m| \leqslant N$, 则存在 $\{y^m(t)\}$ 的一个子列 $\{y^{k(m)}(t)\}$ 和问题 (9.2.1) 的解 $x(t)$, 使得当 $m \to +\infty$ 时, $\max_{t \in [a,b]} |y^{k(m)}(t) - x(t)| \to 0$ 且 $\max_{t \in [a,b]} |v^{k(m)}(t) - x'(t)| \to 0$ 成立.

证明 由假设条件 $\{y_k^m\}$, $\{v_k^m\}$ 有界, 运用 Arzela-Ascoli 定理易证 $\{y^m(t)\}$ 存在一个子列 $\{y^{k(m)}(t)\}$ 一致收敛于连续函数 $x(t)$, 且 $\{v^m(t)\}$ 存在一个子列 $\{v^{k(m)}(t)\}$ 一致收敛于某个连续函数 $u(t)$.

不难计算

$$|x(\tau) - x(t) - u(t)(\tau - t)| \leqslant M|\tau - t|^2, \quad t \in [a,b]$$

故 $u(t) = x'(t)$. 结合 $\phi(t), x(t), G(t,s)$ 的连续性与引理 9.2.1 不难证明 $x(t)$ 为连续问题 (9.2.1) 的一个解. □

定理 9.2.1 设存在常数 $h_0 \geqslant 0$, $R \geqslant 0$, $N \geqslant 0$ 使得当 $h \leqslant h_0$ 时, $\boldsymbol{y} = \{y_k\}$ 为问题 (9.2.2) 的一个解, 则

$$|y_k| \leqslant R, \quad k = 0,1,2,\cdots,n,$$

且

$$|(y_k - y_{k-1})/h| \leqslant N, \quad k = 0,1,2,\cdots,n.$$

对任意给定的 $\varepsilon > 0$, 存在 $h(\varepsilon)$, 使得当 $h \leqslant h(\varepsilon)$ 且 $\boldsymbol{y} = \{y_k\}$ 为问题 (9.2.2) 的一个解, 则存在问题 (9.2.1) 的一个解 $y(t)$ 满足

9.2 二阶非线性边值问题数值相关解的存在性

$$\max_{[a,b]} |y(t, \boldsymbol{y}) - y(t)| \leqslant \varepsilon, \tag{9.2.5}$$

且

$$\max_{[a,b]} |v(t, \boldsymbol{y}) - y'(t)| \leqslant \varepsilon, \tag{9.2.6}$$

其中

$$y(t, \boldsymbol{y}) = y_k + (y_{k+1} - y_k)h^{-1}(t - t_k), \quad t_k \leqslant t \leqslant t_{k+1},$$

$$v(t, \boldsymbol{y}) = \begin{cases} (y_k - y_{k-1})/h + (y_{k+1} - 2y_k + y_{k-1})h^{-2}(t - t_k), & t_k \leqslant t \leqslant t_{k+1}, \\ (y_1 - y_0)/h, & a \leqslant t \leqslant t_1. \end{cases}$$

证明 (反证法) 假设结论不成立, 则存在 $\varepsilon > 0$ 和一个子列 $\{h_m\}$, 满足 $h_m \to 0$, 使得当 $h = h_m = (b-a)/n_m$ 时, 问题 (9.2.2) 有一个解 $\boldsymbol{y}^m = \{y_k^m\}$ 满足对任意的问题 (9.2.1) 的一个解 $y(t)$, 有

$$\max_{[a,b]} |y^m(t) - y(t)| > \varepsilon, \quad \max_{[a,b]} |v^m(t) - y'(t)| > \varepsilon. \tag{9.2.7}$$

由假设条件, 对充分大的 m, 有

$$\max_k |y_k^m| \leqslant R, \quad \max_k |(y_k^m - y_{k-1}^m)/h_m| \leqslant N.$$

应用引理 9.2.4 可得, 存在 $\{y^m(t)\}$ 的一个子列和问题 (9.2.1) 的一个解 $y(t)$ 满足

$$\max_{[a,b]} |y^{k(m)}(t) - y(t)| \to 0, \quad \max_{[a,b]} |v^{k(m)}(t) - y'(t)| \to 0, \quad m \to +\infty.$$

这与 (9.2.7) 式矛盾. □

9.2.2 连续问题解的先验界的遗传性

本小节讨论问题 (9.2.1) 的解先验界存在的情形下相应有限差分逼近问题 (9.2.2) 先验有界的解的存在性.

定理 9.2.2 设存在一个常数 B, 使得问题 (9.2.1) 的解 $y(t)$ 满足

$$\max_{[a,b]} |y(t)| + \max_{[a,b]} |y'(t)| \leqslant B. \tag{9.2.8}$$

对任意给定的 $\varepsilon > 0$ 和 $C > 0$ 满足 $B + \varepsilon < C$, 存在 $h(\varepsilon, C)$, 使得当 $h < h(\varepsilon, C)$ 时, 问题 (9.2.2) 的解 $\boldsymbol{y} = \{y_k\}$ 满足下列结论之一:

(i) $\|\boldsymbol{y}\|_1 = \max |y_k| + \max |(y_k - y_{k-1})/h| < B + \varepsilon$;

(ii) $\|\boldsymbol{y}\| > C$.

证明 假设结论不成立,则存在一个子列 h_m 满足 $h_m \to 0$, $m \to +\infty$, 使得对每个 m, 问题 (9.2.2) 存在一个解 $\boldsymbol{y}^m = \{y_k^m\}$ ($h = h_m$ 的情形), 满足

$$B + \varepsilon \leqslant \|\boldsymbol{y}^m\|_1 \leqslant C.$$

根据引理 9.2.4 知, 存在 $y^m(t)$ 的一个子列 $y^{l(m)}(t)$, 使得 $y^{l(m)}(t)$ 一致收敛于问题 (9.2.1) 的解 $y(t)$ 且 $v^{l(m)}(t)$ 一致收敛于 $y'(t)$. 进而结合 $y^{l(m)}(t)$ 和 $v^{l(m)}(t)$ 定义可得 $\max\limits_{[a,b]} |y(t)| + \max\limits_{[a,b]} |y'(t)| \geqslant B + \varepsilon$. 这与题设 (9.2.8) 式矛盾! □

下面给出两个反例说明连续问题的解先验有界不能推出相应有限差分逼近问题的解存在不依赖于步长 h 的先验界, 即定理 9.2.2 结论中的两种情形都是存在的, 也就是说连续问题相应的有限差分逼近问题的解要么有界, 要么无界.

例 9.2.1 考察边值问题

$$y'' = f(y, y'), \quad y(0) = 0, \quad y(1) = 0, \tag{9.2.9}$$

其中

$$f(y, y') = \begin{cases} 0, & y \geqslant 1 + |y'|/2, \\ -(y')^2[1 - y + |y'|/2], & |y'|/2 \leqslant y < 1 + |y'|/2, \\ -(y')^2[1 + y - |y'|/2], & -1 + |y'|/2 < y < |y'|/2, \\ 0, & y \leqslant -1 + |y'|/2. \end{cases}$$

易见 $f(t, y, y')$ 在 $[0,1] \times \mathbb{R}^2$ 上连续, 从而对任意的 $M > 1$, 有

$$\inf_{y \geqslant M} f(y, y') \geqslant \begin{cases} -(y')^2, & |y'| \geqslant 2M, \\ -(y')^2[1 - M + |y'|/2], & 2(M-1) \leqslant |y'| < 2M, \\ 0, & |y'| < 2(M-1) \end{cases}$$

和

$$\sup_{y \leqslant -M} f(y, y') = 0.$$

令

$$\psi(\rho) \equiv \begin{cases} -\rho^2 + 1, & \rho > 2M, \\ -\rho^2[1 - M + \rho/2] + 1, & 2(M-1) \leqslant \rho < 2M, \\ 1, & \rho < 2(M-1). \end{cases}$$

则 ψ 为区间 $[0, \infty)$ 上连续的正函数满足

$$\int_0^\infty \frac{d\rho}{\psi(\rho)} > \int_0^{2(M-1)} d\rho = 2(M-1) > 1, \quad M > \frac{3}{2}$$

9.2 二阶非线性边值问题数值相关解的存在性

且 $yf(y,y') > -|y|\psi(|y'|)$, $|y| \geqslant M$. 运用文献 [110] 中推论 3.4 不难推出存在常数 R, 使得问题 (9.2.9) 可能存在的解 y 满足 $|y(t)| \leqslant R$. 因为 $|f(y,y')| \leqslant |y'|^2$, 结合 Nagumo 定理可得存在常数 N, 使得 $|y'(t)| \leqslant N$.

问题 (9.2.9) 相应的有限差分逼近问题为

$$(y_{k+1} - 2y_k + y_{k-1})/h^2 = f(y_k, (y_k - y_{k-1})/h), \quad k = 1, 2, \cdots, n-1,$$
$$y_0 = 0, \ y_n = 0. \tag{9.2.10}$$

不难计算当 $n = 2m$ 时, 向量 $\boldsymbol{y}^m = \{y_k^m\}$ 满足

$$y_k^m = \begin{cases} 2k, & k = 0, 1, 2, \cdots, m, \\ 2(n-k), & k = m+1, m+2, \cdots, n \end{cases}$$

为问题 (9.2.10) 的一个解. 注意到当 $h \to 0$ 时, $\max |y_k^m| = n = 1/h$ 和 $\max |(y_k - y_{k-1})/h| = 2/h$ 均无界. 此外, 向量 $\boldsymbol{y}^m = \{y_k^m\}$ 满足 $y_k = 0 (k = 0, 1, \cdots, n)$ 也是问题 (9.2.10) 的解.

例 9.2.2 考察边值问题

$$y'' = -y'|y'|/P, \quad y(0) = P, \quad y(1) = P \quad (P > 2/\pi). \tag{9.2.11}$$

我们运用 [110, 推论 3.4] 和 Nagumo 条件不难证明存在常数 R, N, 使得问题 (9.2.11) 可能存在的解 y 满足 $|y(t)| \leqslant R$ 和 $|y'(t)| \leqslant N$. 而其相应的有限差分逼近问题为

$$\frac{y_{k+1} - 2y_k + y_{k-1}}{h^2} = -\frac{(y_k - y_{k-1})|y_k - y_{k-1}|}{Ph^2}, \quad k \in [1, n]_{\mathbb{Z}},$$
$$y_0 = P, \quad y_n = P. \tag{9.2.12}$$

令 $n = 2m$, 定义向量 $\boldsymbol{y}^m = \{y_k^m\}$ 为 $y_k^m = (-1)^k P$, $k = 0, 1, 2, \cdots, n$. 则不难验证 $\boldsymbol{y}^m$ 为问题 (9.2.2) 的解且当 $h \to 0$ 时,

$$\max_{k \in [0, n]_{\mathbb{Z}}} |y_k^m| = P, \quad \max_{k \in [0, n]_{\mathbb{Z}}} \left| \frac{y_k^m - y_{k-1}^m}{h} \right| = \frac{2P}{h} \to +\infty,$$

即 $\boldsymbol{y}^m$ 为问题 (9.2.12) 的解但其一阶差分无界. 令 $\boldsymbol{y} = \{y_k\}$ 满足 $y_k = 1$, $k = 0, 1, \cdots, n$. 显然, $\boldsymbol{y}$ 也是问题 (9.2.12) 的解但有界.

通过上述两个例子不难发现一个有趣的现象: 连续问题的有限差分逼近问题存在与连续问题的解无关的解, 主要的原因是有限差分逼近问题解的局部最值点不具有连续性, 不能遗传连续问题解的局部性质. 例如, 连续情形时, 若 t_k 为一个局部最大值, 则 $y'(t_k) = 0$, 但离散情形下若 t_k 为一个局部最大值, 则 $\Delta y(t_{k-1})/h \geqslant 0$, $\Delta y(t_k)/h \leqslant 0$, 此时 $y(t_k)$ 与 $y(t_{k-1})$ 和 $y(t_{k+1})$ 之间的幅度可能很大或者 $y(t_{k-1})$ 和 $y(t_{k+1})$ 可能与 $y(t_k)$ 相等.

下面介绍一类可准确获得数值无关解存在的条件, 而通过修正非线性项 f 和映射 Φ, 这类条件可用于避免数值无关解的出现.

定理 9.2.3 设对任意的 $|y| \geq M$, 有
$$yf(t,y,z) \geq -|y|\Psi(|z|),$$
其中 $\Psi(\rho)$ 为区间 $[0,\infty)$ 上正的非减的局部 Lipschitz 连续函数, 且满足
$$\int_0^\infty \frac{d\rho}{\Psi(\rho)} > b - a. \tag{9.2.13}$$
若 $\boldsymbol{y} = \{y_k\}$ 为问题 (9.2.2) 的一个解, 则下列结论之一成立:

(i) $\max|(y_k - y_{k-1})/h| > H$;

(ii) $\max|y_k| \leq R(I(H,h))$

$$= \max\begin{cases} \begin{cases} |c|/a_0, & a_0 \neq 0, \\ \max\begin{cases} M - \int_a^b W(s, |c|/a_1) ds \\ |d|/b_0 - \int_a^b W(s, |c|/a_1) ds - b_1 b_0^{-1} W(b, |c|/a_1) \end{cases} & a_0 = 0, \end{cases} \\ M - \int_a^b W(s, I(H,h)) ds, \\ |d|/b_0 - \int_a^b W(s, I(H,h)) ds - b_1 b_0^{-1} W(b, I(H,h)), \end{cases}$$

其中 $W(t,\rho)$ 为一阶初值问题
$$w' = -\Psi(|w|), \quad w(a) = -\rho$$
的唯一解, $I(H,h)$ 为满足不等式
$$\rho - h\Psi(\rho) \geq -I(H,h), \quad 0 \leq \rho \leq H$$
的最小正常数. 进一步, 若 $h \leq \min_{[0,H]}[(\rho + \varepsilon)/\Psi(\rho)]$, 则 $R(I(H,h)) < R(\varepsilon)$.

证明 假设 $\max|(y_k - y_{k-1})/h| \leq H$. 首先考虑 $a_0 \neq 0$ 的情形. 假定 $\max|y_k| = |y_m| > R$. 不失一般性, 令 $|y_m| = y_m > 0$. 则 $m \neq 0$, $m \neq n$. 如果 $m = 0$, 那么 $(y_1 - y_0)/h \leq 0$ 且由边值条件 $a_0 y_0 - a_1(y_1 - y_0)/h = c$ 得, $y_0 \leq c/a_0 \leq |c|/a_0$. 这与 R 的定义矛盾. 同理可证 $m \neq n$ 的情形. 从而 $0 < m < n$.

令 $v_k = (y_k - y_{k-1})/h$, $k = 1, 2, \cdots, n$. 因 $y_m > R \geq M$, $H \geq v_m \geq 0$, 故
$$0 \geq v_{m+1} = v_m + hf(t_m, y_m, v_m) \geq v_m - h\Psi(|v_m|) \geq -I(H,h).$$

9.2 二阶非线性边值问题数值相关解的存在性

定义 $\{w_{m+1}, w_{m+2}, \cdots, w_n\}$ 如下

$$w_{m+j+1} = w_{m+j} - h\Psi(|w_{m+j}|), \quad w_{m+1} = -I(H,h).$$

则对任意的 $y_{m+j} \geqslant M$, 有

$$v_{m+j+1} = v_{m+j} + hf(t_{m+j}, y_{m+j}, v_{m+j}) \geqslant v_{m+j} - h\Psi(|v_{m+j}|).$$

进而对 $j \in S = \{j : y_{m+i} \geqslant M, \ m+1 \leqslant m+i \leqslant m+j-1\}$, 有 $v_{m+j} \geqslant w_{m+j}$. 因此

$$y_{m+j} = y_m + h\sum_{i=1}^{j} v_{m+i} \geqslant y_m + h\sum_{i=1}^{j} w_{m+i}, \quad \forall \, j \in S.$$

不难验证 $w_{m+i} \geqslant w(t_{m+i}, t_{m+1})$, 其中 $w(t, t_{m+1})$ 为一阶初值问题

$$w' = -\Psi(|w|), \quad w(t_{m+1}) = -I(H,h)$$

的唯一解. 进一步, 易证

$$y_{m+j} \geqslant y_m \int_{t_{m+1}}^{t_{m+j}} w(s, t_{m+1}) ds \geqslant y_m + \int_a^b W(s, I(H,h)) ds,$$

这里条件 (9.2.13) 式可保证 $W(t, \rho)$ 的存在性. 结合 R 的定义和事实 $y_{m+j} > M, j \in S$. 容易推出

$$y_{m+j} > R + \int_a^b W(s, I(H,h)) ds.$$

从而 $S = \{1, 2, \cdots, n-m\}$. 故

$$y_n > R + \int_a^b W(s, I(H,h)) ds$$

且

$$v_n \geqslant w(b, t_{m+1}) > W(b, I(H,h)).$$

由 R 的定义知

$$b_0 y_n + b_1 v_n > b_0 R + b_0 \int_a^b W(s, I(H,h)) ds + b_1 W(b, I(H,h)) > d.$$

这与边值条件 $b_0 y_n - b_1(y_n - y_{n-1})/h = d$ 矛盾! 因此, 假设错误, 即证 $\max |y_k| \leqslant R$.

下面考虑 $a_0 = 0$ 的情形. 若取 $0 < m \leqslant n$, 则类似于 $a_0 \neq 0$ 的情形讨论可得结论. 若 $m = 0$, 则 $(y_1 - y_0)/h \leqslant 0$, $-a_1(y_1 - y_0)/h = c$ 且 $0 \geqslant v_1 = -|c|/a_1$. 从而让 $-|c|/a_1$ 替换 $-I(H,h)$, 类似情形 (i) 的讨论可得结论. □

注 9.2.2　在定理 9.2.3 的条件下,连续问题 (9.2.1) 的解 y 有界,即 $|y| < R(0)$.

下面给出著名的 Nagumo 定理的相应离散型 Nagumo 定理. 注意 $f(s)$ 为 $[0, \infty)$ 上的逐段连续函数是指 $f(s)$ 在 $[0, \infty)$ 上的任意闭子区间上连续,且 $f(s)$ 至多存在有限个不连续点且间断值不会为无穷大.

定理 9.2.4　设 $\varphi(s)$ 为 $[0, \infty)$ 上正的非减的逐段连续函数且满足

$$\int_0^\infty \frac{sds}{\varphi(s)} = +\infty.$$

令 $|y_k| \leqslant R$, $k = 0, 1, \cdots, n$, 且

$$|(y_{k+1} - 2y_k + y_{k-1})/h^2| \leqslant \varphi(|y_k - y_{k-1}|/h), \quad k = 1, 2, \cdots, n-1.$$

定义 $N(R)$ 如下

$$\int_{2R/(b-a)}^{N(R)} \frac{sds}{\varphi(s)} = 2R + \sigma, \tag{9.2.14}$$

其中 σ 为任意给定的一个常数. 令

$$\delta(H, R) = \min[2R/(b-a)\varphi(H), \sigma(3E^2 D(b-a))^{-1}],$$

这里 $D = \sup\limits_{[0, N(R)+2R/(b-a)]} |d(s/\varphi(s))/ds|$, $E = \varphi(N(R)+2R/(b-a))$. 若 $h \leqslant \delta(H, R)$, 则要么

$$\max|(y_k - y_{k-1})/h| \geqslant H;$$

要么

$$\max|(y_k - y_{k-1})/h| \leqslant N(R).$$

证明（反证法）　假设 $\max|(y_k - y_{k-1})/h| < H$ 且 $\max|(y_k - y_{k-1})/h| > N(R)$. 令 $v_k = (y_k - y_{k-1})/h$, $k = 1, 2, \cdots, n-1$. 则 $\max|v_k| = |v_m| > N(R)$, 不妨设 $v_m > N(R)$. 因为对任意的 k, $y_k \leqslant R$, 所以存在 v_j 满足 $v_j \leqslant 2R/(b-a)$.

下面先考察 $j < m$ 的情形. 选取 v_r, v_s 满足 $2R/(b-a) < v_k < N(R)$, $r < k < s$, $v_r \leqslant 2r/(b-a)$ 且 $v_s > N(R)$. 则

$$\frac{2R}{b-a} < v_{r+1} \leqslant v_r + h\phi(|v_r|) \leqslant v_r + h\phi(H). \tag{9.2.15}$$

从而

$$v_r \geqslant \frac{2R}{b-a} - h\phi(H).$$

当 $h < \dfrac{2R}{(b-a)\phi(H)} = \delta_1(H, R)$ 时, $v_r \geqslant 0$.

9.2 二阶非线性边值问题数值相关解的存在性

因 $|y_k| \leqslant R$, $k = 0, 1, 2, \cdots, n$, 故

$$\left|\sum_{k=r}^{s-1}(v_{k+1} - v_k)v_k/\phi(|v_k|)\right| \leqslant \sum_{k=r}^{s-1} v_k h \leqslant y_{s-1} - y_{r-1} \leqslant 2R.$$

而

$$|v_{k+1} - v_k| \leqslant h\phi(|v_k|) \leqslant hE, \quad k = r, r+1, \cdots, s-1.$$

下面证明

$$\left|\frac{\sum_{k=r}^{s-1}(v_{k+1} - v_k)v_k}{\phi(|v_k|)}\right| \geqslant \int_{v_r}^{v_s} \frac{sds}{\phi(s)} - E^2 D(b-a)h.$$

下面不妨设 $v_{k+1} \neq v_k$, $k = r, r+1, \cdots, s-1$. 否则, $v_{k+1} = v_k$ 的情形容易排除. 令 $\alpha_r, \alpha_{r+1}, \cdots, \alpha_s$ 为序列 $v_r, v_{r+1}, \cdots, v_s$ 按增序的排列, 则存在 $c_1, c_2, \cdots, c_{s-1}$ 满足 $\alpha_j \leqslant c_j \leqslant \alpha_{j+1}$ 且

$$\int_{v_r}^{v_s} \frac{sds}{\phi(s)} = \frac{\sum_{j=r}^{s-1}(\alpha_{j+1} - \alpha_j)c_j}{\phi(c_j)}.$$

记

$$\frac{(v_{k+1} - v_k)v_k}{\phi(v_k)} = \text{sign}(v_{k+1} - v_k)\sum_{i=i_k}^{i_{k+1}-1}\frac{(\alpha_{i+1} - \alpha_i)v_k}{\phi(v_k)},$$

其中 $\alpha_k = \min[v+k, v_{k+1}]$, $\alpha_{i_{k+1}} = \max[v_k, v_{k+1}]$.

易见 $[\alpha_j, \alpha_{j+1}]$ 为以 $\{v_k, v_{k+1}\}$ ($k = r, r+1, \cdots, s-1$) 为区间端点的子区间且个数为 $2p_j + 1$, 这些区间中 $p_j + 1$ 个区间满足 $v_{k+1} > v_k$, p_j 个区间满足 $v_{k+1} < v_k$. 因此

$$\sum_{k=r}^{s-1}\frac{(\alpha_{j+1} - \alpha_j)c_j}{\phi(c_j)} = \sum_{k=r}^{s-1}\left[\text{sign}(v_{k+1} - v_k)\sum_{i=i_k}^{i_{k+1}-1}\frac{(\alpha_{i+1} - \alpha_i)c_i}{\phi(c_i)}\right].$$

利用均值定理, 易证

$$\left|\frac{\sum_{k=r}^{s-1}(v_{k+1} - v_k)v_k}{\phi(v_k)} - \int_{v_r}^{v_s}\frac{sds}{\phi(s)}\right|$$

$$= \left|\sum_{k=r}^{s-1}\left[\text{sign}(v_{k+1} - v_k)\sum_{i=i_k}^{i_{k+1}-1}\frac{(\alpha_{i+1} - \alpha_i)v_k}{\phi(v_k)}\right]\right.$$

$$\left. - \sum_{k=r}^{s-1}\left[\text{sign}(v_{k+1} - v_k)\sum_{i=i_k}^{i_{k+1}-1}\frac{(\alpha_{i+1} - \alpha_i)c_i}{\phi(c_i)}\right]\right|$$

$$\leqslant \sum_{k=r}^{s-1}\sum_{i=i_k}^{i_{k+1}-1}(\alpha_{i+1}-\alpha_i)\left|\frac{v_k}{\phi(v_k)}-\frac{c_i}{\phi(c_i)}\right|$$

$$\leqslant \sum_{k=r}^{s-1}\sum_{i=i_k}^{i_{k+1}-1}(\alpha_{i+1}-\alpha_i)D|v_k-c_i|$$

$$\leqslant \sum_{k=r}^{s-1}\sum_{i=i_k}^{i_{k+1}-1}(\alpha_{i+1}-\alpha_i)D|v_{k+1}-v_k|$$

$$\leqslant \sum_{k=r}^{s-1}D|v_{k+1}-v_k|^2 \leqslant nDh^2E^2 \leqslant (b-a)DE^2h.$$

令 $\delta_2(R)=[E^2D(b-a)]^{-1}\sigma$, 则当 $h<\delta_2(R)$ 时, 有

$$\int_{v_r}^{v_s}\frac{sds}{\phi(s)}-E^2D(b-a)h > \int_{2R/(b-a)}^{N(R)}\frac{sds}{\phi(s)}-E^2D(b-a)h > 2R,$$

推出一个矛盾!

若 $m<j$, 选取 v_r 和 v_s 满足 $2R/(b-a)<v_k<N(R)$, $r<k<s$, $v_r>N(R)$ 且 $v_s\leqslant 2R/(b-a)$. 则

$$N(R)\geqslant v_{r+1}\geqslant v_r-h\phi(|v_r|)\geqslant v_r-h\phi(H). \tag{9.2.16}$$

因此, 当 $h<\delta_1(H,R)$ 时, 有

$$v_r \leqslant N(R)+h\phi(H)\leqslant N(R)+2R/(b-a).$$

当 $h<\delta_2(R)$ 时, 类似情形 1 的讨论可得一个矛盾! □

注 9.2.3 连续的 Nagumo 定理结论为

$$|y''(t)|\leqslant \varphi(|y'(t)|),\quad |y(t)|\leqslant R \Rightarrow |y'(t)|\leqslant N(R),$$

其中 $N(R)$ 由 (9.2.14) 定义, 其中 σ 允许取零.

下面构造一个立方算法映射使其利用折线法可以逼近连续问题的解. 令 R 和 N 为给定的正常数, 定义函数

$$g(t,y,y')=\begin{cases}f(t,y,-N), & y'\leqslant -N,\\ f(t,y,y'), & |y'|\leqslant N,\\ f(t,y,N), & y'\geqslant N;\end{cases} \quad f^*(t,y,y')=\begin{cases}g(t,-R,y'), & y\leqslant -R,\\ g(t,y,y'), & |y|\leqslant R,\\ g(t,R,y'), & y\geqslant R.\end{cases} \tag{9.2.17}$$

则 $f^*(t,y,y')$ 在区域 $[a,b]\times\mathbb{R}^2$ 上连续. 令

$$S=\{(t,y,y')\,|\,t\in[a,b],\,|y|\leqslant R,\,|y'|\leqslant N\}.$$

9.2 二阶非线性边值问题数值相关解的存在性

选取 λ 满足 $\lambda \geqslant \max_S |f(t,y,y')| = \max |f^*(t,y,y')|$. 利用 (9.2.4) 定义相应于非线性项 f^* 的映射 T 如下:

$$(T\bar{y})_k = h\sum_{i=1}^{n-1} G(t_k,s_i)f^*(s_i,y_i,(y_i-y_{i-1})/h) + \phi(t_k), \quad k = 0,1,2,\cdots,n. \quad (9.2.18)$$

选取 τ 和 η 满足:

$$\tau \geqslant \max_{[a,b]\times[a,b]} |G(t,s)|, \qquad \eta \geqslant \max_{[a,b]} |\phi(t)|.$$

则

$$\max |(T\bar{y})_k| \leqslant (b-a)\tau\lambda + \eta = Q. \quad (9.2.19)$$

令

$$C(Q) = \{\bar{y}\mid \max|y_k| \leqslant Q\}. \quad (9.2.20)$$

则 $T: C(Q) \to C(Q)$ 且在 $C(Q)$ 上有一个不动点.

定理 9.2.5 设对任意的 $|y| \geqslant M$, 有

$$yf(t,y,z) \geqslant -|y|\Psi(|z|),$$

其中 $\Psi(\rho)$ 为 $[0,+\infty)$ 上正的非减的满足局部 Lipschitz 条件的函数且

$$\int_0^\infty \frac{\rho d\rho}{\Psi(\rho)} > b - a.$$

假设 $f(t,y,z)| \leqslant \varphi(|z|), |y| \leqslant R(\varepsilon)$, 这里 $R(\varepsilon)$ 如定理 9.2.4 中定义且 $\varphi(s)$ 为 $[0,\infty)$ 上正的非减的逐段连续函数且满足

$$\int_0^\infty \frac{sds}{\varphi(s)} < +\infty.$$

令 $N(R(\varepsilon))$ 如定理 9.2.4 中定义. 进一步, 假设

$$h < \min_{[0,N(R(\varepsilon))]}[(\rho+\varepsilon)/\Psi(\rho)], \quad h \leqslant \delta(N(R(\varepsilon)), R(\varepsilon)),$$

这里 $\delta(N(R(\varepsilon)), R(\varepsilon))$ 如定理 9.2.4 中定义. 若算子 T 由 (9.2.18) 式定义, 则

(i) $\bar{y}$ 为算子 T 在 $C(Q)$ 上的不动点当且仅当 $\bar{y}$ 为问题 (9.2.2) 的一个解且满足

$$\max|y_k| \leqslant R(\varepsilon), \quad \max|(y_k - y_{k-1})/h| \leqslant N(R(\varepsilon)); \quad (9.2.21)$$

(ii) 问题 (9.2.2) 至少存在一个解 $\bar{y}$ 满足 $\max|y_k| \leqslant R(\varepsilon), \quad \max|(y_k-y_{k-1})/h| \leqslant N(R(\varepsilon))$;

(iii) 满足 (9.2.21) 式的问题 (9.2.2) 的解 $\bar{y}$ 按定理 9.2.1 中的方式下收敛于连续问题 (9.2.1) 的解.

证明 因为 $f^*(t,y,y')$ 满足 $f(t,y,y')$ 的所有假设条件, 定义函数 $\Psi^*(\rho)$, $\varphi^*(\rho)$ 如下

$$\Psi^*(\rho) = \begin{cases} \Psi(\rho), & 0 \leqslant \rho \leqslant N(R(\varepsilon)), \\ \Psi(N(R(\varepsilon))), & \rho > N(R(\varepsilon)), \end{cases} \quad \varphi^*(\rho) = \begin{cases} \varphi(\rho), & 0 \leqslant \rho \leqslant N(R(\varepsilon)), \\ \varphi(N(R(\varepsilon))), & \rho > N(R(\varepsilon)) \end{cases}$$

替换 $\Psi(\rho)$, $\varphi(\rho)$, 则

(i) 若 $\bar{y}$ 为算子 T 在 $C(Q)$ 上的一个不动点, 则 $\bar{y}$ 为问题 (9.2.2) 的一个解, 其中 f 由 f^* 替代, 结合定理 9.2.3 可得当 $h \leqslant \min_{[0,H]}[(\rho+\varepsilon)/\Psi^*(\rho)]$ 时, $\max|y_k| \leqslant R(\varepsilon)$ 成立或者 $\max|(y_k - y_{k-1})/h| > H$ 成立. 然而

$$\min_{[0,H]}[(\rho+\varepsilon)/\Psi^*(\rho)] \geqslant \min_{[0,N(R(\varepsilon))]}[(\rho+\varepsilon)/\Psi^*(\rho)],$$

其中上式右侧的式子与 H 无关. 因此, 定理中的结论 (i) 一定成立.

运用定理 9.2.4 可得 $h \leqslant \delta^*(H, R(\varepsilon))$ 时, $\max|(y_k - y_{k-1})/h| \leqslant N(R(\varepsilon))$ 成立或者 $\max|(y_k-y_{k-1})/h| > H$ 成立, 这里 $\delta^*(H, R(\varepsilon))$ 由定理 9.2.4 定义, 其中 φ^* 替代 φ. 易证

$$\delta^*(H, R(\varepsilon)) \geqslant \delta(N(R(\varepsilon)), R(\varepsilon)).$$

根据 f^* 的定义知, $\bar{y}$ 为问题 (9.2.2) 的一个解, 从而结论 (i) 成立.

(ii) 结合 $T: C(Q) \to C(Q)$ 和 (i) 的结论直接可得结论.

(iii) 由定理 9.2.1 和 (i), (ii) 的结论直接可得结论. □

9.2.3 不依赖于步长的有限差分逼近问题解的先验界

如果讨论连续问题解的存在性时将某些条件略有加强, 那么相应离散问题的可能解就存在不依赖于步长的先验界, 从而 9.1 节介绍的连续问题的数值无关解是可消除的. 尽管寻找离散问题解的不依赖于步长的先验界是非常复杂的, 但我们采用构造立方体算法映射的方法可以解决这一困难.

定理 9.2.6 设对任意的 $|y| \geqslant M$, 有

$$yf(t,y,z) \geqslant -|y|(A+B|z|), \quad A, B > 0.$$

若当 $h < B^{-1}$ 时, $\bar{y}$ 是 (9.2.2) 的一个解, 则

$$\max|y_k| < R(h),$$

9.2 二阶非线性边值问题数值相关解的存在性

其中

$$R(h) = \max \begin{cases} |c|/a_0, & a_0 \neq 0, \\ \max \begin{cases} M + AB^{-1}[B_1 - (b-a)] + |c|a_1^{-1}B_1, \\ |d|/b_0 + AB^{-1}[(1+Bb_1b_0^{-1})B_1 - (b-a)] \\ + |c|a_1^{-1}B_1 + b_1b_0^{-1}|c|a_1^{-1}B_2 \end{cases}, & a_0 = 0, \\ M + AB^{-1}[(1+hB)B_1 - (b-a)], \\ |d|/b_0 + AB^{-1}[(1+hB+Bb_1b_0^{-1})B_1 - (b-a)] + b_1b_0^{-1}hAB_2, \end{cases}$$
(9.2.22)

$B_1 = B^{-1}(e^{B(b-a)} - 1), \quad B_2 = e^{B(b-a)}.$

证明 定义函数

$$\Psi(\rho) = A + B\rho,$$

满足定理 9.2.3 中的条件, 则

$$\rho - h\Psi(\rho) = \rho - h(A + B\rho)$$
$$= (1 - hB)\rho - hA \geqslant -hA.$$

因此, 选取与 H 无关的 $I(H,h) = hA$, 则通过计算定理 9.2.3 中 $W(t,\rho)$ 可得 $R(h)$ 的估计式 (9.2.22). □

注 9.2.4 定理 9.2.6 中, 若 $B = 0$, 选取函数 $\Psi(\rho) = A$, 则

$$I(H,h) = hA, \quad W(t,\rho) = -A(t-a) - \rho.$$

从而 $R(h)$ 的估计式为

$$R(h) = \max \begin{cases} |c|/a_0, & a_0 \neq 0, \\ \max \begin{cases} M + A(b-a)^2 + |c|a_1^{-1}(b-a), \\ |d|b_0^{-1} + A(b-a)^2/2 + |c|a_1^{-1}(b-a) + [A(b-a) + |c|a_1^{-1}]b_1b_0^{-1} \end{cases}, & a_0 = 0, \\ M + A(b-a)^2/2 + hA(b-a), \\ |d|/b_0 + A(b-a)^2/2 + hA(b-a) + b_1b_0^{-1}[A(b-a) + hA]. \end{cases}$$

定理 9.2.7 设存在常数 $0 < \alpha < 1$, 使得对任意的 $|y| \geqslant M$, 有

$$yf(t,y,z) \geqslant -|y|(A + B|z| + C|y|^\alpha), \quad A, B, C > 0,$$

若当 $h < B^{-1}$ 时, $\bar{y}$ 为问题 (9.2.2) 的一个解, 则

$$\max |y_k| \leqslant R(h),$$

其中

$$R(h) = \max \begin{cases} \begin{cases} |c|/a_0, & a_0 \neq 0, \\ \max \begin{cases} D_2^{1/\alpha}, \\ \min_{\varepsilon \geqslant 0} \max[E_2 + \varepsilon, [F_2 + E_2(E_2 + \varepsilon)^{-\alpha}]^{1/(1-\alpha)}] \end{cases}, & a_0 = 0, \end{cases} \\ D_1^{1/\alpha}, \\ \min_{\varepsilon \geqslant 0} \max[E_1 + \varepsilon, [F_1 + E_1(E_1 + \varepsilon)^{-\alpha}]^{1/(1-\alpha)}], \end{cases}$$

这里

$$D_1 = \begin{cases} 0, & b_1 = 0, \\ \max \begin{cases} \dfrac{M - |d|b_0^{-1} - A[B_1 b_1 b_0^{-1} + b_1 b_0^{-1} h B_2]}{C[B_1 b_1 b_0^{-1} + b_1 b_0^{-1} h B_2]}, \\ 0 \end{cases}, & b_1 \neq 0, \end{cases}$$

$$D_2 = \begin{cases} 0, & b_1 = 0, \\ \max \begin{cases} \dfrac{M - |d|b_0^{-1} - A b_1 b_0^{-1} B_1 - b_1 b_0^{-1} |c| a_1^{-1} B_2}{C b_1 b_0^{-1} B_1}, \\ 0 \end{cases}, & b_1 \neq 0, \end{cases}$$

$$E_1 = \begin{cases} \max[|d|b_0^{-1}, M] + G_1, & b_1 = 0, \\ |d|/b_0^{-1} + G, & b_1 \neq 0, \end{cases}$$
$$G_1 = AB^{-1}[(1 + hB + b_1 b_0^{-1} B)B_1 - (b-a)] + b_1 b_0^{-1} h A B_2,$$

$$E_2 = \begin{cases} \max[|d|b_0^{-1}, M] + G_2, & b_1 = 0, \\ |d|b_0^{-1} + G_2, & b_1 \neq 0, \end{cases}$$
$$G_2 = A[(B^{-1} + b_1 b_0^{-1})B_1 - (b-a)] + |c|a_1^{-1} B_1 + b_1 b_0^{-1}|c|a_1^{-1} B_2,$$

$$F_1 = CA^{-1} G_1, \quad F_2 = CB^{-1}[(1 + Bb_1 b^{-1})B_1 - (b-a)].$$

证明 令 $\max |y_k| = D$. 定义函数

$$f*(t, y, z) = \begin{cases} f(t, D, z), & y \geqslant D, \\ f(t, y, z), & |y| < D, \\ f(t, -D, z), & y \leqslant -D. \end{cases} \tag{9.2.23}$$

不难验证对任意的 $|y| \geqslant M$, 有

$$y f*(t, y, z) \geqslant -|y|(A + C|D|^\alpha + B|z|).$$

9.2 二阶非线性边值问题数值相关解的存在性

运用定理 9.2.6 可得
$$D \leqslant R_0(D),$$
其中定理 9.2.6 中 $A + C|D|^\alpha$ 取 A. 令 $a_0 \neq 0, b_1 \neq 0, D > |c|/a_0$, 且满足
$$|d|/b_0 + (A + C|D|^\alpha)[b_1 b_0^{-1} B_1 + b_1 b_0^{-1} h B_2] \geqslant M,$$
或令 $D \geqslant D_1^{1/\alpha}$. 则 $R_0(D) = E_1 + F_1 D^\alpha$.

令 $D \geqslant E_1 + \varepsilon$. 则
$$D \leqslant E_1 + F_1 D^\alpha,$$
$$D^{1-\alpha} \leqslant F_1 + E_1 D^{-\alpha},$$
$$D^{1-\alpha} \leqslant F_1 + E_1 (E_1 + \varepsilon)^{-\alpha},$$
$$D \leqslant [F_1 + E_1 (E_1 + \varepsilon)^{-\alpha}]^{1/(1-\alpha)}.$$

因此, 当 $a_0 \neq 0, b_1 \neq 0$ 时, $R(h)$ 的估计式成立.

当 $a_0 = 0$ 或 $b_1 = 0$ 时, 同理可得 $R(h)$ 的估计式. □

定理 9.2.8 设对任意的 $|y| \geqslant M$, 有
$$yf(t,y,z) \geqslant |y|(A + B|z| + C|y|).$$
当 $a_0 = 0$ 时, 令 $1 - F_1 > 0$ 且 $1 - F_2 > 0$. 若当 $h < B^{-1}$ 时, $\bar{y}$ 为问题 (9.2.2) 的一个解, 则
$$\max |y_k| \leqslant R(h) = \max \left\{ \begin{array}{ll} \left\{ \begin{array}{l} |c|/a_0, \\ \max \left\{ \begin{array}{l} D_2, \\ E_2/(1-F_2) \end{array} \right\} \end{array} \right., & a_0 \neq 0, \\ & a_0 = 0, \\ D_1, \\ E_1/(1-F_1), \end{array} \right.$$
这里 $D_1, D_2, E_1, E_2, F_1, F_2$ 由定理 9.2.7 中定义.

证明 当 $\alpha = 1$ 时, 类似于定理 9.2.7 的证明可得
$$D \leqslant R_0(D) = E_1 + F_1 D.$$
从而
$$D(1 - F_1) \leqslant E_1.$$
若 $(1 - F_1) > 0$, 则 $D \leqslant E_1(1 - F_1)^{-1}$, 且结论可证. 其他情形类似可证, 此处略去. □

注 9.2.5 (1) 当 $b-a$ 和步长 h 充分小时，条件 $1-F_1>0$ 或 $1-F_2>0$ 显然成立.

(2) 注意到由定理 9.2.6— 定理 9.2.8 中问题 (9.2.2) 解的先验界 $R(h)$ 可推出一个不依赖于步长 h 的先验界 $\hat{R}$ 且 $R(h) \leqslant \hat{R}$.

定理 9.2.9 令 $\varphi(s)$ 为 $[0, \infty]$ 上正的、非减的、逐段连续可导函数，且当 $s \to +\infty$ 时，$\varphi(s) = o(s^2)$. 对任意给定的 $R>0$, 存在 $N(R), \delta(R)$, 使得当 $h < \delta(R)$, $|y_k| \leqslant R, k = 0, 1, 2, \cdots, n$ 时，

$$|(y_{k+1} - 2y_k + y_{k-1})/h^2| \leqslant \varphi(|y_k - y_{k-1}|/h).$$

则

$$|(y_k - y_{k-1})/h| \leqslant N(R), \quad k = 0, 1, 2, \cdots, n.$$

证明 根据定理 9.2.4 知，只需证明 $\delta(R, H)$ 的选取不依赖于 H 即可. 由 (9.2.15) 知

$$2R/(b-a) < v_{r+1} \leqslant v_r + h\varphi(|v_r|)$$
$$\leqslant v_r + h[A + p(|v_r|)|v_r|^2],$$

其中 $p(s) \to 0, s \to +\infty$. 因 $|v_r| \leqq 2R/h$, 故

$$2R/(b-a) < v_{r+1} \leqslant v_r + hA + 2Rp(|v_r|)|v_r|.$$

令 $v_r \leqslant 0$. 则

$$2R/(b-a) \leqslant v_r(1 - 2Rp(|v_r|)) + hA.$$

又当 $s \to +\infty$ 时，$p(s) \to 0$, 故存在 $\alpha_1(R, h) > 0$, 使得 $v_r \geqslant -\alpha_1(R, h)$, 其中 $\alpha_1(R, h)$ 关于 h 单调非减. 从而对任意的 $h < 1$, 有

$$2R/(b-a) - h\varphi(\sigma_1) \leqslant v_r,$$

这里

$$\sigma_1 = \max[\alpha_1(R, 1), 2R/(b-a)].$$

因此，当

$$h \leqslant \min[1, 2R/(b-a)\varphi(\sigma_1)] = \delta_1^1(R) \tag{9.2.24}$$

时，有 $v_r \geqslant 0$.

类似地，由 (9.2.16) 式可得

$$N(R) \geqslant V_{R+1} \geqslant v_r - h[A + p(|v_r|)|v_r|^2]$$
$$\geqslant v_r - hA - 2Rp(|v_r|)|v_r|$$

9.2 二阶非线性边值问题数值相关解的存在性

$$\geqslant v_r(1-2Rp(|v_r|))-hA. \tag{9.2.25}$$

此时, 存在 $\alpha_2(R,h) > 0$, 使得 $v_r < \alpha_2(R,h)$. 从而当 $h < 1$ 时, 有

$$N(R)+h\varphi(\alpha_2(R,1)) \geqq v_r. \tag{9.2.26}$$

故当

$$h \leqslant \min[1, 2R/(b-a)\varphi(\alpha_2(R,1))] = \delta_1^2(R) \tag{9.2.27}$$

时, 有 $v_r \leqslant N(R)+2R/(b-a)$. 选取 $\delta_1(H,R)$ 为 $\delta_1(R) = \min[\delta_1^1(R), \delta_1^2(R)]$, 则结论可证.

若 $\delta_2(R)$ 不依赖于 H, 则选取 $\delta(R) = \min[\delta_1^1(R), \delta_1^2(R)]$, 可证结论. □

类似于定理 9.2.5 的证明, 可得如下结论.

定理 9.2.10 设对任意的 $|y| \geqslant M$, 满足

$$yf(t,y,z) \geqslant -|y|(A+B|z|),$$

$$yf(t,y,z) \geqslant -|y|(A+B|z|+C|y|^\alpha), \quad 0 < \alpha < 1$$

或

$$yf(t,y,z) \geqslant -|y|(A+B|z|+C|y|),$$

其中 A, B 和 C 为给定的正常数. 令 $R(h_0)$ 由定理 9.2.6、定理 9.2.7 或定理 9.2.3 定义. 设当 $|y| \leqslant R(h_0)$ 时,

$$|f(t,y,z)| \leqslant \varphi(|z|),$$

其中 $\varphi(s)$ 为 $[0,\infty)$ 上正的、非减的、连续可微函数且满足 $\varphi(s) = o(s^2)$, $s \to +\infty$. 定义 $N(R(h_0))$ 如下

$$\int_{2R(h_0)/(b-a)}^{N(R(h_0))} \frac{sds}{\varphi(s)} = 2R(h_0)+\sigma.$$

算子 T 由 (9.2.18) 定义, 其中 $R = R(h_0)$, $N = N(R(h_0))$. 令 $\delta(R)$ 由定理 9.2.9 中定义. 当 $h < \min[h_0, B^{-1}, \delta(R)]$ 时, 则下列结论成立:

(i) $\bar{y}$ 为算子 T 在 $C(Q)$ 上的一个不动点当且仅当 $\bar{y}$ 为离散问题 (9.2.2) 的一个解;

(ii) 离散问题 (9.2.2) 至少有一个解;

(iii) 离散问题 (9.2.2) 的解按定理 9.2.1 中的收敛方式收敛于连续问题 (9.2.1) 的解. □

注 9.2.6 结合定理 9.2.10 和定理 9.2.3、定理 9.2.7, 定理 9.2.8 可得类似于定理 9.2.10 的结论, 而结论 (i) 叙述如下: $\bar{y}$ 为算子 T 在 $C(Q)$ 上的一个不动点当且仅当 $\bar{y}$ 为离散问题 (9.2.2) 的一个解且满足

$$\max|y_k| \leqslant R(h_0), \quad \max|(y_k-y_{k-1})/h| \leqslant N(R(h_0)).$$

9.2.4 有限差分逼近问题的上下解方法

关于运用上下解方法证明连续边值问题 (9.2.1) 解的存在性已被许多学者研究, 如 Bebernes, Fraker, Erbe, Gaines 和 Jackson 等学者的工作. 本节主要运用上下解方法获得有限差分逼近问题 (9.2.2) 解的存在性和先验界.

定义 9.2.1 称函数 $\beta(t) \in C^2[a,b]$ 为连续问题 (9.2.1) 误差为 ε 的上解当且仅当 β 满足

$$\beta''(t) - f(t, \beta(t), \beta'(t)) \leqslant -\varepsilon, \quad t \in [a,b],$$

$$a_0\beta(a) - a_1\beta'(a) - c \geqslant \varepsilon, \quad b_0\beta(b) - b_1\beta'(b) - d \geqslant \varepsilon.$$

称函数 $\alpha(t) \in C^2[a,b]$ 为连续问题 (9.2.1) 误差为 ε 的下解当且仅当 α 满足

$$\alpha''(t) - f(t, \alpha(t), \alpha'(t)) \geqslant \varepsilon,$$

$$a_0\alpha(a) - a_1\alpha'(a) - c \leqslant -\varepsilon, \quad b_0\alpha(b) - b_1\alpha'(b) - d \leqslant -\varepsilon.$$

运用连续边值问题 (9.2.1) 上下解的定义及上下解方法易证如下引理.

引理 9.2.5 令 $\beta(t)$ 和 $\alpha(t)$ 分别是连续问题 (9.2.1) 误差为 ε 的上解和下解. 则存在 $\delta(\varepsilon)$, 使得当 $h < \delta(\varepsilon)$ 时,

$$\frac{\beta(t_{k+1}) - 2\beta(t_k) + \beta(t_{k-1})}{h^2} - f\left(t_k, \beta(t_k), \frac{\beta(t_k) - \beta(t_{k-1})}{h}\right) \leqslant \frac{-\varepsilon}{2},$$

$$a_0\beta(t_0) - a_1\frac{\beta(t_1) - \beta(t_0)}{h} - c \geqslant \frac{\varepsilon}{2}, \quad b_0\beta(t_n) + b_1\frac{\beta(t_n) - \beta(t_{n-1})}{h} - d \geqslant \frac{\varepsilon}{2},$$
(9.2.28)

$$\frac{\alpha(t_{k+1}) - 2\alpha(t_k) + \alpha(t_{k-1})}{h^2} - f\left(t_k, \alpha(t_k), \frac{\alpha(t_k) - \alpha(t_{k-1})}{h}\right) \geqslant \frac{\varepsilon}{2},$$

$$a_0\alpha(t_0) - a_1\frac{\alpha(t_1) - \alpha(t_0)}{h} - c \leqslant \frac{-\varepsilon}{2}, \quad b_0\alpha(t_n) + b_1\frac{\alpha(t_n) - \alpha(t_{n-1})}{h} - d \leqslant \frac{-\varepsilon}{2}.$$
(9.2.29)

对任意的 $k = 1, 2, \cdots, n-1$ 成立.

证明 由条件知当 $|t_k - \xi_k^2| \leqslant h$ 时, 有

$$\frac{\beta(t_{k+1}) - 2\beta(t_k) + \beta(t_{k-1})}{h^2} = \beta''(\xi_k^2) = \beta''(t_k) + [\beta''(\xi_k^2) - \beta''(t_k)],$$

且当 $|t_k - \xi_k^1| \leqslant h$ 时, 有

$$(\beta(t_k) - \beta(t_{k-1}))/h = \beta'(t_k) + [\beta'(\xi_k^1) - \beta'(t_k)].$$

令

$$S_1 = \{(x, y, z) \,|\, y = \beta(t), |z - \beta'(t)| \leqslant 1\}.$$

9.2 二阶非线性边值问题数值相关解的存在性

取 $\theta(\varepsilon)$ 满足 $|z_1 - z_2| \leqslant \theta(\varepsilon)$, 则不难证明当 $(t, y, z_1), (t, y, z_2) \in S_1$ 时,

$$|f(t, y, z_1) - f(t, y, z_2)| < \varepsilon/4. \tag{9.2.30}$$

由 β 定义知, 存在 $\delta_1(\varepsilon)$, 使得当 $|t_1 - t_2| < \delta_1(\varepsilon)$ 时,

$$|\beta''(t_1) - \beta''(t_2)| < \varepsilon/4.$$

存在 $\delta_2(\varepsilon)$, 使得当 $|t_1 - t_2| < \delta_2(\varepsilon)$ 时,

$$|\beta'(t_1) - \beta'(t_2)| < \min[\theta(\varepsilon), 1/2]. \tag{9.2.31}$$

因此, 当 $h < \min[\delta_1(\varepsilon), \delta_2(\varepsilon)]$ 时, 结合问题 (9.2.1) 误差为 ε 的上解定义可得 (9.2.28) 中第一式成立.

进一步, 存在 $\delta_3(\varepsilon)$, 使得当 $|t_1 - t_2| < \delta_3(\varepsilon)$ 时,

$$a_1|\beta'(t_1) - \beta'(t_2)| < \varepsilon/2, \quad b_1|\beta'(t_1) - \beta'(t_2)| < \varepsilon/2.$$

故当 $h < \delta_3(\varepsilon)$ 时, (9.2.28) 中第二式成立. 通过类似的讨论容易验证 (9.2.29) 成立. □

注 9.2.7 若 f 关于 z 存在连续偏导数且 $\beta'''(t)$ 和 $\alpha'''(t)$ 在区间 $[a, b]$ 上连续, 则容易估计 $\delta(\varepsilon)$ 的取值范围. 特别地, 根据 $\beta(t)$ 的定义有

$$\begin{aligned}\delta_1(\varepsilon) &\leqslant [\max|\beta'''(t)|]^{-1}\varepsilon/4, \\ \delta_2(\varepsilon) &\leqslant [\max|\beta'''(t)|]^{-1}\min\left\{\frac{1}{2}, \left[\max_{s_1}\left|\frac{\partial f}{\partial z}\right|\right]^{-1}\frac{\varepsilon}{4}\right\}, \\ \delta_3(\varepsilon) &\leqslant [\max(a_1, b_1)\max|\beta'''(t)|]^{-1}\varepsilon/2.\end{aligned} \tag{9.2.32}$$

根据 $\alpha(t)$ 的定义, 同理可估计 $\delta_4(\varepsilon), \delta_5(\varepsilon), \delta_6(\varepsilon)$. 因此选取

$$\delta(\varepsilon) = \min_{1 \leqslant i \leqslant 6}[\delta_i(\varepsilon)].$$

对任意给定的 $\alpha(t)$, $\beta(t)$ 满足 $\alpha(t) \leqslant \beta(t)$ 和一个常数 $N > 0$, 构造辅助函数 $f(t, y, y')$ 如下. 定义函数 $g(t, y, y')$ 如 (9.2.17) 所示. 令

$$f^*(t, y, y') = \begin{cases} g(t, \alpha(t), y'), & y \leqslant \alpha(t), \\ g(t, y, y'), & \alpha(t) < y < \beta(t), \\ g(t, \beta(t), y'), & y \geqslant \beta(t). \end{cases} \tag{9.2.33}$$

显然, $f^*(t,y,y')$ 在 $[a,b]\times\mathbb{R}^2$ 上连续. 定义算子

$$(T\bar{y})_k = h\sum_{i=1}^{n-1} G(t_k,s_i)f^*\left(s_i,y_i,\frac{y_i-y_{i-1}}{h}\right). \tag{9.2.34}$$

定义

$$S = \{(t,y,y') \mid \alpha(t) < y < \beta(t), |y'| \le N\}.$$

选取

$$\lambda \ge \max_t |f(t,y,y')| = \max_t |f^*(t,y,y')|.$$

定义 Q 和 $C(Q)$ 如 (9.2.19) 和 (9.2.20) 所示. 则算子 $T: C(Q) \to C(Q)$ 连续且在 $C(Q)$ 上至少有一个不动点.

引理 9.2.6 对给定的 ε, 令 $\beta(t)$ 和 $\alpha(t)$ 是问题 (9.2.1) 误差为 ε 的上解和下解. 设 $\varphi(s)$ 为区间 $[0,\infty)$ 正的、非减的逐段连续可导函数, 满足

$$\int_0^\infty \frac{sds}{\varphi(s)} = +\infty.$$

进一步, 假设 $|f(t,y,y')| \le \varphi(|y'|)$, $|y| \le \gamma = \max_{[a,b]}\{\max\{|\alpha(t)|, |\beta(t)|\}\}$. 定义 $N(\gamma)$ 为

$$\int_{2\gamma/(b-a)}^{N(\gamma)} \frac{sds}{\varphi(s)} = 2\gamma + \sigma,$$

其中 σ 为任意给定的正常数. 令

$$N = \max[N(\gamma), \max_{[a,b]}\{\max\{|\alpha(t)|,|\beta(t)|\}\} + 1].$$

若存在 $\bar{\delta}(\varepsilon)$, 使得 $h < \bar{\delta}(\varepsilon)$ 且 $\bar{y}$ 为问题 (9.2.2) 的一个解, 其中问题 (9.2.2) 中非线性项 f 由 f^* 替换, 则

$$\alpha(t_k) \le y_k \le \beta(t_k), \quad k=0,1,2,\cdots,n,$$

且

$$|(y_k-y_{k-1})/h| \le N(\gamma), \quad k=0,1,2,\cdots,n.$$

证明 为了叙述方便, 记 $\beta_k = \beta(t_k)$, $k=0,1,\cdots,n$, $(y_k-y_{k-1})/h = v_k$, $(\beta_k-\beta_{k-1})/h = w_k$, $k=1,2,\cdots,n$. 假设 $\max(y_k-\beta_k) = y_m - \beta_m > 0$. 若 $m=0$, 则 $v_1 \le w_1$ 且

$$a_0(y_0-\beta_0) - a_1(v_1-w_1) \ge 0.$$

9.2 二阶非线性边值问题数值相关解的存在性

但是当 $h < \delta(\varepsilon)$ 时, 有 $[a_0 y_0 - a_1 v_1 - c] - [a_0 \beta_0 - a_1 w_1 - c] \leqslant 0 - \varepsilon/2$, 矛盾, 其中 $\delta(\varepsilon)$ 由引理 9.2.5 定义. 同理可证 $m = n$ 的情形.

若 $0 < m < n$, 则

$$v_m \geqslant w_m, \quad v_{m+1} \leqslant w_{m+1}. \tag{9.2.35}$$

进而

$$v_{m+1} = v_m + h f^*(t_m, y_m, v_m) \geqslant v_m - h\varphi(N).$$

因此

$$0 \leqslant v_m - w_m \leqslant (v_{m+1} - w_m) + h\varphi(N)$$
$$\leqslant (w_{m+1} - w_m) + h\varphi(N)$$
$$\leqslant h[\max|\beta''(t)| + \varphi(N)].$$

当 $h \leqslant [\max|\beta''(t)| + \varphi(N)]^{-1} \min[\theta(\varepsilon), 1/2] = \delta_1(\varepsilon)$ 时,

$$|v_m - w_m| < \min[\theta(\varepsilon), 1/2],$$

这里 $\theta(\varepsilon)$ 在引理 9.2.5 中定义. 当 $h \leqslant \min[\bar{\delta}_1(\varepsilon), \delta(\varepsilon)]$ 时, 由 (9.2.31) 得

$$|w_m - \beta'(t_m)| = |b'(t_m) - \beta'(\xi_m^1)| \leqslant 1/2.$$

因此

$$|v_m - \beta'(t_m)| \leqslant |v_m - w_m| + |w_m - \beta'(t_m)| \leqslant 1.$$

进而得 $|v_m| \leqslant |\beta'(t_m)| + 1$.

又因

$$\frac{v_{m+1} - v_m}{h} - \frac{w_{m+1} - w_m}{h} \geqslant f^*(t_m, y_m, v_m) - f(t_m, \beta_m, w_m) + \frac{\varepsilon}{2}$$
$$\geqslant f(t_m, \beta_m, v_m) - f(t_m, \beta_m, w_m) + \frac{\varepsilon}{2}.$$

根据 (9.2.30) 有 $f(t_m, \beta_m, v_m) - f(t_m, \beta_m, w_m) \geqslant -\frac{\varepsilon}{4}$, 故

$$\frac{v_{m+1} - v_m}{h} - \frac{w_{m+1} - w_m}{h} \geqslant \frac{\varepsilon}{4},$$

这与 (9.2.35) 矛盾! 类似地, 可证 $y_k \leqslant \alpha_k$.

定义函数 $\bar{\varphi}(\rho) = \begin{cases} \varphi(\rho), & 0 \leqslant \rho \leqslant N, \\ \varphi(N), & \rho > N, \end{cases}$ 则取 $R = \gamma$, 定理 9.2.9 中的条件均满足, 故存在 $\bar{\delta}_2(\gamma)$, 使得

$$|(y_k - y_{k-1})/h| \leqslant N(\gamma), \quad k = 1, 2, \cdots, n.$$

综上, 取 $\bar{\delta}(\varepsilon) = \min[\bar{\delta}_1(\varepsilon), \delta(\varepsilon), \bar{\delta}_2(\gamma)]$, 结论可证.

运用引理 9.2.6 和定理 9.2.3 的证明思路, 不难证明如下结论.

定理 9.2.11 假设引理 9.2.6 的条件成立且令 N 和 $\bar{\delta}(\varepsilon)$ 如引理 9.2.6 中定义, T 由公式 (9.2.34) 定义. 当 $h < \bar{\delta}(\varepsilon)$ 时, 则

(i) 若 $\bar{y}$ 为算子 T 在 $C(Q)$ 上的不动点, 则 $\bar{y}$ 为问题 (9.2.2) 的一个解;

(ii) 问题 (9.2.2) 至少存在一个解 $\bar{y}$ 满足 $\alpha(t_k) \leqslant y_k \leqslant \beta(t_k)$;

(iii) 满足 $\alpha(t_k) \leqslant y_k \leqslant \beta(t_k)$ 的问题 (9.2.2) 的解 $\bar{y}$ 按定理 9.2.1 中的方式下收敛于问题 (9.2.1) 的解.

注 9.2.8 当非线性项满足条件 $yf(t,y,0) > 0$, $|y| = R$ 时, 取 $\beta(t) = R, \alpha(t) = -R$ 即可.

注 9.2.9 当 $a_1 = b_1 = 0, c = d = 0$ 时, 2007 年, Rachůnková 和 Tisdell[116] 运用上下解方法考察了两点边值问题 (9.2.1) 和其有限差分逼近问题 (9.2.2) 的关系. 该文献主要讨论了离散边值问题 (9.2.2) 在非线性项超线性增长条件下解的存在性, 并证明了该问题的所有可能解存在不依赖于步长的先验界及其收敛于连续问题 (9.2.1) 的解的方式, 是对上述结论的一个发展, 这里不作详细叙述.

2003 年, Thompson 和 Tisdell[117] 考察了两点边值问题

$$y'' = f(t,y,y'),$$
$$y(0) = A, \quad y(1) = B \tag{9.2.36}$$

和其相应的有限差分逼近问题

$$\frac{\Delta^2 y_{k-1}}{h^2} = f\left(t_k, y_k, \frac{\Delta y_k}{h}\right),$$
$$y_0 = A, \quad y_n = B, \tag{9.2.37}$$

其中 $h = 1/n, t_k = kh, k = 0, 1, 2, \cdots, n, y_k = y(t_k)$, $\Delta y_k = \begin{cases} y_k - y_{k-1}, & k = 1, \cdots, n, \\ 0, & k = 0; \end{cases}$

$\Delta^2 y_{k-1} = \begin{cases} y_{k+1} - 2y_k + y_{k-1}, & k = 1, \cdots, n-1, \\ 0, & k = 0 \text{ 或 } k = n. \end{cases}$

根据差分方程边值问题的基本理论, 不难验证问题 (9.2.37) 等价于和分方程

$$u_k = \sum_{i=1}^{n-1} hG(t_k, s_i) \tilde{f}\left(s_i, u_i, \frac{\Delta u_i}{h}\right), \quad k \in [0,n]_\mathbb{Z},$$

其中 $G(t,s) = \begin{cases} t(1-s), & 0 \leqslant t \leqslant s \leqslant 1, \\ s(1-t), & 0 \leqslant s \leqslant t \leqslant 1, \end{cases}$ 且满足 $0 \leqslant G(t,s) \leqslant G(s,s)$, $(t,s) \in [0,1] \times [0,1]$.

定理 9.2.12 令 α, K, R 为非负常数满足 $2R\alpha < 1$. 记 $\beta = \max\{\|A\|, \|B\|\}$. 设 $f \in C([0,1] \times \mathbb{R}^{2d}, \mathbb{R}^d)$ 满足

$$\|f(t,y,p)\| \leq \alpha(\langle y, f(t,y,p)\rangle + \|p\|^2) + K, \quad \langle y, f(t,y,p)\rangle \geq 0, \ t \in [0,1], \ y \in \mathbb{R}^d, \ p \in \mathbb{R}^d. \tag{9.2.38}$$

若 $\beta + 2\alpha\beta^2 + K/4 \leq R$, 则离散问题 (9.2.37) 的所有可能解 $\bar{y}$ 满足当步长 $h \leq \dfrac{1}{2}$ 时,

$$\|\bar{y}\| \leq R, \quad \frac{\|\Delta y_k\|}{h} \leq N, \ k = 1, \cdots, n.$$

注意到定理 9.2.12 中有限差分逼近问题 (9.2.37) 解的先验界与步长 h 无关, 因此在该定理条件下问题 (9.2.36) 不存在数值无关解, 且可证离散问题 (9.2.37) 至少存在一个解 $\bar{y}$. 运用前面的收敛结论, 易证如下有限差分逼近问题 (9.2.37) 解的收敛定理.

定理 9.2.13 假设定理 9.2.6 中的条件成立. 对任意给定的 $\varepsilon > 0$, 存在 $\delta = \delta(\varepsilon) > 0$, 使得当 $0 < h < \delta$ 时, 有限差分逼近问题 (9.2.37) 有解 $\tilde{y}$, 则连续问题 (9.2.36) 存在一个解 y 满足

$$\max\{\|y(t,\tilde{y}) - y(t)\| \,|\, t \in [0,1]\} \leq \varepsilon, \quad \max\{\|v(t,\tilde{y}) - y'(t)\| \,|\, t \in [0,1]\} \leq \varepsilon,$$

其中

$$y(t,\tilde{y}) = y_k + \frac{(t-t_k)\Delta y_{k+1}}{h}, \quad t_k \leq t \leq t_{k+1};$$

$$v(t,\tilde{y}) = \begin{cases} \dfrac{\Delta y_k}{h} + \dfrac{(t-t_k)\Delta^2 y_{k+1}}{h^2}, & t_k \leq t \leq t_{k+1}, \\ \dfrac{\Delta y_i}{h}, & 0 \leq t \leq t_1. \end{cases}$$

2006 年, Rachůnková 和 Tisdell[115] 考察了两点边值问题 (9.2.36) 和其有限差分逼近问题 (9.2.37). 该文献主要讨论了问题 (9.2.37) 在非线性项至多线性增长条件下解的存在性, 并证明了该问题的所有可能解存在不依赖于步长的先验界; 同时讨论了问题 (9.2.37) 唯一解的存在性及其收敛于连续问题 (9.2.36) 的解的方式. 主要结果如下.

定理 9.2.14 令 $f : [0,1] \times \mathbb{R}^2 \to \mathbb{R}$ 连续. 若存在非负常数 α, β, K, 使得

$$|f(t,u,v)| \leq \alpha|u|^c + \beta|v|^d + K, \quad \forall\, (t,u,v) \in [0,1] \times \mathbb{R}^2,$$

其中 $c, d \in [0,1)$, 则问题 (9.2.37) 至少存在一个解.

定理 9.2.15 令 $f : [0,1] \times \mathbb{R}^2 \to \mathbb{R}$ 连续. 若存在非负常数 α, β, K, 使得

当 $\frac{\alpha}{8} + \frac{\beta}{2} < 1$ 时, 有

$$|f(t,u,v)| \leqslant \alpha|u| + \beta|v| + K, \quad \forall (t,u,v) \in [0,1] \times \mathbb{R}^2,$$

则问题 (9.2.37) 至少存在一个解.

定理 9.2.16 令 $f:[0,1] \times \mathbb{R}^2 \to \mathbb{R}$ 连续, 存在非负常数 α, β, 使得当 $\frac{\alpha}{8} + \frac{\beta}{2} < 1$ 时, 有

$$|f(t,u,v) - f(t,\tilde{u},\tilde{v})| \leqslant \alpha|u - \tilde{u}| + \beta|v - \tilde{v}|, \quad \forall\, t \in [0,1], \quad u,\tilde{u},v,\tilde{v} \in \mathbb{R}.$$

则问题 (9.2.37) 存在唯一解 u 满足

$$\max_{k \in \{0,\cdots,n\}} |u_k| < Q, \quad \max_{k \in \{0,\cdots,n-1\}} \left|\frac{\Delta u_k}{h}\right| < Q, \tag{9.2.39}$$

其中 $Q = \left(1 + \frac{N}{4}\right) \frac{K/8 + \max\{|A|,|B|\} + |B-A|/4}{\alpha/8 + \beta/2}$, $K = \max\limits_{t \in [0,1]} |f(t,0,0)|$.

定理 9.2.17 令 n_0 和 C 为给定的正常数. 若对任意的 $n \geqslant n_0$, 问题 (9.2.37) 有一个解 $u^n = (u_0, u_1, \cdots, u_N)$ 满足

$$n|\Delta u_k^n| \leqslant C, \quad k = 0, 1, \cdots, n-1, \quad n \geqslant n_0.$$

则存在 u^n 的一个子列 u^{n_i} 和问题 (9.2.36) 的一个解 u 满足

$$\lim_{i \to \infty} \max_{0 \leqslant t \leqslant n_i} |u_k^{n_i} - u(t/n_i)| = 0.$$

进一步, 若问题 (9.2.36) 至多有一个解, 则 u^n 按上述方式收敛到问题 (9.2.36) 的解 u.

定理 9.2.18 假设定理 9.2.14 的条件成立, 则对任意的 $n \geqslant 2$, 离散问题 (9.2.37) 有唯一的解 u^n 且连续问题 (9.2.36) 有唯一的解 u 满足

$$\lim_{n \to \infty} \max_{0 \leqslant t \leqslant n} |u_k^n - u(t/n)| = 0. \tag{9.2.40}$$

定理 9.2.19 假设定理 9.2.16 的条件或定理 9.2.17 的条件成立, 则对任意的 $n \geqslant 2$, 离散问题 (9.2.37) 有解 u^n 且连续问题 (9.2.36) 有解 u 满足

$$\lim_{i \to \infty} \max_{0 \leqslant t \leqslant n_i} |u_k^{n_i} - u(t/n_i)| = 0.$$

例 9.2.3 考虑边值问题

$$u'' = a(t)u + b(t)u' + g(t), \quad u(0) = A, \; u(1) = B \tag{9.2.41}$$

和其相应的有限差分逼近问题

$$\frac{\Delta^2 u_{k-1}}{h^2}=a(t_k)u_k+b(t_k)\frac{\Delta u_k}{h}+g(t_k),\quad k=0,1,\cdots,n-1,\ y_0=A,\ y_n=B, \quad (9.2.42)$$

其中 $a,b,g\in C[0,1]$. 若 $\max\limits_{t\in[0,1]}|a(t)|+4\max\limits_{t\in[0,1]}|b(t)|<8$, 则由定理 9.2.15 知, 对任意给定的 $n\geqslant 2$, 问题 (9.2.42) 存在唯一解 u^n 满足 (9.2.39) 且当 n 充分大时, u^n 按定理 9.2.18 的方式收敛于问题 (9.2.41) 的解 u.

例 9.2.4 考虑边值问题

$$u''=a(t)|u|^c\mathrm{sign}u+b(t)|u'|^d+g(t),\quad u(0)=A,\ u(1)=B \quad (9.2.43)$$

和其相应的有限差分逼近问题

$$\frac{\Delta^2 u_{k-1}}{h^2}=a(t_k)|u_k|^c\mathrm{sign}u_k+b(t_k)\left|\frac{\Delta u_k}{h}\right|+g(t_k),\quad k=0,1,\cdots,n-1,\ y_0=A,\ y_n=B,$$
$$(9.2.44)$$

其中 $a,b,g\in C[0,1]$ 且 $c,d\in[0,1)$. 根据定理 9.2.10 知, 对任意给定的 $n\geqslant 2$, 问题 (9.2.42) 至少存在一个解 u^n 且当 n 充分大时, u^n 按定理 9.2.1 的方式收敛于问题 (9.2.43) 的解 u.

9.3 非线性特征值问题正解的数值无关解

9.3.1 三类数值无关解的产生

非线性常微分方程边值问题数值无关解或假解的存在性在很多关于非线性系统数值分析的文献中被提到, 例如 [111, 112] 等. Pohozaev 证明了给定的非线性 Dirichlet 问题无解时发现了一个有趣的现象即其有限差分问题总是可解的. 这表明微分方程的解与其数值解之间还存在某些差异.

本节讨论非线性特征值问题

$$u''+\lambda f(u)=0,\quad u(0)=u(1)=0, \quad (9.3.1)$$

三类不同形式的数值无关解, 其中 $f:\mathbb{R}\to\mathbb{R}$ Lipschitz 连续且满足如下假设条件:

(A3) $f(s)=m_0 s+o(s),\ s\to 0^+,\ m_\infty^1+o(s)\geqslant f(s)\geqslant m_\infty^2+o(s),\ s\to\infty$, 其中

$$m_0>0,\quad m_\infty^1\geqslant m_\infty^2>0, \quad (9.3.2)$$

或

$$m_0<0,\quad m_\infty^1\geqslant m_\infty^2>0. \quad (9.3.3)$$

先讨论问题 (9.3.1) 的解集全局结构, 然后讨论相应的有限差分问题的解集结构, 特别地给出数值无关解的产生机理. 将应用逐点线性延拓技巧(constructive piecewise linear continuation method) 给出一系列的计算结果来验证我们的结论.

易见, 问题 (9.3.1) 的解 u 关于 $t = \frac{1}{2}$ 对称, 故研究问题 (9.3.1) 的正解等价于讨论如下非线性边值问题

$$u'' + \lambda f(u) = 0, \quad u(0) = u'\left(\frac{1}{2}\right) = 0 \tag{9.3.4}$$

的正解. 将区间 $\left[0, \frac{1}{2}\right]$ n 等分, 记 $h = \frac{1}{2n}$, $t_i = ih$, $u(t_i) = u_i$, $i = 0, 1, \cdots, n$, 则问题 (9.3.4) 的有限差分逼近问题为

$$\frac{u_{k+1} - 2u_k + u_{k-1}}{h^2} + \lambda f(u_k) = 0, \quad k = 1, 2, \cdots, n, \quad u_0 = 0 = u_{n+1} - u_{n-1} = 0.$$

注意将边值条件 $u'\left(\frac{1}{2}\right) = 0$ 离散化为 $u_{n+1} - u_{n-1} = 0$. 这个条件还可离散化为其他情形, 这里不再介绍. 该问题等价于系统

$$A^2 \boldsymbol{u} = \mu F \boldsymbol{u}, \tag{9.3.5}$$

其中 $\boldsymbol{u} = (u_1, u_2, \cdots, u_n)^{\mathrm{T}}$ 为 n 维列向量, $F\boldsymbol{u} = (f(u_1), f(u_2), \cdots, f(u_n))^{\mathrm{T}}$, $\mu = \lambda h^2$, A^2 为 n 阶方阵满足 $A^2 = \begin{pmatrix} 2 & -1 & 0 & 0 & \cdots & 0 \\ -1 & 2 & -1 & 0 & \cdots & 0 \\ 0 & -1 & 2 & -1 & & \vdots \\ \vdots & & \ddots & \ddots & \ddots & \vdots \\ 0 & 0 & \cdots & -1 & 2 & -1 \\ 0 & 0 & \cdots & 0 & -2 & 2 \end{pmatrix}$.

根据对称矩阵和三对角型矩阵的性质, 不难计算矩阵 A^2 有 n 个实的正特征根

$$0 < \mu_1 < \mu_2 < \cdots < \mu_n,$$

其代数重数和几何重数相等且为 1. 根据 Sturm-Liouville 特征值理论, 线性特征值问题

$$-u'' + \mu u = 0, \quad t \in (0, 1), \quad u(0) = u(1) = 0 \tag{9.3.6}$$

存在一列实的、简单的特征根 $\mu_k = k^2 \pi^2$, $k = 1, 2, \cdots$, 且相应的特征函数 $\varphi_k(t) = \sin k\pi t$, $k = 1, 2, \cdots$. 特别地, 问题 (9.3.6) 的主特征值为 $\mu_1 = \pi^2$, 且特征空间由主特征函数 $\varphi_k(t) = \sin k\pi t$ 生成.

9.3 非线性特征值问题正解的数值无关解

令
$$E = \{u \in C^1[0,1] \mid u(0) = u(1) = 0\}.$$

则 E 按范数 $\|u\| := \max\{\|u\|_\infty, \|u'\|_\infty\}$ 构成 Banach 空间, 这里 $\|u\|_\infty = \max\limits_{t\in[0,1]} |u(t)|$. 记 $\lambda_0 = \dfrac{\mu_1}{m_0}$, $\lambda_\infty^i = \dfrac{\mu_1}{m_\infty^i}$, $i = 1, 2$. 则问题 (9.3.1) 的解集全局结构如下.

定理 9.3.1 设 f 满足 (A3) 且 (9.3.2) 式成立. 则问题 (9.3.1) 的解空间存在两个无界连通子集 $\Sigma_0, \Sigma_\infty \subset \mathbb{R} \times E$ 满足如下性质:

(i) $(\lambda, u) \in \Sigma_i$, $i = 0, \infty$, $u \neq 0 \Rightarrow u(t) > 0$, $t \in (0, 1)$;

(ii) 连通分支 Σ_0 为分歧点 $(\lambda_1, 0)$ 处产生的解集无界分支;

(iii) 对任意给定的 $\varepsilon > 0$, 存在 $\{(\lambda_n, u_n)\} \subseteq \Sigma_\infty$, 满足 $\{\lambda_n\} \subseteq [\lambda_\infty^1 - \varepsilon, \lambda_\infty^2 + \varepsilon]$, 使得
$$\|u_n\|_\infty \to \infty, \ n \to \infty;$$

(iv) 若 $\{s \mid f(s) < 0\} \neq \varnothing$, 则 $\Sigma_0 \cap \Sigma_\infty = \varnothing$;

(v) 若 $s_0 = \min\{s \mid f(s) < 0\}$, 则 $(\lambda, u) \in \Sigma_0 \Rightarrow \|u\|_\infty < s_0$;

(vi) 若 $s_\infty = \max\{s \mid f(s) < 0\}$, 则 $(\lambda, u) \in \Sigma_\infty \Rightarrow \|u\|_\infty > s_\infty$;

(vii) 若 $\{s \mid f(s) < 0\} \neq \varnothing$, 则当 $\lambda > \lambda_0$ 时, 问题 (9.3.1) 存在正解 $(\lambda, u) \in \Sigma_0$, 当 $\lambda > \lambda_\infty^2$ 时, 问题 (9.3.1) 存在正解 $(\lambda, u) \in \Sigma_\infty$;

(viii) 对任意给定的 $\varepsilon > 0$, 存在 $R > 0$, 使得当 $(\lambda, u) \in \Sigma_\infty$ 且 $\lambda \geqslant \lambda_\infty^2 + \varepsilon$ 时, $\|u\|_\infty < R$.

定理 9.3.2 设 f 满足 (A3) 且 (9.3.3) 式成立. 则问题 (9.3.1) 的解空间存在一个无界连通子集 $\Sigma_\infty \subset \mathbb{R} \times E$ 满足如下性质:

(i) $(\lambda, u) \in \Sigma_\infty \Rightarrow u(t) > 0$, $t \in (0, 1)$;

(ii) 对任意给定的 $\varepsilon > 0$, 存在 $\{(\lambda_n, u_n)\} \subseteq \Sigma_\infty$, 满足 $\{\lambda_n\} \subseteq [\lambda_\infty^1 - \varepsilon, \lambda_\infty^2 + \varepsilon]$, 使得
$$\|u_n\|_\infty \to \infty, \quad n \to \infty;$$

(iii) $(\lambda, u) \in \Sigma_\infty \Rightarrow \|u\|_\infty > s_\infty$;

(iv) 当 $\lambda > \lambda_\infty^2$ 时, 问题 (9.3.1) 存在正解 $(\lambda, u) \in \Sigma_\infty$. 进一步, 存在 $R > 0$, 使得当 $\lambda \geqslant \lambda_\infty^2 + \varepsilon$ 时, $\|u\|_\infty < R$.

由条件 (A3) 知, 存在 $r_\infty > s_\infty$, 使得 $\int_{s^*}^{r_\infty} f(\tau) d\tau = 0$, 其中 $s^* = \max\left\{s \mid f(s) = 0 \text{ 且 } \int_0^s f(\tau) d\tau > 0, s < s_\infty \right\}$.

不难验证问题 (9.3.1) 的正解等价于满足边值条件 $u(0) = 0 = u(1)$ 的系统

$$\begin{cases} u' = v, \\ v' = -\lambda f(u). \end{cases} \tag{9.3.7}$$

对系统 (9.3.7) 两边积分, 其中 $u(t_0) = v_0$, 可得存在系统 (9.3.7) 的解 $(u(t), v(t))$, 使得能量方程

$$\frac{1}{2}v^2 + \lambda \int_{u_0}^{u} f(s)ds = \frac{1}{2}v_0^2$$

为常数. 结合 f 的结构, 存在 $r_\infty > s_\infty$, 使得

$$\int_{s^*}^{r_\infty} f(s)ds = 0, \tag{9.3.8}$$

其中 $s^* = \max\left\{s \,\middle|\, f(s) = 0, \int_0^s f(\tau)d\tau > 0 \text{ 且 } s < s_\infty\right\}$.

考虑问题 (9.3.4) 的离散化问题 (9.3.5), 其中非线性项 f 满足条件 (A3) 且 f 有 $2m$ 个正零点, 标记如下

$$0 < s_0 < s_1 < \cdots < s_{2m-1} < s_{2m}.$$

运用全局拓扑扰动和分歧理论, 不难得到问题 (9.3.5) 解集的全局结构如下.

定理 9.3.3 设 μ_1 为矩阵 A^2 最小的特征值. 令 $\lambda_1 = \dfrac{\mu_1}{m_0}$, $\lambda_\infty^i = \dfrac{\mu_1}{m_\infty^i}$, $i = 1, 2$. 则问题 (9.3.5) 的解空间存在两个无界连通子集 Σ_0^0, $\Sigma_\infty^0 \subset \mathbb{R} \times \mathbb{R}^n$ 满足如下性质:

(i) $(\lambda_1, 0)$ 为问题 (9.3.5) 的分歧点且连接无界连通子集 Σ_0^0; 对任意的 $(\mu, \boldsymbol{u}) \in \Sigma_0^0 \Rightarrow \|\boldsymbol{u}\|_\infty < s_0$, 且

$$\mathrm{Proj}_{\mathbb{R}}\Sigma_0^0 \supseteq (\lambda_1, \infty);$$

(ii) 问题 (9.3.5) 非平凡解集的无界连通分支 Σ_∞^0 满足对任意给定的 $\varepsilon > 0$, 存在 $\{(\mu_n, \boldsymbol{u}^n)\} \subseteq \Sigma_\infty^0$, 使得当 $\{\lambda_n\} \subseteq [\lambda_\infty^1 - \varepsilon, \lambda_\infty^2 + \varepsilon]$ 时,

$$\|\boldsymbol{u}^n\|_\infty \to \infty, \quad n \to \infty.$$

此外, 存在 $R := R(\varepsilon) > 0$, 使得当 $(\mu, \boldsymbol{u}) \in \Sigma_\infty^0$ 时, $\|\boldsymbol{u}\|_\infty < R$, 且

$$\mathrm{Proj}_{\mathbb{R}}\Sigma_\infty^0 \supseteq (\lambda_\infty^2, \infty);$$

(iii) 若 $(\mu, \boldsymbol{u}) \in \Sigma_0^0 \cup \Sigma_\infty^0$, 则 $\boldsymbol{u} = (u_1, u_2, \cdots, u_n) > 0$;

(iv) 问题 (9.3.5) 不存在满足 $s_{2i} < \|\boldsymbol{u}\|_\infty < s_{2i+1}$, $i = 0, 1, \cdots, m-1$ 的解 $(\mu, \boldsymbol{u})$.

注 9.3.1 对有限维问题 (9.3.5) 而言, 条件

$$f(s) \leqslant m_\infty^1 + o(s), \quad s \to \infty$$

不是必要条件, 即当这一条件不满足时可得 $\mu \geqslant \lambda_\infty^2 + \varepsilon$. 此时 Σ_∞^0 是在区间 $[0, \lambda_\infty^2]$ 上的无穷远处产生无界连通分支.

9.3 非线性特征值问题正解的数值无关解

取 $n = 18$, 非线性项 f 满足

$$f(s) = \begin{cases} \dfrac{1}{2}\sin(2s), & 0 \leqslant s \leqslant \dfrac{\pi}{2}, \\ -\dfrac{3}{2}\sin\left[\dfrac{2}{3}\left(s - \dfrac{\pi}{2}\right)\right], & \dfrac{\pi}{2} < s \leqslant 2\pi, \\ s - 2\pi, & s \geqslant 2\pi. \end{cases} \quad (9.3.9)$$

则计算出问题 (9.3.4) 的数值解集连通分支 Σ_0^0 和 Σ_∞^0, 见图 9.3.1.

同时给出这些分支在坐标面 $(\lambda, \|u\|_\infty)$ 的投影曲线, 其中 Σ_0^0 关于划分 n 稳定, 而 Σ_∞^0 只有第一支是稳定的, 见图 9.3.2.

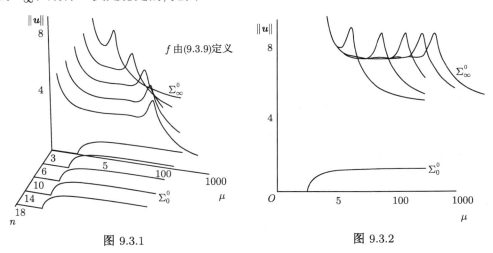

图 9.3.1   图 9.3.2

定理 9.3.4 设 μ_1 为矩阵 A^2 最小的特征值. 令 $\lambda_1 = \dfrac{\mu_1}{m_0}$, 设 f 满足条件 (A3) 且 f 有 s_i 个零点且在 s_i 处变号, $i = 0, 1, \cdots, 2m-1$. 则对充分大的 μ, 问题 (9.3.5) 在 $\mathbb{R}_+^0 = \operatorname{int}\mathbb{R}_+^n$ 上有 $(2m)^n$ 解. 进一步, 这些解在 $\mathbb{R}_+^0$ 上逼近算子 F 的零点, 且满足如下性质:

(i) 对每个 $i = 0, 1, \cdots, 2m-1$, 有 $(i+1)^n - i^n$ 个解的范数逼近 s_i;

(ii) 当 i 为偶数时, 存在 $(i+1)^n - (i-1)^n$ 个解 u 满足 $s_{i-1} < \|u\|_\infty < s_i$, $2 \leqslant i \leqslant 2m-2$;

(iii) 至少存在一个解 u, 使得 $0 < \|u\|_\infty < s_0$;

(iv) 当 i 为偶数时, 不存在满足 $s_i < \|u\|_\infty < s_{i+1}$ 的解 u;

(v) 存在 $(2m)^n - (2m-1)^n$ 个解 u 满足 $\|u\|_\infty > s_\infty$.

取 $n = 6$, 非线性项 f 满足

$$f(s) = \begin{cases} \dfrac{1}{2}\sin(2s), & 0 \leqslant s \leqslant 2\pi, \\ s - 2\pi, & s > 2\pi. \end{cases} \quad (9.3.10)$$

问题 (9.3.1) 的数值解集连通分支 Σ_0^0, Σ_i^0 和 Σ_∞^0 在坐标面 $(\lambda, \|u\|_\infty)$ 的图像为图 9.3.3.

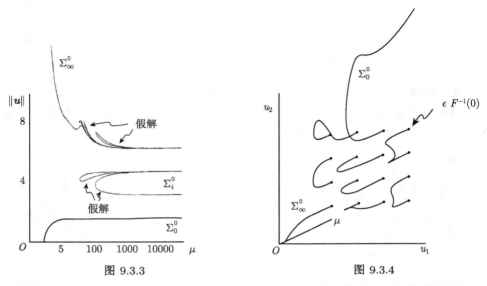

图 9.3.3　　　　　　　　　　　图 9.3.4

由此可见, 所有介于 Σ_0^0 和 Σ_∞^0 之间的数值解分支都是问题 (9.3.4) 的数值无关解. 即问题 (9.3.5) 至少有 $3^n - 1$ 个解 u 满足 $\frac{\pi}{2} < \|u\|_\infty < \frac{3\pi}{2}$, 均是问题 (9.3.4) 的数值无关解. 进一步, 若 u 满足 $\|u\|_\infty > 2\pi$ (至少有 $4^n - 3^n$ 个) 时, 则当 $\mu \to \infty$ 时, $\|u\|_\infty \to 2\pi$, 而该条件下问题 (9.3.4) 的解 $u \in \Sigma_\infty$ 满足 $\|u\|_\infty > r_\infty$, 其中

$$\int_{3\pi/2}^{r_\infty} f(s)ds = 0.$$

这表明当 μ 充分大时, 问题 (9.3.5) 的解分支 Σ_∞^0 上的解为问题 (9.3.4) 的数值无关解.

如果离散划分只有两个内部点, 在上述非线性项下, 问题 (9.3.5) 至少有 16 个非平凡解, 如图 9.3.4 所示.

下面介绍问题 (9.3.1) 的数值无关解产生机理, 从而为问题 (9.3.1) 的数值相关解的存在性提供更好的理论指导. 前面提到问题 (9.3.1) 的正解和问题 (9.3.4) 的正解相同, 从而研究问题 (9.3.1) 的数值正解等价于研究问题 (9.3.4) 的离散化问题 (9.3.5) 的正解的性质.

如果直接将问题 (9.3.1) 离散化, 则其相应的有限差分逼近问题为

$$u_{k+1} - 2u_k + u_{k-1} + \lambda h^2 f(u_k) = 0, \quad k = 1, 2, \cdots, n, \quad u_0 = 0 = u_{n+1} = 0.$$

不难验证该问题等价于系统

$$A^1 \boldsymbol{u} = \mu F \boldsymbol{u}, \tag{9.3.11}$$

9.3 非线性特征值问题正解的数值无关解

其中 $\mu = \lambda h^2$, A^1 为 n 阶方阵满足 $A^1 = \begin{pmatrix} 2 & -1 & 0 & 0 & \cdots & 0 \\ -1 & 2 & -1 & 0 & \cdots & 0 \\ 0 & -1 & 2 & -1 & & \vdots \\ \vdots & & \ddots & \ddots & \ddots & \vdots \\ 0 & \cdots & 0 & -1 & 2 & -1 \\ 0 & \cdots & 0 & 0 & -1 & 2 \end{pmatrix}$.

令

$$\Phi_i(\mu, u) = F(u) - \frac{1}{\mu} A^i u, \quad i = 1, 2,$$

其中 $\Phi_1(\mu, u) = 0$ 表示问题 (9.3.1) 的有限差分逼近问题, $\Phi_2(\mu, u) = 0$ 表示问题 (9.3.4) 的有限差分逼近问题, 记 n 表示区间划分的内部网格点数, 则 A^1, A^2 均为 n 阶方阵. 从数值分析的角度来看, 问题 (9.3.1) 的数值解研究可以自由地选取 A^1 或 A^2, 对应于划分数 n 选奇数或偶数. 下面将看到 n 的奇偶不同, $\Phi_i^{-1}(0)$ 的结果不同.

为了研究方便, 下面假定 f 连续可微且有 k 个简单零点, 在无穷远处渐近线性增长, 即 $m_\infty^1 = m_\infty^2$. 根据 Crandall-Rabinowitz 分歧定理可知, 算子 $\Phi_i^{-1}(0)$ 在 $\left(0, \dfrac{\pi^2}{m_0}\right)$ 的邻域内只有唯一的分歧点 $\left(0, \dfrac{\pi^2}{m_0}\right)$, 且在 $\left(\infty, \dfrac{\pi^2}{m_\infty}\right)$ 处产生唯一的解集曲线. 具体地, 令 $\varepsilon \in \mathbb{R}^n$ 充分小, 考虑正则算子 $\Phi_k(k = 1, 2)$ 的性质, 则

$$\Phi_k^{-1} \Sigma_0^\varepsilon \cup \Sigma_\infty^\varepsilon \cup \Sigma_i^\varepsilon \cup S_j^\varepsilon, \quad i = 1, 2, \cdots, r, \ j = 1, 2, \cdots, s,$$

其中所有的 1 维流形均是无界的, 即 $\Sigma^\varepsilon \cong \mathbb{R}$, $S^\varepsilon \cong S^1$ (单位圆), $s \geqslant 0$, $r = \dfrac{1}{2}(k)^n - 2$. Σ_0^ε 表示从平凡解线上产生的问题 (9.3.1) 的数值解分支, $\Sigma_\infty^\varepsilon$ 表示从无穷远处产生的问题 (9.3.1) 的数值解分支, 且

$$\lim_{\mu \to \infty} [(\mu, u) \in \Sigma_0^\varepsilon] = \{z_0^\varepsilon\} \subset F^{-1}(\varepsilon),$$

$$\lim_{\mu \to \infty} [(\mu, u) \in \Sigma_\infty^\varepsilon] = \{z_\infty^\varepsilon\} \subset F^{-1}(\varepsilon),$$

$$\lim_{\mu \to \infty} [(\mu, u) \in \Sigma_i^\varepsilon] = \{z_{i_1}^\varepsilon, z_{i_2}^\varepsilon\} \subset F^{-1}(\varepsilon).$$

令 $\varepsilon \to 0$, 则可得算子 $\Phi_i^{-1}(0)$ 的性质. 注意到不论哪种情形, 流形 Σ_0^ε 和 $\Sigma_\infty^\varepsilon$ 均是问题 (9.3.1) 和问题 (9.3.4) 的数值相关解分支, 而流形 Σ_i^ε 可能为问题 (9.3.1) 和问题 (9.3.4) 的数值无关解或者不依赖于

$$G(u) = \int_0^u f(s) ds$$

的性态.

下面具体地介绍问题 (9.3.1) 三种类型的数值无关解.

类型 I 孤立的数值无关解分支 (isolated continua)

当 $\varepsilon \to 0$, 一些解分支 Σ_i^ε 保持它们的拓扑结构不变, 即存在 Σ_i^0 的子集, 使得

$$\Sigma_i^0 \cong \mathbb{R}, \quad \text{且} \quad \lim_{(\mu,u)\in\Sigma_i^0} = \{z_{i_1}, z_{i_2}\} \subset F^{-1}(0).$$

则对某些 $j \in \{1, 2, \cdots, m\}$, $\Sigma_i^0 \subset \mathbb{R}^+ \times B(s_{2j}) \setminus \overline{B(s_{2j-1})} := B_j$, 其中 $F^{-1}(0) = \{0, s_0, \cdots, s_\infty\}$. 若 $G(u)$ 使得问题 (9.3.1) 在 B_j 上没有正解, 则 Σ_i^0 为问题 (9.3.1) 的数值无关解. 例如 $G(u) < 0$, $u \in (s_1, s_\infty)$. 图 9.3.5 给出了这类数值无关解的 7 个分支. 考察这些分支在 $\mu \to +\infty$ 时的渐近行为, 见图 9.3.6 和图 9.3.7.

注意到令 f 取为 f_α 且满足

$$G_\alpha(u) = \int_0^u f_\alpha(s)ds$$

使得问题 (9.3.1) 的解最终在 B_j 上, 则存在一族 $\Sigma_i^0(\alpha)$ 满足当 $\alpha = 0$ 时, $\Sigma_i^0(\alpha)$ 为问题 (9.3.1) 的数值无关解, 最终地, 对某些 α, $\Sigma_i^0(\alpha)$ 为问题 (9.3.1) 的数值相关解.

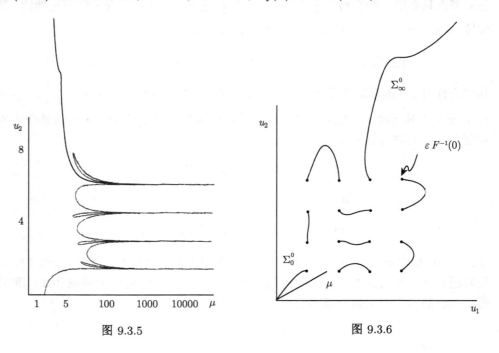

图 9.3.5　　　　　　　　　图 9.3.6

类型 II 演化的数值无关解分支

9.3 非线性特征值问题正解的数值无关解

不难证明问题 (9.3.1) 的解分支一定存在范数临界值, 且临界值满足

$$r_j := \int_{s^*} r_j f(s) ds = 0, \quad 对某些适当的\ s^* \in f^{-1}(0).$$

定理 9.3.4 证明了问题 (9.3.1) 的解分支 Σ_∞ 相应的数值解分支 Σ_∞^0 上解的范数最终低于临界值 r_∞, 并靠近 s_∞, 即数值解分支 Σ_∞^0 上的解从问题 (9.3.1) 的数值相关解逐渐演化为其数值无关解. 数值分析中, 把这种演化形式称为 Σ_∞^0 上的尖点现象, 如图 9.3.3. 在 Σ_i^0 上类似的现象也会出现, 但不会演化成问题 (9.3.1) 的数值无关解, 这说明解分支 Σ_i^0 产生了奇异现象, 如图 9.3.7.

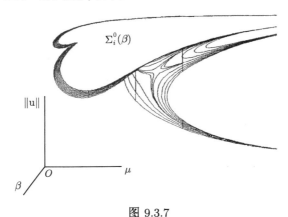

图 9.3.7

如果 $\mu^* = \mu^*(n)$ 表示 $(\mu, \|\cdot\|_\infty)$ 平面上解分支 Σ_∞^0 中解范数最大时的参数值, 那么可以证明 $\mu^*(n) \to \infty, \ n \to \infty$. 这表明随着划分 n 越大, 数值相关解演化为其数值无关解的现象就会消失. 图 9.3.8 和图 9.3.9 描述了两个不同的非线性项条件下这种演化现象的消失, 其中图 9.3.8 中非线性项 f 由 (9.3.7) 给出, 图 9.3.9 中非线性项 f 定义由 (9.3.9) 给出. 在这两个图中, 我们不仅给出解分支 Σ_∞^0 中解范数 $\|\cdot\|_\infty$ 与参数 μ 的位置关系图, 而且给出了解的一阶差商的范数与参数 μ 的位置关系图.

类型 I 或类型 II 的数值无关解的产生与矩阵 $A^i (i = 1, 2)$ 的选取无关, 即不考虑问题 (9.3.1) 解的对称性质. 令

$$J = \begin{pmatrix} 0 & 0 & \cdots & 0 & 1 \\ 0 & 0 & \cdots & 1 & 0 \\ \vdots & \vdots & & \vdots & \vdots \\ 0 & 1 & \cdots & 0 & 0 \\ 1 & 0 & \cdots & 0 & 0 \end{pmatrix}.$$

若 $\Phi_1(z) = 0$, 则 $\Phi_1(Jz) = 0$, 这将导出问题 (9.3.1) 的第 III 类数值无关解.

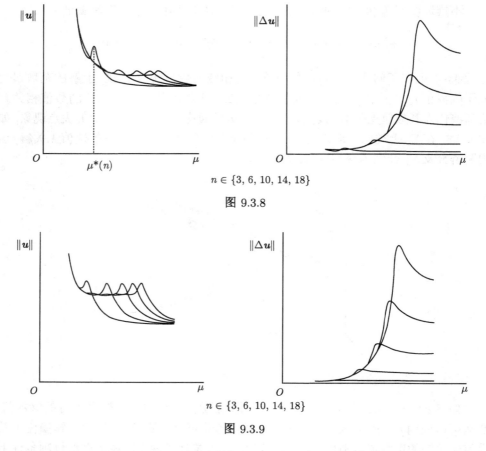

图 9.3.8

$n \in \{3, 6, 10, 14, 18\}$

图 9.3.9

类型 III 非对称数值无关解分支 (nonsymmetric continua)

令 $z \in F^{-1}(0)$ 满足 $z \neq Jz$ (即 z 非对称), 考虑算子 Φ_1. 则当 $\mu \to \infty$ 时, 在 $\Phi_1^{-1}(0)$ 上存在解分支靠近 z 或 Jz. 至少在 $\mu \sim \infty$ 的局部区域内, 这些解分支包括问题 (9.3.1) 非对称的数值解, 因而为其数值无关解. 通过数值试验, 我们发现从问题 (9.3.1) 的数值相关解分支上二次分叉出整个非对称的数值解分支, 这种二次分叉现象高度地依赖于非线性项 f 的零点个数, 而且取决于划分数 n 的奇偶性.

图 9.3.10 和图 9.3.11 给出了当 n 为偶数时问题 (9.3.1) 的数值解分支 Σ_∞^0 上二次分叉出其非对称的数值无关解, 其中非线性项 f 为

$$f(s) = \begin{cases} \dfrac{1}{2}\sin(2s), & 0 \leqslant s \leqslant \pi, \\ s - \pi, & s > \pi. \end{cases} \qquad (9.3.12)$$

9.3 非线性特征值问题正解的数值无关解

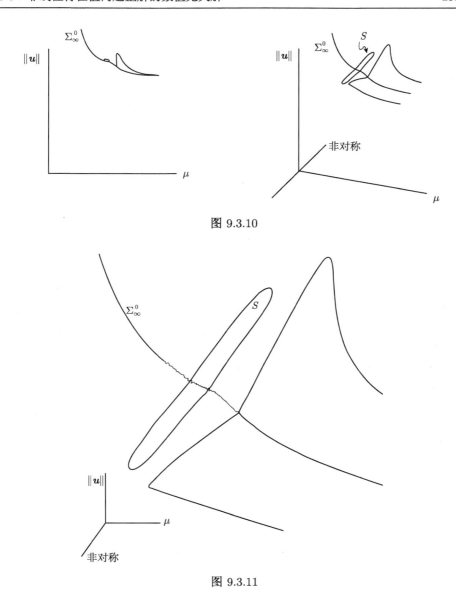

图 9.3.10

图 9.3.11

图 9.3.12 和图 9.3.13 给出了当 n 为奇数时问题 (9.3.1) 第 III 类数值无关解的产生现象. 选取

$$\mathrm{asym}(z) := \|z - Jz\|_\infty$$

作为偏离对称性的度量, 则第 III 类数值无关解分支见图 9.3.11, 图 9.3.13.

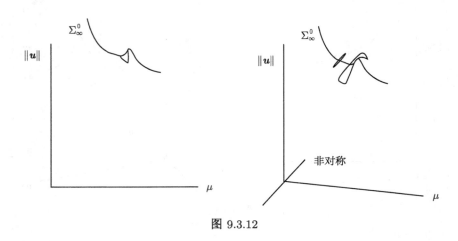

图 9.3.12

根据图 9.3.10— 图 9.3.13 可知, 图中数值解分支存在圈 (loops), 通过 $\mu \to \infty$ 的退耦过程不能完全说明数值无关解产生的现象. 数值解分支中圈的存在性和个数与 $f^{-1}(0)$ 的基数密切相关. 在上述两种情形下, 由矩阵 J 确定的左右对称性可知非对称数值无关解分支一定存在. 值得注意的是, 二次分叉点产生在类型 II 数值无关解的存在区域.

图 9.3.14 给出了图 9.3.10 和图 9.3.11 中的数值解分支中的圈 S 上单参数族的非对称数值无关解的图像, 其中参数选取为 $n = 20$ 的划分.

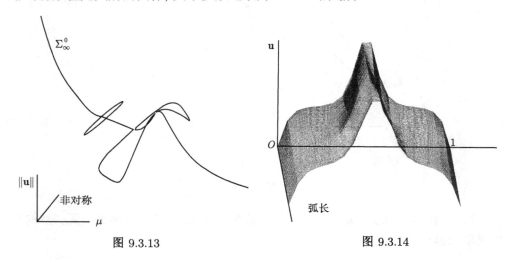

图 9.3.13　　　　　图 9.3.14

注意到当 $\mu \to +\infty$ 时的问题 (9.3.1) 解分支的讨论也适用于讨论 $\mu \to -\infty$ 时的情形, 只需将 F 由 $-F$ 替代, $\mu \to +\infty$. 由 f 的性态和 $G(u) = \int_0^u f(s)ds$ 的特征知, 此时问题 (9.3.1) 只有一些正解或无正解存在, 例如图 9.3.15 和图 9.3.16 的情形.

9.3 非线性特征值问题正解的数值无关解

在图 9.3.15 中的非线性项条件下问题 (9.3.1) 没有正解而在图 9.3.16 中的非线性项条件下问题 (9.3.1) 至少有两个正解. 不论哪种情形, 在上述两种非线性条件下, 结合前面对问题 (9.3.5) 的讨论分析, 对充分大的 μ, 问题 (9.3.5) 存在解.

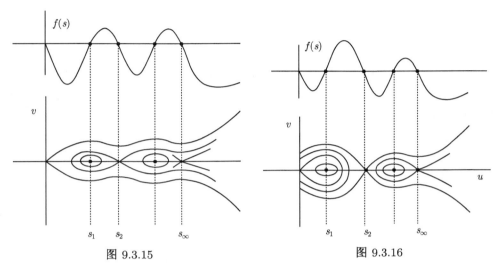

图 9.3.15　　　　　　　　　　　　　图 9.3.16

最后声明所有的数值计算和数值图像都是在边值条件 $u(0) = u(\pi) = 0$ 下获得的.

9.3.2　数值无关解与划分步长的关系

本小节主要考察问题 (9.3.1) 有限差分逼近问题中的数值无关解与划分步长的关系. 我们将证明对任意给定的参数 λ 而言, 当划分步长充分精细时, 问题 (9.3.1) 的所有数值无关解将会消失. 这个结论主要依赖于非线性项 f 的性态, 见 Gaines [112]. 对问题 (9.3.1) 而言主要因为非线性项是自治的, 与 u' 无关. 文献 [112] 给出了参数 λ 给定时对所有的划分步长, 数值无关解仍然存在的反例, 见例 9.2.1 和例 9.2.2.

对于问题 (9.3.1) 类型 I 数值无关解的消失条件容易讨论, 它可以看作类型 II 或类型 III 数值无关解消失的直接推论.

考察问题 (9.3.1) 和其有限差分逼近问题 (9.3.8), 根据定理 9.2.5 可得如下收敛性引理.

引理 9.3.1　对任意给定的 λ, 设存在常数 $h_0 \geqslant 0, M, N > 0$ 使得当 $0 < h < h_0$ 时, $\boldsymbol{u}_h = \{u_k\}_{k=1}^n$ 为问题 (9.3.8) 的一个解且满足

$$\|\boldsymbol{u}_h\|_\infty \leqslant M, \quad |u_k - u_{k-1}| \leqslant hN, \quad k = 1, 2, \cdots, n.$$

则存在问题 (9.3.1) 的一个解 $\boldsymbol{u}(t)$ 使得由问题 (9.3.8) 的解 $\boldsymbol{u}_h$ 构成多边形曲线序列收敛于 $u(t)$.

下面通过一个引理说明只要找到引理 9.3.1 中的常数 M, 那么常数 N 就必然存在. 该引理为文献 [112] 中的直接推论.

引理 9.3.2 对给定的 $M > 0$, 若问题 (9.3.8) 存在解 u_h 满足 $\|u_h\|_\infty \leqslant M$, 则存在常数 $N = N(M, \lambda)$ 使得
$$|u_k - u_{k-1}| \leqslant hN, \quad k = 1, 2, \cdots, n.$$

推论 9.3.1 对给定的 $\lambda = \lambda^*$, 设存在常数 $h_0 \geqslant 0$, $M > 0$ 使得当 $0 < h < h_0$ 时, u_h 为问题 (9.3.8) 的一个解且满足 $\|u_h\|_\infty \leqslant M$. 则存在问题 (9.3.1) 的一个解 $u(t)$ 使得由问题 (9.3.8) 的解 u_h 构成多边形曲线序列收敛于 u.

令非线性项 f 满足条件使得问题 (9.3.1) 的解 $(\lambda, u(t))$ 满足 $\|u\|_\infty < s_0$ 或 $\|u\|_\infty > s_\infty$, 记 $\Sigma_i^0(h)$ 表示问题 (9.3.8) 的解集连通分支, 且满足对任意的 $(\lambda, u_h) \in \Sigma_i^0(h)$, 有
$$s_i < \|u_h\|_\infty < s_{i+1}, \quad i \text{ 为奇数}. \tag{9.3.13}$$

定理 9.3.1, 定理 9.3.2 已证明这样的连通分支必然存在.

令
$$\bar{\lambda}(h) = \inf \left\{ \lambda \,\bigg|\, \text{存在解} \ (\lambda, u_h) \in \sum_i^0(h) \right\}. \tag{9.3.14}$$

则可得如下关于数值无关解消失的结论.

定理 9.3.5 令 $\Sigma_i^0(h)$ 表示问题 (9.3.8) 的解集连通分支, 且为问题 (9.3.1) 类型 I 数值无关解分支. 设 $\bar{\lambda}(h)$ 由 (9.3.13) 定义. 则
$$\lim_{h \to 0} \bar{\lambda}(h) = \infty,$$

即当 $h \to 0$ 时, $\Sigma_i^0(h)$ 消失.

证明 假设存在 λ^* 使得对充分小的 h, 当 $\lambda = \lambda^*$ 时, 问题 (9.3.8) 有解 u_h 且满足 $(\lambda^*, u_h) \in \sum_i^0(h)$. 则根据推论 9.3.1 得, 当 $\lambda = \lambda^*$ 时, 问题 (9.3.1) 存在解 u 使得由问题 (9.3.8) 的解 u_h 构成多边形曲线序列收敛于 u. 结合 u_h 满足 (9.3.14) 可知 u 也满足 (9.3.14). 这与题设矛盾!

9.4 评 注

目前, 微分方程边值问题的数值解法很多, 但各有所长. 例如, 迭代法、拟线性化法理论上简单可行但应用到计算机上计算太冗繁; 打靶法、不变嵌入法解决线性方程边值问题比较好, 但解决非线性微分方程边值问题要反复迭代, 比较复杂; 变分法是常采用的一种数值解法, 主要思想是将微分方程边值问题转化为泛函的极

9.4 评注

值问题，采用变分原理中的近似方法求解，主要有 Rayleigh-Ritz 法和有限元法. 此外，有限差分法、预估-校正法和 Chebyshev 谱方法都是非常普遍的数值解法. 一般地，解决某个具体的问题都是先采用有限差分法，再尝试其他方法替代，提高计算的精度. 有限差分法不仅计算格式简单，而且避免了不稳定性. 虽然其计算精度不高，但是可以通过增加划分格点的数量提高精度. 本节不再详细介绍微分方程边值问题的数值解法，读者可参看《微分方程数值方法》[113]、《常微分方程数值解法》[114] 和由费景高译的 Gear 的《常微分方程初值问题的数值解法》等著作.

第 10 章 差分方程稳定性理论

10.1 引言

差分方程通常刻画某些现象在一段时间内的演变. 例如, 如果某种群的后代数目可以用离散的数字刻画, 那么第 $n+1$ 代的数目 $x(n+1)$ 是第 n 代数目 $x(n)$ 的函数, 可用差分方程表示如下

$$x(n+1) = f(x(n)), \tag{10.1.1}$$

即一般来看, 从一点 x_0 开始, 可以生成序列

$$x_0, f(x_0), f(f(x_0)), f(f(f(x_0))), \cdots.$$

方便起见, 采用记号

$$f^2(x_0) = f(f(x_0)), \quad f^3(x_0) = f(f(f(x_0))), \quad \cdots.$$

$f(x_0)$ 称为 x_0 在 f 下的第一次迭代, $f^2(x_0)$ 称为 x_0 在 f 下的第二次迭代, 更一般地, $f^n(x_0)$ 称为 x_0 在 f 下的第 n 次迭代. 所有 (正的) 迭代 $\{f^n(x_0) : n \geqslant 0\}$ 构成的集合称为 x_0 的轨道, 其中规定 $f^0(x_0) = x_0$. 这个迭代过程就是一个离散动力系统的例子, 若设 $x(n) \equiv f^n(x_0)$, 则反复利用 (10.1.1), 就有

$$x(n+1) = f^{n+1}(x_0) = f[f^n(x_0)] = f(x(n)),$$

其中 $x(0) = f^0(x_0) = x_0$. 例如, 设 $f(x) = x^2, x_0 = 0.7$. 为了找到迭代序列 $\{f^n(x_0)\}$, 在计算器输入 0.7, 然后反复按下 x^2 按钮就可以得到数字序列

$$0.7, \ 0.49, \ 0.2401, \ 0.05764801, \cdots.$$

在计算器上最多进行 n 次, 读者将会发现迭代 $f^n(0.7)$ 趋近于 0. 可以验证对于所有的 $x_0 \in (0,1)$, 当 $n \to \infty$ 时, $f^n(x_0) \to 0$, 并且对于 $n = 1, 2, \cdots, f^n(0) = 0, f^n(1) = 1, f^n(-1) = 1$.

事实上, 差分方程和离散动力系统犹如一枚银币的两面, 当数学家提及差分方程的时候, 通常指的是相关的分析理论, 当谈到离散动力系统的时候, 通常指的是其几何和拓扑学性质.

如果替换 (10.1.1) 中的函数 f 为二元函数 $g: \mathbb{Z}^+ \times \mathbb{R} \to \mathbb{R}$, 其中 $\mathbb{Z}^+$ 是非负整数集, $\mathbb{R}$ 是实数集, 那么就有

$$x(n+1) = g(n, x(n)), \tag{10.1.2}$$

方程 (10.1.2) 被称为非自治的或者时变的, 而 (10.1.1) 被称为自治的或者时不变的. 非自治系统 (10.1.2) 的研究更为复杂. 如果给定一个初值条件 $x(n_0) \equiv x_0$, 那么对于 $n \geqslant n_0$, 存在 (10.1.2) 的唯一解 $x(n) \equiv x(n, n_0, x_0)$. 这个过程可以通过迭代获得如下:

$$x(n_0 + 1, n_0, x_0) = g(n_0, x(n_0)) = g(n_0, x_0),$$

$$x(n_0 + 2, n_0, x_0) = g(n_0 + 1, x(n_0 + 1)) = g(n_0 + 1, g(n_0, x_0)),$$

$$x(n_0 + 3, n_0, x_0) = g(n_0 + 2, x(n_0 + 2)) = g(n_0 + 2, g(n_0 + 1, g(n_0, x_0))),$$

通过归纳总结, 可以得到 $x(n, n_0, x_0) = g[n-1, x(n-1, n_0, x_0)]$.

10.2 线性系统的初值问题

鉴于来源于实际问题的许多数学模型中经常出现多个未知变量, 因此本节将考虑以下线性差分系统

$$u_1(t+1) = a_{11}(t)u_1(t) + \cdots + a_{1n}(t)u_n(t) + f_1(t),$$

$$u_2(t+1) = a_{21}(t)u_1(t) + \cdots + a_{2n}(t)u_n(t) + f_2(t),$$

$$\cdots\cdots$$

$$u_n(t+1) = a_{n1}(t)u_1(t) + \cdots + a_{nn}(t)u_n(t) + f_n(t),$$

其中 $t = a, a+1, a+2, \cdots$. 该系统可以写成一个等价的一阶向量方程

$$u(t+1) = A(t)u(t) + f(t), \tag{10.2.1}$$

其中 $u(t) = \begin{pmatrix} u_1(t) \\ \vdots \\ u_n(t) \end{pmatrix}$, $A(t) = \begin{pmatrix} a_{11}(t) & \cdots & a_{1n}(t) \\ \vdots & & \vdots \\ a_{n1}(t) & \cdots & a_{nn}(t) \end{pmatrix}$, $f(t) = \begin{pmatrix} f_1(t) \\ \vdots \\ f_n(t) \end{pmatrix}.$

对于单个形式的 n 阶差分方程

$$p_n(t)y(t+n) + \cdots + p_0(t)y(t) = r(t), \tag{10.2.2}$$

令
$$A(t) = \begin{pmatrix} 0 & 1 & 0 & \cdots & 0 \\ 0 & 0 & 1 & \cdots & 0 \\ \vdots & \vdots & \ddots & \ddots & \vdots \\ 0 & 0 & 0 & \cdots & 1 \\ -\dfrac{p_0(t)}{p_n(t)} & -\dfrac{p_1(t)}{p_n(t)} & -\dfrac{p_2(t)}{p_n(t)} & \cdots & -\dfrac{p_{n-1}(t)}{p_n(t)} \end{pmatrix}, \quad f(t) = \begin{pmatrix} 0 \\ 0 \\ \vdots \\ \dfrac{r(t)}{p_n(t)} \end{pmatrix},$$

$$u_i(t) = y(t+i-1), \quad 1 \leqslant i \leqslant n, \quad t = a, a+1, a+2, \cdots,$$

(10.2.3)

则方程 (10.2.2) 可以表示成 (10.2.1) 的形式, (10.2.3) 中的 $A(t)$ 称为方程 (10.2.2) 的伴随矩阵. 反之, 若 $u(t)$ 满足方程 (10.2.1)(其中 $A(t)$ 和 $f(t)$ 如 (10.2.3) 给出), 则 $y(t) = u_1(t)$ 是方程 (10.2.2) 的解.

这样看来, 若给定一个初值 $u(t_0) = u_0, t_0 \in \{a, a+1, \cdots\}$, 则可以通过迭代得到 $u(t_0+1), u(t_0+2) \cdots$, 以用来求解方程 (10.2.1), 因此可以得到下面的定理.

定理 10.2.1 对每个 $t_0 \in \{a, a+1, \cdots\}$ 及任意的初始 n 维矢量 u_0, 方程 (10.2.1) 存在唯一解 $u(t), t = t_0, t_0+1, \cdots$, 满足 $u(t_0) = u_0$.

当 A 是一个常数矩阵且 $f(t) = 0$ 时, (10.2.1) 可以特殊成

$$u(t+1) = Au(t), \tag{10.2.4}$$

此时满足初始条件 $u(0) = u_0$ 的解 $u(t) = A^t u_0 (t = 0, 1, 2, \cdots)$, 即方程 (10.2.4) 的解可以通过计算 A 的幂得到. 在不影响计算的前提下为了简便, 初始时刻可以取为 $t = 0$, 其他任意初始时刻都可以在 t 轴上平移到 0 时刻.

例 10.2.1 令 $u(t) = (u_1(t), u_2(t), u_3(t))^T$ 是美国野牛的数量, 其中 $u_1(t), u_2(t), u_3(t)$ 分别表示 t 年后小野牛、一岁小野牛、成年野牛的数量. 假定每年新生野牛的数量是前一年成年野牛数量的 42%, 每年有 60% 的小野牛长成一岁小野牛, 75% 的一岁小野牛成年, 以及 95% 的成年野牛可以活到下一年. 数量矩阵 $u(t)$ 满足线性系统

$$u(t+1) = \begin{pmatrix} 0 & 0 & 0.42 \\ 0.6 & 0 & 0 \\ 0 & 0.75 & 0.95 \end{pmatrix} u(t).$$

前面已经看到, 对 (10.2.4) 的解的计算, 可以通过计算方阵 A 的幂得到, 因此这里可以先回顾一部分线性代数知识.

Cayley-Hamilton 定理 任一方阵满足其特征方程.

10.2 线性系统的初值问题

例 10.2.2 设 $A = \begin{pmatrix} 1 & 2 \\ 3 & 4 \end{pmatrix}$,则 A 的特征方程是

$$\det \begin{pmatrix} \lambda - 1 & -2 \\ -3 & \lambda - 4 \end{pmatrix} = \lambda^2 - 5\lambda - 2 = 0.$$

因此

$$A^2 - 5A - 2I = \begin{pmatrix} 7 & 10 \\ 15 & 22 \end{pmatrix} - \begin{pmatrix} 5 & 10 \\ 15 & 20 \end{pmatrix} - \begin{pmatrix} 2 & 0 \\ 0 & 2 \end{pmatrix} = \begin{pmatrix} 0 & 0 \\ 0 & 0 \end{pmatrix},$$

即 A 的确满足它的特征方程.

注 Cayley-Hamilton 定理表明,若 A 是一个 n 阶方阵,则 A^n 是 $I, A, A^2, \cdots, A^{n-1}$ 的线性组合.

设 $\lambda_1, \cdots, \lambda_n$(允许有重根)为 A 的特征值. 令

$$M_0 = I,$$

$$M_i = (A - \lambda_i I) M_{i-1} \quad (1 \leqslant i \leqslant n). \tag{10.2.5}$$

由 Cayley-Hamilton 定理, $M_n = 0$.

(10.2.5) 表明 A^i 是 $M_0, \cdots, M_i (i = 1, \cdots, n-1)$ 的线性组合,即当 $t \geqslant 0$ 时,

$$A^t = \sum_{i=0}^{n-1} c_{i+1}(t) M_i,$$

其中 $c_{i+1}(t)$ 待定如下:由 $A^{t+1} = A \cdot A^t$ 有

$$\sum_{i=0}^{n-1} c_{i+1}(t+1) M_i = A \sum_{i=0}^{n-1} c_{i+1}(t) M_i$$

$$= \sum_{i=0}^{n-1} c_{i+1}(t) [M_{i+1} + \lambda_i M_i]$$

$$= \sum_{i=0}^{n-1} c_i(t) M_i + \sum_{i=0}^{n-1} c_{i+1}(t) \lambda_{i+1} M_i.$$

比较上式左右两端可得

$$\begin{pmatrix} c_1(t+1) \\ \vdots \\ c_n(t+1) \end{pmatrix} = \begin{pmatrix} \lambda_1 & 0 & 0 & \cdots & 0 \\ 1 & \lambda_2 & 0 & \cdots & 0 \\ 0 & 1 & \lambda_3 & \cdots & 0 \\ \vdots & \ddots & \ddots & \ddots & \vdots \\ 0 & \cdots & 0 & 1 & \lambda_n \end{pmatrix} \begin{pmatrix} c_1(t) \\ \vdots \\ c_n(t) \end{pmatrix}. \tag{10.2.6}$$

又因为 $A^0 = I = c_1(0)I + \cdots + c_n(0)M_{n-1}$, 所以
$$(c_1(0), c_2(0), \cdots, c_n)^{\mathrm{T}} = (1, 0, \cdots, 0)^{\mathrm{T}}. \tag{10.2.7}$$

由定理 10.2.1, 初值问题 (10.2.6), (10.2.7) 有唯一解. 这样立即得到下面的定理.

定理 10.2.2 (Putzer 算法) 初值为 u_0 时 (10.2.4) 解
$$u(t) = \sum_{i=0}^{n-1} c_{i+1}(t) M_i u_0 = A^t u_0,$$
其中 M_i 如 (10.2.5) 定义, $c_i(t)\,(i = 1, \cdots, n)$ 由 (10.2.6) 和 (10.2.7) 唯一确定.

例 10.2.3 考虑初值问题
$$u(t+1) = \begin{pmatrix} 1 & 1 \\ -1 & 3 \end{pmatrix} u(t), \quad u(0) = \begin{pmatrix} \alpha \\ \beta \end{pmatrix},$$
由
$$\det \begin{pmatrix} \lambda - 1 & -1 \\ 1 & \lambda - 3 \end{pmatrix} = \lambda^2 - 4\lambda + 4 = 0$$
可得 $\lambda_1 = \lambda_2 = 2$, 因此
$$M_0 = I,$$
$$M_1 = A - 2I = \begin{pmatrix} -1 & 1 \\ -1 & 1 \end{pmatrix}.$$

由 (10.2.6) 和 (10.2.7), 就有
$$c_1(t+1) = 2c_1(t), \quad c_1(0) = 1,$$
解得 $c_1(t) = 2^t$. 类似地, 有
$$c_2(t+1) = 2c_2(t) + 2^t, \quad c_2(0) = 0,$$
解得 $c_2(t) = t2^{t-1}$. 由定理 10.2.2,
$$u(t) = (c_1(t)I + c_2(t)M_1) \begin{pmatrix} \alpha \\ \beta \end{pmatrix}$$
$$= \left[2^t \begin{pmatrix} 1 & 0 \\ 0 & 1 \end{pmatrix} + t2^{t-1} \begin{pmatrix} -1 & 1 \\ -1 & 1 \end{pmatrix} \right] \begin{pmatrix} \alpha \\ \beta \end{pmatrix}$$
$$= 2^t \begin{pmatrix} 1 - \dfrac{t}{2} & \dfrac{t}{2} \\ -\dfrac{t}{2} & 1 + \dfrac{t}{2} \end{pmatrix} \begin{pmatrix} \alpha \\ \beta \end{pmatrix}.$$

例 10.2.4 设 $A=\begin{pmatrix} 1 & 1 \\ -1 & 1 \end{pmatrix}$, 则 A 有复特征值 $\lambda = 1 \pm i$, 因此

$$M_0 = I,$$

$$M_1 = \begin{pmatrix} -i & 1 \\ -1 & -i \end{pmatrix}.$$

初值问题

$$c_1(t+1) = (1+i)c_1(t), \quad c_1(0) = 1$$

的解 $c_1(t) = (1+i)^t$, 同时初值问题

$$c_2(t+1) = (1+i)^t + (1-i)c_2(t), \quad c_2(0) = 0$$

的解 $c_2(t) = \dfrac{i}{2}[(1-i)^t - (1+i)^t]$. 由复数的极坐标形式可以将 $c_1(t), c_2(t)$ 改写成

$$c_1(t) = 2^{\frac{t}{2}}\left(\cos\frac{\pi}{4}t + i\sin\frac{\pi}{4}t\right),$$

$$c_2(t) = 2^{\frac{t}{2}}\sin\frac{\pi}{4}t.$$

结合定理 10.2.2, 有

$$A^t = c_1(t)I + c_2(t)M_1 = 2^{\frac{t}{2}}\begin{pmatrix} \cos\frac{\pi}{4}t & \sin\frac{\pi}{4}t \\ -\sin\frac{\pi}{4}t & \cos\frac{\pi}{4}t \end{pmatrix}.$$

在某些特殊情况下, 如果能通过分解把矩阵写成两个可交换矩阵之和, 且分解后其中一个矩阵的幂很容易计算 (譬如对角矩阵), 另一个是幂零矩阵, 那么这个矩阵的幂便很容易计算出. 下面给出一个这样的例子.

例 10.2.5 设 $A = \begin{pmatrix} 2 & 0 \\ 1 & 2 \end{pmatrix}$, 则 A^t 可以写成如下形式

$$A^t = \left(2I + \begin{pmatrix} 0 & 0 \\ 1 & 0 \end{pmatrix}\right)^t.$$

由于 $\begin{pmatrix} 0 & 0 \\ 1 & 0 \end{pmatrix}$ 是幂零的并且和 I 可交换, 结合二项式定理就有

$$A^t = 2^t I + t 2^{t-1}\begin{pmatrix} 0 & 0 \\ 1 & 0 \end{pmatrix} = \begin{pmatrix} 2^t & 0 \\ 2^{t-1} & 2^t \end{pmatrix}.$$

本节的最后, 再返回到非齐次系统

$$u(t+1) = Au(t) + f(t). \tag{10.2.8}$$

处理该问题的常数变易公式由下述定理给出.

定理 10.2.3 设 $u(0) = u_0$, 则 (10.2.8) 的解

$$u(t) = A^t u_0 + \sum_{s=0}^{t-1} A^{t-s-1} f(s). \tag{10.2.9}$$

证明 由定理 10.2.1, 只需证明 (10.2.9) 满足 (10.2.8) 和初始条件. 由于 $t = 0$ 时,

$$\sum_{s=0}^{-1} A^{-s-1} f(s) = 0,$$

因此, $u(0) = u_0$. 另一方面, 当 $t \geqslant 1$ 时,

$$\begin{aligned}
u(t+1) &= A^{t+1} u_0 + \sum_{s=0}^{t} A^{t-s} f(s) \\
&= A^{t+1} u_0 + \sum_{s=0}^{t-1} A^{t-s} f(s) + f(t) \\
&= A \left[A^t u_0 + \sum_{s=0}^{t-1} A^{t-s-1} f(s) \right] + f(t) \\
&= Au(t) + f(t),
\end{aligned}$$

即 $u = u(t)$ 也满足 (10.2.8). □

10.3 线性系统的稳定性

在几何学上, 含有 n 个未知量的初值问题的解可以写成 $\mathbb{R}^n$ 上的点序列 $\{u_1(t), u_2(t), \cdots, u_n(t)\}_{t=0}^{\infty}$. 在诸多相关应用中, 我们都会关心当时间 t 充分大时这些点的位置情况: 它们是收敛到某一点了还是在某一点附近徘徊? 它们是否是在某些点附近振荡? 是否变为无界? 还是在一个有界的区域内以一种似乎不可预测的方式无规律地跳跃? 关于这类问题的研究被称为稳定性理论. 事实上, 在生物学、经济学、物理学、工程学等的应用中, 平衡点 (状态) 的概念及相关动力学研究都至关重要. 下面给出平衡点的一个基本定义.

定义 10.3.1 对于 f 的定义域内的点 v, 如果它是 f 的一个不动点, 即 $f(v) = v$, 则称 v 为系统 (10.1.1) 的一个平衡点.

10.3 线性系统的稳定性

本节先介绍一些齐次线性系统 (10.2.4) 的稳定性基本理论, 在 10.6 节中再推广到非线性系统. 先来看一个基本结果.

定理 10.3.1 设 A 是一个 n 阶方阵. 若 $r(A) < 1$, 则方程 (10.2.4) 的解 $u(t)$ 满足
$$\lim_{t \to \infty} u(t) = 0.$$
进一步, 若 $r(A) < \delta < 1$, 则存在常数 $C > 0$ 使得当 $t \geqslant 0$ 时,
$$|u(t)| \leqslant C\delta^t |u(0)|. \tag{10.3.1}$$

当 t 趋于无穷时, 若系统的所有解都趋于原点, 原点就被称为是渐近稳定的, 关于渐近稳定的更为准确的定义将在 10.6 节给出. 下述定理说明 $r(A) < 1$ 是平衡点渐近稳定的必要条件.

定理 10.3.2 若 $r(A) \geqslant 1$, 则存在 (10.2.4) 的某个解 $u(t)$, 使得
$$\lim_{t \to \infty} u(t) \neq 0.$$

例 10.3.1 考虑系统
$$u(t+1) = \begin{pmatrix} 1 & -5 \\ 0.25 & -1 \end{pmatrix} u(t).$$

因为 $A = \begin{pmatrix} 1 & -5 \\ 0.25 & -1 \end{pmatrix}$ 的特征方程为 $\lambda^2 + \dfrac{1}{4} = 0$, 所以 $\sigma(A) = \left\{ \dfrac{i}{2}, -\dfrac{i}{2} \right\}$ 且 $r(A) = \dfrac{1}{2}$. 由定理 10.3.1, 当 $t \to \infty$ 时, 该系统的所有解都趋于原点. 图 10.3.1 说明了在初值为 $\begin{pmatrix} 10 \\ 1 \end{pmatrix}$ 时系统的解是如何螺旋趋于原点的.

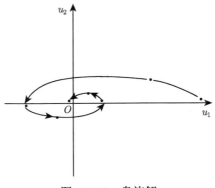

图 10.3.1 盘旋解

若矩阵 A 的谱半径 $r(A) \leqslant 1$，则在某些条件下，系统 (10.2.4) 可以表现出较弱的稳定性．具体地，有下述定理．

定理 10.3.3 若 A 满足：

(a) $r(A) \leqslant 1$；

(b) 满足 $|\lambda| = 1$ 的 A 的每个特征值 λ 是简单．

则存在常数 $C > 0$，使得 (10.2.4) 的每个解 u 满足

$$|u(t)| \leqslant C|u_0|, \quad t \geqslant 0. \tag{10.3.2}$$

在对微分方程初值问题求近似数值解时常使用折线法，此时上面的定理可发挥一定作用．

例 10.3.2 考虑系统

$$u(t+1) = \begin{pmatrix} \cos\theta & \sin\theta \\ -\sin\theta & \cos\theta \end{pmatrix} u(t),$$

其中 θ 是一个固定角．这个例子中的矩阵 A 是一个旋转矩阵，给它乘以一个向量 u 时，所得的向量跟 u 有相同的长度，但它的方向要从 u 开始顺时针转 θ 弧度．因此，该系统的每一个解 u 都在一个以原点为圆心，以 $|u(0)|$ 为半径的圆上（图 10.3.2 是 $\theta = \dfrac{\pi}{2}$ 的情形）．由于矩阵 A 的特征根为 $\lambda = \cos\theta \pm i\sin\theta$，即定理 10.3.3 的条件满足，因此 (10.3.2) 成立．事实上，此时取 $C = 1$ 即可．

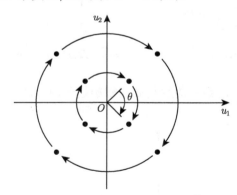

图 10.3.2 顺时针旋转 $\theta = \dfrac{\pi}{2}$

在对系统 (10.2.4) 当 A 的部分特征值的模小于 1 的解的行为研究之前，再回顾一些线性代数的相关概念和结果如下．

设 λ 是 A 的一个特征值，其重数为 m，则 A 的属于 λ 的广义特征向量是如下方程的非平凡解 v

$$(A - \lambda I)^m v = 0.$$

10.3 线性系统的稳定性

显然, A 的每个特征向量也是它的广义特征向量; A 的属于 λ 的所有广义特征向量与零向量构成了一个广义特征空间且是 m 维向量空间. 进一步, 两个广义特征空间的任意两个向量的内积是零向量. 同时, A 与一个广义特征向量的乘积依然是同一个广义特征向量空间中的向量.

例 10.3.3 矩阵
$$A = \begin{pmatrix} 3 & 1 & 0 \\ 0 & 3 & 0 \\ 0 & 0 & 2 \end{pmatrix}$$
的特征值 $\lambda_1 = 3(2 \text{ 重})$, $\lambda_2 = 2$. 对应于 $\lambda_1 = 3$ 的广义特征向量是如下方程的解
$$(A - 3I)^2 v = 0,$$
或等价地写成
$$\begin{pmatrix} 0 & 0 & 0 \\ 0 & 0 & 0 \\ 0 & 0 & 1 \end{pmatrix} \begin{pmatrix} v_1 \\ v_2 \\ v_3 \end{pmatrix} = 0.$$
对应的广义特征空间由含有 $v_3 = 0$ 的所有向量组成, 这是一个二维空间, 并且基向量可取成
$$(1, 0, 0)^{\mathrm{T}}, \quad (0, 1, 0)^{\mathrm{T}}.$$
类似地, 对于 $\lambda_2 = 2$, 它有一个一维广义特征空间, 由特征向量 $(0, 0, 1)^{\mathrm{T}}$ 张成.

定理 10.3.4 (稳定子空间定理) 设 $\lambda_1, \cdots, \lambda_n$ 是 A 的所有特征值 (不必互异), 且 $\lambda_1, \cdots, \lambda_k$ 满足 $|\lambda_i| < 1$. 设 S 是由对应于 $\lambda_1, \cdots, \lambda_k$ 的广义特征向量张成的 k 维向量空间. 若 u 是 (10.2.4) 的满足 $u(0) \in S$ 的解, 则当 $t \geqslant 0$ 时, $u(t) \in S$ 且
$$\lim_{t \to \infty} u(t) = 0.$$

称定理 10.3.4 中的集合 S 为 (10.2.4) 的稳定子空间. 定理 10.3.4 证明了当 t 趋于无穷时, 趋于原点的系统 (10.2.4) 的每个解初始时刻都在 S 中, 即 S 可以被看作 (10.2.4) 满足 $\lim\limits_{t \to \infty} u(t) = 0$ 的所有解序列 $\{u(t)\}_{t=0}^{\infty}$ 构成的集合.

例 10.3.4 对系统
$$u(t+1) = \begin{pmatrix} 0.5 & 0 & 0 \\ 1 & 0.5 & 0 \\ 0 & 1 & 2 \end{pmatrix} u(t),$$

由于系数矩阵的特征方程为

$$\det\begin{pmatrix} \lambda-0.5 & 0 & 0 \\ -1 & \lambda-0.5 & 0 \\ 0 & -1 & \lambda-2 \end{pmatrix} = (\lambda-0.5)^2(\lambda-2) = 0,$$

所以有一个对应于 $|\lambda|=0.5<1$ 的维数为 2 的稳定子空间,且该空间由

$$(A-0.5I)^2 v = 0$$

或者

$$\begin{pmatrix} 0 & 0 & 0 \\ 0 & 0 & 0 \\ 1 & 3/2 & 9/4 \end{pmatrix} \begin{pmatrix} v_1 \\ v_2 \\ v_3 \end{pmatrix} = \begin{pmatrix} 0 \\ 0 \\ 0 \end{pmatrix}$$

的解张成,即 S 是平面

$$4v_1 + 6v_2 + 9v_3 = 0$$

(图 10.3.3). 由定理 10.3.4,所有从这个平面发出的解都在这个平面内,且当 $t \to \infty$ 时,这些解趋于原点. 而 $(0,0,1)^{\mathrm{T}}$ 是对应于 $\lambda=2>1$ 的一个特征向量,所以从 v_3 轴上发出的解可表示为

$$u(t) = 2^t (0, 0, v_3)^{\mathrm{T}}, \quad t \geqslant 0.$$

显然这些解都在 v_3 轴上,且当 $t \to \infty$ 时,这些解要么趋于 $+\infty$,要么趋于 $-\infty$. 如果 A 的某些满足 $|\lambda|<1$ 的特征值是复数,则相应的广义特征向量也是复向量,且稳定子空间也是一个复向量空间. 同时,由于复广义特征向量共轭成对出现,因此不难证明这些向量的实部和虚部是对应的实广义特征向量,也可以生成一个相同维数的实稳定子空间.

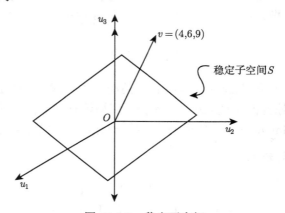

图 10.3.3 稳定子空间

10.4 线性系统的相平面分析

本节将描述二维系统

$$u(t+1) = Au(t) \tag{10.4.1}$$

的解的可能行为,其中 A 是一个二阶的非奇异矩阵. 下面将通过简化矩阵 A 为三种简单形式的矩阵 J 进行分析,这里的矩阵 J 称为矩阵 A 的实若尔当标准形.

定理 10.4.1 设 A 是一个 2 阶方阵. 则存在一个实非奇异矩阵 P 使得

$$A = P^{-1}JP,$$

其中

(a) 当 A 存在不完全互异的实特征值 λ_1, λ_2,同时有两个线性无关的特征向量时,

$$J = \begin{pmatrix} \lambda_1 & 0 \\ 0 & \lambda_2 \end{pmatrix}.$$

(b) 当 A 的特征值为简单特征值 λ,且仅有一个线性无关的特征向量时,

$$J = \begin{pmatrix} \lambda & 1 \\ 0 & \lambda \end{pmatrix}.$$

(c) 当 A 的特征值为共轭复特征值 $\alpha \pm i\beta$ 时,

$$J = \begin{pmatrix} \alpha & \beta \\ -\beta & \alpha \end{pmatrix}.$$

定理 10.4.1 本质上是坐标变换的一个结论. 方程 (10.4.1) 中的非奇异矩阵 A 表示从 $u = (u_1, u_2)$ 空间 (称为相平面) 到自身的映射. $J = PAP^{-1}$ 表示的是经过适当的变量代换,该映射可以由三种简单形式表示.

通过对 A 的特征值进行分类,可以得到 (10.4.1) 的解的相平面分析有下面几种情形.

情形 1a $0 < \lambda_1 < \lambda_2 < 1$ (浸入).

由 10.2 节可知,(10.4.1) 的所有解

$$u(t) = C_1 \lambda_1^t v^1 + C_2 \lambda_2^t v^2,$$

其中 v^1, v^2 分别是对应于特征值 λ_1, λ_2 的特征向量. 若 $C_1 = 0$,则当 $t \to \infty$ 时,$u(t)$ 沿着包含 v^2 的直线趋于原点 (见图 10.4.1 中的序列 y_i 和 x_i). 若 $C_2 = 0$,则当

$t \to \infty$ 时, $u(t)$ 沿着包含 v^1 的直线趋于原点 (见图 10.4.1 中的序列 v_i 和 w_i). 若 $C_1 C_2 \neq 0$, 则

$$u(t) = \lambda_2^t \left(C_1 \left(\frac{\lambda_1}{\lambda_2} \right)^t v_1 + C_2 v_2 \right).$$

此时, 当 $t \to \infty$ 时,

$$\frac{u(t)}{\lambda_2^t} \to C_2 v_2.$$

从图 10.4.1 中可以看到如 δ_n 的解是怎样以平行于 v_2 的方向趋于原点的. 事实上, 由定理 10.4.1(a) 中给出的坐标变换, (10.4.1) 的解可变换成

$$\omega(t) = c_1 \lambda_1^t \begin{pmatrix} 1 \\ 0 \end{pmatrix} + c_2 \lambda_2^t \begin{pmatrix} 0 \\ 1 \end{pmatrix}.$$

这样, 从坐标轴上发出的解依然在坐标轴上且当 $t \to \infty$ 时趋于原点, 从其余位置发出的解当 $t \to \infty$ 时, 它们都以与坐标轴相切的方式趋于原点.

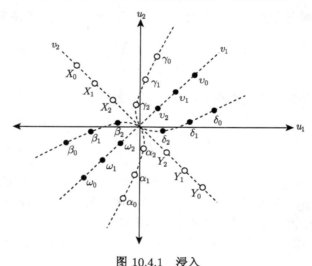

图 10.4.1 浸入

情形 1b $0 < \lambda < 1$.

此时 A 有一个简单特征值且仅有一个线性无关的特征向量. 由定理 10.4.1 (b) 中给出的坐标变换, 将 (10.2.4) 变换为

$$\omega(t+1) = \begin{pmatrix} \lambda & 1 \\ 0 & \lambda \end{pmatrix} \omega(t),$$

10.4 线性系统的相平面分析

该系统的解为

$$\omega(t) = \begin{pmatrix} \lambda^t & t\lambda^{t-1} \\ 0 & \lambda^t \end{pmatrix} \omega(0).$$

参照例 10.2.5, $\omega(t) \to 0$, 此时 $\omega(t)$ 向原点趋近的模式与情形 1a 略有不同, 有兴趣的读者可作为练习.

情形 2 $1 < \lambda_1 < \lambda_2$ (源).

该情形与情形 1a 很相似, 只是此时 $t \to \infty$ 时所有解远离原点 (图 10.4.2).

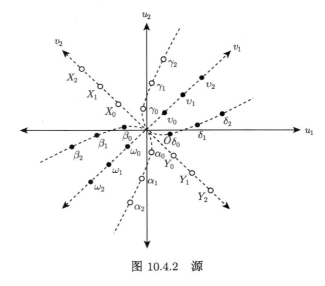

图 10.4.2 源

情形 3 $-1 < \lambda_1 < 0 < \lambda_2$ (反射浸入).

在情形 1a 中已经看到

$$u(t) = C_1 \lambda_1^t v^1 + C_2 \lambda_2^t v^2.$$

由于 λ_1^t 的符号是变化的, 所以当 $C_1 \neq 0$ 时, 解从含 v^2 的直线两侧来回跳动趋于原点 (图 10.4.3).

情形 4 $\lambda_1 < -1 < 1 < \lambda_2$ (反射源).

相图 10.4.4 反映的是此时解随着时间的增加远离原点的情形.

当特征值是复数时, 由定理 10.4.1(c) 可知, 通过坐标变换, 对应了如下形式的矩阵

$$J = \begin{pmatrix} \alpha & \beta \\ -\beta & \alpha \end{pmatrix},$$

其中 $\beta > 0$. 取一个角度 θ 使得

$$\cos\theta = \frac{\alpha}{\sqrt{\alpha^2+\beta^2}}, \quad \sin\theta = \frac{\beta}{\sqrt{\alpha^2+\beta^2}}.$$

则 J 可以重新写成

$$J = \sqrt{\alpha^2+\beta^2}\begin{pmatrix} \cos\theta & \sin\theta \\ -\sin\theta & \cos\theta \end{pmatrix} \equiv |\lambda|R_\theta,$$

这里的 R_θ 称为旋转矩阵, 这是因为在平面上它将向量顺时针旋转了 θ 弧度 (参见例 10.3.2).

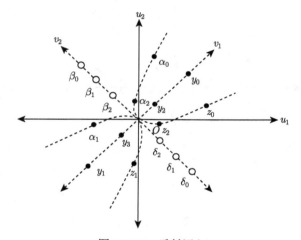

图 10.4.3 反射浸入

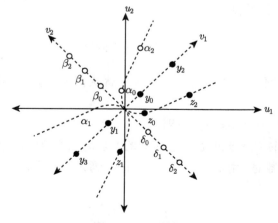

图 10.4.4 反射源

10.4 线性系统的相平面分析

情形 5　$\alpha^2 + \beta^2 = 1$ (中心).

此时坐标变换对应矩阵 $J = R_\theta$, 因此每个解都在以原点为圆心的圆周上顺时针旋转, 称此时的原点为中心 (图 10.4.5).

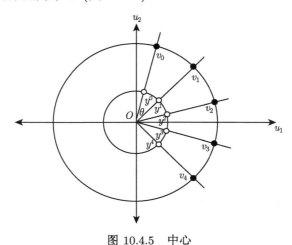

图 10.4.5　中心

情形 6　$\alpha^2 + \beta^2 > 1$ (不稳定的螺旋).

由于此时 $J = |\lambda| R_\theta, |\lambda| > 1$, 因此每迭代一次, 解都以顺时针方向远离原点, 由此便产生了一个不稳定的螺旋 (图 10.4.6).

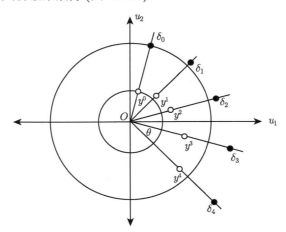

图 10.4.6　不稳定的螺旋

情形 7　$\alpha^2 + \beta^2 < 1$ (稳定的螺旋).

该情形与情形 6 类似, 不同的是, 随着时间的增加, 解顺时针向内旋转趋于原点 (图 10.4.7).

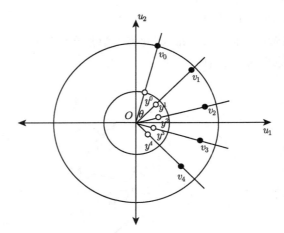

图 10.4.7 稳定的螺旋

情形 8 $0 < \lambda_1 < 1 < \lambda_2$ (鞍点).

这是定理 10.4.1(a) 的特殊情况, 此时的解

$$\omega(t) = c_1 \lambda_1^t \begin{pmatrix} 1 \\ 0 \end{pmatrix} + c_2 \lambda_2^t \begin{pmatrix} 0 \\ 1 \end{pmatrix}.$$

因此, 随着 t 的增加, 从横轴上发出的解都沿横轴 (稳定子空间) 趋于原点, 从纵轴上发出的解都沿纵轴 (不稳定子空间) 远离原点. 又由于

$$\omega(t) - C_2 \lambda_2^t \begin{pmatrix} 0 \\ 1 \end{pmatrix} \to 0,$$

所以当 $t \to \infty$ 时, 由其他位置发出的解也趋于纵轴 (图 10.4.8).

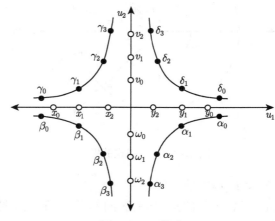

图 10.4.8 鞍点

情形 9 $-1 < \lambda_1 < 0 < 1 < \lambda_2$ (反射鞍点).

该情形与情形 8 类似, 只是此时因为有一个负特征值会使得每次迭代在横轴方向都形成一次反射 (图 10.4.9).

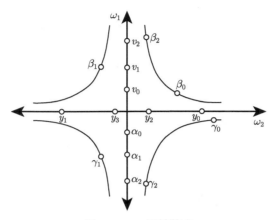

图 10.4.9   反射鞍点

以上九种情形并未涉及所有情形, 但已基本对 (10.4.1) 的解在相平面上的常见行为进行了一系列重要刻画. 对 $|\lambda| = 1$(情形 5 就是这种情况之一) 的情形, 它是介于以上各情形之间的临界情形, 此时便会产生我们经常说到的分岔, 相图会在此临界状态下产生质的变化. 在 10.6 节和 10.7 节将会介绍一些非线性方程其他类型的分岔.

10.5   基本解矩阵和 Floquet 理论

本节将研究变系数线性差分系统 (10.2.1) 的性质, 即考虑
$$u(t+1) = A(t)u(t) + f(t). \tag{10.5.1}$$
相应的齐次系统为
$$u(t+1) = A(t)u(t), \tag{10.5.2}$$
这里假定矩阵函数 $A(t)$ 对所有的 $t \in \mathbb{Z}$ 是非奇异的. 此时, 方程 (10.5.1) 的初值问题有唯一解. 本节后面的内容将把重点放在矩阵函数 $A(t)$ 是周期函数的情形上.

可以看到, 与方程 (10.5.2) 形式类似的方程为
$$U(t+1) = A(t)U(t), \tag{10.5.3}$$
其中 $U(t)$ 是一个 n 阶方阵. 这时 $U(t)$ 是方程 (10.5.3) 的一个解当且仅当它的每个列向量都是 (10.5.2) 的解.

定理 10.5.1 若 $\Phi(t)$ 是 (10.5.3) 的一个解,则要么对 $\forall t \in \mathbb{Z}, \det \Phi(t) \neq 0$,要么对 $\forall t \in \mathbb{Z}, \det \Phi(t) = 0$.

定义 10.5.1 称 $\Phi(t)$ 是 (10.5.2) 的一个基本解矩阵是指 $\Phi(t)$ 是 (10.5.3) 的一个解,且 $\det \Phi(t) \neq 0$ 对所有的 $t \in \mathbb{Z}$ 成立.

例 10.5.1 当 $\det A(t) \neq 0$ 时,$\Phi(t) = A^t$ 是常系数线性系统

$$u(t+1) = Au(t)$$

的基本解矩阵.

易见对任意非奇异矩阵 U_0,(10.5.3) 的满足 $U(t_0) = U_0$ 的解 $U(t)$ 是 (10.5.2) 的一个基本解矩阵,即总存在无穷多基本解矩阵. 下面的定理刻画了 (10.5.2) 基本解矩阵之间的关系.

定理 10.5.2 设 $\Phi(t)$ 是 (10.5.2) 的一个基本解矩阵,则 $\Psi(t)$ 是另一个基本解矩阵当且仅当存在一个非奇异矩阵 C,使得对于 $\forall t \in \mathbb{Z}$,

$$\Psi(t) = \Phi(t)C.$$

基本解矩阵可用来求解非齐次方程 (10.5.1),下面的定理是定理 10.2.2 的推广.

定理 10.5.3 设 $\Phi(t)$ 是 (10.5.2) 的一个基本解矩阵,则 (10.5.1) 的满足初值条件 $u(t_0) = u_0$ 的唯一解可以通过常数变易法表示为

$$u(t) = \Phi(t)\Phi^{-1}(t_0)u_0 + \Phi(t)\sum_{s=t_0}^{t-1}\Phi^{-1}(s+1)f(s), \quad t \geqslant t_0. \tag{10.5.4}$$

例 10.5.2 考虑如下初值问题

$$u(t+1) = \begin{pmatrix} 0 & 1 \\ -2 & -3 \end{pmatrix} u(t) + \left(\frac{2}{3}\right)^t \begin{pmatrix} 1 \\ -2 \end{pmatrix},$$

$$u(0) = \begin{pmatrix} 1 \\ 1 \end{pmatrix}.$$

取

$$\Phi(t) = \begin{pmatrix} (-2)^t & (-1)^t \\ (-2)^{t+1} & (-1)^{t+1} \end{pmatrix} = (-1)^t \begin{pmatrix} 2^t & 1 \\ -2^{t+1} & -1 \end{pmatrix}.$$

不难计算

$$\Phi^{-1}(t) = \left(\frac{-1}{2}\right)^t \begin{pmatrix} -1 & -1 \\ 2^{t+1} & 2^t \end{pmatrix}.$$

由 (10.5.4), 当 $t \geqslant 1$ 时, 有

$$u(t) = (-1)^t \begin{pmatrix} 2^t & 1 \\ -2^{t+1} & -1 \end{pmatrix} \left(\begin{pmatrix} -2 \\ 3 \end{pmatrix} + \sum_{s=0}^{t-1} \begin{pmatrix} -0.5(-3)^{-s} \\ 0 \end{pmatrix} \right)$$

$$= (-1)^t \begin{pmatrix} 2^t & 1 \\ -2^{t+1} & -1 \end{pmatrix} \left(\begin{pmatrix} -2 \\ 3 \end{pmatrix} + \begin{pmatrix} -0.375((-3)^{-t} - 1) \\ 0 \end{pmatrix} \right)$$

$$= (-1)^t \begin{pmatrix} 2^t & 1 \\ -2^{t+1} & -1 \end{pmatrix} \begin{pmatrix} -0.125((-3)^{1-t} + 19) \\ 3 \end{pmatrix}.$$

本节从现在起考虑 $A(t)$ 是周期函数的情形. 设 $A(t)$ 的最小正周期为 p, 称此时的系统 (10.5.2) 为 Floquet 系统. 下面先来看一个简单的 Floquet 系统的例子.

例 10.5.3 因为 $(-1)^t$ 是 2-周期的, 所以

$$u(t+1) = (-1)^t u(t)$$

是一个 Floquet 方程, 其通解为

$$u(t) = a(-1)^{\frac{t(t-1)}{2}}.$$

若令 $r(t) = a(-1)^{\frac{t^2}{2}}, b = -i$, 则易见 $r(t)$ 是 2-周期的且该方程通解可重新写为

$$u(t) = r(t)b^t.$$

在证明 Floquet 定理前, 需要再回顾一个线性代数中关于矩阵根的结果.

引理 10.5.1 设 C 是一个非奇异矩阵且 p 是一个正整数. 则存在一个非奇异矩阵 B 使得

$$B^p = C.$$

定理 10.5.4 (离散的 Floquet 定理) 若 $\Phi(t)$ 是 Floquet 系统 (10.5.2) 的一个基本解矩阵, 则 $\Phi(t+p)$ 也是一个基本解矩阵且 $\Phi(t+p) = \Phi(t)C$, 其中

$$C = A(p-1)A(p-2)\cdots A(0).$$

同时, 还存在一个非奇异矩阵 B 和一个 p 周期的非奇异矩阵函数 $P(t)$, 使得

$$\Phi(t) = P(t)B^t.$$

定义 10.5.2 称矩阵

$$C \equiv A(p-1)A(p-2)\cdots A(0)$$

的特征值 μ 为 (10.5.2) 的 "Floquet 乘数".

例 10.5.4　对于标量方程

$$y(t+1) = (-1)^t y(t),$$

系数函数 $a(t) = (-1)^t$ 最小周期为 2, 且 $C = a(1)a(0) = -1$, 所以 $\mu = -1$ 是该方程的 Floquet 乘数.

例 10.5.5　考虑

$$y(t+1) = \begin{pmatrix} 0 & 1 \\ (-1)^t & 0 \end{pmatrix} y(t),$$

由于系数矩阵 $A(t)$ 是 2-周期的, 所以

$$C = A(1)A(0)$$
$$= \begin{pmatrix} 0 & 1 \\ -1 & 0 \end{pmatrix} \begin{pmatrix} 0 & 1 \\ 1 & 0 \end{pmatrix}$$
$$= \begin{pmatrix} 1 & 0 \\ 0 & -1 \end{pmatrix},$$

即 $\mu_1 = 1, \mu_2 = -1$ 为该系统的 Floquet 乘数.

定理 10.5.5　若 μ 是 (10.5.2) 的 Floquet 乘数, 则存在 (10.5.2) 的非平凡解 $y(t)$, 使得对 $\forall t \in \mathbb{Z}$,

$$y(t+p) = \mu y(t).$$

在例 10.5.5 中, 由于 1 和 -1 是 Floquet 乘数, 所以应用定理 10.5.5 可得, 例 10.5.5 中的系统存在线性无关的 2-周期解和 4-周期解. 下述定理将说明如何将一个 Floquet 系统转化为一个自治系统.

定理 10.5.6　设 $\Phi(t) = P(t)B^t$, 其中 $B, P(t)$ 如 Floquet 定理 10.5.4 中定义. 则 $y(t)$ 是 Floquet 系统 (10.5.2) 的一个解当且仅当

$$Z(t) = P^{-1}(t)y(t)$$

是自治系统

$$Z(t+1) = BZ(t)$$

的一个解.

由上述定理中 Floquet 系统和自治系统的关系, 结合 10.2 节的相关结果, 可以得到 Floquet 系统解的稳定性定理如下.

定理 10.5.7 (Floquet 系统的稳定性定理)　(a) 若 (10.5.2) 的所有 Floquet 乘数满足 $|\mu| < 1$, 则 (10.5.2) 的每个解 $y(t)$ 都满足

$$\lim_{t \to \infty} y(t) = 0;$$

(b) 若 (10.5.2) 的所有 Floquet 乘数满足 $|\mu| \leqslant 1$, 且每一个满足 $|\mu| = 1$ 的乘数是简单的, 则存在常数 D, 使得 (10.5.2) 每个解 $y(t)$ 都满足

$$y(t) \leqslant D|y(0)|, \quad \forall t \geqslant 0;$$

(c) 若存在 (10.5.2) 的某个 Floquet 乘数 μ 满足 $|\mu| > 1$, 则存在 (10.5.2) 的某个解 $y(t)$, 使得

$$\lim_{t \to \infty} |y(t)| = \infty.$$

例 10.5.6　考虑 Floquet 系统

$$y(t+1) = \begin{pmatrix} 0 & \dfrac{2+(-1)^t}{2} \\ \dfrac{2-(-1)^t}{2} & 0 \end{pmatrix} y(t),$$

由于 $p = 2$ 且

$$C = A(1)A(0)$$

$$= \begin{pmatrix} 0 & 1/2 \\ 3/2 & 0 \end{pmatrix} \begin{pmatrix} 0 & 3/2 \\ 1/2 & 0 \end{pmatrix}$$

$$= \begin{pmatrix} 1/4 & 0 \\ 0 & 9/4 \end{pmatrix},$$

所以 Floquet 乘数为 $\dfrac{1}{4}$ 和 $\dfrac{9}{4}$. 由定理 10.5.7, 存在该系统的且某个解 $y(t)$, 满足当 $t \to \infty$ 时, $|y(t)| \to \infty$. 事实上, 如果仅考虑系统的系数矩阵 $A(t)$, 则不难得到: 不管 t 取何值, $A(t)$ 的特征值都是 $\lambda = \pm\dfrac{\sqrt{3}}{2}$, 即 $|\lambda| < 1$, 而此例中稳定性并不能保证, 究其原因, 主要还是由系统是非自治导致的.

10.6　非线性系统的稳定性

10.6.1　非线性系统的平衡点与周期点

本节假定差分方程中未知量取得最大值的那一项可独立写在等式的一端, 例如

$$y(t+3) = y^2(t+2)y(t+1) - 5\sin y(t).$$

对上述形式的差分方程, 总可以通过变量代换将其等价地改写为一个一阶差分系统. 比如在上面的例子中, 可令 $u_1(t) = y(t), u_2(t) = y(t+1), u_3(t) = y(t+2)$, 则上述方程可重新写成等价形式

$$\begin{pmatrix} u_1 \\ u_2 \\ u_3 \end{pmatrix}(t+1) = \begin{pmatrix} u_2(t) \\ u_3(t) \\ u_3^2(t)u_2(t) - 5\sin u_1(t) \end{pmatrix}.$$

由于等号右端并不显含 t, 此时该系统是自治的. 对一个自治系统而言, $u(t)$ 是 $t \geqslant 0$ 时的解当且仅当 $u(t - t_0)$ 是 $t \geqslant t_0$ 时的解.

本节将研究如下形式的自治系统的稳定性, 即考虑

$$u(t+1) = f(u(t)), \quad t = 0, 1, 2, \cdots, \tag{10.6.1}$$

其中 u 是 n 维向量, $f: \mathbb{R}^n \to \mathbb{R}^n$. 这里 f 的定义域并非全体 $\mathbb{R}^n$, 但是 f 应将它的定义域映射到它自身, 这样才能使方程 (10.6.1) 对所有的初值及所有的 t 在迭代过程中有意义. 不难看出, (10.2.4) 是 (10.6.1) 的特殊形式. 10.3 节中已经介绍过线性系统的稳定性, 本节将主要考虑非线性系统 (10.6.1) 的稳定性.

回忆定义 10.3.1, 可以看到, 在一维的情形下, (10.6.1) 中 f 的稳定点 v 是 (10.6.1) 的一个常数解. 因为如果 $u(0) = v$ 是一个初值点, 那么 $u(1) = f(v) = v$, $u(2) = f(u(1)) = f(v) = v$, 这样可以一直做下去. 从图像上看, 一维系统中 f 的一个平衡点是 f 的图像与直线 $y = u$ 的交点的横坐标. 例如, 对方程

$$u(t+1) = u^3(t),$$

$f(u) = u^3$ 有三个平衡点. 令 $f(v) = v$, 或者 $u^3 = u$, 求得三个平衡点分别为 $-1, 0, 1$, 参见图 10.6.1. 图 10.6.2 给出了另一类例子, 对差分方程

$$u(t+1) = u^2(t) - u(t) + 1,$$

$f(u) = u^2 - u + 1$ 有唯一的平衡点 1.

下面再给出周期点的定义.

定义 10.6.1 称 $v \in \mathbb{R}^n$ 是 f 的一个 k-周期点是指, 存在 $k \in \mathbb{Z}$, 这里的 k 是点 v 的周期且 $f(v) = \underbrace{f(\cdots(f(f(v)))\cdots)}_{k\text{次}}$.

由定义 10.6.1 可以看出, f 的周期点对应周期解. 同时, 周期点的周期 k 不唯一, 因为 k 的任意正整数倍数依然是该周期点的周期, 但每个周期点都存在一个最小正周期 (称为基本周期). 另一方面, f 的一个 k-周期点 $v \in \mathbb{R}^n$ 即为 f^k 的平衡点.

10.6 非线性系统的稳定性

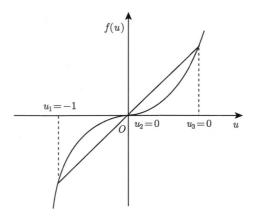

图 10.6.1　$f(u) = u^3$ 的平衡点

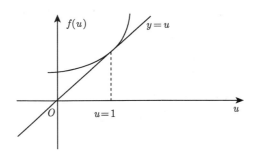

图 10.6.2　$f(u) = u^2 - u + 1$ 的平衡点

例 10.6.1　(a) $f(u) = 2u(1-u)$ 存在平衡点 $u = 0$ 和 $u = \dfrac{1}{2}$.

(b) $f\left(\begin{pmatrix} u_1 \\ u_2 \end{pmatrix}\right) = \begin{pmatrix} u_2 \\ u_2/u_1 \end{pmatrix}$ 定义域 $\left\{\begin{pmatrix} u_1 \\ u_2 \end{pmatrix} : u_1 \neq 0, u_2 \neq 0\right\}$ 内的所有向量都是 6-周期点，唯一平衡点为 $\begin{pmatrix} 1 \\ 1 \end{pmatrix}$，同时 f 还有三个 3-周期点 $\begin{pmatrix} 1 \\ -1 \end{pmatrix}$, $\begin{pmatrix} -1 \\ 1 \end{pmatrix}$, $\begin{pmatrix} -1 \\ -1 \end{pmatrix}$，但 f 没有 2-周期点.

(c) $f\left(\begin{pmatrix} u_1 \\ u_2 \end{pmatrix}\right) = \begin{pmatrix} u_2 \\ -u_1 \end{pmatrix}$ 将每个向量顺时针旋转了 90°（见图 10.3.2 和例 10.3.2）. 因此，$\begin{pmatrix} 0 \\ 0 \end{pmatrix}$ 是唯一的平衡点，且其余各点都是 4-周期点.

(d) 下面的系统为离散的捕食者-被捕食者模型 [118]

$$u_1(t+1) = (1+r)u_1(t) - \frac{\alpha u_1(t)u_2(t)}{1+\beta u_1(t)},$$

$$u_2(t+1) = (1-d)u_2(t) + \frac{c\alpha u_1(t)u_2(t)}{1+\beta u_1(t)},$$

其中 u_1 和 u_2 分别为被捕食者和捕食者的数量, r 和 d 分别为被捕食者每分钟的出生率和死亡率; α, β, c 为正常数. 第一个方程中的非线性项表示被捕食者被吞食的数量, 而第二个方程中的非线性项表示捕食者出生的数量. 该系统的平衡点为 $\begin{pmatrix} 0 \\ 0 \end{pmatrix}$ 和 $\frac{1}{c\alpha - d\beta} \begin{pmatrix} d \\ cr \end{pmatrix}$. 当 $c\alpha - d\beta > 0$ 时, 第二个平衡点是正的, 此时它在生态学上才有研究的意义.

另外在差分方程中存在一种特有的有趣现象: 一个点可能不是平衡点, 但经过有限次迭代后可能会成为平衡点. 换句话说, 一个非平衡点在有限次迭代后可能成为平衡点. 由此产生了下面的定义.

定义 10.6.2 设 u 是 f 定义域中的一个点. 若存在一个正整数 k 和 (10.6.1) 的一个平衡点 v, 使得 $f^k(u) = v, f^{k-1}(u) \neq v$, 则 u 是一个最终平衡 (不动) 点. 若对某个正整数 m, $f^m(b)$ 是 k-周期点, 则称 b 是最终 k-周期的.

例 10.6.2 (帐篷映射) 考虑方程

$$u(t+1) = T(u(t)),$$

其中

$$T(u) = \begin{cases} 2u, & 0 \leqslant u \leqslant \frac{1}{2}, \\ 2(1-u), & \frac{1}{2} < u \leqslant 1. \end{cases}$$

容易计算该系统有两个平衡点, 0 和 $\frac{2}{3}$ (图 10.6.3). 而对于最终平衡点的求解用简单的代数方法并不容易得到. 可以验证: 如果 $u(0) = \frac{1}{4}$, 那么 $u(1) = \frac{1}{2}, u(2) = 1$, 且 $u(3) = 0$. 因此 $\frac{1}{4}$ 是一个最终平衡点. 事实上, 如果 $u = \frac{k}{2^t}$, 其中 k 和 t 是正整数且 $0 < \frac{k}{2^t} \leqslant 1$, 那么 u 是一个最终平衡点 (有兴趣的读者自行验证).

相比于平衡点的计算, 周期点并不容易计算得出, 因为此时需要解非线性方程 $f^k(v) = v$. 下面先介绍几个稳定性理论中的基本概念.

10.6 非线性系统的稳定性

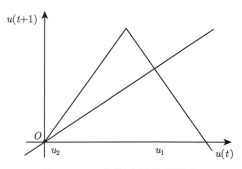

图 10.6.3 帐篷映射的平衡点

定义 10.6.3 (a) 设 $u \in \mathbb{R}^n, r > 0$. 以 u 为球心, 以 r 为半径的开球是指如下集合:
$$B(u,r) = \{v \in \mathbb{R}^n : |v - u| < r\};$$

(b) 设 v 是 f 的平衡点. 称 v 是局部稳定的是指对 $\forall \varepsilon > 0, \exists \delta > 0$, s.t. 当 $u \in B(u,\delta)$ 时,
$$f^t(u) \in B(v,\varepsilon), \quad t \geqslant 0.$$

若 v 不是稳定的, 则称 v 不稳定.

(c) 设 v 是局部稳定的. 若存在开球 $B(v,r)$, 使得
$$\lim_{t \to \infty} f^t(u) = v$$
对所有的 $u \in B(v,r)$ 成立, 则称 v 是局部渐近稳定的.

(d) 若存在开球 $B(v,r)$, 使得
$$\lim_{t \to \infty} f^t(u) = v$$
对所有 f 定义域中的 u 成立, 则称 v 是一个全局吸引子或者全局吸引的.

(e) 若 v 既是局部稳定的又是全局吸引的, 则称 v 是全局渐近稳定的.

(f) 设 ω 是 f 的 k-周期点. 则称 ω 是 (全局) 稳定 (渐近稳定) 的是指 $\omega, f(\omega),$ $\cdots, f^{k-1}(\omega)$ 作为 f^k 的平衡点是 (全局) 稳定 (渐近稳定) 的.

直观来看, 若平衡点 v 附近的点在迭代过程中都在 v 附近而不远离 v, 则 v 是稳定的; 进一步, 若 v 还满足: 将 v 附近的点迭代后都收敛于 v, 则 v 是局部渐近稳定的, 后面简称渐近稳定的.

10.6.2 阶梯法判定平衡点的稳定性

对一维的数量方程, 可采用阶梯法画图, 通过对图像的分析来判定平衡点的稳定性, 可以看下面的几个例子.

例 10.6.3 对于一维系统

$$u(t+1) = 2u(t)(1-u(t)),$$

在同一个坐标系做出 $y = 2u(1-u) = f(u)$ 和 $y = u$ 的图像 (图 10.6.4). f 的平衡点即为两条曲线的交点: 0 和 $\frac{1}{2}$. 现在 $\left(0, \frac{1}{2}\right)$ 中任取初值 $u(0)$, 纵向在 f 上找到点 $(u(0), f(u(0))) = (u(0), u(1))$, 再水平方向移动到 $y = u$ 上的点 $(u(1), u(1))$. 因为 $u(2) = f(u(1))$, 所以下一次纵向可移动到 f 上的点 $(u(1), u(2))$. 这样, 通过这些点在 f 图像上的纵向移动和在直线上的水平移动交替进行就可以得到解序列 $\{u(t)\}$. 图 10.6.4 展现了解序列如何快速地收敛到平衡点 $\frac{1}{2}$. 同样地, 如果由区间 $\left(\frac{1}{2}, 1\right)$ 中的一个初值开始, 解序列也一样收敛到 $\frac{1}{2}$, 即平衡点 $\frac{1}{2}$ 是渐近稳定的. 事实上, 该系统的通解是 $u(t) = \frac{1}{2}(1 - A^{2t})$, 不难得到 $A = 1 - 2u(0)$, 即初值问题的解

$$u(t) = \frac{1}{2}(1 - (1-2u(0))^{2t}).$$

如果 $0 < u(0) < 1$, 那么 $-1 < 1-2u(0) < 1$ 且 $\lim\limits_{t\to\infty} u(t) = \frac{1}{2}$, 这与用阶梯法对图形分析的结果一致. 另一个平衡点 $u = 0$ 显然是不稳定的.

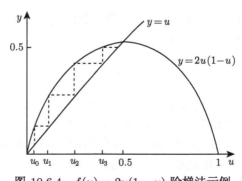

图 10.6.4 $f(u) = 2u(1-u)$ 阶梯法示例

例 10.6.4 对一维系统

$$u(t+1) = \cos u(t)$$

也可采用阶梯法进行分析, 如图 10.6.5, 可以证明具有初值 $u(0) = 1.3$ 的解 $u(t)$ 满足 $\lim\limits_{t\to\infty} u(t) = y_0$, 其中 $y_0 \approx 0.739$ 是 $\cos u$ 的唯一平衡点. 该方程解的这种行为也

10.6 非线性系统的稳定性

可通过计算器进行验算，输入 1.3(rad)，重复余弦键也很容易看到解收敛于 y_0. 事实上，可以尝试一些其他的初值进行验证. 而如果要用角度代替弧度，那又会出现怎样的结果? 感兴趣的读者不妨尝试一下.

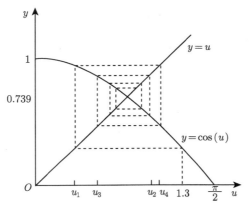

图 10.6.5 $f(u) = \cos u$ 阶梯法示例

例 10.6.5 (蛛网模型–经济应用)　为研究某种商品的价格，设 $S(n)$ 是第 n 期的单位供应量，$D(n)$ 是第 n 期的单位需求量，$p(n)$ 是第 n 期的单位价格. 为简单起见，假设 $D(n)$ 与 $p(n)$ 满足线性关系:

$$D(n) = -m_d p(n) + b_d, \quad m_d > 0, b_d > 0,$$

该方程称为价格-需求曲线，m_d 为顾客对价格的敏感度. 同时假设在价格-供给曲线中供给量与前一期的价格满足线性关系，即

$$S(n+1) = m_s p(n) + b_s, \quad m_s > 0, b_s > 0,$$

其中 m_s 是供应商对价格的敏感度. 再假设市场价格是需求量与供给量相等时的价格，即市场价格为 $D(n+1) = S(n+1)$ 时的价格，这样通过

$$-m_d p(n+1) + b_d = m_s p(n) + b_s$$

得到了一个一阶线性差分方程

$$p(n+1) = Ap(n) + B = f(p(n)), \tag{10.6.2}$$

其中

$$A = -\frac{m_s}{m_d}, \quad B = \frac{b_d - b_s}{m_d}.$$

均衡价格 p^* 在经济学中被定义为第 $n+1$ 期的供给量 $S(n+1)$ 与第 n 期的需求量 $D(n)$ 相交时的价格. 容易计算 (10.6.2) 的平衡点 $p^* = \dfrac{B}{1-A}$. 因为 A 是供给与需求的斜率比, 反映了价格序列的行为. 考虑如下三种情况:

(a) $-1 < A < 0$, 此时价格高低交替变化, 但最终收敛于均衡价格 p^*. 在经济学中, 该价格 p^* 被称为"稳定"价格, 事实上这种稳定为前面定义的"渐近稳定" (图 10.6.6).

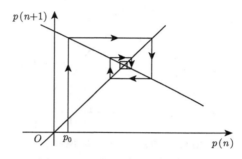

图 10.6.6 渐近稳定的均衡价格

(b) $A = -1$, 此时价格仅在两个值之间波动, 如果 $p(0) = p_0$, 那么 $p(1) = -p_0 + B$, 且 $p(2) = p_0$, 即平衡点 p^* 是稳定的 (图 10.6.7).

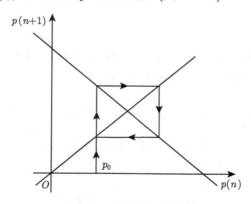

图 10.6.7 稳定的均衡价格

(c) $A < -1$, 此时价格在平衡点 p^* 周围无限上下波动, 但是波动幅度越来越大. 因此, p^* 是不稳定的 (图 10.6.8).

由此可以看出, 如果供应商对于价格的敏感度低于消费者 (即 $m_s < m_d$), 那么市场将会是稳定的; 如果供应商比消费者更敏感, 那么市场将是不稳定的. 同时也注意到, 在 (10.6.2) 中若 $A = -1$, 则 $f^2(p_0) = -(-p_0 + B) + B = p_0$. 因此, 每个解

10.6 非线性系统的稳定性

是 2-周期的. 这意味着在这种情况下, 若初始单价为该固定值 p_0, 则价格在 p_0 和 $B - p_0$ 之间跳动.

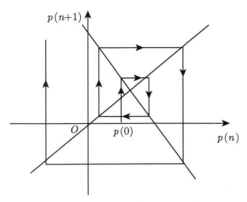

图 10.6.8　不稳定的均衡价格

事实上, (10.6.2) 的具有初值 $p(0) = p_0$ 的精确解为

$$p(n) = \left(p_0 - \frac{B}{1-A}\right) A^n + \frac{B}{1-A},$$

从该解的形式出发也不难得到前面 (a) 和 (b) 所对应的结果.

例 10.6.6　再次考虑帐篷映射

$$T(u) = \begin{cases} 2u, & 0 \leqslant u \leqslant \frac{1}{2}, \\ 2(1-u), & \frac{1}{2} < u \leqslant 1. \end{cases}$$

上式也可写成

$$T(u) = 1 - 2\left|u - \frac{1}{2}\right|.$$

注意到 T 的 2-周期点就是 T^2 的平衡点, 而 T^2 的表达式

$$T^2(u) = \begin{cases} 4u, & 0 \leqslant u < \frac{1}{4}, \\ 2(1-2u), & \frac{1}{4} \leqslant u < \frac{1}{2}, \\ 4\left(u - \frac{1}{2}\right), & \frac{1}{2} \leqslant u < \frac{3}{4}, \\ 4(1-u), & \frac{3}{4} \leqslant u \leqslant 1. \end{cases}$$

从图 10.6.9 观察到 T^2 的平衡点为 $0, 0.4, \frac{2}{3}, 0.8$, 其中 $0, \frac{2}{3}$ 是 T 的平衡点. 因此,

只有 0.4, 0.8 是 T 的 2-周期点. 由图 10.6.10 可以观察到 $v = 0.8$ 对 T^2 而言是不稳定的. 图 10.6.11 是 T^3 的图像. 容易验证 $\dfrac{2}{7}, \dfrac{4}{7}, \dfrac{6}{7}$ 是 3-周期的且

$$T\left(\dfrac{2}{7}\right) = \dfrac{4}{7}, \quad T\left(\dfrac{4}{7}\right) = \dfrac{6}{7}, \quad T\left(\dfrac{6}{7}\right) = \dfrac{2}{7}.$$

事实上, 借助于计算机可以得到帐篷映射 T 包含各种周期的点, 这是所有具有 3-周期点的方程都有的现象. 具体内容将在 10.7 节中讨论.

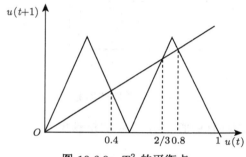

图 10.6.9　T^2 的平衡点

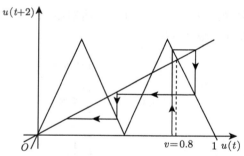

图 10.6.10　0.8 是 T^2 不稳定的平衡点

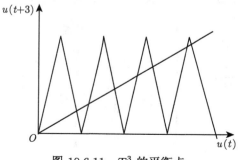

图 10.6.11　T^3 的平衡点

10.6.3 非线性系统稳定性的一般理论

在定理 10.3.1 与定理 10.3.2 中, 对齐次线性系统 (10.2.4), 系数矩阵 A 的谱半径 $r(A) < 1$ 是原点渐近稳定的充要条件. 在定理 10.3.3 中相对弱一些的条件下可以得到原点依然是稳定的, 因为由该定理结论的 (10.3.2) 式, 当 $u(0) \in B(0, \delta)$ 时, $u(t) \in B(0, C\delta)$ 对 $t \geq 0$ 成立. 对一般的一维系统 (10.6.1), 下述定理给出了判定系统平衡点渐近稳定的充分条件.

定理 10.6.1 设 f 在包含其平衡点 v 的某个开区间内连续可导. 则

(a) 当 $|f'(v)| < 1$ 时, v 是渐近稳定的;

(b) 当 $|f'(v)| > 1$ 时, v 是不稳定的.

定理 10.6.1 也可以用来判定周期点的稳定性. 例如, 设 v 是 f 的 2-周期点. 由链式法则和定理 10.6.1, 当

$$|(f^2)'(v)| = |f'(f(v))f'(v)| < 1$$

时, v 是渐近稳定的. 事实上, 这个公式也说明了 2-周期点 $f(v)$ 也是渐近稳定的. 该结论亦可推广到更高周期的周期点上.

例 10.6.7 考虑定义在区间 $[-2, 2]$ 上的映射

$$Q(u) = u^2 - 0.85.$$

由于 $Q^2(u) = (u^2 - 0.85)^2 - 0.85$. 通过解方程

$$u^4 - 1.7u^2 - u - 0.1275 = 0 \tag{10.6.3}$$

得到两个 2-周期点和两个平衡点. 这两个平衡点是方程

$$u^2 - u - 0.85 = 0 \tag{10.6.4}$$

的根. 用 (10.6.4) 的左式除 (10.6.3) 的左式得到如下二次方程

$$u^2 + u + 0.15 = 0.$$

解得两个 2-周期点如下

$$a = \frac{-1 + \sqrt{0.4}}{2}, \quad b = \frac{-1 - \sqrt{0.4}}{2}.$$

由于

$$|Q'(a)Q'(b)| = |(-1 + \sqrt{0.4})(-1 - \sqrt{0.4})| = 0.6 < 1.$$

因此由定理 10.6.1, 这两个 2-周期点是渐近稳定的.

例 10.6.8 (Newton-Raphson 方法)　　Newton-Raphson 方法是求解方程 $g(u) = 0$ 根的一个著名的数值算法, 其中 $g(u)$ 是二阶连续可微的. 具体地, Newton-Raphson 算法是通过差分方程

$$u(t+1) = u(t) - \frac{g(u(t))}{g'(u(t))}$$

得到 $g(u)$ 的零点 v, 其中 $u(0) = u_0$ 是对根 v 的初步猜测. 若设 $f(u) = u - \dfrac{g(u)}{g'(u)}$, 则 $g(u)$ 的零点 v 也是 f 的一个平衡点. 由于 $g(v) = 0$, 因此

$$|f'(v)| = \left| 1 - \frac{[g'(v)]^2 - g(v)g''(v)}{[g'(v)]^2} \right| = 0,$$

由定理 10.6.1, 当 $u(0) = u_0$ 足够靠近 v 且 $g'(v) \neq 0$ 时, 可以得到一个收敛于 v 的序列 $\{u(t)\}$ (图 10.6.12), 即 $\{u(t)\}$ 满足

$$\lim_{t \to \infty} u(t) = v.$$

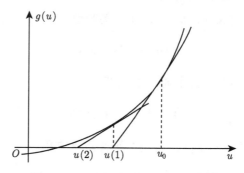

图 10.6.12　Newton-Raphson 方法

在动力系统的文献中, 若 $|f'(v)| \neq 1$, 则称平衡点 v 是双曲的. 注意到在定理 10.6.1 中, 讨论的都是双曲的情形, 那么对于 $|f'(v)| = 1$ 的非双曲情形, 平衡点的稳定性又如何分析? 下面先看 $f'(v) = 1$ 的情形.

定理 10.6.2　　设 v 是 f 的一个平衡点且 $f'(v) = 1$, 则下面的结论成立:
(i) 若 $f''(v) \neq 0$, 则 v 是不稳定的;
(ii) 若 $f''(v) = 0$ 且 $f'''(v) > 0$, 则 v 是不稳定的;
(iii) 若 $f''(v) = 0$ 且 $f'''(v) < 0$, 则 v 是渐近稳定的.

图 10.6.13 和图 10.6.14 示意了上述定理中的结果 (i), 图 10.6.15 和图 10.6.16 分别示意了上述定理中的结果 (ii) 和 (iii).

10.6 非线性系统的稳定性

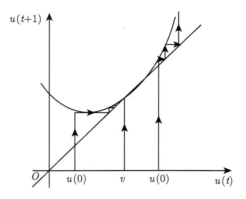

图 10.6.13 不稳定: $f''(v) > 0$

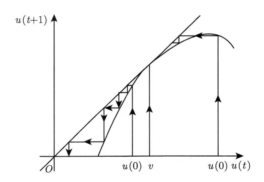

图 10.6.14 不稳定: $f''(v) < 0$

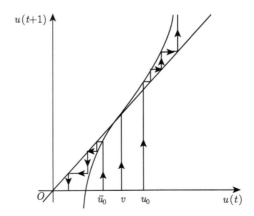

图 10.6.15 不稳定: $f'(v) = 1, f''(v) = 0, f'''(v) > 0$

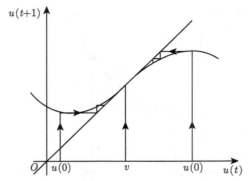

图 10.6.16 渐近稳定: $f'(v)=1, f''(v)=0, f'''(v)<0$

再看 $f'(v)=-1$ 的情形. 首先需要引入施瓦茨导数如下:

$$Sf(u)=\frac{f'''(u)}{f'(u)}-\frac{3}{2}\left[\frac{f''(u)}{f'(u)}\right]^2,$$

注意到如果 $f'(v)=-1$, 那么

$$Sf(v)=-f'''(v)-\frac{3}{2}(f''(v))^2.$$

定理 10.6.3 设 v 是 f 的一个平衡点且 $f'(v)=-1$, 则下面的结论成立:
(i) 若 $Sf(v)<0$, 则 v 是渐近稳定的.
(ii) 若 $Sf(v)>0$, 则 v 是不稳定的.

例 10.6.9 $f(u)=u^2+3u$ 的平衡点是 0 和 -2. 由 $f'(u)=2u+3$ 可得 $f'(0)=3$, 结合定理 10.6.1, 0 是不稳定的, 而 $f'(-2)=-1$, 同时计算可得 $Sf(v)=-f'''(-2)-\frac{3}{2}[f''(-2)]^2=-6<0$. 由定理 10.6.3, -2 是渐近稳定的. 图 10.6.17 为阶梯图示例.

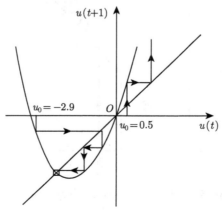

图 10.6.17 $u(t+1)=u^2(t)+3u(t)$ 阶梯图

10.6 非线性系统的稳定性

对于更一般的非线性系统, 本节将介绍由俄国数学家 A. M. Lyapunov (李雅普诺夫) 创立的稳定性和渐近稳定性理论.

定义 10.6.4 设 v 是 f 的平衡点. 称定义在 $\mathbb{R}^n$ 上的实值连续函数 V 为 f 在点 v 的 Lyapunov 函数是指 V 满足: $V(v) = 0$, 且当 $u \neq v$ 时, $V(u) > 0$; 同时还满足: 存在某个以 v 为中心的球 B, 使得

$$\Delta_t V(u) = V(f(u)) - V(u) \leqslant 0, \quad u \in B. \tag{10.6.5}$$

当 (10.6.5) 中的严格不等号对 $u \neq v$ 成立时, 称 V 是一个严格的 Lyapunov 函数.

设 u 是 (10.6.1) 的满足初始条件 $u(0) \in B$ 的解. 则 (10.6.5) 要求 V 满足: 只要 $u(t) \in B$, 就有关于 t 的函数 $V(u(t))$ 非增. 事实上, 当 f 连续时, Lyapunov 函数的存在性蕴含了不动点的稳定性. 具体见下面的定理.

定理 10.6.4 设 v 是 f 的平衡点, 设 f 在以 v 为中心的某个球上连续. 若存在 f 关于 v 点的一个 Lyapunov 函数, 则 v 是稳定的; 若该 Lyapunov 函数还是严格的, 则 v 是渐近稳定的.

事实上, 定理 10.6.4 使用的困难在于寻找到合适的 Lyapunov 函数. 但同时, 只要能够确定一个 Lyapunov 函数, 便可以得到除了稳定性以外关于 (10.6.1) 解的更多信息. 比如, 下面的推论可以让我们确定那些收敛到平衡点的解的位置.

推论 10.6.1 设存在 f 关于点 v 的一个严格的 Lyapunov 函数, 使得当 $u \in B$ 时, (10.6.5) 成立. 同时设 f 在 B 上连续. 则 (10.6.1) 的所有当 $t \geqslant t_0$ 时都在 B 中的解收敛到 v.

推论 10.6.2 设 v 是 f 的平衡点且 B 是以 v 为中心的一个球, 满足

$$|f(u) - v| < |u - v|, \quad u \in B, v \neq u.$$

则方程 (10.6.1) 的所有由 B 发出的解都收敛到 v.

例 10.6.10 考虑

$$u(t+1) = \begin{pmatrix} \cos\theta & \sin\theta \\ -\sin\theta & \cos\theta \end{pmatrix} u(t).$$

在例 10.3.2 中曾通过计算其系数矩阵的特征值判定了原点是稳定的. 事实上, 在这里可以定义 $\mathbb{R}^2$ 上的 V 如下:

$$V\left(\begin{pmatrix} u_1 \\ u_2 \end{pmatrix}\right) = u_1^2 + u_2^2.$$

则 $V\left(\begin{pmatrix} 0 \\ 0 \end{pmatrix}\right) = 0, V(u) > 0$. 同时

$$\triangle_t V(u) = V\left(\begin{pmatrix} u_1\cos\theta + u_2\sin\theta \\ -u_1\sin\theta + u_2\cos\theta \end{pmatrix}\right) - V\left(\begin{pmatrix} u_1 \\ u_2 \end{pmatrix}\right)$$
$$= (u_1\cos\theta + u_2\sin\theta)^2 + (-u_1\sin\theta + u_2\cos\theta)^2 - u_1^2 - u_2^2$$
$$= 0.$$

因此, V 是一个 Lyapunov 函数, 从而原点是稳定的.

注意到此例中 $V(u)$ 是向量 u 的长度的平方, 因此 $\triangle_t V(u) = 0$ 表示该系统的每个解都在以原点为圆心的某个圆周上, 这与例 10.3.2 中的分析一致.

例 10.6.11 考虑
$$u(t+1) = \begin{pmatrix} u_2(t) - u_2(t)(u_1(t)^2 + u_2(t)^2) \\ u_1(t) - u_1(t)(u_1(t)^2 + u_2(t)^2) \end{pmatrix}.$$

取
$$V(u) = u_1^2 + u_2^2.$$

则当 $u \in B(0, \sqrt{2})$ 且 $u \neq 0$ 时,
$$\triangle_t V(u) = [u_2(1 - (u_1^2 + u_2^2))]^2 + [u_1(1 - (u_1^2 + u_2^2))]^2 - u_1^2 - u_2^2$$
$$= (u_1^2 + u_2^2)(1 - 2(u_1^2 + u_2^2) + (u_1^2 + u_2^2)^2) - u_1^2 - u_2^2$$
$$= (u_1^2 + u_2^2)^2(-2 + (u_1^2 + u_2^2))$$
$$< 0,$$

即 V 是一个严格的 Lyapunov 函数, 从而原点是渐近稳定的. 进一步, 因为 $\triangle_t V(u) < 0$ 等价于 $|f(u)| < |u|$, 所以由推论 10.6.2, 每个由 $B(0, \sqrt{2})$ 发出的解都收敛到原点.

在许多情况下, 一个严格的 Lyapunov 函数是不容易找到的, 但此时仍可以考虑用一个类似于 Lyapunov 函数的函数来获取关于 (10.6.1) 解行为的信息. 下面就是与之相关的 LaSalle 不变性定理.

定理 10.6.5 设 $V(u), \omega(u)$ 是定义在 $D \subset \mathbb{R}^n$ 上的连续实值函数且 $\omega(u) \geqslant 0, u \in D$. 设 V 在 D 上有下界且
$$\triangle_t V(u) \leqslant -\omega(u), \quad u \in D.$$

若 $u(t)$ 是当 $t \geqslant t_0$ 时 (10.6.1) 在 D 中的解, 则当 $t \to \infty$ 时, $\omega(u(t)) \to 0$.

下面将应用定理 10.6.5 来说明割线法在一定条件下求函数零点近似值的合理性, 来看下面的例子.

例 10.6.12 设函数 $h(t)$ 满足 $h(\alpha) = 0$, $h'(\alpha) \neq 0$ 且在某个包含 α 的开区间内 h 连续二阶可导. 对 h 定义域内的点 z_n 和 z_{n+1}, 过 $(z_n, h(z_n))$ 和 $(z_{n+1}, h(z_{n+1}))$

10.6 非线性系统的稳定性

的割线为

$$y = h(z_{n+1}) + \frac{h(z_{n+1}) - h(z_n)}{z_{n+1} - z_n}(t - z_{n+1}).$$

它在 t 轴上的截距

$$z_{n+2} = z_{n+1} - \frac{z_{n+1} - z_n}{h(z_{n+1}) - h(z_n)} h(z_{n+1}). \tag{10.6.6}$$

这样, 可考虑将近似初值取两个离 α 很近的点 $z_0 \neq z_1$, 重复使用 (10.6.6) 便可产生一个序列 $\{z_n\}$ 逼近 α. 下面验证该序列的收敛性 (图 10.6.18).

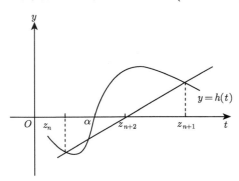

图 10.6.18 割线法

令

$$y_n = z_n - \alpha.$$

由 (10.6.6) 可得

$$\begin{aligned} y_{n+2} &= y_{n+1} - \frac{y_{n+1} - y_n}{h(\alpha + y_{n+1}) - h(\alpha + y_n)} h(\alpha + y_{n+1}) \\ &= \frac{y_n h(\alpha + y_{n+1}) - y_{n+1} h(\alpha + y_n)}{h(\alpha + y_{n+1}) - h(\alpha + y_n)}. \end{aligned}$$

定义 $g(u)$ 满足

$$h(\alpha + u) = h'(\alpha)u + g(u)u^2.$$

因为 h 连续二阶可导, 所以由泰勒公式可得

$$h(\alpha + u) = h'(\alpha)u + \frac{1}{2}h''(c)u^2,$$

其中 c 介于 u 和 $u + \alpha$ 之间. 再结合 g 的连续性有: 当 $u \to 0$ 时,

$$g(u) = \frac{h''(c)}{2} \to \frac{h''(\alpha)}{2}.$$

这样

$$y_{n+2} = \frac{y_n[h'(\alpha)y_{n+1} + g(y_{n+1})y_{n+1}^2] - y_{n+1}[h'(\alpha)y_n + g(y_n)y_n^2]}{h(\alpha + y_{n+1}) - h(\alpha + y_n)}$$
$$= \frac{y_{n+1}g(y_{n+1}) - y_n g(y_n)}{h(\alpha + y_{n+1}) - h(\alpha + y_n)} y_n y_{n+1}.$$

若定义

$$H(u,v) = \frac{vg(v) - ug(u)}{h(\alpha + v) - h(\alpha + u)},$$

则上式可重写为

$$y_{n+2} = H(y_n, y_{n+1})y_n y_{n+1}.$$

再令 $u_n = y_n$, $v_n = y_{n+1}$, 则上面的方程可写成一阶差分系统如下

$$u_{n+1} = v_n,$$
$$v_{n+1} = H(u_n, v_n)u_n v_n.$$

取

$$V(u,v) = u^2 + v^2, \quad (u,v) \in \mathbb{R}^2,$$

则

$$\triangle_t V(u,v) = v^2 + H^2(u,v)u^2v^2 - u^2 - v^2$$
$$= H^2(u,v)u^2v^2 - u^2$$
$$= -\omega(u,v),$$

其中 $\omega \equiv u^2[1 - H^2(u,v)v^2]$. 而 H 是连续的, 故 ω 在某个以 $(0,0)$ 为中心的小球内连续, $\omega \geqslant 0$, 且 $\omega(u,v) = 0$ 当且仅当 $u = 0$. 由于任何一个由这个小球内发出的解依然在这个小球内, 因此由定理 10.6.5 可得: 当 $n \to \infty$ 时, $\omega(u_n, v_n) \to 0$. 从而, 当 $t \to \infty$ 时, $u_n = y_n \to 0$, 即 $z_n \to \alpha$. 这说明了割线法可保证对充分靠近 α 的初值, 得到的序列收敛于 α.

在某些情况下, 还可以考虑非线性系统的线性化部分, 然后再结合线性系统稳定性的判别法来判定非线性系统平衡点的稳定性. 设

$$f(u) = Au + g(u), \tag{10.6.7}$$

其中 A 是一个 n 阶方阵, g 满足

$$\lim_{u \to 0} \frac{|g(u)|}{|u|} = 0. \tag{10.6.8}$$

10.6 非线性系统的稳定性

条件 (10.6.8) 蕴含了 $g(0) = 0$ 且 g 不包含 f 的线性部分. 同时, (10.6.7) 和 (10.6.8) 表明 f 在 $u = 0$ 点可微, 这是 f 在 $u = 0$ 有一阶连续偏导数的必要条件. f 在 0 处的雅可比矩阵

$$A = \begin{pmatrix} \frac{\partial f_1}{\partial u_1} & \frac{\partial f_1}{\partial u_2} & \cdots & \frac{\partial f_1}{\partial u_n} \\ \frac{\partial f_2}{\partial u_1} & \frac{\partial f_2}{\partial u_2} & \cdots & \frac{\partial f_2}{\partial u_n} \\ \vdots & \vdots & & \vdots \\ \frac{\partial f_n}{\partial u_1} & \frac{\partial f_n}{\partial u_2} & \cdots & \frac{\partial f_n}{\partial u_n} \end{pmatrix},$$

其中 $f_1, f_2, \cdots, f_n$ 是 f 的 n 个分量, 同时, A 中的偏导数都取在原点的值.

定理 10.6.6 设 f 如 (10.6.7) 定义. 若 $r(A) < 1$ 且 g 满足 (10.6.8), 则原点是渐近稳定的.

对 $r(A) > 1$ 且 (10.6.8) 成立的情形, 可以证明在形如 (10.6.7) 的 f 对应的系统里, 原点不稳定[119]. 对于 $r(A) = 1$ 的情形, 例如, 在例 10.6.11 中,

$$f\left(\begin{pmatrix} u_1 \\ u_2 \end{pmatrix}\right) = \begin{pmatrix} 0 & 1 \\ 1 & 0 \end{pmatrix}\begin{pmatrix} u_1 \\ u_2 \end{pmatrix} - (u_1^2 + u_2^2)\begin{pmatrix} u_2 \\ u_1 \end{pmatrix}.$$

当 $\begin{pmatrix} u_1 \\ u_2 \end{pmatrix} \to 0$ 时,

$$\frac{|g(u)|}{|u|} = \frac{(u_1^2 + u_2^2)|u|}{|u|} = u_1^2 + u_2^2 \to 0,$$

即 (10.6.8) 成立但此时系数矩阵的特征值显然为 1, 上述线性化方法已不再适用, 此时可通过其他方法譬如构造 Lyapunov 函数来考虑原点的稳定性.

例 10.6.13 对任意常数 α, β, 考虑系统

$$u_1(t+1) = 0.5u_1(t) + \alpha u_1(t)u_2(t),$$

$$u_2(t+1) = -0.7u_2(t) + \beta u_1(t)u_2(t).$$

不难计算原点处的雅可比矩阵为

$$A = \begin{pmatrix} 0.5 & 0 \\ 0 & -0.7 \end{pmatrix}.$$

显然 $r(A) = 0.7 < 1$. 同时该系统中的 $f(u)$ 关于 u_1 和 u_2 也存在连续的一阶偏导数. 由定理 10.6.6, 原点是渐近稳定的.

对于 f 有平衡点 $v \neq 0$ 的情形, 可令 $\omega = u - v$, 则方程 $u(t+1) = f(u(t))$ 可写成

$$\omega(t+1) = f(\omega(t)+v) - v \equiv h(\omega(t)).$$

此时, 原点是 h 的平衡点, 且 h 在 0 处的雅可比矩阵与 f 在 v 处的雅可比矩阵相同. 因此, 也可以通过计算 f 在 v 处的雅可比矩阵的特征值的情况来判定 v 的渐近稳定性.

推论 10.6.3 设 v 是 f 的平衡点. 若 f 在 v 处雅可比矩阵的谱半径小于 1, 则 v 是渐近稳定的.

相关更多的关于稳定性的理论可参考文献 [119]. 而对于非自治系统稳定性理论, 有兴趣的读者可参考文献 [120].

10.7 混沌简介

对方程

$$u(t+1) = au(t)(1-u(t)), \tag{10.7.1}$$

可以验证: 当 $a = 2$ 时, 解为

$$u(t) = \frac{1}{2}[1 - (1 - 2u(0))^{2^t}] \quad (0 \leqslant u(0) \leqslant 1);$$

当 $a = 4$ 时, 解为

$$u(t) = \sin^2[2^{t-1} \arccos(1 - 2u(0))] \quad (0 \leqslant u(0) \leqslant 1). \tag{10.7.2}$$

事实上, 这两组解的行为大相径庭. 对于 $a = 2$ 的情形, (10.7.1) 的所有解 $u(t)(0 < u(0) < 1)$ 迅速收敛于其渐近稳定的平衡点 $u = \frac{1}{2}$; 而当 $a = 4$ 时, 大多数解似乎在区间 $(0,1)$ 内随机跳跃 (图 10.7.1), 此时也存在一些周期点, 如 $u = \frac{3}{4}$(平衡点) 和 $u = \frac{1}{2}\left(1 - \cos\frac{2\pi}{5}\right)$ (2-周期点). 下面再来分析当 $2 \leqslant a \leqslant 4$ 时 (10.7.1) 解的行为. 设 $f(u) = au(1-u)$. 令 $f(u) = u$, 可得平衡点 $u = \frac{a-1}{a}$ 和 $u = 0$. 而 $f'(0) = a > 2$, $f'\left(\frac{a-1}{a}\right) = 2 - a$, 所以当 $2 \leqslant a < 3$ 时, 零点不稳定, 而 $\frac{a-1}{a}$ 是渐近稳定的. 因此当 a 从 2 增加到 3 时, 解的行为基本没有变化.

10.7 混沌简介

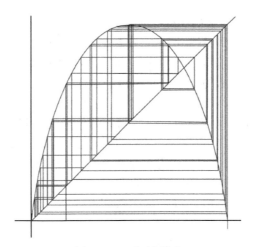

图 10.7.1 混沌行为

继续考虑复合函数

$$f(f(u)) = a^2 u(1-u)(1-au+au^2).$$

若令 $f(f(u)) = u$, 则其根为

$$0, \quad \frac{a-1}{a}, \quad \frac{a+1 \pm \sqrt{(a+1)(a-3)}}{2a}.$$

当 $a > 3$ 时, 前两个根是 f 的平衡点, 剩下的两个是 2-周期点. 从图 10.7.2 (a) 和 (b) 可以看出: 当 a 由小于 3 变化到大于 3 的过程中, $f(f(u))$ 在点 $u = \dfrac{a-1}{a}$ 处切线的斜率也会由小于 1 变为大于 1, 此时两个新的 2-周期点便产生了.

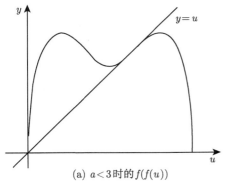
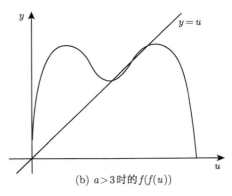

(a) $a<3$ 时的 $f(f(u))$ (b) $a>3$ 时的 $f(f(u))$

图 10.7.2

事实上, 可以验证, 当 a 从 3 变化到大约 3.45 的过程中, 上面那些 2-周期点是渐近稳定的. 图 10.7.3 用阶梯法图示了存在的这一对稳定的 2-周期点. 当 a 继续增大直到这一对 2-周期点不稳定时, 又出现了稳定的 4-周期点. 此时, a 在一个小区间内继续增大, 一旦上面的 4-周期点也由稳定变得不稳定时, 稳定的 8-周期点便产生了. 这样, 随着 a 的不断缓慢增大, 在 a 的某些区间内将会对应这种不断出现的周期成倍增加的稳定周期点. 对于这些相邻的倍周期, 那些 a 值所在区间长度的比值将趋近 "费根鲍姆数" $4.6692\cdots$. 当 a 增大到大约 3.57 时, 这些倍周期点都将变得不稳定且此时解的行为变得十分复杂. 当 $a > 3.57$ 时, 解的行为似乎出现了随机性, 但同时却存在以 a 为中心的很小的区间, 在这个区间内对应了渐近稳定的周期解 (周期不是 2^n). 当 a 趋近 4 时, 大多数解在区间 $(0,1)$ 内毫无规律地跳跃. 除方程 (10.7.1) 外, 许多方程解的行为都会经历类似于上述由稳定到 "混沌" 的转变, 就连费根鲍姆数和周期点的周期出现的顺序都如出一辙 [121, 122].

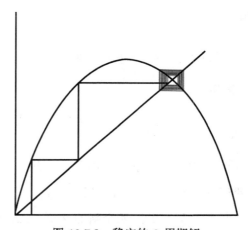

图 10.7.3　稳定的 2-周期解

混沌研究是一个非常新且发展快速的数学分支, 但目前国际上并没有一个关于混沌的通用定义. 本节将不关注一般结果, 而是重点介绍混沌的某些特性以及识别混沌的方法.

接着上面的问题, 考虑当 $a = 4$ 时, (10.7.1) 的解的行为在某种意义上是否是随机 (或者更准确地伪随机) 的. 令

$$\theta(t) = 2^{t-1} \arccos(1 - 2u(0)) \mod \pi$$
$$= 2^{t-1}\theta(1) \mod \pi.$$

则 $\theta(t) \in [0, \pi)$, 且 $2^{t-1}\theta(1) - \theta(t)$ 是 π 的倍数. 由 (10.7.2) 可知, $u(t) = \sin^2 \theta(t)$, 恰

好正弦函数平方的周期为 π. 由图 10.7.4 中给出的 $\theta(t)$ 与 $\theta(1)$ 的函数关系可以看出, 对于较大的 t, $\theta(1)$ 的某个小区间将由该函数关系对应成 $\theta(t)$ 的某个很大的区间. 因此, 有理由推测, 随着 t 的不断增大, $\theta(t)$ 可在 $[0,\pi]$ 上近似服从均匀分布如下: 当给定 $[0,\pi]$ 上的某个子区间时, 随机在该区间取 $\theta(1)$, 则在 $[0,\pi]$ 上对应了另一个固定长度的子区间, $\theta(t)$ 取在与上述区间长度相同的任意一个 $[0,\pi]$ 上的子区间的概率几乎相同. 因为 $u(t) = \sin^2\theta(t)$, 所以 $u(t)$ 的概率密度函数 p 满足

$$\int p(u(t))du(t) = \frac{2}{\pi}\int d\theta(t),$$

这里, 由于 $\sin^2\theta$ 是偶函数, 因此右式分子为 2. 这样便有

$$p(u(t)) = \frac{2}{\pi\dfrac{du(t)}{d\theta(t)}}$$

$$= \frac{2}{\pi\cdot 2\sin\theta(t)\cos\theta(t)}$$

$$= \frac{1}{\pi\sqrt{u(t)(1-u(t))}}.$$

容易验证 $\int p(u)du = 1$, 即 p 是 $[0,1]$ 上的概率密度函数.

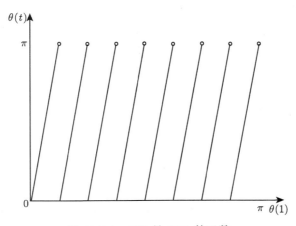

图 10.7.4　$\theta(t)$ 是 $\theta(1)$ 的函数

现将区间 $[0,1]$ 用概率 p 细分为若干个子区间, 使得 $u(t)$ 落在每个子区间的概率都为 p. 经过多次迭代后, 我们希望看到, 落在每个子区间中的点的个数大致相同. 例如, 为了得到四个概率相同的子区间, 令

$$\int_0^b \frac{1}{\pi\sqrt{u(1-u)}}du = 0.25,$$

则计算可得
$$b = \sin^2\left(\frac{0.25\pi}{2}\right) \approx 0.14645.$$

得到其中一个子区间是 $[0, 0.14645]$，用同样的方法可得剩下的三个子区间分别为 $[0.14645, 0.5]$，$[0.5, 0.85355]$ 和 $[0.85355, 1]$. 可以由计算机粗略验证：当 $a = 4$, $u(0) = 0.2$ 且迭代 600 次后，落在这四个区间中的点的个数分别为 158, 143, 155 和 144.

刻画混沌运动的另一个常用基本特性是其解对初值的敏感依赖性，实际来看，该特性是指初值条件上的任何一个小小的偏差都会导致当 t 增加时解取值的一个更大的偏差，即 "失之毫厘，谬以千里". 以方程

$$u(t+1) = f(u(t)), \quad u \in I \qquad (10.7.3)$$

为例，其中 I 是一个实值区间，$f: I \to I$，给出如下定义.

定义 10.7.1 称 (10.7.3) 的解对初值条件敏感依赖是指，存在 $d > 0$，使得对 $\forall u_0 \in I$ 及任意的包含 u_0 的区间 J，都存在一个 $v_0 \in J$，满足对 (10.7.3) 的初始条件为 $u(0) = u_0$ 的解 u 和初始条件为 $v(0) = v_0$ 的解 v，有

$$|u(t) - v(t)| > d$$

对某个 t 成立.

对初值的敏感依赖性有时被称作 "蝴蝶效应"，这是因为将它应用在气象学中就可以形象地描述成：蝴蝶轻轻扇一扇翅膀就会对天气产生巨大的影响.

当 $a = 4$ 时，(10.7.1) 的解就具有对初值的敏感依赖性，这是因为在 (10.7.2) 中可以看到，随着 t 的增大，角度成倍增加. 具体地，考虑两个在 $(0, 1)$ 内十分靠近初值 u_0 和 v_0，则相应的角 $\theta(1) = \arccos(1 - 2u_0)$ 和 $\varphi(1) = \arccos(1 - 2v_0)$ 也很接近 $(\bmod\ \pi)$. 对于 $t \geqslant 1$,

$$\theta(t) - \varphi(t) = 2^{t-1}(\theta(1) - \varphi(1)) \quad \bmod\ \pi.$$

所以，每一次迭代就会使 $\theta(t)$ 与 $-\varphi(t)$ 的差加倍 $(\bmod\ \pi)$. 即对于大多数 t，解 $u(t) = \sin^2 \theta(t)$ 和 $v(t) = \sin^2 \varphi(t)$ 将不在彼此附近.

基于 "解对初值条件敏感依赖" 性，返回到之前计算机迭代 600 次的例子，现在考虑彼时得到的四个区间似乎欠妥. 因为计算机计算必然会有舍入误差，因此计算结果与准确结果应该有很大出入. 这同时也说明了想要通过计算的方法研究混沌行为是非常困难和复杂的.

例 10.7.1 再次考虑例 10.6.2 中的 "帐篷映射"（图 10.6.3）

$$f(u) = \begin{cases} 2u, & 0 \leqslant u < \dfrac{1}{2}, \\ 2(1-u), & \dfrac{1}{2} \leqslant u \leqslant 1. \end{cases}$$

10.7 混沌简介

考虑形如 $\left(\frac{k-1}{2^n}, \frac{k}{2^n}\right)$ 的区间, 其中 n 是非负整数, k 是介于 1 到 2^n 之间的整数. 容易看到, f 把每一个上述形式的区间都映射为另一个同类型区间, 但映射后区间长度为原来的二倍, 即对应的 (10.7.3) 的解对初值具有敏感依赖性.

对于混沌运动的刻画, 还可以从另一种特性出发, 即存在无穷多不稳定的周期点. 返回考虑 (10.7.1) 当 $a = 4$ 的解

$$u(t) = \sin^2[2^{t-1}\theta(1)].$$

若对某个 t, 存在整数 m, 使得

$$2^{t-1}\theta(1) = \theta(1) + m\pi,$$

则由 $\theta(1)$ 便可以产生一个周期点,

$$\theta(1) = \frac{m\pi}{2^{t-1} - 1},$$

其中 $t \geqslant 2$, m 满足 $0 \leqslant m \leqslant 2^{t-1} - 1$. 从而可以推断, 此时不仅存在无穷多个周期点, 而且它们在 $[0,1]$ 内都是稠密的. 结合蝴蝶效应可知, 这些周期点都是不稳定的.

再来看例 10.7.1 中帐篷映射 f 的周期点, 这里可以引入 "符号动力学" 的方法. 对于 $u_0 \in [0,1]$, 定义二进制序列 $\{b(t)\}_{t=0}^\infty$

$$b(t) = \begin{cases} 0, & u(t) < \frac{1}{2}, \\ 1, & u(t) \geqslant \frac{1}{2}, \end{cases}$$

其中 $u(t)$ 是 (10.7.3) 的满足初始条件 $u(0) = u_0$ 解. 这样, $b(t)$ 就包含了如下信息: 是哪一半的区间将 u_0 在 f 下迭代到了第 t 次. 由于 f 可将区间长度扩大一倍, 因此两个不同的初值一定是对应了两个不同的二进制序列.

定义 10.7.2 称 σ 为二进制序列 $b(t)$ 的 "移位算子" 是指如下等式成立

$$\sigma(b(t)) = a(t),$$

其中 $a(t) = b(t+1)$.

移位算子删除了序列中第一个数 $b(0)$, 且使序列中其他的数向左移动了一位. 如果定义 h 为把 $[0,1]$ 区间中的 u_0 映射到序列 $b(t)$, 则 h 是一个 1-1 映射且

$$h \circ f = \sigma \circ h.$$

上述关系式表明 σ 对序列空间的作用等价于 f 对 $[0,1]$ 的作用.

序列 $b(t)$ 是 σ 的一个周期 "点" 当且仅当它是重复的. 即对 $\forall t, b(t+m) = b(t)$. 因此, σ 有 2^m 个周期为 m 的周期点. 进一步, 每个周期序列都唯一对应了一个 $[0,1]$ 中的点 u, 这个 u 恰是 f 的一个周期为 m 的周期点. 例如, 考虑周期二进制序列 $0,1,0,1,0,1,\cdots$. 因为 $b(0) = 0$, 所以 $u \in \left[0, \dfrac{1}{2}\right]$; 又 $b(1) = 1$, 即 $u \in \left[\dfrac{1}{4}, \dfrac{1}{2}\right]$; 同样由 $b(2) = 0$ 可知, $u \in \left[\dfrac{3}{8}, \dfrac{1}{2}\right]$, 诸如此一直往后. 事实上, u 恰是这些闭区间套内的那个唯一的点. 另一方面, 在该例中, 由于

$$\begin{aligned}f(f(u)) &= (h^1 \circ \sigma \circ h) \circ (h^{-1} \circ \sigma \circ h)(u) \\ &= h^{-1}(\sigma^2(h(u))) \\ &= h^{-1}(h(u)) \\ &= u,\end{aligned}$$

所以 u 是 f 的 2-周期点.

仿照上面的方法, 分析可得, f 有 2^m 个周期为 m 的周期点, 即 f 有无穷多个周期点. 因为在每个区间 $\left[0, \dfrac{1}{2^m}\right], \left(\dfrac{1}{2^m}, \dfrac{2}{2^m}\right), \cdots, \left(\dfrac{2^{m-1}}{2^m}, 1\right]$ 内都恰好有唯一一个 f 的 m-周期点, 所以这些周期点在 $[0,1]$ 内稠密. 再由蝴蝶效应可知, 这些周期点都不稳定.

事实上, 计算一个函数的周期点或者证明它某个周期的周期点的存在性都是非常困难的事情. 为尽可能多地认识周期解, 现定义自然数的 Sarkovskii 序如下: 首先, 规定所有大于 1 的奇数的序为 $3 \succ 5 \succ 7 \succ \cdots$; 再规定, 对任意的非负整数 n, $2^n 3 \succ 2^n 5 \succ \cdots \succ 2^{n+1} 3 \succ 2^{n+1} 5 \succ \cdots$; 最后, 把形如 2 的幂次的偶数添加进去, 使得 $3 \succ 5 \succ \cdots \succ 2^n 3 \succ 2^n 5 \succ \cdots \succ 2^{n+1} 3 \succ 2^{n+1} 5 \succ \cdots \succ 2^{n+1} \succ 2^n \succ \cdots \succ 2^2 \succ 2 \succ 1$. 与之相关的著名的 Sarkovskii[123] 定理如下.

定理 10.7.1 (Sarkovskii 定理) 设 f 是定义在区间 $I \subset R$ 上的连续实值函数. 若 (10.7.3) 在 I 上存在 p-周期解且 $p \succ q$, 则 (10.7.3) 存在一个 q-周期解.

由 Sarkovskii 定理可以得到一个非常有趣的结果, 即如果 (10.7.3) 有一个 3-周期解, 那么 (10.7.3) 存在以任何自然数 n 为周期的 n-周期解. 另一方面, Li 和 Yorke 在文献 [124] 中也找到了这样的一个差分方程 $u(t+1) = f(u(t))$, 它有一个 5-周期解但没有 3-周期解.

下述定理给出了 $u(t+1) = f(u(t))$ 没有 p-周期解的充分条件. 称下面的定理为差分方程的 Bendixson-Dulac 准则.

定理 10.7.2 设 p 是正整数且 $\alpha(u)$ 是定义在实区间 I 上的连续可微函数.

10.7 混沌简介

若
$$\frac{d}{du}[\alpha(u) + \alpha(f(u)) + \cdots + \alpha(f^{p-1}(u))] \geqslant 0, \tag{10.7.4}$$

且当 $f(u) \neq u$ 时严格不等号成立，则 $u(t+1) = f(u(t))$ 在 I 上没有 p-周期解，也没有 q-周期解，其中 $q \succ 2$.

推论 10.7.1 设 $\alpha(u)$ 是定义在实区间 I 上的连续可微函数，满足

$$\alpha'(u) + \alpha'(f(u))f'(u) \geqslant 0, \tag{10.7.5}$$

且当 $f(u) \neq u$ 时严格不等号成立. 则 $u(t+1) = f(u(t))$ 在 I 上不存 2-周期解，也不存在 q-周期解，其中 $q \succ p$.

例 10.7.2 考虑
$$u(t+1) = -\arctan u(t).$$

取 $\alpha(u) = u, u \in I \equiv (-\infty, +\infty)$，则

$$\begin{aligned}\alpha'(u) + \alpha'(f(u))f'(u) &= 1 + f'(u) \\ &= 1 - \frac{1}{1+u^2} \\ &\geqslant 0,\end{aligned}$$

显然当 $u \neq 0$ 时, $\alpha(u) > 0$. 由推论 10.7.1，此差分方程在 $(-\infty, +\infty)$ 上没有 2-周期解，也没有 q-周期解，这里 $q \succ 2$.

注意到前面的分析都限于对单个方程的讨论，然而事实上，差分方程系统也具有许多复杂有趣的动力学行为. 考虑系统

$$\begin{aligned} u_1(t+1) &= 1 + u_2(t) - au_1^2(t), \\ u_2(t+1) &= bu_1(t). \end{aligned} \tag{10.7.6}$$

当 $b = 0$ 时, (10.7.6) 退化为单个方程 $u_1(t+1) = 1 - au_1^2(t)$，经线性变换又可转化为 (10.7.1) 的形式. 当 $b \neq 0$ 时, $f(u_1, u_2) = (1 + u_2 - au_1^2, bu_1)$, 它是由 $\mathbb{R}^2$ 到 $\mathbb{R}^2$ 的映射.

现取 $b = 0.3$, a 由 0 逐渐增大, f 的平衡点为

$$u_1 = \frac{-0.7 \pm \sqrt{0.49 + 4a}}{2a} = \frac{u_2}{0.3}. \tag{10.7.7}$$

雅可比矩阵为

$$\begin{pmatrix} -2au_1 & 1 \\ 0.3 & 0 \end{pmatrix},$$

其特征值 $\lambda = -au_1 \pm \sqrt{a^2u_1^2 + 0.3}$. 由推论 10.6.3, 若 $|\lambda| < 1$, 则平衡点是渐近稳定的. 因此分析可知, 当 $a < 0.3675$ 时, (10.7.7) 中较大的那个平衡点是渐近稳定的. 当 $a > 0.3675$ 时, 一对渐近稳定的 2-周期点出现了, 它们吸引附近的解直到 $a > 0.9125$, 此时又出现了渐近稳定的 4-周期点. 类似于 (10.7.1), 周期加倍现象一直下去直到 a 取到某个值, 该值处解的行为变得异常复杂. 当 a 大约为 1.4 时, 出现了一个有趣的现象: 可以观察到一组点的集合形如抛物线 (这些吸引子是奇异吸引子吗？), 它们吸引着附近的其他解 (图 10.7.5).

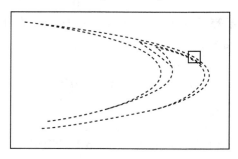

图 10.7.5　Hénon 吸引子

在文献 [125] 中, Benedicks 和 Carleson 对这个吸引子进行过讨论获得过一些结果, 有兴趣的读者可以参阅. 另外, Coomes, Kocak 和 Palmer 在文献 [126] 中也研究了该系统具有大周期的周期点的情况. 图 10.7.5 中的 Hénon 吸引子还具有 "分形" 特征, 在划定的 "盒区" 内它似乎也包含了三条虚线, 最下面的线是单线, 中间那条是双线, 而最上面的线由三行构成 (图 10.7.6). 如果将该三重线进一步放大, 又可观察到类似结构. 事实上, 只要能够绘制出足够多的点, 这种自相似特性将会一直出现下去.

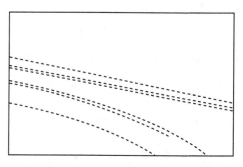

图 10.7.6　Hénon 吸引子局部放大图

Hénon 上面的工作是受 Lorenz 方程的启发, Lorenz 在文献 [127] 中研究了以下著名的微分方程系统

10.7 混沌简介

$$\frac{dx}{dt} = s(y-x),$$
$$\frac{dy}{dt} = rx - y - xz,$$
$$\frac{dz}{dt} = -bz + xy.$$

这组方程近似模拟了自下加热时水平流体的运动. 当 $s=10, b=\frac{8}{3}, r=30$ 时, 该系统中出现了一个复杂的双叶集合, 它吸引着附近的解 (图 10.7.7). 这个吸引子附近的解的运动可以通过在平面 $z=29$ 上计算这些解的交集点来研究 (图 10.7.8), 得到点序列称为 Poincaré 映射. 如同 Hénon 吸引子, 这些交集点形成了一条条无数紧密排列的线段. 该系统混沌运动的其他特性也同样可以分析出.

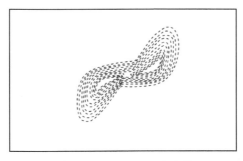

图 10.7.7 Lorenz 吸引子

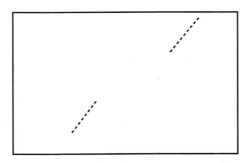

图 10.7.8 Lorenz 吸引子对应的 Poincaré 映射

另一个有趣的例子是捕食者–被捕食者模型

$$u_1(t+1) = au_1(t)(1-u_1(t)) - u_1(t)u_2(t),$$
$$u_2(t+1) = \frac{1}{b}u_1(t)u_2(t). \tag{10.7.8}$$

当 $u_2=0$ 时, 它便退化为 (10.7.1). 令 $b=0.31$, a 从 1 开始增大, 则当 a 增大到大

约 2.6 时, 这个系统出现了一个渐近稳定的平衡点. 当 a 继续增大, 超过 2.6 时, 这个平衡点扩张成一个 "不变圆", 这个集合有形如圆的拓扑结构, 并且吸引着周围的解序列 (图 10.7.9). 当 $a > 3.44$ 时, 这个不变圆分解为另一个更为复杂的吸引集合 (图 10.7.10).

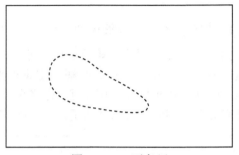

图 10.7.9　不变环

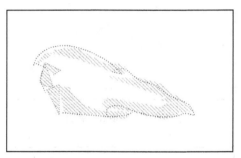

图 10.7.10　捕食者–被捕者吸引子

对混沌行为, 奇异吸引子和复杂几何结构 "分形" 的研究都是数学领域内充满活力的分支. 这些研究起源于 20 世纪 80 年代到 90 年代, 而现代小型计算机运算能力的不断增强又使得广大数学工作者可以进行非线性方程组的计算模拟实验. 另一方面, 在对商业周期理论的研究以及对心脏生理的研究过程中都已发现了对应数学模型的混沌行为, 这使得对混沌的研究不再是实验室闭门造车, 它同样对生产生活实践具有重要的指导作用. 随着混沌描述多样性的发展和分析混沌行为的新方法不断发现, 我们必将对非线性系统的全局行为有更深远的理解.

10.8　差分方程稳定性理论应用的一个例子

本节主要以指数型差分方程

$$x_{n+1} = a + bx_n e^{-x_{n-1}} \tag{10.8.1}$$

10.8 差分方程稳定性理论应用的一个例子

为研究对象, 考虑其正解的有界性与全局稳定性, 其中 a, b 为正常数, 并且初值条件 x_{-1}, x_0 为非负实数. (10.8.1) 可以被看为一个生物数学模型, a 可以被看成种群 x_n 的迁移量, b 可以被看成种群 x_n 的增长率.

引理 10.8.1[128] 若 f 满足下列条件:

(a) 存在正实数 a 与 b 且 $a < b$, 使得对所有的 $x, y \in [a, b]$ 有 $a \leqslant f(x, y) \leqslant b$.

(b) 对每个 $y \in [a, b]$, 函数 $f(x, y)$ 关于 $x \in [a, b]$ 递增, 且对每个 $x \in [a, b]$, 函数 $f(x, y)$ 关于 $y \in [a, b]$ 递减.

(c) 方程 (10.8.1) 在 $[a, b]$ 上无 2-周期解.

则在 $[a, b]$ 上存在方程 (10.8.1) 唯一的平衡点 $\bar{x}$. 并且, 方程 (10.8.1) 的每个解都收敛于 $\bar{x}$.

引理 10.8.2[129] 设 $a, b > 0$, $f: [a, b] \times [a, b] \longrightarrow [a, b]$ 连续. 若 f 满足:

(a) $f(u, v)$ 关于 u 非减且关于 v 非增;

(b) $(m, M) \in [a, b] \times [a, b]$ 是系统

$$m = f(m, M), \quad M = f(M, m)$$

的解蕴含 $m = M$. 则方程

$$y_{n+1} = f(y_n, y_{n-1}), \quad n = 0, 1, \cdots \qquad (10.8.2)$$

存在唯一的平衡点 $\bar{y}$ 且 (10.8.2) 的每一个正解收敛于 $\bar{y}$.

下面先讨论方程 (10.8.1) 平衡点的存在性与唯一性.

命题 10.8.1 若

$$b < e^a, \qquad (10.8.3)$$

则 (10.8.1) 有唯一的正平衡点 $\bar{x}$.

证明 令

$$g(x) = a + bxe^{-x} - x.$$

则

$$g(0) = a, \quad \lim_{x \to \infty} g(x) = -\infty.$$

同时

$$g'(x) = be^{-x}(1-x) - 1.$$

因为平衡点 $\bar{x}$ 满足 $\bar{x} > a$, 且

$$\bar{x} = a + b\bar{x}e^{-\bar{x}},$$

结合 (10.8.3), 所以

$$g'(\bar{x}) < 0.$$

由 g 的连续性可知，存在 $\varepsilon > 0$，使得对 $x \in (\bar{x} - \varepsilon, \bar{x} + \varepsilon)$，有 $g'(x) < 0$，即 g 在 $(\bar{x} - \varepsilon, \bar{x} + \varepsilon)$ 内递减. 假设 g 有一个比 $\bar{x}$ 大的零点. 设 x_1 是比 $\bar{x}$ 大的最小的那个零点，类似可得存在 $\varepsilon_1 > 0$，使得 g 在 $(x_1 - \varepsilon_1, x_1 + \varepsilon_1)$ 内递减. 由于 $g(\bar{x} + \varepsilon) < 0$，$g(x_1 - \varepsilon_1) > 0$ 且 g 连续，从而 g 一定有一个零点属于区间 $(\bar{x} + \varepsilon, x_1 - \varepsilon_1)$，这与 x_1 是比 $\bar{x}$ 大的最小的那个零点矛盾. 类似可以证明 $g(x) = 0$ 在区间 $(a, \bar{x})$ 内也无根. 因此方程 $g(x) = 0$ 有唯一解，即唯一平衡点 $\bar{x} > a$. □

方程 (10.8.1) 每个正解有界的充分条件将由下面的命题给出.

命题 10.8.2 若 (10.8.3) 成立，则 (10.8.1) 的正解有界.

证明 设 $\{x_n\}_{n=-1}^{\infty}$ 为 (10.8.1) 的解. 则对所有的 $n \geqslant 2$，

$$x_{n+1} = a + bx_n e^{-x_{n-1}} \leqslant a + bx_n e^{-a}.$$

考虑非齐次差分方程

$$y_{n+1} = a + by_n e^{-a}, \quad n = 2, 3, \cdots \tag{10.8.4}$$

的解

$$y_n = r(be^{-a})^n + \frac{a}{1 - be^{-a}},$$

其中 r 依赖于初值条件 y_{-1}. 由 (10.8.3) 可得 $\{y_n\}$ 是有界序列. 现在考虑 (10.8.3) 的满足 $y_2 = x_2$ 的解. 由于

$$x_{n+1} - y_{n+1} \leqslant b(x_n - y_n)e^{-a},$$

由归纳有

$$x_n \leqslant y_n, \quad n \geqslant 1.$$

因此, $\{x_n\}$ 有界. □

下面给出 (10.8.1) 的不变区间的存在性.

命题 10.8.3 若 (10.8.3) 成立，则可以得到以下结论:

(i) $\left[a, \dfrac{a}{1 - be^{-a}}\right]$ 是 (10.8.1) 的不变集.

(ii) 设 ε 是任意正数且 x_n 是 (10.8.1) 的任意解，令

$$I = \left[a, \dfrac{a + \varepsilon}{1 - be^{-a}}\right].$$

则存在 $n_0 \in \mathbb{Z}$，使得当 $n \geqslant n_0$ 时，有

$$x_n \in I. \tag{10.8.5}$$

10.8 差分方程稳定性理论应用的一个例子

证明 (i) 令 x_n 是 (10.8.1) 的解, 初值 x_{-1}, x_0 满足

$$x_{-1}, x_0 \in \left[a, \frac{a}{1-be^{-a}}\right].$$

则

$$a \leqslant x_1 = a + bx_0 e^{-x_{-1}} \leqslant a + b\frac{a}{1-be^{-a}}e^{-a} = \frac{a}{1-be^{-a}}.$$

由归纳可知

$$a \leqslant x_n \leqslant \frac{a}{1-be^{-a}}, \quad n = 1, 2, \cdots.$$

(ii) 由命题 10.8.2 可知

$$0 < l := \liminf_{n \to \infty} x_n, \quad L := \limsup_{n \to \infty} x_n < \infty.$$

从而有

$$L \leqslant a + bLe^{-l}, \quad l \geqslant a + ble^{-L}.$$

因此

$$a \leqslant L \leqslant \frac{a}{1-be^{-a}},$$

即存在 $n_0 \in \mathbb{Z}$, 使得当 $n > n_0$ 时 (10.8.5) 成立. □

下面的定理将给出 (10.8.1) 的正解的渐近行为.

定理 10.8.1 设 (10.8.3) 成立. 则 (10.8.1) 的正平衡点 $\bar{x}$ 满足

$$\bar{x} \in \left[a, \frac{a}{1-be^{-a}}\right],$$

且当 $n \to +\infty$ 时, (10.8.1) 的每个正解趋于 $\bar{x}$.

证明 由命题 10.8.2, 命题 10.8.3, 只需证 (10.8.1) 的任意正解 x_n 收敛于平衡点 $\bar{x}$. 由引理 10.8.1, 只要证 (10.8.1) 无 2-周期解即可.

设 $x, y \in (a, +\infty)$ 满足

$$x = a + bye^{-x}, \quad y = a + bxe^{-y}.$$

以下证明 $x = y, x > a, y > a$.

由

$$x = \frac{y-a}{be^{-y}}, \quad y = \frac{x-a}{be^{-x}}.$$

可得

$$x = \frac{(x-a-abe^{-x})e^{\frac{x-a+abe^{-x}}{be^{-x}}}}{b^2}.$$

令
$$F(x) = \frac{(x-a-abe^{-x})e^{\frac{x-a+xbe^{-x}}{be^{-x}}}}{b^2} - x, \quad x \in (a, \infty).$$

以下断言
$$F'(\bar{x}) > 0. \tag{10.8.6}$$

因为
$$F'(\bar{x}) = \frac{e^{2\bar{x}}(\bar{x}^4 + (2-2a)\bar{x}^3 + (a^2-2a)\bar{x}^2 + 2a\bar{x} - a^2)}{b^2\bar{x}^2},$$

要使 (10.8.6) 成立当且仅当对所有的 $u \geqslant a$, 有
$$u^4 + (2-2a)u^3 + (a^2-2a)u^2 + 2au - a^2 > 0$$

成立. 为此, 只需证
$$g(u) - h(u) > 0,$$

其中
$$g(u) = u^4 + 2u^3 + a^2u^2 + 2au, \quad h(u) = 2au^3 + 2au^2 + a^2.$$

直接计算可知
$$g'(u) = 4u^3 + 6u^2 + 2a^2u + 2a, \quad h'(u) = 6au^2 + 4au,$$
$$g''(u) = 12u^2 + 12u + 2a^2, \quad h''(u) = 12au + 4a,$$
$$g'''(u) = 24u + 12, \quad h'''(u) = 12a, \quad g^{(4)}(u) = 24, \quad h^{(4)}(u) = 0.$$

由
$$g^{(4)}(u) - h^{(4)}(u) = 24 > 0,$$

结合 $u \geqslant a > 0$, 有
$$g'''(u) - h'''(u) > g'''(a) - h'''(a) = 12a + 12 > 0.$$

进一步
$$g''(u) - h''(u) > g''(a) - h''(a) = 2a^2 + 8a > 0.$$

结合 (10.8.3), 可得
$$g'(u) - h'(u) > g'(a) - h'(a) = 2a^2 + 2a > 0.$$

因此, 当 $u \geqslant a$ 时, 有
$$g(u) - h(u) > g(a) - h(a) = a^2 > 0,$$

10.8 差分方程稳定性理论应用的一个例子

即 (10.8.6) 成立.

由于 $\bar{x}$ 是方程 $F(x)=0$ 的解且满足 (10.8.6), 因此存在 $\epsilon>0$ 使得

$$F(\bar{x}-\epsilon)<0,\ F(\bar{x}+\epsilon)>0.$$

另一方面,

$$F(a)=-\frac{a+ab}{b}<0,\quad \lim_{x\to\infty}F(x)=+\infty.$$

因此方程 $F(x)=0$ 在 $(a,+\infty)$ 内恰好存在一个根. 从而 (10.8.1) 无 2-周期解. □

定理 10.8.2 若

$$a\geqslant 2,\quad b<\frac{2}{a+\sqrt{a^2-4a}}e^{1+a}, \tag{10.8.7}$$

则 (10.8.1) 的平衡点 $\bar{x}$ 是局部渐近稳定的.

证明 (10.8.1) 关于其平衡点 $\bar{x}$ 的线性化方程为

$$y_{n+1}=py_n+qy_{n-1},\quad n=0,1,\cdots,$$

其中

$$p=be^{-\bar{x}}=\frac{\bar{x}-a}{x}>0,$$

$$q=-b\bar{x}e^{-\bar{x}}=a-\bar{x}<0.$$

由推论 10.6.3 可知: (10.8.1) 渐近稳定的充要条件为特征根小于 1, 即 $|p|<1-q<2$. 化简后便为

$$a\geqslant 2,\quad b<\frac{2}{a+\sqrt{a^2-4a}}e^{1+a}.$$

□

注 在上述命题中, 若 $a\geqslant 2,\ b>\dfrac{2}{a+\sqrt{a^2-4a}}e^{1+a}$, 则 (10.8.1) 的平衡点 $\bar{x}$ 是不稳定的.

由定理 10.8.1 与定理 10.8.2 立即可以得到如下结论.

定理 10.8.3 若

$$a\geqslant 2,\quad b<\min\left\{e^a,\frac{2}{a+\sqrt{a^2-4a}}e^{1+a}\right\},$$

则 (10.8.1) 的平衡点 $\bar{x}$ 是全局渐近稳定的.

例 10.8.1 图 10.8.1(a), (b) 表示了方程 (10.8.1) 满足条件 (10.8.3) 与 (10.8.7) 的全局渐近行为, 而作为对照, 当不满足条件 (10.8.3) 与 (10.8.7) 时, 方程 (10.8.1) 解的行为见图 10.8.1(c).

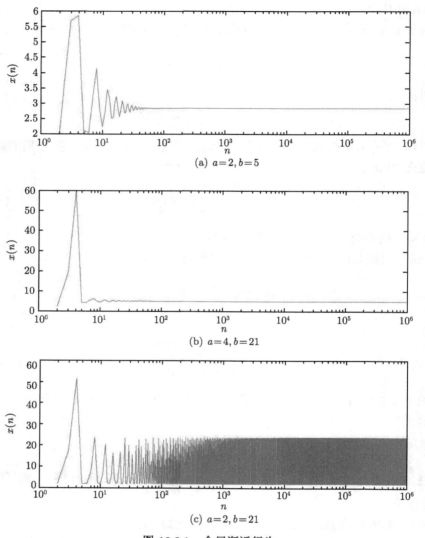

图 10.8.1 全局渐近行为

应用引理 10.8.2 来再次讨论 (10.8.1) 正解的渐近行为.

定理 10.8.4 设

$$b < e^a \frac{-a + \sqrt{a^2 + 4}}{2}. \tag{10.8.8}$$

则 (10.8.1) 有唯一的正平衡点 $\bar{x}$ 使得

$$\bar{x} \in \left[a, \ \frac{a}{1 - be^{-a}}\right], \tag{10.8.9}$$

10.8 差分方程稳定性理论应用的一个例子

且当 $n \to \infty$ 时, (10.8.1) 的每一个正解趋于唯一的正平衡点 $\bar{x}$.

证明 由命题 10.8.1 与命题 10.8.2 知, (10.8.1) 有唯一的正平衡点满足 (10.8.9). 故只需证 (10.8.1) 的任意正解 $\{x_n\}$ 收敛到唯一的正平衡点 $\bar{x}$.

考虑函数
$$f(x, y) = a + bxe^{-y}, \quad x, y \in I,$$
其中 $I = \left[a, \dfrac{a+\varepsilon}{1-be^{-a}}\right]$. 则对 $x, y \in I$ 有

$$a \leqslant f(x, y) \leqslant a + b\frac{a+\varepsilon}{1-be^{-a}}e^{-a} = \frac{a+b\varepsilon e^{-a}}{1-be^{-a}} < \frac{a+\varepsilon}{1-be^{-a}}.$$

因此 $f: I \times I \longrightarrow I$. 令 x_n 是 (10.8.1) 的任意解, 由于 (10.8.8) 蕴含 (10.8.3), 由命题 10.8.3 知, 存在 n_0 使得 (10.8.5) 成立. 令 m, M 为正实数, 使得

$$M = a + bMe^{-m}, \quad m = a + bme^{-M}.$$

即
$$M = \ln\frac{bm}{m-a}, \quad m = \ln\frac{bM}{M-a}.$$

整理后可得
$$\ln\left(\frac{bm}{m-a}\right)(1-be^{-m}) = a, \quad \ln\left(\frac{bM}{M-a}\right)(1-be^{-M}) = a.$$

考虑函数
$$F(x) = \ln\left(\frac{bx}{x-a}\right)(1-be^{-x}) - a.$$

令 z 是 $F(x) = 0$ 的解. 以下断言
$$F'(z) < 0.$$

由于
$$F'(z) = (1-be^{-z})\frac{-a}{z(z-a)} + \ln\left(\frac{bz}{z-a}\right)be^{-z}.$$

而 z 满足
$$\ln\left(\frac{bz}{z-a}\right) = \frac{a}{1-be^{-z}},$$

因此
$$F'(z) = (1-be^{-z})\frac{-a}{z(z-a)} + \frac{abe^{-z}}{1-be^{-z}}.$$

以下证明
$$H(z) - G(z) < 0,$$

其中
$$H(z) = bz(z-a), \quad G(z) = e^z(1-be^{-z})^2.$$

计算可知
$$H'(z) = b(2z-a), \quad G'(z) = -b^2 e^{-z} + e^z,$$
$$H''(z) = 2b, \quad G''(z) = b^2 e^{-z} + e^z,$$
$$H'''(z) = 0, \quad G'''(z) = -b^2 e^{-z} + e^z.$$

当 $z > a$ 时,有
$$H'''(z) - G'''(z) < 0.$$

从而由 $z > a$ 可得
$$H''(z) - G''(z) < H''(a) - G''(a) = 2b - b^2 e^{-a} - e^a = -e^{-a}(b-e^a)^2 < 0.$$

进一步
$$H'(z) - G'(z) < H'(a) - G'(a) = ab + b^2 e^{-a} - e^a = e^{-a}(b^2 + abe^a - e^{2a}).$$

由 (10.8.8) 可知
$$b^2 + abe^a - e^{2a} < 0,$$

即
$$H'(z) - G'(z) < 0.$$

所以当 $z > a$ 时,有
$$H(z) - G(z) < H(a) - G(a) < 0.$$

由 F' 的连续性易知: 存在 ε, 使得对 $x \in (z-\varepsilon, z+\varepsilon)$, 有
$$F'(x) < 0,$$

从而 F 在 $(z-\varepsilon, z+\varepsilon)$ 内递减. 假设 F 有比 z 大的零点, 令 z_1 为最小的比 z 大的零点, 同理易证存在 ε_1, 使得 F 在 $(z_1-\varepsilon_1, z_1+\varepsilon_1)$ 内递减. 由于 $F(z+\varepsilon) < 0$, $F(z_1-\varepsilon_1) > 0$ 且 F 连续, 因此 F 在 $(z+\varepsilon, z_1-\varepsilon_1)$ 内有零点, 矛盾! 同理可证 F 在 (a, z) 无零点. 因此方程 $F(x) = 0$ 有唯一解, 即 $m = M$. 由引理 10.8.2, 定理得证. □

例 10.8.2 参见图 10.8.2(a) 表示 (10.8.1) 的平衡点是稳定的, (b) 为不满足关系式 (10.8.8), 即不稳定的情形.

10.8 差分方程稳定性理论应用的一个例子

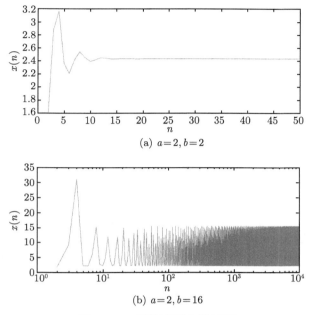

(a) $a=2, b=2$

(b) $a=2, b=16$

图 10.8.2　平衡点稳定性示例

注　图 10.8.3 给出了当参数 $a=2$ 给定, 在初值条件 $x_1=2.6$, $x_2=2.8$ 下, 关于参数 b 的分歧图. 由图可以看出, 当参数 b 很小时, 平衡点是局部稳定的, 当参数 b 增大时, 平衡点变得不稳定, 倍周期分岔发生.

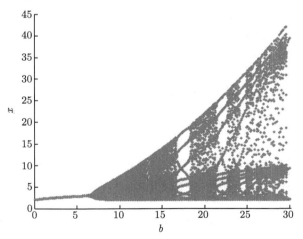

图 10.8.3　$a=2, b\in(0,30)$ 倍周期分岔产生过程

参 考 文 献

[1] 周义仓, 曹慧, 肖燕妮. 差分方程及其应用 [M]. 北京: 科学出版社, 2014.
[2] Kelley W G, Peterson A C. Difference Equations: An Introduction with Applications[M]. 2nd ed. San Diego, CA: Harcourt/Academic Press, 2001.
[3] Hilger S. Analysis on measure chains-a unified approach to continuous and discrete calculus[J]. Results Math., 1990, 18: 18-56.
[4] Samko S G, Kilbas A A, Maritchev O I. Integrals and Derivatives of the Fractional Order and Some of Their Applications [M]. Minsk: Naukai Tekhnika, 1987.
[5] 程金发. 分数阶差分方程理论 [M]. 厦门: 厦门大学出版社, 2011.
[6] Lakshmikantham V, Donate T. Theory of Difference Equations: Numerical Methods and Applications[M]. 2nd ed. New York: Marcel Dekker Inc., 2002.
[7] Saber E. An Introduction to Difference Equations[M]. 3rd ed. New York: Springer, 2005.
[8] Waltter G K, Allen C P. Difference Equations: An Introduction with Applications[M]. 2nd ed. New York: Harcourt/Academic Press, 2000.
[9] 阮炯. 差分方程和常微分方程 [M]. 上海: 复旦大学出版社, 2002.
[10] 王翼. 自动控制中的基础数学 —— 微分方程与差分方程 [M]. 北京: 科学出版社, 1987.
[11] 王联, 王慕秋. 常差分方程 [M]. 乌鲁木齐: 新疆大学出版社, 1991.
[12] 李克大, 李尹裕. 有趣的差分方程 [M]. 2 版. 合肥: 中国科学技术大学出版社, 2011.
[13] 张广, 高英. 差分方程的振动理论 [M]. 北京: 高等教育出版社, 2001.
[14] 郭大钧. 非线性泛函分析 [M]. 济南: 山东科学技术出版社, 1985.
[15] Deimling K. Nonlinear Functional Analysis[M]. New York: Springer-Verlag, 1985.
[16] Ma R Y, Lu Y Q, Chen T L. Existence of one-signed solutions of discrete second-order periodic boundary value problems[J]. Abstract and Applied Analysis, Volume 2012, Article ID 437912, 13 pages.
[17] Hartman P. Difference equations-disconjugacy, principal solutions, Green-functions, complete monotonicity[J]. Trans. Amer. Math. Soc., 1978, 246(12): 1-30.
[18] Gupta C P. Existence and uniqueness theorems for the bending of an elastic beam equation[J]. Appl. Anal., 1988, 26(4): 289-304.
[19] Lazer A C, McKenna P J. Large-amplitude periodic oscillations in suspension bridges: Some new connections with nonlinear analysis[J]. SIAM Rev., 1990, 32(4): 537-578.
[20] Ma R Y, Wang H Y. On the existence of positive solutions of fourth-order ordinary differential equations[J]. Appl. Anal., 1995, 59(4): 225-231.
[21] Ma R Y. Existence of positive solutions of a four-order boundary value problem[J].

Appl. Math. Comput., 2005, 168: 1219-1231.

[22] Zhang B G, Kong L J, Sun Y J, Deng X H. Existence of positive solutions for BVPs of fourth-order difference equations[J]. Appl. Math. Comput., 2002, 131: 583-591.

[23] He Z M, Yu J S. On the existence of positive solutions of fourth-order difference equations[J]. Appl. Math. Comput., 2005, 161: 139-148.

[24] 葛渭高. 非线性常微分方程边值问题 [M]. 北京: 科学出版社, 2007.

[25] 马如云. 非线性常微分方程非局部问题 [M]. 北京: 科学出版社, 2004.

[26] 徐登洲, 马如云. 线性微分方程的非线性扰动 [M]. 2 版. 北京: 科学出版社, 2008.

[27] Cai X C, Yu J S. Existence of periodic solutions for a $2n$th-order nonlinear difference equation[J]. J. Math. Anal. Appl., 2007, 329(2): 870-878.

[28] Yu J S, Guo Z M. On boundary value problems for a discrete generalized Emden-Fowler equation[J]. Journal of Differential Equations, 2006, 231(1): 18-31.

[29] Tang X H, Lin X Y. Infinitely many homoclinic orbits for discrete Hamiltonian systems with subquadratic potential [J]. J. Difference Equ. Appl., 2013, 19(5): 796-813.

[30] Chen G W, Ma S W. Discrete nonlinear Schrödinger equations with superlinear nonlinearities [J]. Appl. Math. Comput., 2012, 218(9): 5496-5507.

[31] Coppel W A. Disconjugacy. Lecture Notes in Mathematics[M]. Vol. 220, Berlin-New York: Springer-Verlag, 1971.

[32] Elias U. Oscillation Theory of Two-Term Differential Equations[M]. Mathematics and Its Applications Vol. 396, Dordrecht, The Netherlands: Kluwer Academic Publishers, 1997.

[33] Hartman P. Principal solutions of disconjugate n-th order linear differential equations[J]. Amer. J. Math., 1969, 91: 306-362.

[34] Fort T. Finite Differences[M]. Oxford: Oxford University Press, 1948.

[35] Elias U. Eigenvalue problems for the equations $Ly + \lambda p(x)y = 0$ [J]. J. Differential Equations, 1978, 29(1): 28-57.

[36] Hartman P. On disconjugate differential equations[J]. Trans. Amer. Math. Soc., 1968, 134: 53-70.

[37] 张恭庆. 临界点理论及其应用 [M]. 上海: 上海科学技术出版社, 1986.

[38] 陈文塬. 非线性泛函分析 [M]. 兰州: 甘肃人民出版社, 1982.

[39] 郭大钧, 孙经先, 刘兆理. 非线性常微分方程泛函方法 [M]. 济南: 山东科学技术出版社, 1995.

[40] 钟承奎, 范先令, 陈文塬. 非线性泛函分析引论 [M]. 兰州: 兰州大学出版社, 1998.

[41] 袁荣. 非线性泛函分析 [M]. 北京: 高等教育出版社, 2017.

[42] Afrouzi G A, Brown K J. Principal eigenvlaues for boundary value problems with indefinite weight and Robin boundary conditions[J]. Proc. Amer. Math. Soc., 1999, 127(1): 125-130.

[43] Anane A, Chakrone O, Moussa M. Spectrum of one dimensional p-Laplacian operator with indefinite weigth[J]. Electron. J. Qual. Theory Differ. Equ., 2002, 17: 11.

[44] Binding P, Browne J, Watson A. Weighted p-Laplacian problems on a half-line[J]. J. Differential Equations, 2016, 260: 1372-1391.

[45] Xie B, Qi J. Non-real eigenvalues of indefinite Sturm-Liouville problems[J]. J. Differential Equations, 2013, 255: 2291-2301.

[46] Bôcher M. The smallest characteristic numbers in a certain exceptional case[J]. Bull. Amer. Math. Soc., 1914, 21: 6-9.

[47] Cao X, Wu H. Geometric aspects of higher order eigenvalue problems, I. Structures on space of boundary conditions[J]. International J. Math. Sci., 2004: 647-689.

[48] Coddington E A, Levinson N. Theory of Ordinary Differential Equations[M]. New York-Toromto-London: McGraw-Hill Book Company Inc., 1955.

[49] Constantin A. A general-weighted Sturm-Liouville problem[J]. Ann. Scuola Norm. Sup. Pisa., 1997, 24(4): 767-782.

[50] Haertzen K, Kong Q, Wu H, Zettl A. Geometric aspects of Strum-Liouville problems, II. Space of boundary conditions for left-definiteness[J]. Trans. American Math. Soc., 2004, 356: 135-157.

[51] Hess P, Kato T. On some linear and nonlinear eigenvalue problems with indefinite weight function[J]. Comm. Partial Differential Equations, 1980, 5: 999-1030.

[52] Ince E L. Ordinary Differential Equations[M]. New York: Dover, 1944.

[53] Ko B, Brown K J. The existence of positive solutions for a class of indefinite weight semilinear elliptic boundary value problems[J]. Nonlinear Anal., 2000, 39: 587-597.

[54] Kong Q, Wu H, Zettl A. Geometric aspects of Strum-Liouville problems[J]. I. Structures on space of boundary conditions, Royal Soc. Edinburgh Proc., 2000, 130(A): 561-589.

[55] Picone M. Sui valori eccezionali di un parametro da cui dipende un'equazione differenziale lineare del secondo ordine[J]. Ann. Scuola Norm. Sup. Pisa, 1910, 11: 1-141.

[56] Walter W. Ordinary Differential Equations[M]. New York: Springer-Verlag, 1998.

[57] Yuan Y, Sun J, Zettl A. Eigenvalues of periodic Sturm-Liouville problems[J]. Linear Algebra Appl., 2017, 517: 148-166.

[58] Zhang M. The rotation number approach to eigenvalues of the one-dimensional p-Laplacian with periodic potentials[J]. J. London Math. Soc., 2001, 64: 125-143.

[59] Atkinson F V. Discrete and Continuous Boundary Problems[M]. New York: Academic Press, 1964.

[60] Jirari A. Second-order Sturm-Liouville difference equations and orthogonal polynomials[J]. Mem. Amer. Math. Soc., 1995, 113: 542.

[61] Gao C H, Ma R Y. Eigenvalues of discrete linear second-order periodic and antiperiodic eigenvalue problems with sign-changing weight[J]. Linear Algebra Appl., 2015, 467: 40-56.

[62] Braun M. Differential Equations and Their Applications[M]. New York: Springer-

Verlag, 1978.

[63] Wang Y, Shi Y. Eigenvalues of second-order difference equations with periodic and antiperiodic boundary conditions[J]. J. Math. Anal. Appl., 2005, 309: 56-69.

[64] Shi Y, Chen S. Spectral theory of second-order vector difference equation[J]. J. Math. Anal. Appl., 1999, 239: 195-212.

[65] Prasolov V V. Polynomials. Translated from the 2001 Russian second edition by Leites D. Algorithms and Computation in Mathematics[M]. Berlin: Springer-Verlag, 2004.

[66] Ma R Y, Gao C H, Lu Y Q. Spectrum theory of second-order difference equations with indefinite weight[J]. J. Spectr. Theory, 2018, 8: 971-985.

[67] Ma R Y, Gao C H, Lu Y Q. Spectrum of discrete second-order Neumann boundary value problems with sign-changing weight[J]. Abstr. Appl. Anal. 2013, 2013: 10.

[68] Fučík S. Boundary value problems with jumping nonlinearities[J]. Casopis Pest. Mat., 1976, 101: 69-87.

[69] Fučík S. Solvability of Nonlinear Equations and Boundary Value Problems[M]. Dordrecht: Reidel, 1980.

[70] Amann O H, von Karman T, Woodruff G B. The Failure of the Tacoma Narrows Bridge[M]. Federal Works Agency, 1941.

[71] Bleich F, Mccullough C B, Rosecrans R, Vincent G S. The Mathematical Theory of Suspension Bridges[M]. U. S. Dept. of Commerce, Bureau of Public Roads, 1950.

[72] Drábek P, Hernández J. Existence and uniqueness of positive solutions for some quasilinear elliptic problems[J]. Nonlinear Anal., 2001, 44: 189-204.

[73] Rynne B P. The Fučík spectrum of general Sturm-Liouville problems[J]. J. Differential Equations, 2000, 161: 87-109.

[74] Rynne B P. p-Laplacian problems with jumping nonlinearities[J]. J. Differential Equations, 2006, 226: 501-524.

[75] Espinoza P C. Discrete analogue of Fučík spectrum of the Laplacian[J]. J. Comput. Appl. Math., 1999, 103: 93-97.

[76] Rodriguez J. Nonlinear discrete Sturm-Liouville problems[J]. J. Math. Anal. Appl., 2005, 308: 380-391.

[77] Dolph C L. Nonlinear integral equations of the Hammerstein type[J]. Trans. Amer. Math. Soc., 1949, 66: 289-307.

[78] Tersian S A. A minimax theorem and applications to nonresonance problems for semilinear equations[J]. Nonlinear Anal., 1986, 10(7): 651-668.

[79] Mawhin J, Ward J R. Nonresonance and existence for nonlinear elliptic boundary value problems[J]. Nonlinear Anal., 1981, 5(6): 677-684.

[80] Landesman E M, Lazer A C. Nonlinear perturbations of linear elliptic boundary value problems at resonance[J]. J. Math. Mech., 1969/1970, 19: 609-623.

[81] Ambrosetti A, Mancini G. Existence and multiplicity results for nonlinear elliptic problems with linear part at resonance the case of the simple eigenvalue[J]. J. Differential

Equations, 1978, 28(2): 220-245.

[82] Iannacci R, Nkashama M N. Unbounded perturbations of forced second order ordinary differential equations at resonance[J]. J. Differential Equations, 1987, 69(3): 289-309.

[83] Lazer A C, Landesman E M, Meyers D R. On saddle point problems in the calculus of variations, the Ritz algorithm, and monotone convergence[J]. J. Math. Anal. Appl., 1975, 52(3): 594-614.

[84] Ahmad S. Nonselfadjoint resonance problems with unbounded perturbations[J]. Nonlinear Anal., 1986, 10(2): 147-156.

[85] Zeidler E. Nonlinear Functional Analysis and Its Applications. I. Fixed-pointtheorems. Translated from the German by Peter R. Wadsack[M]. New York: Springer-Verlag, 1986.

[86] Ambrosetti A, Prodi G. A Primer of Nonlinear Analysis. Cambridge Studies in Advanced Mathematics[M]. Cambridge: Cambridge University Press, 1993.

[87] Rabinowitz P H. Some global results for nonlinear eigenvalue problems[J]. J. Funct. Anal., 1971, 7: 487-513.

[88] Dancer E N. On the structure of solutions of non-linear eigenvalue problems[J]. Indiana Univ. Math. J., 1974, 23: 1069-1076.

[89] Whyburn G T. Topological Analysis[M]. Princeton Math. Ser. Princeton: Princeton University Press, 1958: 23.

[90] Ma R Y, An Y L. Global structure of positive solutions for superlinear second order m-point boundary value problems[J]. Topological Methods in Nonlinear Analysis, 2009, 34: 279-290.

[91] Ma R Y, An Y L. Global structure of positive solutions for nonlocal boundary value problems involving integral conditions[J]. Nonlinear Analysis, 2009, 71: 4364-4376.

[92] Le V K, Schmitt K. Global Bifurcation in Variational Inequalities: Applied Mathematical Sciences[M]. New York: Springer-Verlag, 1997, 123.

[93] Agarwal R P, Bohner M, Wong P J Y. Sturm-Liouville eigenvalue problems on time scales[J]. Appl. Math. Comput., 1999, 99: 153-166.

[94] Coelho I, Corsato C, Obersnel F, Omari P. Positive solutions of the Dirichlet problem for the one-dimensional Minkowski-curvature equation[J]. Adv. Nonlinear Stud., 2012, 12(3): 621-638.

[95] Crandall M G, Rabinowitz P H. Bifurcation from simple eigenvalues[J]. J. Funct. Anal., 1970, 8: 321-340.

[96] Kielhöfer H. Bifurcation Theory. An Introduction with Applications to Partial Differential Equations: Applied Mathematical Sciences[M]. 2nd ed. New York: Springer, 2012: 156.

[97] Atici F M, Guseinov G Sh. Positive periodic solutions for nonlinear difference equations with periodic coefficients[J]. J. Math. Anal. Appl., 1999, 232: 166-182.

[98] Atici F M. Existence of positive solutions of nonlinear discrete Sturm-Liouville problems[J]. Boundary value problems and related topics, Math. Comput. Modelling, 2000, 32(5-6): 599-607.

[99] Dancer E N. Global solution branches for positive mappings[J]. Arch. Rat. Mech. Anal., 1973, 52: 181-192.

[100] Ma R Y, Gao C H. Spectrum of discrete second-order difference operator with sign-changing weight and its applications[J]. Discrete Dyn. Nat. Soc., 2014: 1-9.

[101] López-Gómez J. Spectral Theory and Nonlinear Functional Analysis[M]. Boca Raton: Chapman and Hall/CRC, 2001.

[102] Massabò I, Pejsachowicz J. On the connectivity properties of the solution set of parametrized families of compact vector fields[J]. J. Function Analysis, 1984, 59: 151-166.

[103] Sun J X, Song F M. A property of connected components and its applications[J]. Topology Appl., 2002, 125(3): 553-560.

[104] Dai G W. Bifurcation and one-sign solutions of the p-Laplacian involving a nonlinearity with zeros[J]. Discrete Contin. Dyn. Syst., 2016, 36(10): 5323-5345.

[105] Dancer E N. Bifurcation from simple eigenvalues and eigenvalues of geometric multiplicity one[J]. Bull. Lond. Math. Soc., 2002, 34: 533-538.

[106] Dai G W, Ma R Y. Unilateral global bifurcation phenomena and nodal solutions for p-Laplacian[J]. J. Differential Equations, 2012, 252: 2448-2468.

[107] Ma R Y, Dai G W. Global bifurcation and nodal solutions for a Sturm-Liouville problem with a nonsmooth nonlinearity[J]. Journal of Functional Analysis, 2013, 265: 1443-1459.

[108] Ma R Y, Thompson B. Nodal solutions for nonlinear eigenvalue problems[J]. Nonlinear Anal., 2004, 59(5): 707-718.

[109] Davidson F A, Rynne B P. Global bifurcation on time scales[J]. J. Math. Anal. Appl., 2002, 267(1): 345-360.

[110] Gaines R. A prior bounds and upper and lower solutions for nonlinear second order boundary value problems[J]. J. Differential Equations, 1972, 12: 291-312.

[111] Peitgen H O, Schmitt K. Positive and Spurious Solutions of Nonlinear Eigenvalue Problems: Lecture Notes in Math[M]. Numerical Solution of Nonlinear Equations (Bremen, 1980) Vol. 878, Berlin-New York: Springer, 1981: 275-324.

[112] Gaines R. Difference equations associated with boundary value problems for second order nonlinear ordinary differential equations[J]. SIAM J. Num. Anal., 1974, 11: 411-434.

[113] 李瑞遐, 何志庆. 微分方程数值方法 [M]. 上海: 华东理工大学出版社, 2005.

[114] 南京大学数学系计算数学专业. 常微分方程数值解法 [M]. 北京: 科学出版社, 1979.

[115] Rachůnková I, Tisdell C C. Existence of non-spurious solutions to discrete boundary

value problems[J]. Austral. J. Math. Anal. Appl., 2006, 3(2): 1-9.

[116] Rachůnková I, Tisdell C C. Existence of non-spurious solutions to discrete Dirichlet problems with lower and upper solutions[J]. Nonlinear Anal., 2007, 67: 1236-1245.

[117] Thompson H B, Tisdell C C. The nonexistence of spurious solutions to discrete, two-point boundary value problems[J]. Appl. Math. Lett., 2003, 16(1): 79-84.

[118] Freedman H. Deterministic Mathematical Models in Population Ecology[M]. New York: Marcel Dekker, 1980.

[119] LaSalle J. The Stability and Control of Discrete Processes[M]. New York: Springer-Verlag, 1986.

[120] Lakshmikantham V, Trigiante D. Theory of Difference Equations: Numerical Methods and Applications[M]. New York: Academic Press, 1988.

[121] Feigenbaum M. Quantitative universality for a class of nonlinear transformations[J]. J. Statist. Phys., 1978, 19: 25-52.

[122] Devaney R. An Introduction to Chaotic Dynamical Systems[M]. Benjamin/Cummings: Menlo Park, CA, 1986.

[123] Sarkovskii A. Coexistence of cycles os a continuous map of a line into itself[J]. Ukr. Math. Z., 1964, 16: 153-158.

[124] Li T, Yorke J. Period three implies chaos[J]. Amer. Math. Monthly, 1975, 82: 985-992.

[125] Benedicks M, Carleson L. The dynamics of the Hénon map[J]. Ann. Math., 1991, 133: 73-169.

[126] Coomes B, Kocak H, Palmer K. Shadowing in Discrete Dynamical Systems[M]. Six Lectures on Dynamical Systems, Singapore: World Scientific, 1996: 163-211.

[127] Lorenz E. Deterministic nonperiodic flow[J]. J. Atmos. Sci., 1963, 20: 130-141.

[128] Kulenovic M R S, Ladas G, Sizer W S. On the Recursive Sequence $x_{n+1} = \dfrac{\alpha x_n + \beta x_{n-1}}{\gamma x_n + \delta x_{n-1}}$ [J]. Math. Sci. Res. Hot-Line, 1998, 2(5): 1-16.

[129] Kocic V L, Ladas G. Global Behavior of Nonlinear Difference Equations of Higher Order with Applications[M]. New York: Springer, 1993.

索　引

B

闭连集性, 228
不定和, 8
不定权, 223

C

Casoratian 行列式, 25
Cauchy 函数, 77
Cayley-Hamilton 定理, 306
差分算子, 4
差分中值定理, 14
常数变易法, 22

D

待定系数法, 32
Dirichlet 边值问题, 43
非共轭理论, 75

F

非对称数值无关解, 298
费根鲍姆数, 346
非共振, 55
非线性边界条件, 223
非线性差分方程, 3
分解定理, 100
分歧, 223
Floquet, 41
Fourier 展式, 170
Fučík 谱, 153

G

共振点, 176
Green 定理, 80
Green 函数, 43
孤立的数值无关解, 296
广义零点, 74
广义正解, 66

J

基本解组, 27
迹算子, 245
简单节点, 106
简单零点, 105
渐近稳定, 311
交错性质, 116
节点, 14
解集的全局结构, 104
解集连通性, 190
阶梯法, 329

K

K-全连续, 244

L

离散梁方程, 65
离散的 Rolle 定理, 14
连通分支, 190
Lyapunov-Schmidt 过程, 190

M

马尔可夫系, 75

N

Neumann 边值问题, 43

P

匹配延拓, 154
Polya 分解, 80

Q

全局分歧定理, 223

R

若尔当标准形, 315

S

Sarkovskii 定理, 350
收敛, 217
数值解, 19
数值无关解, 263
Sturm 比较定理, 57
Sturm 零点分离定理, 83
Sturm-Liouville 边值问题, 43

T

特征对, 106
特征方程, 28
特征根, 28
特征函数, 51

W

位势分歧定理, 227

位移算子, 4

X

线性差分方程, 3
线性差分方程组, 4
线性弱函数, 244
先验界, 209

Y

雅可比矩阵, 343
一致性非共振条件, 184
右定, 105
右连续谱族, 181
有限差分逼近, 262
有限维 Fourier 分析, 110

Z

正解, 42
指数跳跃原理, 223
逐点线性延拓, 290
自伴, 77
自伴线性差分方程, 77
左定, 105